ইলেকট্রিকাল এবং ইলেকট্রনিক্স ইঞ্জিনিয়ারিং এর মৌলিক বিষয়

(ল্যাব ম্যানুয়াল সহ)

AF668671

সুসান এস ম্যাথিউ

সাজি টি. চাকো

KHANNA BOOK PUBLISHING CO. (P) LTD.

PUBLISHER OF ENGINEERING AND COMPUTER BOOKS

4C/4344, Ansari Road, Darya Ganj, New Delhi-110002

Phone: 011-23244447-48 **Mobile:** +91-99109 09320

E-mail: contact@khannabooks.com

Website: www.khannabooks.com

ISBN: 978-93-5538-145-3

Book Code: DIP205BE

Fundamentals of Electrical and Electronics Engineering
by Susan S. Mathew, Saji T. Chacko
[Bengali Edition]

First Edition: 2024
Reprint: 2025, 2026

Published by:

Khanna Book Publishing Co. (P) Ltd.
Visit us at: **www.khannabooks.com**
Write us at: **contact@khannabooks.com**

To view complete list of books, Please scan the QR Code: KPH

Printed in Bharat.

প্রো. अनिल डी. सहस्रबुद्धे
अध्यक्ष
Prof. Anil D. Sahasrabudhe
Chairman

सत्यमेव जयते

अखिल भारतीय तकनीकी शिक्षा परिषद्
(भारत सरकार का एक सांविधिक निकाय)
(शिक्षा मंत्रालय, भारत सरकार)
नेल्सन मंडेला मार्ग, वसंत कुंज, नई दिल्ली-110070
दूरभाष : 011-26131498
ई-मेल : chairman@aicte-india.org

ALL INDIA COUNCIL FOR TECHNICAL EDUCATION
(A STATUTORY BODY OF THE GOVT. OF INDIA)
(Ministry of Education, Govt. of India)
Nelson Mandela Marg, Vasant Kunj, New Delhi-110070
Phone : 011-26131498
E-mail : chairman@aicte-india.org

পূর্বকথা

ইঞ্জিনিয়ারিং শতাব্দী ধরে মানবজাতি ও সমাজের অগ্রগতি ও সম্প্রসারণে অত্যন্ত গুরুত্বপূর্ণ ভূমিকা পালন করেছে। ভারতীয় উপমহাদেশে উদ্ভূত ইঞ্জিনিয়ারিং ধারণাগুলি বিশ্বে একটি চিন্তাশীল প্রভাব ফেলেছে।

অল ইন্ডিয়া কাউন্সিল ফর টেকনিক্যাল এডুকেশন (AICTE) 1987 সালে প্রতিষ্ঠার পর থেকে টেকনিক্যাল শিক্ষার্থীদেরকে সম্ভাব্য সকল উপায়ে সহায়তা করার জন্য সর্বদা অগ্রগণ্য ছিল। AICTE এর লক্ষ্য ছিল মানসম্মত কারিগরি শিক্ষার প্রচার করা এবং এর মাধ্যমে শিল্পকে আরও উচ্চতায় নিয়ে যাওয়া এবং শেষ পর্যন্ত আমাদের প্রিয় মাতৃভূমি ভারতকে একটি আধুনিক উন্নত রাষ্ট্রে পরিণত করা। এখানে উল্লেখ করা অকার্যকর হবে না যে ইঞ্জিনিয়াররা আধুনিক সমাজের মেরুদণ্ড - যত ভাল ইঞ্জিনিয়ার তত ভাল শিল্প এবং যত ভাল শিল্প তত উন্নত দেশ।

NEP 2020 আঞ্চলিক ভাষায় সকলের কাছে শিক্ষার কথা ভাবছে যার ফলে প্রতিটি শিক্ষার্থী যথেষ্ট দক্ষ এবং যোগ্য হয়ে ওঠে এবং জাতীয় প্রগতি এবং উন্নয়নে অবদান রাখার অবস্থানে থাকতে পারে।

AICTE গত কয়েক বছর ধরে নিরলসভাবে কাজ করে আসছিল এমন একটি ক্ষেত্র হল তার সমস্ত ইঞ্জিনিয়ারিং শিক্ষার্থীদের বিভিন্ন আঞ্চলিক ভাষায় প্রস্তুত আন্তর্জাতিক স্তরের উচ্চমানসম্পন্ন মাঝারি মূল্যের বই সরবরাহ করা। এই বইগুলি কেবল সহজ ভাষা, বাস্তব জীবনের উদাহরণ, সমৃদ্ধ বিষয়বস্তুর কথা মাথায় রেখে তৈরি করা হয়নি বরং এই দৈনন্দিন পরিবর্তিত বিশ্বে শিল্পের প্রয়োজনের কথাও মাথায় রাখা হয়েছে। এই বইগুলি ইঞ্জিনিয়ারিং অ্যান্ড টেকনোলজির AICTE মডেল পাঠ্যক্রম 2018 অনুসারে তৈরি।

সারা ভারত থেকে বিশিষ্ট অধ্যাপক মহান জ্ঞান এবং অভিজ্ঞতার সাথে একাডেমিক সংঘের সুবিধার জন্য এই বইগুলি লিখেছেন। AICTE আত্মবিশ্বাসী যে এই বইগুলি এর সমৃদ্ধ বিষয়বস্তু সহ কারিগরি শিক্ষার্থীদের বৃহত্তর এবং মানসম্পন্ন বিষয়গুলি আয়ত্ত করতে সহায়তা করবে।

AICTE এই ইঞ্জিনিয়ারিং বিষয়গুলিকে আরও সুস্পষ্ট করার জন্য মূল লেখক, সমন্বয়কারী এবং অনুবাদকদের কঠোর পরিশ্রমের প্রশংসা জ্ঞাপন করছে।

(Anil D. Sahasrabudhe)

কৃতজ্ঞতাস্বীকার

ডিপ্লোমা ছাত্রদের এই কারিগরি বইটি প্রকাশ করার জন্য লেখক (রা) AICTE-এর কাছে তাদের সূক্ষ্ম পরিকল্পনা এবং বাস্তবায়নের জন্য কৃতজ্ঞ।

আমরা আন্তরিকভাবে বইটির পর্যালোচনাকারী অধ্যাপক অকলে কিশোর প্রল্লাদের মূল্যবান অবদানকে স্বীকার করি, এটিকে ছাত্রদের জন্য বন্ধুত্বপূর্ণ করে তোলার জন্য এবং একটি শৈল্পিক পদ্ধতিতে আরও ভাল আকার দেওয়ার জন্য।

এছাড়াও আমরা অত্যন্ত সম্মানের সাথে বলেছি যে এই বইটি AICTE মডেল পাঠ্যক্রমের সাথে এবং জাতীয় শিক্ষা নীতি (NEP)-2020-এর নির্দেশিকাগুলির সাথে সামঞ্জস্যপূর্ণ। আঞ্চলিক ভাষায় শিক্ষার প্রসারের দিকে, এই বইটি নির্ধারিত ভারতীয় আঞ্চলিক ভাষায় অনুবাদ করা হচ্ছে। আমরা ড: সৌম্য দাস কে বাংলা ভাষায় অনুবাদ করার জন্য ধন্যবাদ জানাতে চাই।

আমরা শ্রী বুদ্ধ চন্দ্রশেখর, CCO NEAT AICTE কে আমাদের আন্তরিক শুভেচ্ছা জানাতে চাই, যার AI ভিত্তিক অনুবাদক টুল অনুবাদের উদ্দেশ্যে ব্যবহার করা হয়েছিল।

পরিশেষে আমি আন্তরিক ধন্যবাদ প্রকাশ করতে চাই M/s খান্না বুক পাবলিশিং কোম্পানি প্রাইভেট লিমিটেড, নিউ দিল্লি কে, যার পুরো টিম এটিকে একটি বিস্ময়কর অভিজ্ঞতা দিতে প্রকাশনার সব দিক থেকে সহযোগিতা করতে সর্বদা প্রস্তুত ছিলেন।

সুসান এস. ম্যাথিউ; সাজি টি. চাকো

মুখবন্ধ

"ইলেকট্রিকাল এবং ইলেকট্রনিক্স ইঞ্জিনিয়ারিং এর মৌলিক বিষয়" শিরোনামের বইটি আমাদের বুনিয়াদি ইলেক্ট্রিক্যাল এবং ইলেকট্রনিক্স ইঞ্জিনিয়ারিং কোর্সের শিক্ষার সমৃদ্ধ অভিজ্ঞতার ফল। এই বইটি লেখার সূচনা হল পলিটেকনিকের শিক্ষার্থীদের কাছে, ইলেকট্রিক্যাল এবং ইলেকট্রনিক্স ইঞ্জিনিয়ারিংয়ের মৌলিক বিষয়গুলো তুলে ধরার পাশাপাশি তাদের কোর্সের অন্তর্দৃষ্টি এবং সংশ্লিষ্ট ব্যবহারিক ফলাফল বিকাশের জন্য সক্ষম করা। বিস্তৃত কভারেজ এবং প্রয়োজনীয় পরিপূরক তথ্য প্রদানের উদ্দেশ্যকে মাথায় রেখে, আমরা AICTE- এর সুপারিশকৃত বিষয়গুলিকে অত্যন্ত সুশৃঙ্খল এবং সুশৃঙ্খলভাবে বই জুড়ে অন্তর্ভুক্ত করেছি। কোর্সের মৌলিক ধারণাগুলোকে সহজতম উপায়ে ব্যাখ্যা করার চেষ্টা করা হয়েছে।

পাণ্ডুলিপি তৈরির প্রক্রিয়া চলাকালীন, আমরা বিভিন্ন মানসম্মত পাঠ্য বই বিবেচনা করেছি এবং সেই অনুযায়ী আমরা সমালোচনামূলক প্রশ্ন, সমাধান এবং পরিপূরক সমস্যা ইত্যাদি বিভাগ তৈরি করেছি। বিভিন্ন বিভাগ তৈরির সময় সংজ্ঞা এবং সূত্র এবং মৌলিক নীতির দ্রুত পুনর্বিবেচনার জন্য সূত্রের ব্যাপক সারসংক্ষেপের উপরও জোর দেওয়া হয়েছে। বইটিতে সব ধরনের মাধ্যম এবং উন্নত স্তরের সমস্যা রয়েছে এবং এগুলো খুবই যৌক্তিক এবং পদ্ধতিগতভাবে উপস্থাপন করা হয়েছে। এই সমস্যাগুলির গ্রেডেশনগুলি বহু বছর ধরে বিভিন্ন ধরণের শিক্ষার্থীদের শিক্ষাদানের জন্য পরীক্ষা করা হয়েছে।

প্রয়োজন অনুসারে দৃষ্টান্ত এবং উদাহরণ ছাড়াও, আমরা সংশ্লিষ্ট বিষয়গুলির যথাযথ বোঝার জন্য প্রতিটি ইউনিটে অসংখ্য সমাধান করা সমস্যা সহ বইটিকে সমৃদ্ধ করেছি। এটি লক্ষ করা গুরুত্বপূর্ণ যে বইটিতে আমরা সংশ্লিষ্ট ইউনিটগুলিতে প্রাসঙ্গিক পরীক্ষাগার ব্যবহারিক অন্তর্ভুক্ত করেছি। একটি "আরও জানো" বিভাগে রয়েছে যেটি প্রধানত মাইক্রো প্রজেক্ট, অতিরিক্ত ক্রিয়াকলাপ, ভিডিও এবং আইসিটি লিঙ্কগুলি শেখার এবং সমস্ত ডোমেনে ফলাফল বিকাশের জন্য অন্তর্ভুক্ত করা হয়েছে যাতে এই অংশের মাধ্যমে সরবরাহ করা সম্পূরক তথ্য ব্যবহারকারীদের জন্য উপকারী হয়। এটি লক্ষ্য করা গুরুত্বপূর্ণ যে বিভিন্ন আগ্রহের বিষয়গুলির উপর আরও তথ্য পাওয়ার জন্য, ভিডিও এবং ওয়েবসাইটগুলির QR কোড প্রদান করা হয়েছে যা স্ক্যান করা যায় এবং প্রাসঙ্গিক সহায়ক জ্ঞানের পাশাপাশি "আরও জানো" বিভাগে দেখা যায়। উপরন্তু, পরিশিষ্ট বিভাগে কিছু প্রয়োজনীয় মৌলিক তথ্য স্পষ্ট করা হয়েছে।

যতদূর সম্ভব বর্তমান বইটি, "ইলেকট্রিকাল এবং ইলেকট্রনিক্স ইঞ্জিনিয়ারিংয়ের মৌলিক বিষয়গুলি" এর সাথে সম্পর্কিত, যার অর্থ শিক্ষার্থীদের চ্যালেঞ্জ মোকাবেলা করার জন্য জ্ঞান প্রয়োগ করার জন্য প্রস্তুত করা এবং শিক্ষার্থীদের এবং ডিপ্লোমাধারীদের সম্মুখীন হওয়া সম্পর্কিত উদ্ভূত প্রশ্নগুলির সমাধানের জন্য প্রস্তুত করা। কোর্সের বিষয়বস্তু গঠনমূলক উপায়ে পরীক্ষাগার ব্যবহারিকের সাথে উপস্থাপন করা হয় যাতে একটি ইঞ্জিনিয়ারিং ডিপ্লোমা শিক্ষার্থীদের বিভিন্ন সেক্টরে কাজ করার জন্য প্রস্তুত করে।

আমরা আন্তরিকভাবে আশা করি যে বইটি শিক্ষার্থীদের ধারণাগুলি বুঝতে অনুপ্রাণিত করবে এবং অবশ্যই কোর্সের একটি শক্ত ভিত্তির বিকাশে অবদান রাখবে। যদিও এই পাঠ্য বইয়ে ভুল এবং ভুল ছাপগুলি পরীক্ষা করার জন্য সমস্ত যত্ন নেওয়া হয়েছে, তবুও এটির পূর্ণতা দাবি করা অসম্ভব, যেহেতু এটি প্রথম সংস্করণ। যে কোনও ত্রুটি, ভুল, বাদ পরা, এই রকম পরামর্শগুলি উন্নতির জন্য অত্যন্ত স্বাগত এবং আমাদের নজরে আনা যেতে পারে, যা বইটির ভবিষ্যত সংস্করণের উন্নতিতে অবদান রাখবে।

এটিকে চুরান্ত পর্যায়ে বইয়ের আকারে পাওয়ার জন্য এটির বিভিন্ন দিক নিয়ে কাজ করা সত্যিই একটি বড় আনন্দের বিষয় ছিল এবং আমরা আশা করি এটি ইলেকট্রিক্যাল এবং ইলেকট্রনিক্স ইঞ্জিনিয়ারিংয়ের বিস্তৃত এবং আকর্ষণীয় ক্ষেত্রের মৌলিক ধারণাগুলি বুঝতে সহায়ক হবে এবং এটি একটি কার্যকর শিক্ষণ সহায়ক হবে প্রত্যাশিত শিক্ষার ফলাফল বিকাশ করতে।

সুসান এস. ম্যাথিউ; সাজি টি. চাকো

ফলাফল ভিত্তিক শিক্ষা

ফলাফল ভিত্তিক শিক্ষা ফলাফল ভিত্তিক পাঠ্যক্রম, ফলাফল ভিত্তিক শিক্ষণ-শেখার প্রক্রিয়া এবং লক্ষ্যভিত্তিক শিক্ষার ফলাফল অর্জনের জন্য ফলাফল ভিত্তিক মূল্যায়ন নিয়ে গঠিত৷ ন্যাশনাল বোর্ড অফ অ্যাক্রেডিটেশন অনুযায়ী, ইঞ্জিনিয়ারিং এবং টেকনোলজিতে ডিপ্লোমা প্রোগ্রাম শেষ হওয়ার পর স্নাতকগণ সক্ষম হবেন:

PO-1: **মৌলিক এবং শৃঙ্খলা সুনির্দিষ্ট জ্ঞান:** ইঞ্জিনিয়ারিং সমস্যা সমাধানে মৌলিক গণিত, বিজ্ঞান ও মৌলিক ইঞ্জিনিয়ারিং এবং ইঞ্জিনিয়ারিং বিশেষীকরণ জ্ঞান প্রয়োগ করো৷

PO-2: **সমস্যা বিশ্লেষণ** : কোডিফাইড স্ট্যান্ডার্ড পদ্ধতি ব্যবহার করে ভালভাবে সংজ্ঞায়িত ইঞ্জিনিয়ারিং সমস্যাগুলি সনাক্ত এবং বিশ্লেষণ করো৷

PO-3: **সমাধানের নকশা/ উন্নয়ন** : সুনির্দিষ্ট প্রযুক্তিগত সমস্যার জন্য নকশার সমাধান এবং নির্দিষ্ট প্রয়োজনীয়তা পূরণের জন্য সিস্টেমের উপাদান বা প্রক্রিয়াগুলির নকশায় সহায়তা করা৷

PO-4: **ইঞ্জিনিয়ারিং যন্ত্রপাতি, পরীক্ষা এবং টেস্টিং:** প্রমান পরীক্ষা এবং মাপ করার জন্য আধুনিক ইঞ্জিনিয়ারিং যন্ত্রপাতি এবং উপযুক্ত পদ্ধতি প্রয়োগ করো৷

PO-5: **সমাজ, টেকসইতা এবং পরিবেশের জন্য ইঞ্জিনিয়ারিং চর্চা** : সমাজ, স্থায়িত্ব, পরিবেশ এবং নৈতিক অনুশীলনের প্রেক্ষিতে উপযুক্ত প্রযুক্তি প্রয়োগ করো৷

PO-6: **প্রকল্প ব্যবস্থাপনা** : প্রকৌশল ব্যবস্থাপনা নীতিগুলি পৃথকভাবে ব্যবহার করো, একটি দল সদস্য বা নেতা হিসাবে প্রকল্পগুলি পরিচালনা করতে এবং কার্যকরভাবে সুসংজ্ঞিত প্রকৌশল কার্যক্রম সম্পর্কে যোগাযোগ করতে হবে৷

PO-7: **জীবনব্যাপী শিক্ষা** : ব্যক্তিগত চাহিদা বিশ্লেষণ এবং প্রযুক্তিগত পরিবর্তনের পরিপ্রেক্ষিতে নিযুক্ত করার কাজে নিযুক্ত হওয়ার ক্ষমতা থাকতে হবে৷

কোর্সের ফলাফল

এই কোর্স সমাপ্তির পরে ছাত্র সক্ষম হবেঃ

CO-1: প্রদত্ত ইঞ্জিনিয়ারিং অ্যাপ্লিকেশনের জন্য ইলেকট্রিকাল/ইলেকট্রনিক উপাদান প্রস্তাব করো৷টেস্ট বেসিক এনালগ সার্কিট অপ-অ্যাম্প নিয়ে গঠিত৷

CO-2: ডিজিটাল সার্কিটের কাজ ব্যাখ্যা করো৷

CO-3: ইঞ্জিনিয়ারিং অ্যাপ্লিকেশনগুলিতে ইলেকট্রিকাল এবং চৌম্বকীয় সার্কিটের নীতিগুলি ব্যবহার করো৷

CO-4: এসি সার্কিটের কাজ ব্যাখ্যা কর৷

CO-5: নির্দিষ্ট প্রয়োজনীয়তার জন্য নিরাপদে ট্রান্সফরমার এবং ইলেকট্রিকাল মোটর পরিচালনা করো৷

কোর্সের ফলাফল	প্রোগ্রামের ফলাফলের সাথে প্রত্যাশিত ম্যাপিং (1-দুর্বল সম্পর্ক; 2-মাঝারি সম্পর্ক; 3-শক্তিশালী সম্পর্ক)						
	PO-1	**PO-2**	**PO-3**	**PO-4**	**PO-5**	**PO-6**	**PO-7**
CO-1	3	2	2	3	1	1	1
CO-2	3	1	1	2	1	1	1
CO-3	3	1	1	-	1	1	1
CO-4	3	2	1	1	1	1	1
CO-5	3	2	1	2	1	1	1
CO-6	3	2	1	2	1	1	1

সংক্ষিপ্ত বিবরণ এবং প্রতীক

সংক্ষিপ্তসার তালিকা

শব্দসংক্ষেপ	সম্পূর্ণ ফর্ম	শব্দ সংক্ষেপ	সম্পূর্ণ ফর্ম
A_{cm}	কমন মোড গেইন	JFET	জানকশন ফিল্ড এফেক্ট ট্রান্সিস্টর
A_d	ডিফারেনশিয়াল মোড গেইন	KCL	কিরছফ'স কারেন্ট ল
AC	অল্টারনেটিং কারেন্ট	KVL	কিরছফ'স ভোল্টেজ ল
B	ম্যাগনেটিক ফ্লাক্স ডেন্সিটি	LED	লাইট এমিটিং ডায়োড
BJT	বাইপুলার জুনকশন ট্রান্সিস্টর	LSB	লিস্ট সিগনিফিকেন্ট বিট
BW	ব্যান্ড উইডথ	LV	লো ভোল্টেজ
C	কুলম্ব	M	মিউচুয়াল ইন্ডাক্টন্স
CMOS	কমপ্লিমেন্টারি মেটাল অক্সাইড সেমিকন্ডাক্টর	MOSFET	মেটাল অক্সাইড ফিল্ড এফেক্ট ট্রান্সিস্টর
CB	কমন বেস	MSB	মোস্ট সিগনিফিকেন্ট বিট
CC	কমন কালেক্টর	OL	ওপেন লুপ
CE	কমন এমিটর	OP-Amp	অপারেশনাল এমপ্লিফায়ার
CL	ক্লোস্ড লুপ	P	পাওয়ার
CMRR	কমন মোড রিজেকশন রেসিও	PIV	পিক ইনভার্স ভোল্টেজ
CO	কোর্স আউটকাম	PO	প্রোগ্রাম আউটকাম
DC/ D.C./dc	ডাইরেক্ট কারেন্ট	PSRR	পাওয়ার সাপ্লাই রিজেকশন রেসিও
AC/ A.C./ac	অল্টারনেটিং কারেন্ট	PVC	পলি ভিনয়ল ক্লোরাইড
emf	ইলেক্ট্রো মোটিভে ফোর্স	Q	কোয়ালিটি ফ্যাক্টর
FB	ফরওয়ার্ড বায়াসাড্	R, L, C	রেসিস্টর, ইন্ডাক্টর, ক্যাপাসিটর
FF	ফ্লিপফ্লপ	R_F	ডিসি অর স্ট্যাটিক রেসিস্টেন্স
G	কন্ডাক্টন্স	RMS	রূট মিন স্কয়ার ভ্যালু
Ge	জার্মানিয়াম	S, R	সেট,রিসেট
H	ম্যাগনেটিক ফিল্ড ইনটেনসিটি	Si	সিলিকন
HV	হাই ভোল্টেজ	T	টাইম পিরিয়ড
Hz	হারজ	t	টাইম
I	কারেন্ট	TTL	ট্রান্সিস্টর ট্রান্সিস্টর লজিক
i	কারেন্ট এর ইনস্টানটানেওয়াস ভ্যালু	UO	ইউনিট আউটকাম
I_B	বেস কারেন্ট	V	ভোল্টেজ
IC	ইন্টিগ্রেটেড সার্কিট	VA	ভোল্ট আম্পিয়ার
I_C	কালেক্টর কারেন্ট	VAR	রিএক্টিভে পাওয়ার

শব্দসংক্ষেপ	সম্পূর্ণ ফর্ম	শব্দ সংক্ষেপ	সম্পূর্ণ ফর্ম
I_E	এমিটর কারেন্ট	W	ওয়াট
I_f	ফরওয়ার্ড কারেন্ট	Wb	ওয়েবার
IM	ইনডাকশন মোটর	Y	এডমিট্যান্স
J	কারেন্ট ডেন্সিটি	Z	ইমপেডেন্স

প্রতীকগুলির তালিকা

প্রতীক	বর্ণনা	প্রতীক	বর্ণনা
Ω	রেসিস্টেন্স এর এসআই ইউনিট, ওহম	α_{dc}	সিবি কনফিগারেশন এ ট্রানজিস্টরের কারেন্ট গেইন
μ_0	অ্যাবসলিউট পারমিয়াবিলিটি	β_{dc}	সিই কনফিগারেশন এ ট্রানজিস্টরের কারেন্ট গেইন
μ_r	রিলেটিভ পারমিয়াবিলিটি	μ	মেটেরিয়াল এর ব্যাপ্তিযোগ্যতা
C_f	ফিডব্যাক ক্যাপাসিটর	A	টেম্পারেচার কোইফিসিয়েন্ট এর রেসিস্টেন্স
R_c	ম্যাগনেটিক কোর এর রিলাকটান্স	Θ	ফেস অ্যাঙ্গেল
R_{ag}	এয়ার গ্যাপ রিলাকটান্স	Λ	ফ্লাক্স লিংকেজ
R_f	ফিডব্যাক রেসিস্টর	P	স্পেসিফিক রেসিস্টেন্স বা রেসিসটিভিটি
f_r	রেসোন্যান্ট ফ্রিকোয়েন্সি	Σ	স্পেসিফিক কন্ডাক্টেন্স বা কনডাকটিভিটি
K	ট্রান্সফরমার টার্নস রেসিও	Φ	মিউচুয়াল ফ্লাক্স
Ø	ডিসি মোটর ফ্লাক্স	Ω	অঙ্গুলার ভেলোসিটি

চিত্রের তালিকা

ইউনিট -1: ইলেক্ট্রনিক উপাদান এবং সংকেতের সংক্ষিপ্ত বিবরণ

ইউনিট -2: এনালগ সার্কিটের পর্যালোচনা

ইউনিট-3: ডিজিটাল ইলেকট্রনিক্সের পর্যালোচনা

ইউনিট-4: বৈদ্যুতিক এবং চুম্বকীয় সার্কিট

ইউনিট-5: এ.সি. সার্কিটস

ইউনিট-6: ট্রান্সফরমার এবং মেশিন

সারণী তালিকা

শিক্ষকদের জন্য নির্দেশিকা

ফলাফল ভিত্তিক শিক্ষা (Outcome Based Education - OBE) বাস্তবায়নের জন্য শিক্ষার্থীদের জ্ঞানের স্তর এবং দক্ষতা বৃদ্ধি করতে হবে। OBE এর যথাযথ বাস্তবায়নের জন্য শিক্ষকদের একটি বড় দায়িত্ব নিতে হবে। OBE সিস্টেমের শিক্ষকদের জন্য কিছু দায়িত্ব (সীমাবদ্ধ নয়) নিম্নরূপ হতে পারে:

- যুক্তিসঙ্গত সীমাবদ্ধতার মধ্যেই সমস্ত শিক্ষার্থীদের সর্বোত্তম ফললাভের জন্য, তাদের সময়কে কৌশলে ব্যবহার করা উচিত।
- তাদের বৈষম্যমূলক অন্য কোন সম্ভাব্য অযোগ্যতা বিবেচনা না করে শুধুমাত্র নির্দিষ্ট সংজ্ঞায়িত মানদণ্ডের ভিত্তিতেই শি-ক্ষার্থীদের মূল্যায়ন করা উচিত।
- প্রতিষ্ঠান ছাড়ার আগে শিক্ষার্থীদের শেখার ক্ষমতা একটি নির্দিষ্ট মাত্রায় বাড়ানোর চেষ্টা করা উচিত।
- পড়াশোনা শেষ করার পর সব শিক্ষার্থী যেন গুণগত জ্ঞান এবং যোগ্যতার সাথে নিজেকে তৈরি করতে পারে তা নিশ্চিত করার চেষ্টা করা উচিত।
- তাদের সর্বদা শিক্ষার্থীদের চূড়ান্ত কর্মক্ষমতা বিকাশের জন্য উত্সাহিত করা উচিত।
- নতুন পদ্ধতির একত্রীকরণের জন্য তাদের গ্রুপের কাজ এবং দলগত কাজকে সহজতর করা এবং উৎসাহিত করা উচিত।
- তাদের মূল্যায়নের প্রতিটি অংশে ব্লুমের শ্রেণীবিন্যাস অনুসরণ করা উচিত।

ব্লুমের শ্রেণীবিন্যাস

স্তর	শিক্ষকের পরীক্ষা করা উচিত	শিক্ষার্থীকে সক্ষম হওয়া উচিত	মূল্যায়নের সম্ভাব্য পদ্ধতি
সৃজন (Creating)	শিক্ষার্থীদের সৃজন করার ক্ষমতা	ডিজাইন বা সৃজন করা	মিনিপ্রজেক্ট
মূল্যায়ন (Evaluating)	শিক্ষার্থীদের বিচার করার ক্ষমতা	তর্ক করুন বা রক্ষা করা	অ্যাসাইনমেন্ট
বিশ্লেষণ (Analyzing)	শিক্ষার্থীদের পার্থক্য করার ক্ষমতা	পার্থক্য করুন বা পার্থক্য করা	প্রকল্প/ল্যাবপদ্ধতি
প্রয়োগ (Applying)	শিক্ষার্থীদের তথ্য ব্যবহার করার ক্ষমতা	পরিচালনা বা প্রদর্শন	প্রযুক্তিগত উপস্থাপনা/ প্রদর্শন
বোধ (Understanding)	শিক্ষার্থীদের ধারণা ব্যাখ্যা করার ক্ষমতা	ব্যাখ্যা বা শ্রেণীবদ্ধ করুন	উপস্থাপনা/সেমিনার
স্মরণ (Remembering)	শিক্ষার্থীদের মনে রাখার ক্ষমতা	সংজ্ঞায়িত করুন বা প্রত্যাহার করুন	কুইজ

শিক্ষার্থীদের জন্য নির্দেশিকা

OBE বাস্তবায়নের জন্য শিক্ষার্থীদের সমান দায়িত্ব নিতে হবে। OBE সিস্টেমে শিক্ষার্থীদের জন্য কিছু দায়িত্ব (সীমাবদ্ধ নয়) নিম্নরূপ:

- প্রতিটি কোর্সে ইউনিট শুরুর আগে শিক্ষার্থীদের প্রতিটি UO সম্পর্কে ভালভাবে অবগত হওয়া উচিত।
- কোর্স শুরুর আগে শিক্ষার্থীদের প্রতিটি CO সম্পর্কে ভালভাবে সচেতন হওয়া উচিত।
- প্রোগ্রাম শুরুর আগে শিক্ষার্থীদের প্রতিটি PO সম্পর্কে ভালভাবে সচেতন হওয়া উচিত।
- শিক্ষার্থীদের উচিত সঠিক প্রতিফলন এবং কর্মের সাথে সমালোচনা মূলক এবং যুক্তিসঙ্গত ভাবে চিন্তা করা।
- শিক্ষার্থীদের শেখার ব্যবহারিক এবং বাস্তবজীবনের পরিণতির সাথে সংযুক্ত এবং একীভূত হওয়া উচিত।
- OBE এর প্রতিটি স্তরে শিক্ষার্থীদের তাদের দক্ষতা সম্পর্কে ভালভাবে সচেতন হওয়া উচিত।

সূচীপত্র

1 ইলেক্ট্রনিক উপাদান এবং সংকেতের সংক্ষিপ্ত বিবরণ

ইউনিট বিশেষ

এই ইউনিটে নিম্নলিখিত বিষয়গুলি নিয়ে আলোচনা করা হয়েছে:

- নিষ্ক্রিয় এবং সক্রিয় উপাদান
- রেসিস্টর, ক্যাপাসিটার এবং ইন্ডাক্টর
- ডায়োড এবং তাদের প্রয়োগ
- বাইপোলার জাংশন ট্রানজিস্টর এবং তাদের প্রয়োগ
- ফিল্ড ইফেক্ট ট্রানজিস্টর, এমওএস এবং সিএমওএস এবং তাদের প্রয়োগ
- সিগনাল: ডিসি/এসি, ভোল্টেজ/ কারেন্ট, পর্যায়ক্রমিক/অ-পর্যায়ক্রমিক সিগনাল
- গড়, আরএমএস, সিগনালগুলির সর্বোচ্চ মান
- বিভিন্ন ধরণের সিগনাল ওয়েভফর্ম
- ভোল্টেজ এবং কারেন্ট উৎস

বিষয়গুলির ব্যবহারিক প্রয়োগগুলি আরও কৌতূহল সৃষ্টির পাশাপাশি সমস্যা সমাধানের ক্ষমতা উন্নত করার জন্য আলোচনা করা হয়েছে। ব্লুমের শ্রেণিবিন্যাসের নিম্ন এবং উচ্চতর ক্রম অনুসারে বিভিন্ন শ্রেণীর অন্তর্গত একাধিক পছন্দের প্রশ্ন এবং সংক্ষিপ্ত এবং দীর্ঘ উত্তর ধরণের প্রশ্ন দেওয়ার পাশাপাশি, অনুশীলনের জন্য সংখ্যাসূচক সমস্যার সংখ্যা সরবরাহ করা হয়েছে।

ইউনিট 1 এর বিষয়বস্তুর উপর ভিত্তি করে সংশ্লিষ্ট ব্যবহারিকদের তালিকা প্রদান করা হয়েছে, যার বিবরণ পরিশিষ্ট-A প্রদত্ত ল্যাব ম্যানুয়ালের মধ্যে রয়েছে, যেটির পরে একটি "মাইক্রো প্রকল্প এবং ক্রিয়াকলাপ" বিভাগ রয়েছে। এই বিভাগটি মূলত ব্যবহারিক কার্যকলাপ, স্ব-শিক্ষা, সৃজনশীলতা এবং শিক্ষার সমস্ত ক্ষেত্রগুলিতে বিকাশের ফলাফলের উপর দৃষ্টি নিবদ্ধ করে কিছু আকর্ষণীয় প্রয়গের উদাহরণ তুলে ধরেছে। এখানে একটি "আরো জানো" বিভাগ রয়েছে, যা এই অংশের মাধ্যমে প্রদত্ত সম্পূরক তথ্যগুলি বইয়ের ব্যবহারকারীদের জন্য উপকারী হয়ে উঠেছে। রেফারেন্সের একটি তালিকা এবং প্রস্তাবিত পাঠগুলি ইউনিটে দেওয়া হয়েছে যাতে কেউ তাদের মধ্যে দিয়ে অনুশীলন করতে পারে। এটি লক্ষ্য করা গুরুত্বপূর্ণ যে বিভিন্ন আগ্রহের বিষয়ে আরও তথ্য পাওয়ার জন্য, প্রাসঙ্গিক সহায়ক জ্ঞানের জন্য ভিডিও এবং ওয়েবসাইটগুলির লিঙ্ক সরবরাহ করা হয়েছে।

যুক্তি

তারযুক্ত পৃথিবী এবং মানুষ অনেক ক্রিয়াকলাপ সম্পাদনের জন্য বিদ্যুতের উপর নির্ভরশীল। প্রয়োগগুলির সংখ্যা ইলেকট্রিকাল এবং ইলেকট্রনিক সার্কিট দ্বারা নিয়ন্ত্রিত হয়, মোবাইল ফোন এবং মিউজিক প্লেয়ারের ইন্টিগ্রেটেড সার্কিটের ক্ষুদ্র ক্ষুদ্র যন্ত্র থেকে শুরু করে কম্পিউটার এবং টিভি সেট পর্যন্ত, যেগুলি বাড়িতে বিদ্যুৎ বহন করে। এই অধ্যায়টি ইলেকট্রিকাল এবং ইলেকট্রনিক্স ইঞ্জিনিয়ারিংয়ের মৌলিক বিষয়গুলির অধ্যয়নের একটি মূল বিষয়। এই অধ্যায়ে, রেসিস্টর, ক্যাপাসিটার, ইন্ডাক্টর, ডায়োড, বিজেটি, এফইটি এর মতো উপাদানগুলির কাজ বর্ণনা করা হয়েছে, যা যে কোন সার্কিটের মৌলিক উপাদান। সার্কিট বিশ্লেষণ, প্রক্রিয়াকরণ এবং বৈধকরণে সাহায্যকারী সংকেত এবং সক্রিয় উৎসগুলির একটি সংক্ষিপ্ত বিবরণ যা ক্রমাগত শক্তি সরবরাহ বা শোষণ করতে পারে তাও এই অধ্যায়ে ব্যাখ্যা করা হয়েছে।

পূর্ব-প্রয়োজনীয়

1. **বিজ্ঞান:** কারেন্ট, রাসায়নিক পদার্থ-প্রকৃতি ও আচরণের প্রভাব (দশম শ্রেণী)
2. **ফলিত রসায়ন:** পারমাণবিক গঠন, ইঞ্জিনিয়ারিং উপকরণ (সেমিস্টার -I)

3. **ফলিত পদার্থবিজ্ঞান -I:** ভৌত জগত, ইউনিট এবং পরিমাপ (সেমিস্টার -I)
4. **গণিত -I:** ত্রিকোণমিতি, বীজগণিত (সেমিস্টার -I)

ইউনিট ফলাফল

এই ইউনিট সমাপ্ত হলে, শিক্ষার্থী সক্ষম হবে:

U1-O1: ইলেকট্রনিক্স এবং ইলেকট্রিকাল উপাদানগুলিকে শ্রেণিবদ্ধ করো৷

U1-O2: প্রদত্ত প্রয়গের জন্য উপযুক্ত পৃথক উপাদানগুলি প্রস্তাব করো৷

U1-O3: প্রদত্ত সেমিকন্ডাক্টর ডিভাইসের নির্মাণ ও কাজের নীতি বর্ণনা কর৷

U1-O4: ক্রমাগত ইলেকট্রিকাল সংকেতগুলির পরামিতি ব্যাখ্যা করো৷

U1-O5: দর্শ এবং ব্যবহারিক সক্রিয় উৎসগুলির তুলনা করো৷

কোর্স আউটকোমের সাথে ইউনিট ওয়াইজ এর আউটকাম শেখার ম্যাপিং ইউনিট

ইউনিট-1 ফলাফল	কোর্স আউটকোমের সাথে প্রত্যাশিত ম্যাপিং (1-দুর্বল সম্পর্ক; 2- মাঝারি সম্পর্ক; 3- শক্তিশালী সম্পর্ক)					
	সিও-1	সিও-2	সিও-3	সিও-4	সিও-5	সিও-6
U1-O1	3	-	-	-	-	-
U1-O2	3	-	-	-	-	-
U1-O3	3	-	-	-	-	-
U1-O4	3	-	-	-	-	-
U1-O5	3	-	-	-	-	-

জর্জ সাইমন ওহম (1789-1854)

ইতালীয় উদ্ভাবিত ইলেক্ট্রোকেমিক্যাল সেল দিয়ে তার গবেষণা শুরু করে বিজ্ঞানী আলেসান্দ্রো ভোল্টা৷ তার ব্যবহারিক পরীক্ষাগুলি গাণিতিক দেখিয়েছিল লিঙ্ক এবং তিনি খুঁজে পেয়েছেন যে সম্ভাবনার মধ্যে একটি সরাসরি আনুপাতিকতা আছে পার্থক্য (ভোল্টেজ) একটি কন্ডাকটর এবং ফলস্বরূপ ইলেকট্রিকাল বর্তমান জুড়ে প্রয়োগ করা হয়, যদি তাপমাত্রা পরিবর্তন না হয়৷ এই সম্পর্ক ওহমস নামে পরিচিত আইন এবং এখন ইলেকট্রিকাল সার্কিট ডিজাইনের ভিত্তি

1.1 নিষ্ক্রিয় কম্পনেন্ট

1.1.1 ভূমিকা

কিশোর -কিশোরীদের পাশাপাশি শিশুরা জিগ স্ব পাজল খেলতে ভালোবাসে৷এই পাজেলে বিচ্ছিন্ন অংশগুলির সংখ্যা সঠিকভাবে স্থাপন করে একসাথে একটি সম্পূর্ণ ছবির বিকাশ করতে হয়৷ প্রতিটি অংশেরই ওই সম্পূর্ণ ছবিতে একটি নির্দিষ্ট ভূমিকা রয়েছে৷ একইভাবে যে কোন ইলেকট্রিকাল বা ইলেকট্রনিক্স প্রয়গের জন্য, সার্কিট বা সিস্টেমগুলি তৈরি করা হয় যার প্রতিটি উপাদান প্রয়োগটি কার্যকর হওয়ার জন্য একটি নির্দিষ্ট অর্থপূর্ণ ভূমিকা রয়েছে৷ আসলে, সমস্ত কার্যকরী অংশ না বুজে একটি সার্কিট সত্যিইএকত্রিত করা সম্ভব নয়৷ কেউ শুধুমাত্র উপাদানগুলিকেএকটি ইলেকট্রনিক পরিকল্পিত সার্কিটে একসাথে সংযুক্ত করতে পারে জিগ স্ব পাজেলের মত৷ যে বলেন, একটি বিদ্যমান বর্তনী ডিবাগ বা একটি নকশা করার জন্য, এটি পৃথক ইলেকট্রিকাল উপাদানগুলি কীভাবে কাজ করে এবং সেগুলি কীভাবে একসাথে ব্যবহার করা যায় তা বোঝা গুরুত্বপূর্ণ৷ এই বিষয়ে রেসিস্টর, ক্যাপাসিটর, এবং ইন্ডাক্টর এর মতো উপাদানগুলির কাজ যা কোনো সার্কিটের মৌলিক উপাদান,বর্ণনা করা হবে৷

1.1.2 সার্কিট এলিমেন্টের প্রকারভেদ

ইলেকট্রনিক্স উপাদানগুলি যা একটি সার্কিট তৈরি করে এমন উপাদান হিসাবে পরিচিত যা কন্ডাক্টর দ্বারা একসাথে সংযুক্ত থেকে একটি সম্পূর্ণ সার্কিট গঠন তারা সার্কিট থেকে শক্তি সরবরাহ করে বা শোষণ করে তার উপর নির্ভর করে তাদের দুটি প্রধান বিভাগে শ্রেণিবদ্ধ করা যেতে পারে:

ক) নিষ্ক্রিয়উপাদান

খ) সক্রিয় উপাদান

একটি নিষ্ক্রিয়উপাদান শুধুমাত্র শক্তি গ্রহণ করতে পারে, যেটা বিলীন বা শোষণ করতে পারে। একটি সক্রিয় উপাদান একটি ইলেকট্রিকাল সার্কিট শক্তি সরবরাহ করতে পারে,এবং তার ইলেকট্রিকালভাবেচার্জ প্রবাহ নিয়ন্ত্রণ করার ক্ষমতা আছে। উদাহরণ হিসাবে একটি মৌলিক সার্কিটের দুটি ইলেকট্রনিক উপাদান, একটি সেল এবং একটি বাল্ব চিত্র 1.1 এ চিত্রিত করা হয়েছে।

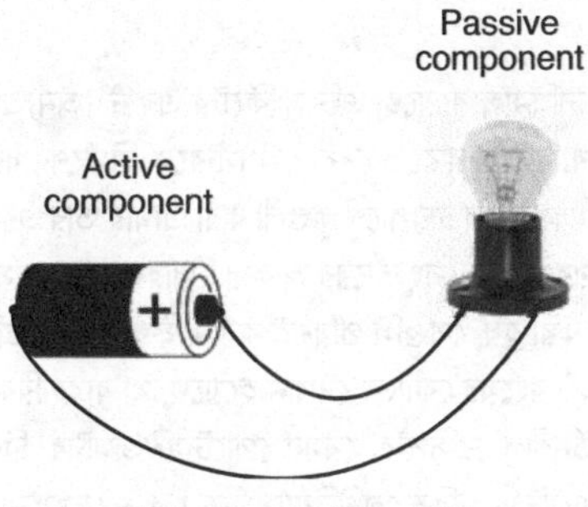

চিত্র 1.1: একটি মৌলিক সার্কিট

বিচ্ছিন্ন উপাদান

প্রকৃতিতে যে উপাদানগুলি বিচ্ছিন্ন অর্থাৎ শুধুমাত্র একটি সার্কিট উপাদান সহ আছে তাকে বিচ্ছিন্ন উপাদান বলা হয়। এই উপাদানগুলি সক্রিয় বা নিষ্ক্রিয় প্রকৃতির হতে পারে। এগুলি ইলেকট্রিকাল এবং ইলেকট্রনিক্স সার্কিটে ব্যাপকভাবে ব্যবহৃত হয়। কিছু বিচ্ছিন্ন উপাদান হল রেসিস্টর, ক্যাপাসিটার, ইন্ডাক্টর, সেমিকন্ডাক্টর ডায়োড। বিচ্ছিন্ন উপাদান শব্দটি বোঝা উচিত কারণ এটি বিচ্ছিন্ন উপাদানগুলিকে ইন্টিগ্রেটেড সার্কিট (আইসি) থেকে পৃথক করতে ব্যবহৃত হয় যাতে একাধিক বিভিন্ন সার্কিট উপাদান রয়েছে।

Resistor

নিষ্ক্রিয় কম্পোনেন্টের সংজ্ঞা

একটি নিষ্ক্রিয়কম্পোনেন্ট হল একটি ইলেকট্রনিক কম্পোনেন্ট যখন একটি সার্কিটে সংযুক্ত থাকে শুধুমাত্র শক্তি গ্রহণ করতে পারে, যা এটি এটি একটি ইলেকট্রিকাল ক্ষেত্র বা চৌম্বক ক্ষেত্রের মধ্যে অপচয়, শোষণ বা সংরক্ষণ করতে পারে। যেকোনোধরনের ইলেকট্রিকাল শক্তির চালানোর জন্য নিষ্ক্রিয়উপাদানের কোন প্রয়োজন নেই। 'প্যাসিভ' নামটি যেমন প্রস্তাব করে - নিষ্ক্রিয়ডিভাইসগুলি গেন বা আমপ্লিফিকেশন সরবর্রাহ করেনা। নিষ্ক্রিয়উপাদানগুলির সাধারণ উদাহরণগুলির মধ্যে রয়েছে রেসিস্টরক, ইন্ডাক্টর, ক্যাপাসিটার।

1.1.3 রেসিস্টেন্স

ইলেকট্রিকাল সার্কিটে বর্তমান প্রবাহের বিরোধিতা হল রেসিস্টেন্স। এটি একটি পদার্থের সম্পত্তি হিসাবে বর্ণনা করা হয় যার কারণে এটি কারেন্টের প্রবাহের বিরোধিতা করে। সব উপকরণের জন্য রেসিস্টেন্স একই নয়। কন্ডাক্টর যেমন তামা, অ্যালুমিনিয়াম ইত্যাদি ছোট রেসিস্টেন্স হিসাবে প্রস্তাবিত হয়, সেখানে ইনসুলেটিং উপকরণ বেকেলাইট, কাচ, রাবার, মিকা, শুকনো কাঠ, পিভিসি (পলিভিনাইল ক্লোরাইড), ইত্যাদি উচ্চ প্রতিরোধের হিসাবে প্রস্তাবিত হয়।

একটি উপাদান দ্বারা প্রদত্ত রেসিস্টেন্স উচ্চতর হলে, উপাদান দ্বারা প্রবাহিত ইলেকট্রন বা কারেন্টের প্রবাহ কম হয়। রেসিস্টেন্সের বৈশিষ্ট্য হল এটি বিভিন্ন ধরণের প্রয়োগগুলিতে ব্যবহৃত হয়, যেমন কম্পিউটার মাদার বোর্ড, টেলিভিশন এবং ভাস্বর বাতিতে ব্যবহার করা হয়। রেসিস্টেন্সের জন্য এসআই ইউনিট হল ওহম, যার প্রতীক হল গ্রীক অক্ষর ওমেগা 'Ω' এবং R অক্ষর দ্বারাও লেখা হয়। একটি পদার্থের রেসিস্টেন্স এক ওহম যখন একটি অ্যাম্পিয়ারের স্রোত এক ভোল্টের ভোল্টেজ সহ একটি উপাদান দিয়ে যায়।টার্মিনাল প্রান্তে কারেন্ট হল ভোল্টেজের সমানুপাতিক। এই অনুপাত ওহম সূত্র দ্বারা লেখা হয়:

$$R = \frac{V}{I} \quad ...(1.1)$$

একটি কন্ডাক্টর দ্বারা প্রদত্ত রেসিস্টেন্স R নিম্নলিখিত চারটি বিষয়ের উপর নির্ভর করে:

ক) এটি সরাসরি তার দৈর্ঘ্য 'l' এর হিসাবে পরিবর্তিত হয়।

খ) এটি পরিবাহীর ক্রস-সেকশন এলাকা 'A' এর হিসাবে বিপরীতভাবে পরিবর্তিত হয়।

গ) এটি উপাদানের প্রকৃতির উপর নির্ভরশীল।

ঘ) এটি পরিবাহকের তাপমাত্রার উপরও নির্ভর করে।

উপস্থাপনের জন্য শেষ পয়েন্টিকে অবহেলা করা হল,

$$R \,\alpha\, \frac{l}{A} \;\; or \;\; R = \frac{\rho\, l}{A} \qquad ...(1.2)$$

যেখানে ρএকটি ধ্রুবক যা উপাদানটির প্রকৃতির উপর নির্ভর করে এবং এটি তার স্পেসিফিক রেসিস্টেন্স বা রেসিস্টিভিটি হিসাবে পরিচিত। স্পেসিফিক রেসিস্টেন্সের ইউনিট হল ওহম-মিটার।

রেসিস্টর

রেসিস্টর হল একটি ইলেকট্রিকাল উপাদান যার দুটি টার্মিনাল রয়েছে। এটি সার্কিটের একটি অন্যতম গুরুত্বপূর্ণ উপাদান কারণ এটি ব্যবহারকারীকে সার্কিটে কারেন্ট এবং ভোল্টেজের পরিমাণ সঠিকভাবে নিয়ন্ত্রণ করতে দেয়। রেসিস্টরকে নির্মাণের ধরন এবং রেসিস্টেন্সের উপাদানের ভিত্তিতে ভাগ করা যায়।যদিও একটি রেসিস্টর খুব ছোট, একটি সিরামিক রডের চারপাশে কুণ্ডলী করা তামার তার এবং অন্তরক এর বাইরের আবরণ পেইন্ট দিয়ে তৈরি হয়। এটিকে ওয়ার উনড রেসিস্টর বলা হয়, এবং তারের সংখ্যা এবং তারের আকার নির্ধারণ করে রেসিস্টেন্সের সঠিক পরিমাণ। ছোট রেসিস্টর, যেগুলি কম-পাওয়ার সার্কিটগুলির জন্য ডিজাইন এবং ব্যবহার করা হয়, সেগুলি প্রায়শই কার্বন ফিল্ম দিয়ে তৈরি, যা তামার তারের উনডকে প্রতিস্থাপন করে যা ভারী হতে পারে। চিত্র 1.3 তে কার্বন ফিল্ম রেসিস্টরকের রংয়ের কোডিং দেখান হয়েছে, যা ব্যবহারিক নং 13 তে বর্ণিত হয়েছে। রেসিস্টরের প্রকারের আরেকটি শ্রেণিবিন্যাস হল স্থির রেসিস্টর এবং পরিবর্তনশীল রেসিস্টর, যেমন পোটেনশিওমিটার, রিওস্ট্যাট, ট্রিম পট। চিত্র 1.2 এ কিছু এই ধরনের রেসিস্টরের প্রতীক চিত্রিত করা হয়েছে।। রেসিস্টরের একটি বিস্তারিত শ্রেণিবিন্যাস চিত্র 1.4 এ দেখানো হয়েছে।

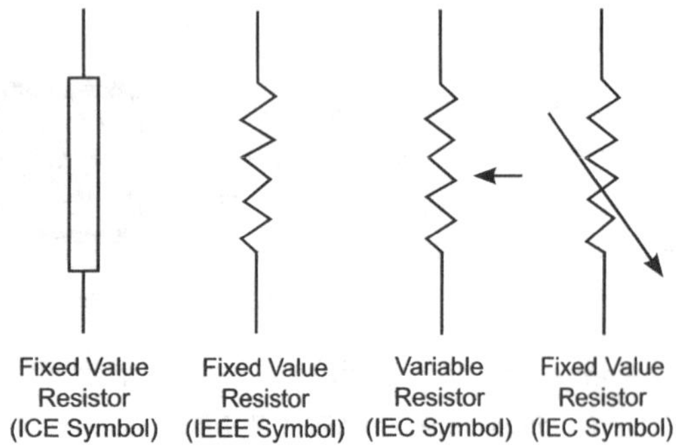

চিত্র 1.2: রেসিস্টরের প্রতীক

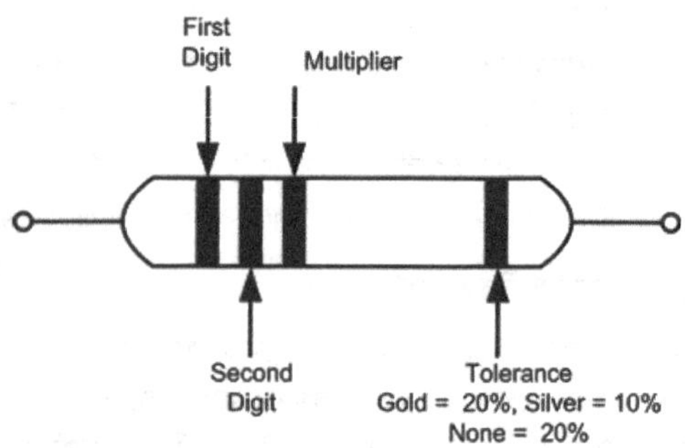

চিত্র 1.3: রেসিস্টরের রংয়ের কোডিং

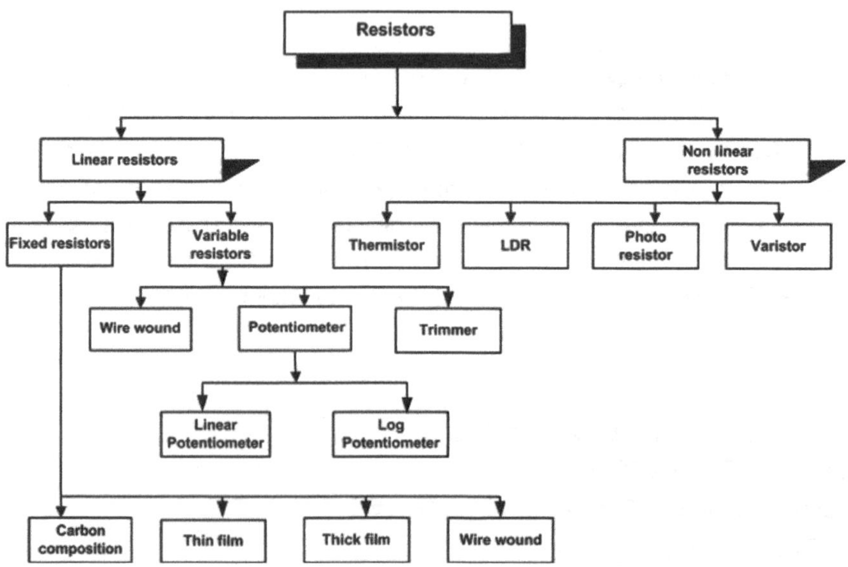

চিত্র 1.4: রেসিস্টরের শ্রেণীবিভাগ

পাওয়ার রেটিং বা ওয়াটেজ:

- কোন ক্ষতি ছাড়া, সর্বাধিক পরিমাণ তাপমাত্রা একটি রেসিস্টর দ্বারা সর্বাধিক নির্দিষ্ট তাপমাত্রায় অপসারণ করাকে বলা হয় রেসিস্টরের রেসিস্টরকের পাওয়ার রেটিং।
- এটিকে নির্দিষ্ট তাপমাত্রায় ওয়াট (W) দ্বারা প্রকাশ করা হয়।
- যখন উচ্চ তাপমাত্রায় রেসিস্টরকে ব্যবহার করা হয়, তখন পাওয়ার রেটিং হ্রাস পাবে।
- সাধারণত উপলব্ধ রেসিস্টরগুলির পাওয়ার রেটিং রয়েছে 1/8 W, 1/4 W, 1/2 W, 1 W, 2 W।
- একটি রেসিস্টরের আকার তার পাওয়ার হ্যান্ডলিং ক্ষমতার উপর নির্ভর করে। ছোট রেসিস্টরগুলি কম পাওয়ারে পরিচালনা করার জন্য ডিজাইন করা হয়েছে, রেসিস্টরের আকার বৃদ্ধি পেলে পাওয়ার হ্যান্ডলিং ক্ষমতাও বৃদ্ধি পায়।

কন্ডাক্টাটেন্স এবং কন্ডাক্টিভিটি

রেসিস্টরের পারস্পরিক কে কন্ডাকট্যান্স বলা হয়, যা 'G' অক্ষর দ্বারা লেখা হয়। যেখানে কন্ডাক্টর এর রেসিস্টেন্স কারেন্টের প্রবাহের বিরোধিতা করে, সেখানে কন্ডাকট্যান্স কারেন্টের প্রবাহের উপর নির্ভর করে মাপা হয়।

Eq.1.2 থেকে,

$$R = \rho\frac{l}{A} \quad G = \frac{1}{\rho}\frac{1}{A}$$

$$G = \sigma\frac{A}{l} \qquad ...(1.3)$$

যেখানে σ কে পরিবাহীর কন্ডাক্টিভিটি বা স্পেসিফিক কন্ডাক্টিভিটি বলা হয়। কন্ডাক্টাটেন্স এর একক হল সিমেন্স (S)। পরিবাহিতার ইউনিট হল সিমেন্স/মিটার (S/m)।

রেসিস্টেন্সের উপর তাপমাত্রার প্রভাব

যেকোনো উপাদানের রেসিস্টেন্সের ক্ষমতাকে প্রভাবিত করে এমন একটি বিষয় হল তাপমাত্রা। তাপমাত্রা বৃদ্ধির প্রভাব হল:

ক) খাঁটি ধাতুর রেসিস্টর ক্ষমতা বাড়ানো।

খ) কার্বন, ইলেক্ট্রোলাইট এবং ইনসুলেটরের রেসিস্টর ক্ষমতা হ্রাস করা।

গ) খাদগুলির রেসিস্টর ক্ষমতা বাড়ানোর জন্য, যদিও তাদের ক্ষেত্রে বৃদ্ধি তুলনামূলকভাবে কম।

রেসিস্টেন্সের তাপমাত্রা সহগ (টেম্পারেচার কোএফিসিয়েন্ট)

ধরা যাক একটি ধাতব কন্ডাক্টরের 0°C এ রেসিস্টেন্স হল R_0, যেটিকে t°C এ উত্তপ্ত করা হবে। এবং ধরা যাক এই টেম্পারেচারে কন্ডাক্টরের রেসিস্টেন্স হল R_t। তারপর, তাপমাত্রার স্বাভাবিক রেঞ্জ বিবেচনা করে দেখা যায় যে রেসিস্টেন্সের বৃদ্ধি, $R_t - R_0$ নির্ভর করে

ক) সরাসরি তার প্রাথমিক রেসিস্টেন্সের উপর

খ) সরাসরি তাপমাত্রা বৃদ্ধি

গ) কন্ডাক্টরের উপাদানের প্রকৃতির উপর।

অথবা $R_t - R_0 \propto R_0 \times t \text{ or } R_t - R_0 = \alpha R_0 t \qquad ...(1.4)$

যেখানে α (আলফা) একটি ধ্রুবক এবং পরিবাহীর প্রতিরোধের তাপমাত্রা সহগ হিসাবে পরিচিত।

Eq (1.4) এর পুনর্বিন্যাস করে, আমরা পাই

$$R_t = R_0 + \alpha R_0 t = R_0 (1 + \alpha t) \qquad ...(1.5)$$

1.1.4 ইন্ডাক্টর

ইনডাক্টর একটি দ্বি-টার্মিনাল উপাদান যা সাময়িকভাবে একটি চৌম্বক ক্ষেত্রের আকারে শক্তি সঞ্চয় করে। এইটা সাধারণত কুণ্ডলী (কয়েল)বলা হয়। একটি ইন্ডাক্টরের প্রধান বৈশিষ্ট্য হল যে এটি কারেন্টের যেকোনো পরিবর্তনের বিরোধিতা করে। একটি ইনডাক্টর এটি সার্কিটের নিষ্ক্রিয়উপাদান হিসেবেও বিবেচিত হয়, কারণ এটি একটি চৌম্বক ক্ষেত্র হিসাবে শক্তি সঞ্চয় করতে পারে, এবং পারে সার্কিটে সেই শক্তি পৌঁছে দিতে, কিন্তু ধারাবাহিক ভিত্তিতে নয়। একটি ইন্ডাক্টরের এনার্জি শোষণ এবং সরবরাহ করার ক্ষমতা সীমিত।

ফ্যারাডের ইলেক্ট্রোম্যাগনেটিক ইন্ডাকশনের আইন অনুসারে, যখন একটি ইন্ডাক্টরের মধ্য দিয়ে কারেন্টের প্রবাহের পরিবর্তন হয়, তখন সময় পরিবর্তিত চৌম্বক ক্ষেত্র কন্ডাক্টরের মধ্যে একটি ভোল্টেজ প্ররোচিত করে। লেঞ্জ আইন অনুযায়ী, প্ররোচিত ই এম এফ এর দিকনির্দেশ, কারেন্টের পরিবর্তনের বিরোধিতা করে যা এটি তৈরি করেছে। অতএব, প্ররোচিত ই এম এফ এর বিপরীত কুণ্ডলী জুড়ে ভোল্টেজ প্রয়োগ করা হয়। এটি একজন ইন্ডাক্টরের

বৈশিষ্ট্য। ইনডাক্টর যেকোন এসি কম্পোনেন্টকে ব্লক করে যা ডিসি সিগন্যালে উপস্থিত। ইন্ডাক্টর কখনও কখনও একটি কোর এর উপর আবৃত হয়, উদাহরণস্বরূপ একটি ফেরাইট কোর। চিত্র 1.4 এ একটি ইন্ডাক্টরের লেবেলযুক্ত বিভিন্ন অংশ দেখানো হয়েছে।

প্রতীক এবং একক

বিভিন্ন প্রকারের ইন্ডাক্টরের প্রতীকগুলি চিত্র 1.6 এ দেওয়া আছে।

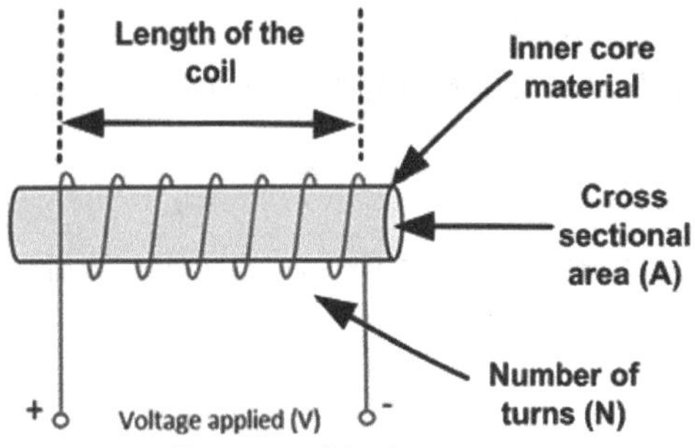

চিত্র 1.5 : একটি ইন্ডাক্টরের অংশ

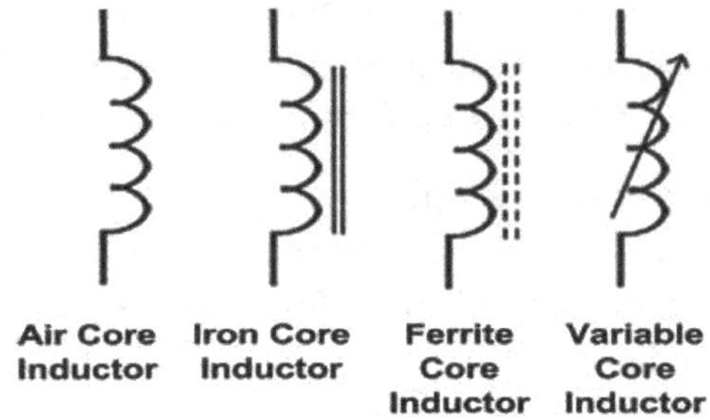

চিত্র 1.6: ইন্ডাক্টরের প্রতীক

ইন্ডাক্টেন্সের একক *হেনরি (H)। প্রকৃত অনুশীলনে, হেনরি একটি অত্যন্ত বড় ইউনিট।* অতএব, অনেক ছোট ইউনিট মিলিহেনরি (MH) বা মাইক্রোহেনরি (μH) ব্যবহার করা হয়। $1 \text{ mH} = 1 \times 10^{-3} \text{ H}$ এবং $1 \ \mu\text{H} = 1 \times 10^{-6} \text{ H}$.

ইন্ডাক্টেন্সের প্রভাবিত হওয়ার কারণ

একটি কুণ্ডলীর প্রবর্তন নিম্নলিখিত পরামিতিগুলির উপর নির্ভর করে:

1. টার্ন্সের সংখ্যা, N
2. মূল উপাদান
3. ওয়াইন্ডিং এর দৈর্ঘ্য,
4. ফরমার কয়েলের মাত্রা

ইন্ডাক্টরে শক্তির সঞ্চয়

ইলেক্ট্রোম্যাগনেটিজমের মৌলিক বৈশিষ্ট্যগুলির মধ্যে একটি হল যখন ইন্ডাক্টর এর মধ্যে দিয়ে কারেন্ট প্রবাহিত হয়, একটি চৌম্বকীয় ক্ষেত্র তৈরি হয় যা কারেন্ট প্রবাহের সাথে পারপেন্ডিকুলার (লম্ব) থাকে। এটি বাড়তে থাকে। এটি এক পর্যায়ে স্থির হয়ে যায়, যার মানে হল যে ইনডাক্টেন্স তার পরে তৈরি হবে না। যখন কারেন্ট(বিদ্যুৎ) প্রবাহ বন্ধ হয়, চৌম্বক ক্ষেত্র কমে যায়। এই চৌম্বকীয় শক্তি ইলেকট্রিকাল (ইলেকট্রিক্যাল) শক্তিতে পরিণত হয়। অতএব এতে শক্তি সঞ্চিত হয় সাময়িকভাবে চৌম্বক ক্ষেত্রের আকারে।

Coil Tutorial

একটি ইন্ডাক্টরের কিউ (Q) ফ্যাক্টর

- ইন্ডাক্টরের মধ্যে শক্তির অপচয়ের তুলনায় শক্তি সঞ্চয় করার ক্ষমতাকে কোয়ালিটি (Q)ফ্যাক্টর বলা হয়। এটি ফিগার অফ মেরিট হিসাবেও পরিচিত।

  Q ফ্যাক্টর কে প্রস্তাবিত করা হয়, $$Q = \frac{\text{Energy Stored}}{\text{Energy Dissipated}} \quad \cdots(1.6)$$

- একটি উচ্চ Q ফ্যাক্টর মানে শক্তি সঞ্চয়ের ক্ষেত্রে সামান্য শক্তি অপচয়, যখন একটি কম Q ফ্যাক্টর শক্তি সঞ্চয় মানে শক্তি সঞ্চয়ের ক্ষেত্রে বেশী শক্তি অপচয়।
- কয়েলের জন্য Q ফ্যাক্টরের মান 5 থেকে 100 এর মধ্যে হতে পারে।

এটা লক্ষ করা যেতে পারে যে একটি কুণ্ডলীর ডিসি রেসিস্টেন্সের মান ছোট হলে, Q ফ্যাক্টরের মান বেশি। টিউনিং সার্কিটগুলিতে উচ্চ Q কয়েল পছন্দ করা হয়, কারণ এটি সার্কিটকে আরও নির্বাচনী এবং সংবেদনশীল করে তোলে।

1.1.5 ক্যাপাসিটর

একটি ক্যাপাসিটর একটি নিষ্ক্রিয়উপাদান যা বিভব পার্থক্য আকারে শক্তি সঞ্চয় করার ক্ষমতা রাখে তার প্লেটের মাঝে। এটি ভোল্টেজের হঠাৎ পরিবর্তন রেসিস্টর করে। চার্জ বিভব পার্থক্য আকারে সংরক্ষণ করা হয় দুটি প্লেটের মধ্যে, যা চার্জ স্টোরেজের দিকনির্দেশের উপর নির্ভর করে পজেটিভ এবং

নেগেটিভ হতে পারে। এই দুটি প্লেটের মধ্যে একটি অ-সঞ্চালিত (নন কন্ডাক্টিং) অঞ্চল বিদ্যমান যাকে ডাইলেক্ট্রিক বলা হয়। এই ডাইলেট্রিক, ভ্যাকুয়াম, এয়ার, মাইকা, পেপার, সিরামিক, অ্যালুমিনিয়াম ইত্যাদি হতে পারে। ক্যাপাসিটরের নাম ব্যবহৃত ডাইলেট্রিক অনুযায়ী দেওয়া হয়।

প্রতীক এবং একক

ক্যাপাসিট্যান্সের জন্য স্ট্যান্ডার্ড ইউনিট হচ্ছে ফ্যারাড। সাধারণত, উপলব্ধ ক্যাপাসিটরের মান মাইক্রো-ফ্যারাডস, পিকো-ফ্যারাডস এবং ন্যানো-ফ্যারাডস এই ক্রম অনুসারে হবে। ক্যাপাসিটরের প্রতীকটির চিত্র 1.7 এ দেখানো হয়েছে।

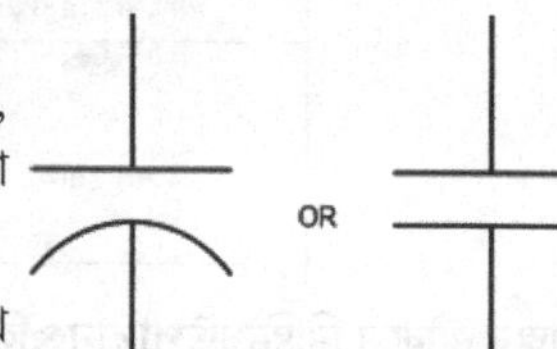

চিত্র 1.7: ক্যাপাসিটরের প্রতীক

একটি ক্যাপাসিটরের ক্যাপাসিট্যান্স প্লেটের মধ্যে দূরত্বর সাথে সমানুপাতিক এবং প্লেটের এলাকার সাথে ব্যস্তানুপাতিক। এছাড়াও, একটি উপাদানের উচ্চতর পারমিটিভিটির জন্য ক্যাপাসিট্যান্সও উচ্চতর হবে। একটি মাধ্যমের পারমিটিভিটি বর্ণনা করে যে প্রতি ইউনিট চার্জের জন্য মাধ্যমে কতটা ইলেকট্রিক ফ্লাক্স তৈরি হচ্ছে।

ক্যাপাসিটরে ব্যবহৃত ডাইলেট্রিক উপকরণ

ক্যাপাসিটর তৈরিতে ব্যবহৃত ডাইলেট্রিক উপকরণ নিম্নরূপ:

1. বায়ু
2. মাইকা
3. গ্লাস
4. সিরামিক
5. পোর্সেলিন
6. পলিস্টাইরিন
7. ফাইবার
8. বাকেলাইট
9. মোমযুক্ত কাগজ
10. ইলেক্ট্রোলাইটিক (AL_2O_3 এবং ফসফরাস বা কার্বোনেট)।

ক্যাপাসিটরের কাজ

ইলেকট্রিকাল সার্কিটে একটি ক্যাপাসিটরের গুরুত্বপূর্ণ কাজগুলি নিম্নরূপ:

Capacitor Types

1. *এটি এর মধ্য দিয়ে প্রবাহিত ডাইরেক্ট কারেন্টের (DC) প্রবাহের বিরোধিতা করে।*
2. এটি খুব সহজেই এর মধ্য দিয়ে প্রবাহিত অল্টারনেটিং কারেন্টকে (এসি)বাইপাস করে।
3. এটি এর মধ্যে ইলেকট্রিকাল শক্তি সঞ্চয় করে।
4. এটি ডিসি পাওয়ার সাপ্লাই থেকে তরঙ্গ সরিয়ে দেয়।
5. এটি সার্কিটে কোন ভোল্টেজ পরিবর্তনের বিরোধিতা করে।

1.1.6 সিরিজ এবং প্যারালাল সার্কিট

যখন রেসিস্টরগুলি এমনভাবে সংযুক্ত থাকে যে কারেন্ট কেবলমাত্র একটি সংযোগ থেকে আরেকটি সংযোগে প্রবাহিত হয় তখন তাকে সিরিজ কানেকশন বলা হয়।চিত্র 1.8 এ দেখানো হয়েছে দুটি রেসিস্টেন্সের সিরিজের সংমিশ্রণ, একটি একক রেসিস্টর হিসাবে দুটি রেসিস্টরের যোগফলের সমান, যখন সংশ্লিষ্ট ভোল্টেজ উৎসটি কাজ করে।

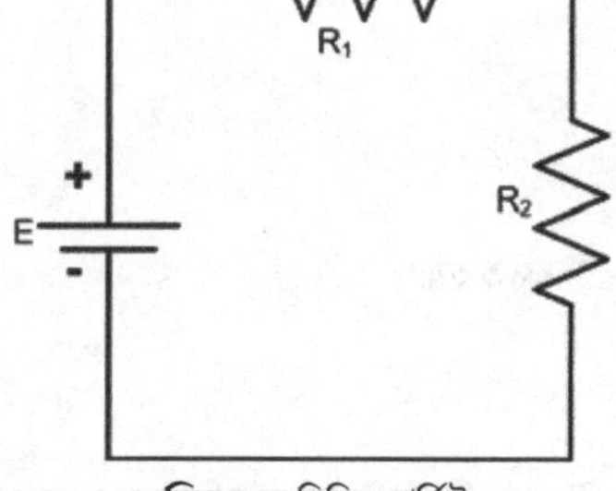

চিত্র 1.8: সিরিজ সার্কিট

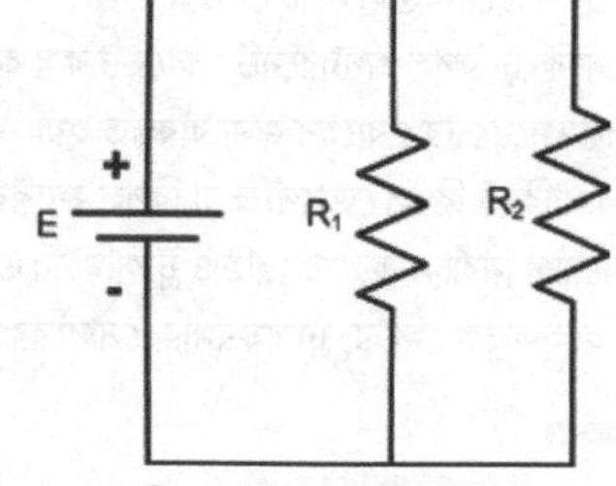

চিত্র 1.9: সমান্তরাল সার্কিট

সিরিজ রেসিস্টেন্সের জন্য ভোল্টেজ ডিভাইডারের অনুরূপ, যে সার্কিটগুলিতে রেসিস্টেন্সগুলি সমান্তরালভাবে সংযুক্ত থাকে, কারেন্ট বিভক্ত হয় যেটা চিত্র 1.9 এ দেখানো হয়েছে। রেসিস্টেন্সের মতো, যখন ক্যাপাসিট্যান্স এবং ইনডাক্টেন্সগুলি সিরিজে এবং সমান্তরাল সার্কিটে সংযুক্ত থাকে, তার সমতুল্য মানের সূত্রটি সারণি 1.1 এ দেখানো হয়েছে।

সারণী 1.1: উপাদানগুলির সমান্তরাল এবং সিরিজ সংযোগের জন্য সূত্র

সংযোগের ধরন	রেসিস্টর	ইনডাক্টর	ক্যাপাসিটর
সিরিজ	$R = R_1 + R_2$	$L = L_1 + L_2$	$\frac{1}{C} = \frac{1}{C_1} + \frac{1}{C_2}$
সমান্তরাল	$\frac{1}{R} = \frac{1}{R_1} + \frac{1}{R_2}$	$\frac{1}{L} = \frac{1}{L_1} + \frac{1}{L_2}$	$C = C_1 + C_2$

বাস্তব জীবনে নিষ্ক্রিয়উপাদানগুলির প্রয়োগ

নিষ্ক্রিয়উপাদানগুলি অনেক সংখ্যক ডিভাইসে ব্যবহৃত হয়। কিছু ব্যবহার পরবর্তী ইউনিটে ব্যাখ্যা করা হবে।

রেসিস্টরস

নিম্নরূপ রেসিস্টরক প্রয়োগ:

1. পোটেনশিয়াল ডিভাইডার
2. কারেন্ট কন্ট্রোল
3 ডিসি পাওয়ার সাপ্লাই
4. ফিল্টার সার্কিট নেটওয়ার্ক
5. পরিবর্ধক (অ্যামপ্লিফায়ার) সার্কিট
6. গরম করার উপাদান

কিছু অন্যান্য প্রয়গের অন্তর্ভুক্ত

- সুরক্ষার উদ্দেশ্যে, যেমন ফিউসিবল রেসিস্টর
- ওয়্যার উন্ড রেসিস্টরের প্রয়োগ হল যেখানে ব্যালেন্স কারেন্ট কন্ট্রোল, উচ্চ সংবেদনশীলতা, এবং অ্যাম্পিয়ার মিটারের সাথে শান্টের মতো পরিমাপ প্রয়োজন।
- ফটো রেসিস্টারের প্রয়োগ খুঁজে পাওয়া যায় ফ্লেম ডিটেক্টর, চোরের অ্যালার্ম, ফটোগ্রাফিক ডিভাইস ইত্যাদিতে।

ক্যাপাসিটার

ইলেকট্রনিক সার্কিটগুলিতে ক্যাপাসিটরের গুরুত্বপূর্ণ প্রয়োগগুলি নীচে দেওয়া হল:

1. এটি শক্তি সঞ্চয়ের জন্য ব্যবহৃত হয়।
2. এটি রিপল ভোল্টেজ কমানোর জন্য ফিল্টার সার্কিটে ব্যবহৃত হয়।
3. এটি ফ্রিকোয়েন্সি নির্বাচনের জন্য টিউনিং সার্কিটে ব্যবহৃত হয়।
4. এটি মোটর স্টার্ট করার জন্য, মোটর চালানোর জন্য ব্যবহৃত হয়।
5. এটি এসএমপিএস, মডেমের মতো যন্ত্রের জন্য ব্যবহৃত হয়।

ইন্ডাক্টর

ইন্ডাক্টরদের গুরুত্বপূর্ণ প্রয়োগগুলি নীচে দেওয়া হল:

1. এটি একটি সার্কিটে রিপল অল্টারনেটিং কারেন্ট কম করতে ব্যবহৃত হয়।
2. এটি ডায়রেক্ট কারেন্টের প্রবাহের জন্য ব্যবহৃত হয়।
3. এটি ফিল্টার সার্কিটে রিপল ভোল্টেজ বা রিপল ফ্যাক্টর কমানোর জন্য ব্যবহৃত হয়।
4. এটি ফ্রিকোয়েন্সি নির্বাচন করতে রেডিও ট্রান্সমিটার এবং রিসিভারের সার্কিট টিউনিংয়ে ব্যবহৃত হয়।
5. এটি রিলে, ইলেকট্রিক মোটর, ট্রান্সফরমার, সেন্সরের মতো যন্ত্রগুলিতে ব্যবহৃত হয়।

সমাধানকৃত সমস্যা

উদাহরণ 1.1.1: 2.2 মেগা ওহম, 470 kΩ, 220 kΩ, 55 kΩ এবং 1.6 মেগা ওহম রেসিস্টেন্সের 5টি পাঁচটি রেসিস্টর সিরিজে সংযুক্ত করা আছে। এই সিরিজ সংমিশ্রণের মোট বা সমতুল্য রেসিস্টর রেসিস্টেন্স গণনা করো?

সমাধান: রেসিস্টেন্সের সিরিজ সংমিশ্রণের জন্য, সমীকরণ হল

$$R_{eq} = R_1 + R_2 + R_3 + R_4 + R_5$$

যাইহোক, সতর্কতার একটি নোট আছে যে সমস্ত রেসিস্টেন্স একই ইউনিটের পরিপ্রেক্ষিতে প্রকাশ করা আবশ্যক। শর্তে আমাদের কিলো ওহম আছে

$$R_{eq} = 2200 + 470 + 220 + 55 + 1600$$

$R_{eq} = 4545$ kΩ; $R_{eq} = 4.545$ মেগা ওহম

উদাহরণ 1.1.2: 1 kΩ, 2 kΩ, 4 kΩ, 8kΩ, ওহম রেসিস্টেন্সের 4টি পাঁচটি রেসিস্টর সমান্তরালভাবে সংযুক্ত।এই সংমিশ্রণের সমতুল্য রেসিস্টেন্স গণনা করো?

সমাধান: প্রতিরোধের সমান্তরাল সংমিশ্রণের জন্য, সমীকরণ হল

$$\frac{1}{R_{eq}}=\frac{1}{R_1}+\frac{1}{R_2}+\frac{1}{R_3}+\frac{1}{R_4}$$

$$\frac{1}{R_{eq}}=\frac{1}{1}+\frac{1}{2}+\frac{1}{4}+\frac{1}{8}$$

$$= 0.125 + 0.250 + 0.500 + 1.000 = 1.875$$

তারপর $$R_{eq}=\frac{1}{1.875}=0.53\ k\Omega$$

1.2 সক্রিয় উপাদান

1.2.1 ভূমিকা

অটোমেশন, ডিজিটাইজেশন এবং স্মার্ট সিস্টেমের জন্য সক্রিয় উপাদানগুলির ব্যবহার প্রয়োজন। সক্রিয় উপাদানগুলি একটি গুরুত্বপূর্ণ ভূমিকা পালন করে গার্হস্থ্য থেকে শিল্প, মহাকাশ, প্রতিরক্ষা কৃষি, চিকিৎসা, পরিবহন, শিক্ষা এবং বিনোদন। সমস্ত ইলেকট্রনিক পণ্য সক্রিয় উপাদানগুলির কার্যকারিতার উপর ভিত্তি করে। বাহ্যিক শক্তি অনুসারে যে উপাদানগুলি অপারেশন পরিবর্তন করে তাকে বলা হয় সক্রিয় উপাদান। সক্রিয় উপাদান কর্মক্ষমতা বহিরাগত শক্তির উপর নির্ভর করে। সক্রিয় উপাদানগুলি হল প্রয়োগ সংশোধন, পরিবর্ধন এবং স্যুইচ করার জন্য উপযুক্ত। দুটি প্রধান ধরনের সক্রিয় উপাদান হল:

1. টিউব ডিভাইস
2. সেমিকন্ডাক্টর ডিভাইস।

বর্তমানে টিউব ডিভাইসগুলি সাধারণত ব্যবহৃত হয় না কারণ তারা অনেকগুলি ত্রুটি প্রদর্শন করে যেমন কম গতি অপারেশন, বড় আকার, মাউন্ট করা কঠিন এবং অর্ধপরিবাহী (সেমিকন্ডাক্টর) উপাদানগুলির চেয়ে ব্যয়বহুল। অর্ধপরিবাহী সক্রিয় উপাদানগুলিকে সলিড স্টেট কম্পনেন্টও (উপাদান) বলা হয়। এগুলো অর্ধপরিবাহী পদার্থ দিয়ে তৈরি।

সক্রিয় সেমিকন্ডাক্টর উপাদানগুলির অনেক সুবিধা রয়েছে যেমন: অপারেশনের উচ্চ গতি, কম্প্যাক্টনেস, সহজ মাউন্ট এবং টিউব ডিভাইসের তুলনায় সস্তা। সচরাচর ব্যবহৃত সক্রিয় উপাদান হলো ডায়োড, বিজেটি (বাইপোলার জাংশন ট্রানজিস্টর), এফইটি (ফিল্ড ইফেক্ট ট্রানজিস্টার), মসফেট (মেটাল অক্সাইড সেমিকন্ডাক্টর এফইটি), এসসিআর (সিলিকন নিয়ন্ত্রিত সংশোধনকারী), ডায়াক, ইউজেটি (ইউনি জাংশন ট্রানজিস্টার), ট্রায়াক, আইজিবিটি, পিইউটি, ইন্টিগ্রেটেড সার্কিট। সেমিকন্ডাক্টর উপাদানে কন্ডাক্টরের চেয়ে ইলেকট্রিকাল পরিবাহিতা কম এবং ইনসুলেটরের চেয়ে বেশি থাকে। এর পরিবাহিতা (কন্ডাক্টিভিটি)বাহ্যিক শক্তির প্রয়োগ অনুযায়ী পরিবর্তন হয়। বিশুদ্ধ সেমিকন্ডাক্টর উপকরণগুলিকে ইনট্রিন্সিক সেমিকন্ডাক্টর বলা হয়।

সাধারণত ব্যবহৃত বিশুদ্ধ সেমিকন্ডাক্টর উপকরণ হল সিলিকন (Si) এবং জার্মেনিয়াম (Ge)। পরিবাহিতা উন্নত করতে অর্থাৎ ফ্রি চার্জ ক্যারিয়ার, অশুচি ইনট্রিন্সিক সেমিকন্ডাক্টরে যোগ করা হয়। ইনট্রিন্সিক সেমিকন্ডাক্টরে অশুচি যোগ করার প্রক্রিয়াকে ডোপিং বলা হয়। ডোপিং প্রক্রিয়ার কারণে ইনট্রিন্সিক সেমিকন্ডাক্টর অশুদ্ধ সেমিকন্ডাক্টরে রূপান্তরিত হয়। এই অশুদ্ধ সেমিকন্ডাক্টর উপাদানকে বলা হয় এক্সট্রিন্সিক সেমিকন্ডাক্টর।

ইনট্রিন্সিক সেমিকন্ডাক্টরে যোগ করা অশুচি উপাদানগুলির ধরনের উপর নির্ভর করে, দুই ধরণের এক্সট্রিন্সিক সেমিকন্ডাক্টর পাওয়া যায়, যেমন পি টাইপ এবং এন টাইপ উপাদান। এই দুই ধরণের এক্সট্রিন্সিক সেমিকন্ডাক্টর ব্যবহার করে সক্রিয় উপাদান নির্মিত হয়। পি টাইপ এক্সট্রিন্সিক সেমিকন্ডাক্টর পেতে ট্রাইভালেন্ট উপাদান এবং এন টাইপ এক্সট্রিন্সিক সেমিকন্ডাক্টর পেতে পেন্টাভ্যালেন্ট অশুদ্ধ উপাদান যোগ করা হয়। পি টাইপ উপাদানে পজিটিভ চার্জ ক্যারিয়ার হোল হল সংখ্যাগরিষ্ঠ চার্জ ক্যারিয়ার, যেখানে এন টাইপ সংখ্যাগরিষ্ঠ চার্জ ক্যারিয়ার হল ইলেকট্রন।

1.2.2 পিএন জাংশন ডায়োড

পি এবং এন টাইপ সেমিকন্ডাক্টরগুলিকে সংযুক্ত করে একটি পিএন জাংশন ডায়োড গঠিত হয়। যত তাড়াতাড়ি পিএন জাংশন হয় গঠিত, এই প্রক্রিয়াটির নিম্নলিখিত ফলাফল:

1. হোলস গুলি পি অঞ্চল থেকে জংশনের কাছাকাছি এন অঞ্চলে ছড়িয়ে পড়ে মুক্ত ইলেকট্রনের সাথে। একইভাবে, ফ্রী ইলেকট্রনগুলি এন অঞ্চল থেকে জংশনের কাছাকাছি পি অঞ্চলে প্রবেশ করে এবং হোলস গুলির সাথে পুনরায় সংযোজন করে।
2. জংশনের কাছাকাছি এই পুনরায় সংমিশ্রণগুলি দীর্ঘকাল ধরে চলতে পারে না কারণ যে ইলেকট্রনগুলি পি অঞ্চলে ছড়িয়ে দেওয়ার চেষ্টা করছে এখন নেতিবাচক স্থির আয়ন দ্বারা বিতাড়িত হয় এবং পি অঞ্চলের হোল গুলি বিতাড়িত হয় এন অঞ্চলের পসিটিভ অচল আয়নগুলি দ্বারা। সুতরাং হোল এবং ইলেকট্রনের মোট পুনর্গঠন ঘটতে পারে না।

3. জংশনের কাছাকাছি কয়েকটি পুনরায় সংমিশ্রণের কারণে, উভয় অঞ্চলে চার্জ বহনকারী একটি অঞ্চল গঠিত হয়। এটিতে কেবল নেতিবাচক এবং ইতিবাচক স্থির আয়ন রয়েছে। এই অঞ্চলকে অবক্ষয় অঞ্চল বা স্থান-চার্জ অঞ্চল বলা হয়। চিত্র 1.10 অবক্ষয় অঞ্চল সহ পিএন জাংশন দেখায়।

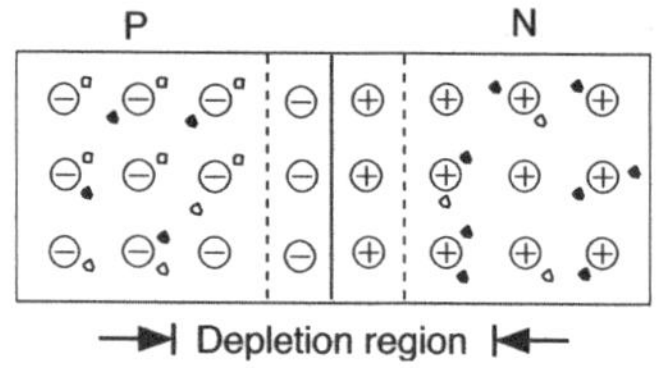

চিত্র 1.10: পিএন জাংশন

গ্রহণকারী এবং দাতা আয়নগুলির মধ্যে ইলেকট্রিকাল ক্ষেত্রকে বাধা বলা হয়। এর মধ্যে বিভব পার্থক্য বাধার দুই দিক, অর্থাৎ, বাধা সম্ভাব্যতা Si এর জন্য 0.7 V এবং Ge পিএন জংশনের জন্য 0.3 V। একটি পিএন জাংশন ডায়োড দুটি টার্মিনাল ডিভাইস। পি অঞ্চলের সাথে সংযুক্ত টার্মিনালকে বলা হয় অ্যানোড। টার্মিনাল সংযুক্ত এন অঞ্চলকে ক্যাথোড বলা হয়। দুটি ইলেক্ট্রোড আছে, তাই নাম ডায়োড (ডাই+ ইলেক্ট্রোড)।একটি পিএন জাংশন ডায়োডের চিত্র 1.11 এ দেখানো হয়েছে।

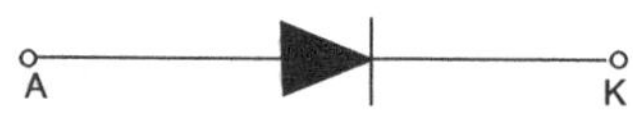

চিত্র 1.11: পিএন জাংশন ডায়োড প্রতীক

1.2.2.1 পিএন জাংশন ডায়োডের অপারেশন

পিএন জাংশন ডায়োড দুটি অবস্থা বা শর্তে পরিচালিত হতে পারে যেমন ফরওয়ার্ড বায়াস স্টেট এবং রিভার্স বায়াস স্টেট। ক্যাথোডের ক্ষেত্রে অ্যানোড যখন উচ্চতর সম্ভাবনায় থাকে, তখন ডায়োডকে বলা হয় ফরওয়ার্ড বায়াস, অর্থাৎ, বহিরাগত ব্যাটারির ইতিবাচক টার্মিনালকে অ্যানোড এবং নেতিবাচক টার্মিনালকে ক্যাথোডের সাথে সংযুক্ত করা। চিত্র 1.12 ডায়োডের ফরওয়ার্ড বায়াস সংযোগ দেখানো হয়েছে। পি অঞ্চলের হোলগুলি ব্যাটারির ইতিবাচক টার্মিনাল দ্বারা প্রতিহত করা হয় এবং জংশনের দিকে এগিয়ে যায়। একইভাবে ইলেকট্রনগুলি এন অঞ্চল থেকে জংশনের দিকে অগ্রসর হয়। তাহলে অবক্ষয় অঞ্চলের প্রস্থ হ্রাস পায়।

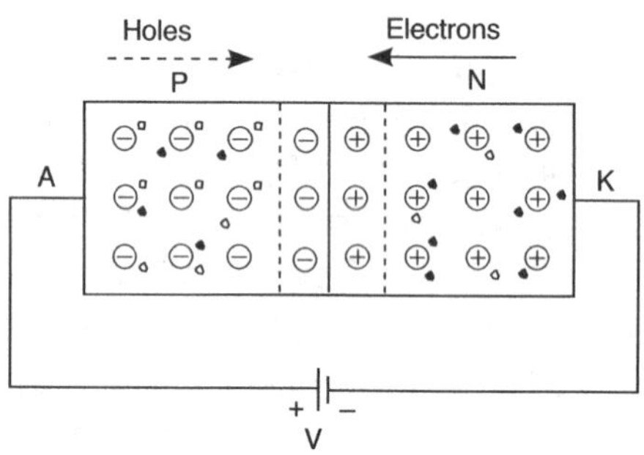

চিত্র 1.12: ডায়োড- ফরওয়ার্ড বায়াস

প্রচলিত কারেন্টের দিক হল হোলগুলির চলাচলের দিক অর্থাৎ অ্যানোড থেকে ক্যাথোড। যদি ব্যাটারির ভোল্টেজ বৃদ্ধি পায়, কারেন্টও বৃদ্ধি পায়। সংখ্যালঘু বাহকদের কারণে খুব কম কারেন্ট প্রবাহিত হয় উল্টোদিকে।

যখন অ্যানোডের পোটেনশিয়াল কম হয় ক্যাথোড এর থেকে(ক্যাথোডের সাপেক্ষে নেগেটিভ), তখন পিএন জাংশনকে বলা হয় রিভার্স বায়াস, অর্থাৎ বহিরাগত ব্যাটারির নেগেটিভ টার্মিনাল অ্যানোডের সাথে সংযুক্ত এবং ধনাত্মক ক্যাথোডে টার্মিনাল এন অঞ্চল থেকে ইলেকট্রন ব্যাটারির ধনাত্মক টার্মিনালের দিকে অগ্রসর হয়। যেহেতু বাহকরা দূরে সরে যায় জংশনের থেকে, অবক্ষয় অঞ্চলের প্রস্থ বৃদ্ধি পায়। এইভাবে সংখ্যাগরিষ্ঠ ক্যারিয়ারের কারণে কারেন্ট থাকে না। কিন্তু সংখ্যালঘু বাহকদের কারণে ক্যাথোড থেকে অ্যানোডে খুব কম কারেন্ট থাকে। এগুলো সংখ্যায় খুবই কম, তাই কারেন্টও খুব কম হয়।

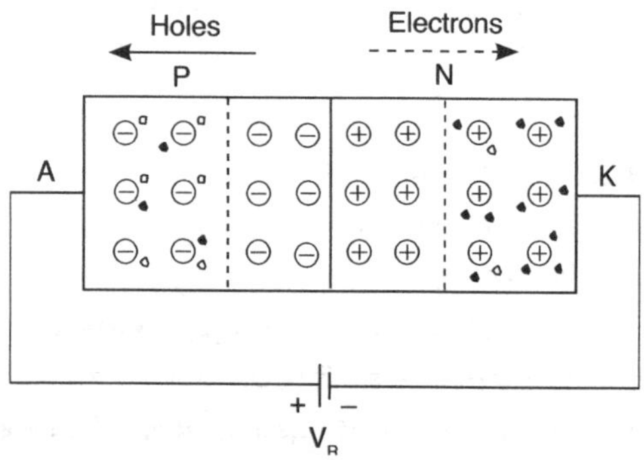

চিত্র 1.13: ডায়োড-রিভার্স বায়াস

1.2.2.2 একটি ডায়োডের বৈশিষ্ট্য

একটি ডিভাইসের VI এর বৈশিষ্ট্যগুলি বিভিন্ন প্রয়োগকৃত ইনপুট ভোল্টেজের জন্য ডিভাইস অপারেশন দেখায়। ফরোয়ার্ড এবং ডায়োডের বিপরীত বৈশিষ্ট্যগুলি চিত্র 1.14 এর মধ্যে দেখানো হয়েছে।

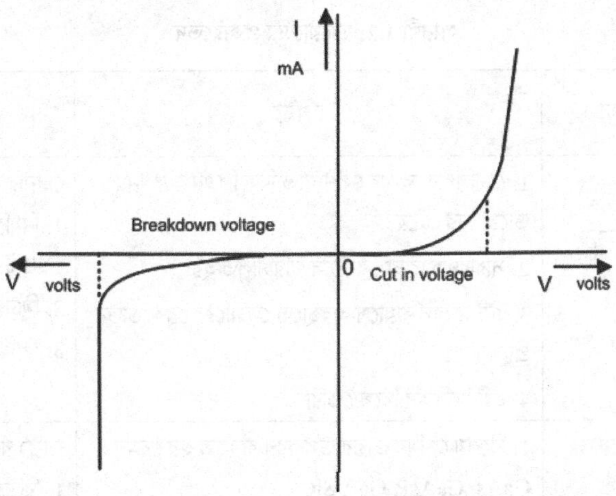

চিত্র 1.14: ডায়োড VI বৈশিষ্ট্য

ডিসি সার্কিটে সংযুক্ত ডায়োড একটি নির্দিষ্ট রেসিস্টেন্সের প্রস্তাব দেয় যাকে বলা হয় ডিসি রেসিস্টেন্স বা স্ট্যাটিক রেসিস্টেন্স। এটি ডায়োডের ডিসি ভোল্টেজ এবং ডায়োডের মাধ্যেকার ডিসি কারেন্টের অনুপাত (Eq. 1.7)।

$$R_F = \frac{V}{I} \qquad ...(1.7)$$

ফরওয়ার্ড বৈশিষ্ট্য প্রকৃতি থেকে দেখা যায়, স্ট্যাটিক রেসিস্টেন্স ফরওয়ার্ড বায়াসে কিছু ওহমে ছোট হয়। এছাড়াও এটি বিপরীত বৈশিষ্ট্যগুলি থেকে স্পষ্টভাবে দেখা যায় যে কারেন্টও খুব ছোট তাই মেগা ওহমে স্ট্যাটিক রেসিস্টেন্স বেশি হয়।

1.2.2.3 ডায়োড পরামিতি

নিম্নলিখিত পরামিতি নির্মাতারা দ্বারা নির্দিষ্ট করা হয়:

a) সর্বাধিক ফরওয়ার্ড কারেন্ট (I_F max): ফরওয়ার্ড বায়াসে সর্বোচ্চ কারেন্ট যা ডায়োড নিরাপদে রেসিস্টর করতে পারে। এর বাইরে, ডায়োড ক্ষতিগ্রস্ত হয়।

b) বিপরীত ভোল্টেজ (পিআইভি): সর্বোচ্চ বিপরীত ভোল্টেজ যা একটি ডায়োডে নিরাপদে প্রয়োগ করা যেতে পারে।

c) ফরওয়ার্ড এবং বিপরীত স্ট্যাটিক এবং গতিশীল রেসিস্টেন্স।

d) জাংশন ক্যাপ্যাসিট্যান্স।

V-I Characteristics of Junction Diode

1.2.2.4 ডায়োডের প্রয়োগ

পিএন জাংশন ডায়োড একটি মৌলিক সেমিকন্ডাক্টর উপাদান যা ইলেকট্রনিক্স সার্কিটের বিভিন্ন ক্ষেত্রে ব্যবহৃত হয়। এই ইলেকট্রনিক্স সার্কিটগুলি বিভিন্ন ইঞ্জিনিয়ারিং প্রয়গে ব্যবহৃত হয়। পিএন জাংশন ডায়োডের প্রধান প্রয়োগগুলি হল

1. ডায়োডগুলি রেক্টিফায়ার সার্কিট তৈরিতে ব্যবহৃত হয় যা এসি সিগনালগুলিকে ডিসি সিগনালে রূপান্তর করে।
2. ওয়েভ শেপিং সার্কিটে ডায়োড ইনপুট সংকেত ক্লিপ বা ক্ল্যাম্প করতে ব্যবহৃত হয়।
3. ডায়োডগুলি একটি সুইচিং উপাদান হিসাবে ডিজিটাল সার্কিটে ব্যবহৃত হয়।
4. সকল প্রকার ডিসি পাওয়ার সাপ্লাই, ব্যাটারি চার্জার, ভোল্টেজ মাল্টিপ্লায়ার এবং এলিমিনেটর তৈরি করতে ডায়োড একটি গুরুত্বপূর্ণ ভূমিকা পালন করে।
5. যোগাযোগ ব্যবস্থায়, সংকেত ডিমোডুলেশনের জন্য অর্থাৎ তথ্য সংকেত সনাক্তকরণ এবং কম্পিউটারে রিসেট সার্কিটে ডায়োড ব্যবহার করা হয়।
6. ইনডাকটিভ রিলে বা মোটরের ডিসি স্যাচুরেশন এড়ানোর জন্য, এটি জুড়ে ডায়োড সংযুক্ত থাকে।

1.2.2.5 ডায়োডের প্রকারভেদ

পিএন জাংশন ডায়োড অপারেশন, ভিআই (VI) বৈশিষ্ট্য এবং প্রয়োগগুলি ব্যবহৃত উপাদান, ডোপিংয়ের নির্মাণ এবং শারীরিক মাত্রাউপর নির্ভর করে। সারণী 1.2 এ মৌলিক তিন ধরনের ডায়োড তাদের বৈশিষ্ট্য এবং প্রয়োগ দেখানো হয়েছে।

সারণী 1.2: ডায়োডের প্রকারভেদ

ক্রমিক সংখ্যা	প্রতীক সহ ডায়োড	বৈশিষ্ট্য	প্রয়োগ
1	জেনার ডায়োড 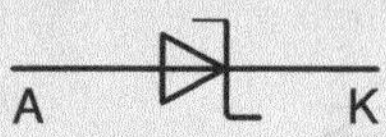	1. ডোপিং ঘনত্ব খুব বেশি স্বাভাবিক পিএন জাংশন ডায়োডের চেয়ে 2. সাধারণত রিভার্স বায়াসে পরিচালিত হয়। 3. এটি রিভার্স বায়াসে অবস্থাতে জেনারের ব্রেক ডাউন প্রদর্শন করে 4. এটি সিলিকন দিয়ে তৈরি।	জেনার ডায়োড ব্যবহার করা হয় 1. নিয়ন্ত্রিত ডিসিতে বিদ্যুৎ সরবরাহে ভোল্টেজ নিয়ন্ত্রণ করার জন্য 2. মিটার সুরক্ষা সার্কিটে 3. স্পাইক গার্ড সার্কিটে
2	লাইট এডমিটেড ডায়োড (LED) 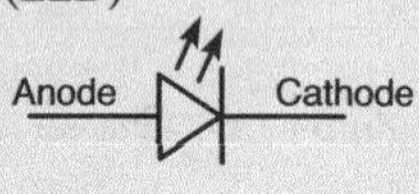	1. বিশেষ সেমিকন্ডাক্টর উপকরণ ব্যবহৃত হয় যেমন GaAs, GaAsP, GaP, SiC 2. যখন এই ডায়োডটি ফরওয়ার্ড বায়াসে হয় তখন এটি আলো নির্গত করে। তরঙ্গদৈর্ঘ্য অর্থাৎ রঙ নির্গত আলো ডোপিং উপাদানে উপর নির্ভর করে 3. LED এর একটি মৌলিক কার্যনীতি হল চার্জ ক্যারিয়ারের ইনজেকশনের জন্য লাইট এনার্জি নিঃসরণ করে 4. এটি বিভিন্ন আকারে পাওয়া যায়। 5. নির্গত আলোর তীব্রতা এর মধ্য দিয়ে প্রবাহিত বিদ্যুৎের সমানুপাতিক।	LED ব্যবহার করা হয় 1. বিভিন্ন ইলেকট্রিকাল এবং ইলেকট্রনিক্স যন্ত্রপাতিতে শক্তি নির্দেশক হিসাবে। 2. ইলেকট্রনিক যন্ত্রপাতিগুলিতে ডিসপ্লে যন্ত্র হিসাবে। 3. সাত সেগমেন্ট গঠন এবং ম্যাট্রিক্স ডিসপ্লে। 4. অপটো কাপলার, রিমোট কন্ট্রোল 5. আলোর উৎসের দূরত্ব পরিমাপের জন্য এবং অন্যান্য অনুরূপ যন্ত্রে 6. অপটিক্যাল সুইচিং এবং যোগাযোগ ব্যবস্থাতে
3	ফটো ডায়োড 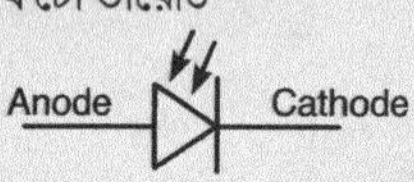	ছবির ডায়োড 1. বিশেষ সেমিকন্ডাক্টর উপাদান ব্যবহৃত হয়। 2. এটি আলোর তীব্রতাকে কারেন্টে পরিণত করে। 3. এটি সাধারণত রিভার্স বায়াসে পরিচালিত হয়।	ফটো ডায়োড ব্যবহার করা হয় 1. লাইট সেন্সিং 2. চোর এলার্ম 3. অপটো কাপলার 4. স্বয়ংক্রিয় ফ্ল্যাশ ক্যামেরা

1.2.3 ট্রানজিস্টর

একটি বাইপোলার জাংশন ট্রানজিস্টার (BJT) মূলত একটি সিলিকন বা জার্মেনিয়াম ক্রিস্টাল যার দুটি পিএন জাংশন গঠিত হয় স্যান্ডউইচিংএর মাধ্যমে, বিপরীত ধরণের জোড়াগুলি মধ্যে যেমন পি-টাইপ অথবা এন-টাইপ সেমিকন্ডাক্টর। বিজেটি (BJT) কে সাধারণত বলা হয় ট্রানজিস্টর। এটি দুর্বল সিগনালগুলিকে প্রশস্ত করতে সক্ষম। এইভাবে পজিটিভ এবং নেগেটিভ পোলারিটির চার্জ ক্যারিয়ারের কারণে ট্রানজিস্টারে (বা BJT) কারেন্ট প্রবাহিত হয়। অতএব, একটি ট্রানজিস্টরকে (BJT) একটি বাইপোলার ডিভাইস বলা হয়।

1.2.3.1 ট্রানজিস্টর নির্মাণ

ট্রানজিস্টার হল একটি সলিড স্টেট সেমিকন্ডাক্টর ডিভাইস যার দুটি জাংশন, তিনটি অঞ্চল এবং তিনটি টার্মিনাল। তিনটি টার্মিনাল হল এমিটার, বেস এবং কালেক্টর। নির্মাণের বিবরণ থেকে, দুই ধরনের ট্রানজিস্টর হল পিএনপি ট্রানজিস্টর এবং এনপিএন ট্রানজিস্টর। যখন একটি পি-টাইপ সেমিকন্ডাক্টরের

AICTE'S LIST OF PRESCRIBED TEXTBOOKS

As Per Model Curriculum & Outcome Based Education

aligned with

NATIONAL EDUCATION POLICY 2020

UNDERGRADUATE COURSE BOOKS

S.No.	ISBN	Book Name	Author
1	9789355382160	Advanced Electrical Machines: Theory and Practicals	Bharat Singh Rajpurohit
2	9789355382139	Analog Electronic Circuits: Theory and Practical	Venu Sonti, Sachin Jain
3	9789355383808	Analog Electronic Devices: Theory and Practicals	N. B Balamurugan
4	9789391505158	Basic Electrical Engineering (with Lab Manual)	S.K. Sahdev
5	9789355388087	Basic of Electronics	Brijesh Iyer
6	9789355387127	Basics of Electrical Machines: Theory and Practicals	D. K. Palwalia, U. K. Kalla, R. K. Kumawat
7	9789355389381	Basics of Mechanics	Shubhankar Bhowmick, N. Venkata Swamy Naidu
8	9789355386250	Basics of Thermodynamics	Parmod Kumar, Atul Dhar
9	9789355386984	Biology for Engineers	Annamma Odaneth
10	9789391505141	Chemistry-I	Manisha Agarwal
11	9789355384843	Civil Engineering Societal and Global Impact	Shakuntala Acharya
12	9789355382184	Computer Aided Civil Engineering Drawing	D. Chandra Mouli, B. Swathi
13	9789355382580	Computer Aided Design & Analysis	Hari Kumar Voruganti
14	9789355387592	Computer Architecture	D. Vaithiyanathan
15	9789355385093	Computer Networks	Hari Prabhat Gupta
16	9789355385307	Construction Engineering & Management	Sparsh Johari
17	9789355388728	Control Systems	S.N. Deepa
18	9789355385420	Data Structure and Algorithms	Ranbir Singh Sanasam
19	9789355386700	Design and Analysis of Algorithms	Hari P. Gupta, Rahul Mishra
20	9789355388872	Digital Electronics and System	Abhishek Bhatt
21	9789355386571	Digital Signal Processing	Sanjeev Sharma
22	9789355383396	Disaster management	Pradeep K. Goyal, Anil K. Gupta
23	9789355385222	Discrete Mathematical Structures	Narendra S. Chaudhari, Sharmila S. P.
24	9789355387868	Effective Technical Communication	Pritee Sharma, Sanchita Verma
25	9789355383389	Electrical Circuit Analysis and Network Theory	Shouri Chatterjee
26	9789355388957	Electromagnetic Waves	Uttam M. Pal, Srijith K.
27	9789355384652	Electronic Communication	Vimal Bhatia
28	9789355388711	Embedded Systems	Santanu Chattopadhyay
29	9789355385147	Energy Science and Engineering	M. Rizwan, Majid Jamil
30	9789355387929	Engineering Economics, Estimation & Costing	Yogesh C. Joshi
31	9789355384669	Engineering Geology	R. N. Khare, Ketan Chourasia
32	9789391505066	Engineering Graphics & Design	Pradeep Jain
33	9789391505097	English (with Lab Manual)	Kulbhushan Kumar
34	9789355385963	Environmental Engineering	Chandra Sekhar Matli
35	9789355388117	Fluid Mechanics	Shreenivas N. Londhe, Pradnya R. Dixit
36	9789355388377	Fluid Mechanics & Fluid Machines	R.P. Saini
37	9789355387103	Geotechnical Engineering	Paramita Bhattacharya

UNDERGRADUATE COURSE BOOKS

S.No.	ISBN	Book Name	Author
38	9789355385130	Hydraulic Engineering	Sayantan Ganguly
39	9789355385550	Hydrology & Water Resources Engineering	Mitthan Lal Kansal, P.K. Agarwal
40	9789355389688	Information Technology Workshop in MATLAB	Hari Prabhat Gupta
41	9789355383235	Instrumentation for Civil Engineering Applications	Ashim Kanti Dey, Manita Das
42	9789355387042	Introduction to Civil Engineering	Manabendra Saharia, Nagendra R. Velaga
43	9789355384805	Introduction to Database Systems	Vikram Singh
44	9789355387509	Machine Element & System Design	Sabah Khan
45	9789355385383	Machine Learning	Himanshu Mittal
46	9789355388414	Manufacturing Automation	Chitragupt Swaroop Chitransh
47	9789355387233	Manufacturing Processes	Dheerendra Kumar Dwivedi
48	9789355389886	Materials Engineering	Dheerendra Kumar Dwivedi
49	9789391505172	Mathematics - I Calculus and Linear Algebra [For Non-Computer Science Engineering Branches]	Reena Garg
50	9789391505271	Mathematics - I Calculus and Linear Algebra [For Computer Science Engineering Branches]	Reena Garg
51	9789355384607	Measurements & Metrology	V.P. Chandramohan
52	9789355383730	Mechanics of Materials	Arvind Vyavahare
53	9789355383358	Mechatronics, Robotics & Control	J. Srinivas
54	9789355385116	Microprocessor and Microcontroller	Saurabh Chaudhury, Risha Mal
55	9789355386083	Microprocessors	Yogendra Kumar Gupta
56	9789355389169	Mobile Communication and Networks	Vimal Bhatia
57	9789355385475	Operating Systems	Sukomal Pal
58	9789355385604	Operating Systems	Sanjaya Kumar Panda
59	9789391505134	Physics (Oscillations, Waves and Optics) With lab manual	A.B. Bhattacharya, Atanu Nag
60	9789391505257	Physics (Quantum Mechanics for Engineers) With lab manual	A.B. Bhattacharya, Atanu Nag
61	9789391505165	Physics (Introduction to Electromagnetic Theory) (with Lab Manual)	A.B. Bhattacharya, Atanu Nag
62	9789391505059	Physics (Introduction to Mechanics) (with Lab Manual)	A.B. Bhattacharya, Atanu Nag
63	9789355385956	Power Electronics: Theory and Practicals	Lalit Chandra Saikia
64	9789355384942	Power Systems-I	Suresh Mikkili
65	9789355386236	Power Systems-II	Arun Rahul S, Manas K. Jena
66	9789355383754	Product Innovation & Entrepreneurship	Vigneswaran C
67	9789355384584	Production & Operation Management	Navin Kumar Dev
68	9789391505219	Programming for Problem Solving (with Lab Manual)	R.S. Salaria
69	9789355385451	Signals and Systems	Sanjay L. Nalbalwar
70	9789355386021	Strength of Materials	Uday Shanker Dixit, Nelson Muthu, S. M. Kamal
71	9789355383792	Structural Engineering	T.D. Gunneswara Rao, D. Ravi Prasad
72	9789355387004	Surveying and Geomatics	P. K. Garg
73	9789355384317	Testing & Evaluation of Civil Engineering Materials	Sandeep Chaudhary, Kashyap A Patel
74	9789355382306	Theory of Computation	Debi Prasanna Acharjya
75	9789355384928	Transportation Engineering	A.K. Raji
76	9789355385208	VLSI Design	Mahendra Sakare, Shonal Chouksey
77	9789391505332	Workshop / Manufacturing Practices (with Lab Manual)	Veeranna D.K.

DIPLOMA COURSE BOOKS

S.No.	ISBN	Book Name	Author
1	9789355382481	Aanandam An Act of Community Service	Shuchi Sharma
2	9789355385567	Advanced Manufacturing Processes	Ranjeet Kumar Sahu, Devendra Laxman Kamble
3	9789355385109	Advanced Surveying: Theory & Practice	Ramakant Agrawal, Parshottam Sarathe
4	9789355384546	Algorithms	Piyoosh P, Arnab Sarkar
5	9789391505448	Applied Chemistry (with Lab Manual)	Anju Rawlley, Devdatta Vinayakrao Saraf
6	9789391505431	Applied Physics-I (with Lab Manual)	Vinod Kumar Yadav, Mina Talati
7	9789391505578	Applied Physics-II (with Lab Manual)	Hussain Jeevakhan
8	9789355387530	Basic Mechanical Engineering	Dharmendra Singh, Chandra Shekhar Rajoria
9	9789355387394	Building Construction	Rinku Kumar, Sandeep Panchal
10	9789355383280	Building Electrification	Arnab Ghosh
11	9789355384379	Building Planning and Drawing	Aparna Dwivedi
12	9789391505493	Communication Skills in English	Anjana Tiwari
13	9789355383570	Computer Aided Machine Drawing Practice	Kanak Kalita
14	9789355388964	Computer Networking and Data Communication	Sanjaya Shankar Tripathy
15	9789355382986	Computer Networks: Theory & Practicals	Brijendra Pratap Singh, Manoj Madhava Gore
16	9789355382672	Computer Programming: Theory and Practicals	Satyendra Singh Chouhan
17	9789355387714	Computer System Organization	Sonal Yadav
18	9789355382658	Concrete Technology: Theory and Practice	Sasankasekhar Mandal, Vishwajit Anand, Sushil K. Agarwala
19	9789355383334	Construction Materials and Testing	Vanita Aggarwal
20	9789355383501	Consumer Electronics	Amit M. Joshi, Maulin M. Joshi, Urvashi Prakash Shukla
21	9789355387684	Data Structures: Theory & Practicals	NB Venkateswarlu
22	9789355388513	Design of Machine Elements	A. Kumaravel, M. Kathirselvam
23	9789355388360	Design of Steel and RCC Structure	Sparsh Johari
24	9789355383303	Digital Communication	Muralidhar Kulkarni, K. S. Shivaprakasha
25	9789355387295	Digital Electronics	Menka Yadav
26	9789355389435	Electric Circuits and Networks	Jamuna K., Nilanjan Tewari
27	9789355388452	Electric Motors and Transformers (Theory and Practicals)	Sanjay B. Bodkhe
28	9789355385901	Electric Power Transmission and Distribution	Sudhir Sharma
29	9789355389466	Electrical & Electronics Measurements and Instrumentation	Sudarsan Sahoo, Vipin Chandra Pal, Sudipta Chakraborty
30	9789355382696	Electronic Communication	M. D. Selvaraj, P. Nagaradjane
31	9789355387202	Electronic Devices and Circuits	Ankesh Jain
32	9789355386373	Electronic Equipment Maintenance	Chanchal Sharma
33	9789355384690	Embedded Systems	Deepa M, G. Santhanamari, Susithra. N
34	9789355384867	Energy Conservation and Audit	M. Rizwan, Majid Jamil
35	9789391505509	Engineering Graphics	Sharad K. Pradhan, K.K. Jain
36	9789391505608	Engineering Mechanics (with Lab Manual)	Bhankhar Bharat, Gokaldas Vandana Somkuwar

DIPLOMA COURSE BOOKS

S.No.	ISBN	Book Name	Author
37	9789391505516	Engineering Workshop Practice	A. K. Sarathe
38	9789391505653	Environmental Science	Subrat Roy
39	9789355384966	Estimating, Costing and valuation	Sandeep Panchal
40	9789355389510	Fluid Mechanics & Hydraulic Machinery	Suman Chakraborty, Sourav Mitra, Aditya Bandopadhyay
41	9789391505592	Fundamentals of Electrical and Electronics Engineering (with Lab Manual)	Susan S. Mathew, Saji T. Chacko
42	9789355387240	Fundamentals of Power Electronics	Soumitra Kumar Mandal
43	9789355389602	Geotechnical Engineering (Theory & Practicals)	Neelima Satyam
44	9789355386137	Induction, Synchronous, and Special Electrical Machines	K. Selvajyothi, S. Tamilselvi, Sarat Kumar Sahoo
45	9789355382290	Industrial Engineering & Management	A. Manimaran
46	9789355384959	Internet of Things	Sujata Pal
47	9789355388650	Introduction to DBMS: Theory & Practicals	Myneni Madhu Bala
48	9789355384294	Introduction to e-Governance	Kamal Kant Verma
49	9789355386564	Introduction to Electric Generation Systems	Lalit Chandra Saikia, Nalin Behari, Deb Choudhury
50	9789391505585	Introduction to IT Systems (with Lab Manual)	Prashant Joshi
51	9789355382900	Linear Integrated Circuit	B. T. Krishna
52	9789355388148	Manufacturing Engineering	Santosh Kumar
53	9789355383877	Material Science & Engineering	Vinod Kumar, Nisheeth k. Prasad
54	9789391505424	Mathematics-I	Deepak Singh
55	9789391505523	Mathematics-II	Garima Singh
56	9789355385994	Measurements and Metrology	A. Gnanavelbabu, M. Santhana kumar, R. Saranraj
57	9789355388131	Mechanics of Materials and their Testing	R. Velmurugan, Pragathi
58	9789355385048	Microcontroller Applications	Ritula Thakur
59	9789355385062	Microcontrollers and Applications	Santanu Chattopadhyay
60	9789355388100	Mobile and Wireless Communication	Maulin Joshi, Urvashi P. Shukla
61	9789355387790	Production & Operations Management	Mayank Kumar Agrawal
62	9789355388704	Public Health Engineering	Rinku Kumar
63	9789355387455	Python Programming	Rupesh Nasre
64	9789355387189	Renewable Energy Technologies	Sanjay Agrawal, Rajeev K. Mishra
65	9789355387479	Software Engineering	Salman Abdul Moiz
66	9789355389749	Theory of Machines & Mechanisms	G. C. Mohan Kumar
67	9789355387332	Theory of Structures	Arunachalam Subramanian Balu
68	9789355389015	Thermal Engineering - I	V. Raghavan
69	9789355389831	Thermal Engineering - II	Parvesh Antil
70	9789355386779	Transportation Engineering (Theory & Practice)	A.K. Raji, K.K. Babu
71	9789355384287	Water Resource Engineering (Theory & Practice)	Prakash C. Swain, Dillip K. Ghose
72	9789355383051	Web Technologies: Theory & Practical	Raman Dugyala

একটি পাতলা স্তর, এন-টাইপের সেমিকন্ডাক্টরের দুটি স্তরের মধ্যে স্যান্ডউইচ করা হয় তখন এটি একটি এনপিএন ট্রানজিস্টর নামে পরিচিত। চিত্র 1.15 এনপিএন ট্রানজিস্টরের নির্মাণের বিবরণ দেখানো হয়েছে।বিজেটির মধ্যে এমিটার অঞ্চলটি কালেক্টর অঞ্চলের তুলনায় অনেক বেশি ডোপডাকালেক্টর অঞ্চলের বিশাল ভৌত এলাকা আছে, যেখানে কালেক্টর অঞ্চলের তুলনায় বেস অঞ্চলের ডোপিং ঘনত্ব কম। তাই এমিটার কারেন্ট সবসময় বিজেটিতে সবচেয়ে বড় হয়। এনপিএন বিজেটিতে এমিটার কারেন্ট হল বেস থেকে এমিটারের দিকে (বাহ্যিক দিক) এবং এমিটার কারেন্ট হল
কালেক্টর এবং বেস কারেন্টের সমষ্টি

অর্থাৎ $$I_E = I_B + I_C \quad ...(1.8)$$

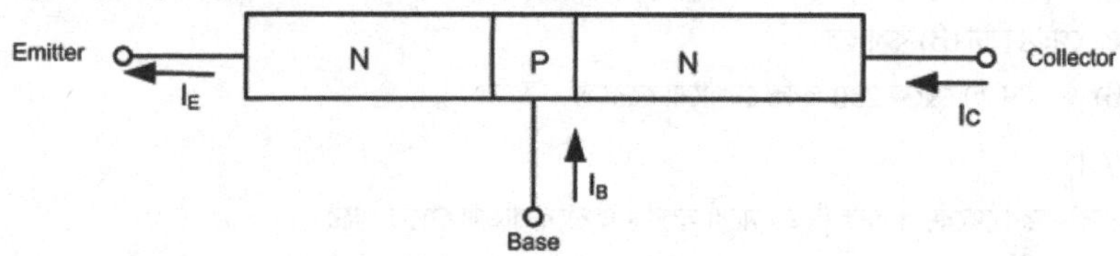

চিত্র 1.15: এনপিএন বিজেটি এর স্ট্রাকচারাল ডায়াগ্রাম

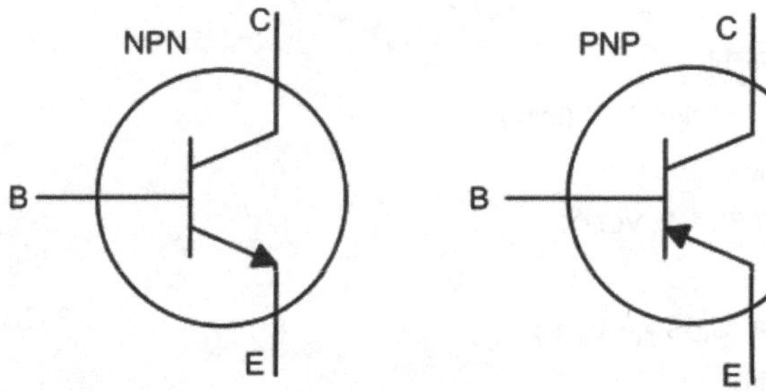

চিত্র 1.16: এনপিএন বিজেটি এবং পিএনপি বিজেটি এর পরিকল্পিত প্রতীক

1.2.3.2 ট্রানজিস্টরের কনফিগারেশন

বিজেটি তিনটি কনফিগারেশনের যেকোন একটিতে পরিচালিত হতে পারে। বিজেটি এর জন্য তিনটি কনফিগারেশন হল: 1. কমন বেস (CB) কনফিগারেশন 2. কমন এমিটার (সিই) কনফিগারেশন 3. কমন কালেক্টর (সিসি) কনফিগারেশন। সারণি 1.2.2 তে তিনটি কনফিগারেশনের তুলনা দেখানো হয়েছে। যেকোন কনফিগারেশনের জন্য, ইনপুট কালেক্টর টার্মিনালজন্যে প্রয়োগ করা হয় না এবং যেকোন কনফিগারেশনে, আউটপুট বেস টার্মিনাল থেকে নেওয়া হয়।

সারণি 1.3: ট্রানজিস্টর কনফিগারেশনের তুলনা

ক্রমিক সংখ্যা	পরামিতি	কমন বেস	কমন এমিটার	কমন কালেক্টর
1	ইনপুট টার্মিনাল	এমিটার	বেস	বসে
2	আউটপুট টার্মিনাল	কালেক্টর	কালেক্টর	এমিটার
3	ইনপুট ইম্পিডেন্স	কম	মধ্যম	উচ্চ
4	আউটপুট ইম্পিডেন্স	সুউচ্চ	মধ্যম	কম
5	কারেন্ট গেইন	প্রায় একটা	উচ্চ	সুউচ্চ
6	ভোল্টেজ গেইন	উচ্চ	CB এর চেয়ে উচ্চতর	প্রায় একটা
7	পাওয়ার গেইন	মধ্যম	উচ্চ	কম
8	তাপমাত্রা স্থিতিশীলতা	উচ্চ	কম	উচ্চ
9	প্রয়োগ	লো নয়েজ প্রিঅ্যাপ্লিফায়ার (প্রশস্ত ব্যান্ড)	এএফ ভোল্টেজ অ্যাপ্লিফায়ার	ইম্পিডেন্স মেলানো, বাফার

বিজেটি একটি কারেন্ট অপারেটিং সক্রিয় উপাদান৷ অনেক প্রয়গের জন্য ট্রানজিস্টারের সিই (CE) কনফিগারেশনের দ্বারা পরিচালিত হয়৷ ট্রানজিস্টর নির্বাচন করার সময়, এর স্পেসিফিকেশনগুলি বিবেচনা করা প্রয়োজন৷

কারেন্ট গেইন আলফা (α): একটি কনস্ট্যান্ট কালেক্টরে কালেক্টর কারেন্ট I_C এবং এমিটার কারেন্ট I_E এর অনুপাত থেকে CB কনফিগারেশনে বেস ভোল্টেজ V_{CB} কে কারেন্ট গেইন আলফা (α) বলা হয়৷ সমীকরণ 1.9 এ৷ আলফা (α) এর মান 0.95 থেকে 0.998 পর্যন্ত দেওয়া হয়েছে৷

$$\alpha_{dc} = I_c / I_E \quad ...(1.9)$$

কারেন্ট গেইন বিটা (β): কনস্ট্যান্ট কালেক্টরে কালেক্টর কারেন্ট I_C এবং বেস কারেন্ট I_B এর অনুপাত থেকে CE কনফিগারেশনে এমিটার ভোল্টেজ V_{CE} কে কারেন্ট গেইন বিটা (β) বলা হয়৷

সমীকরণ 1.10 এ বিটা (β) এর মান 20 থেকে 250 পর্যন্ত দেখানো হয়েছে৷

$$\beta_{dc} = I_C / I_B \quad ...(1.10)$$

1.2.2, 1.2.3 এবং 1.2.4 সমীকরণ থেকে, α এবং β এর মধ্যে সম্পর্ক হিসাবে পাওয়া যেতে পারে

$$\alpha = \beta / (1 + \beta) \quad ...(1.11)$$

$$\beta = \alpha / (1 - \alpha) \quad ...(1.12)$$

একটি ট্রানজিস্টরের বিশেষ স্পেসিফিকেশন:

1. সর্বোচ্চ কালেক্টর-থেকে-নির্গত ভোল্টেজ, VCE(max)
2. সর্বোচ্চ কালেক্টর কারেন্ট, IC(max)
3. কালেক্টর-টু-এমিটার কাট-অফ ভোল্টেজ, VCEO
4. কালেক্টর কাট-অফ কারেন্ট, ICEO
5. কালেক্টর-টু-এমিটার ব্রেকডাউন ভোল্টেজ, BVCBO
6. সর্বোচ্চ কালেক্টর ডিসিপেশন, PD
7. কালেক্টর স্যাচুরেশন ভোল্টেজ, VCE(sat)
8. ডিসি কারেন্ট গেইন (h_{FE})

1.2.3.3 ট্রানজিস্টরের প্রয়োগ

ট্রানজিস্টার তিনটি অপারেটিং মোডের যেকোনো একটিতে চালিত হতে পারে৷ বিজেটি এর জন্য তিনটি অপারেটিং মোড হল 1)কাটঅফ অবস্থা 2) সক্রিয় অবস্থা 3) স্যাচুরেশন অবস্থা৷ সারণি 1.4 ট্রানজিস্টরের তিনটি অপারেটিং স্টেটের একটিতে পরিচালনার জন্য প্রয়োজনীয় জাংশন বায়াসিং সংক্ষিপ্ত করে৷

সারণি 1.4: অপারেটিং স্টেট এবং জাংশন বায়াসিং

ক্রমিক সংখ্যা	অপারেটিং স্টেট	বেস এমিটার জাংশন	বেস কালেক্টর জাংশন	প্রয়োগ
1	কাট অফ স্টেট	রিভার্স বায়াস	রিভার্স বায়াস	---
2	সক্রিয় স্টেট	ফরওয়ার্ড বায়াস	রিভার্স বায়াস	অ্যাম্প্লিফায়ার
3	স্যাচুরেশন স্টেট	ফরওয়ার্ড বায়াস	ফরওয়ার্ড বায়াস	সুইচিং

ট্রানজিস্টরের ইলেকট্রনিক্সের সকল ক্ষেত্রে ব্যাপক প্রয়োগ রয়েছে, যার মধ্যে কিছু উল্লেখ করা হয়েছে৷ এটা সবচেয়ে বেশি সাধারণত অ্যাম্প্লিফায়ার সার্কিটের জন্য ব্যবহৃত হয়৷ অ্যাম্প্লিফায়ার ইনপুট সংকেতের অ্যাম্প্লিচুড বৃদ্ধি করে৷

1. অ্যাম্প্লিফায়ার 2 টাইমার এবং সময় বিলম্ব সার্কিট 3. সুইচিং সার্কিট 4 অসিলেটর 5. মাল্টিভাইব্রেটর 6. ইলেকট্রনিক সুইচ 7. ক্লিপিং সার্কিটে ওয়েভ শেপিং 8. মডুলেটর 9. ডিটেক্টর (বা ডিমোডুলেটর) 10. লজিক সার্কিট

1.2.4 এফইটি (FET)

ফিল্ড এফেক্ট ট্রানজিস্টার (FET) একটি অর্ধপরিবাহী সলিড স্টেট সক্রিয় ডিভাইস৷ একটি ইউনি-পোলার ট্রানজিস্টরের একটি উদাহরণ হল ফিল্ড ইফেক্ট ট্রানজিস্টার৷ এফইটি মধ্যে আউটপুট কারেন্ট হয় ইলেকট্রনের কারণে অথবা হোলের কারণে৷ যেহেতু ইলেকট্রিকাল ক্ষেত্রে ইনপুট প্রয়োগ করা হয় অর্থাৎ ভোল্টেজ, আউটপুট কারেন্ট নিয়ন্ত্রণ করে তাই একে ফিল্ড ইফেক্ট ট্রানজিস্টর বলা হয়৷

1.2.4.1 এফইটি নির্মাণ

প্রধানত দুই ধরনের ফিল্ড ইফেক্ট ট্রানজিস্টর হয়ে থাকে, জাংশন ফিল্ড ইফেক্ট ট্রানজিস্টর (জেএফইটি) এবং মেটাল অক্সাইড সেমিকন্ডাক্টর ফিল্ড ইফেক্ট ট্রানজিস্টর (মসফেট)। জেএফইটি একটি এন চ্যানেল বা পি চ্যানেল দিয়ে তৈরি করা যেতে পারে। এন-চ্যানেল এফইটি নির্মাণে, গেটটি পি টাইপ সেমিকন্ডাক্টর এবং পি চ্যানেলের এফইটি তৈরি জন্য, এন টাইপ সেমিকন্ডাক্টর উপাদান ব্যবহার করা হয়। চিত্র 1.17 এফইটি এর জন্য পরিকল্পিত প্রতীক দেখানো হয়েছে। এফইটি এর তিনটি টার্মিনাল আছে: 1) উৎস 2) ড্রেন 3) গেট। উৎস এবং ড্রেন টার্মিনালগুলি চ্যানেলের সাথে সংযুক্ত। চ্যানেলটি অসম ডোপড হয়ে থাকে। একটি চ্যানেলে উৎস এলাকায় ড্রেন এলাকার তুলনায় উচ্চ ডোপিং হয়।

(a) এন- চ্যানেল জেএফইটি (খ) পি-চ্যানেল জেএফইটি

চিত্র 1.17: এফইটি এর প্রতীক

এফইটি এর গুরুত্বপূর্ণ বৈশিষ্ট্য হল এটি তৈরি করা প্রায়ই সহজ এবং একটি চিপে বিজেটির চেয়ে কম জায়গা দখল করে। গেটে যে ভোল্টেজ প্রয়োগ করা হয় V_{GS}, সেটা চ্যানেল কারেন্টেকে কন্ট্রোল করে। এই উদ্দেশ্যে গেট উৎস রিভার্স বায়াস হয়। তাই ডিপ্লেশন লেয়ারের প্রস্থ চ্যানেল এলাকায় প্রসারিত হয়। উৎসের ক্ষেত্রে ড্রেনও পক্ষপাতের বিপরীত। চার্জ বাহক উৎস এলাকা থেকে ধাক্কা খায় এবং ড্রেন দিকে সরে যায়। এটি চ্যানেল কারেন্ট গঠন করে। যে V_{GS} এর জন্য চ্যানেল কারেন্ট শূন্য হয়ে যায় তাকে পিঞ্চ অফ ভোল্টেজ বলে। যখন V_{GS} শূন্য হয় তখন চ্যানেলের মধ্য দিয়ে প্রবাহিত কারেন্ট সর্বোচ্চ হয়। এটাকে বলা হয় স্যাচুরেশন স্টেট ড্রেন কারেন্ট.

1.2.4.2 বিজেটি এবং এফইটি এর মধ্যে তুলনা

সারণি 1.5 তে বাইপোলার জাংশন ট্রানজিস্টার এবং ইউনি-পোলার ট্রানজিস্টর (FET) এর মধ্যে তুলনা করা যেতে পারে তাদের অপারেশন, নির্মাণ, বৈশিষ্ট্য এবং তাদের সুবিধার ওপর ভিত্তি করে।

সারণি 1.5: বিজেটি এবং এফইটি এর মধ্যে তুলনা

ক্রমিক সংখ্যা	বাইপোলার জাংশন ট্রানজিস্টার	ফিল্ড এফেক্ট ট্রানজিস্টার
1	এটি একটি অর্ধপরিবাহী ডিভাইস যা তিনটি টার্মিনাল নিয়ে গঠিত, যা বেস, এমিটার এবং কালেক্টর নামে পরিচিত।	এফইটি এছাড়াও একটি অর্ধপরিবাহী ডিভাইস যার তিনটি টার্মিনাল আছে, - গেট, উৎস এবং ড্রেন।
2	হোল এবং ইলেকট্রনের কারণে কন্ডাকশন হয়। অতএব, এটি একটি বাইপোলার ডিভাইস।	হোল অথবা ইলেকট্রনের কারণে কন্ডাকশন হয়। অতএব, এফইটি হল একটি ইউনিপোলার ট্রানজিস্টর।
3	বিজেটি একটি কারেন্ট নিয়ন্ত্রিত ডিভাইস।	এফইটি একটি ভোল্টেজ নিয়ন্ত্রিত ডিভাইস।
4	এর ক্রিয়াকলাপ নির্ভর করে সংখ্যাগরিষ্ঠ বাহকের পাশাপাশি সংখ্যালঘু বাহকের প্রবাহের উপর।	এর ক্রিয়াকলাপ নির্ভর করে শুধুমাত্র সংখ্যাগরিষ্ঠ বাহকের প্রবাহের উপর।
5	বিজেটি এর ইনপুট ইম্পিডেন্স কম।	এফইটি এর ইনপুট ইম্পিডেন্স বেশি।
6	যন্ত্রটি শব্দ করে।	এটি বাইপোলার ট্রানজিস্টরের চেয়ে কম শব্দ করে।
7	দুই ধরনের বিজেটি আছে: এনপিএন এবং পিএনপি।	দুই ধরনের এফইটি আছে: এন- চ্যানেল এবং পি-চ্যানেল
8	বিজেটি নির্মাণ করা কঠিন এবং অধিক স্থান দখল করে।	এফইটি তৈরি করা সহজ এবং কম স্থান দখল করে।
9	বিজেটি সার্কিট উচ্চ গেইন ব্যান্ড উইদথ পণ্য দেয়।	তুলনামূলকভাবে কম লাভ ব্যান্ড ব্যান্ড উইদথ পণ্য দেয়।
10	এমিটার- বেস জাংশন হল ফরওয়ার্ড বায়াস এবং কালেক্টর-বেস রিভার্স বায়াস।	গেট টু সোর্স এবং ড্রেন টু সোর্স উভয় রিভার্স বায়াস। কার্যকরভাবে উৎস এলাকা ফরওয়ার্ড বায়াস।
11	এটির দুর্বল তাপ স্থায়িত্ব রয়েছে।	এটিতে আরও ভাল তাপীয় স্থায়িত্ব রয়েছে।
12	বিজেটি ভোল্টেজ ভেরিয়েবল রেসিস্টর হিসেবে ব্যবহার করা যাবে না	এফইটি সহজেই ভোল্টেজ ভেরিয়েবল রেসিস্টর হিসেবে ব্যবহার করা যায়

1.2.4.3 এফইটি এর আবেদন

এফইটি রৈখিক প্রয়োগগুলির জন্য তার আউটপুট বৈশিষ্ট্যগুলির কনস্ট্যান্ট কারেন্ট অঞ্চলে পরিচালিত হয়। এফইটি একটি ভোল্টেজ ভেরিয়েবল রেসিস্টর (VVR) বা ভোল্টেজ ডিপেন্ডেন্ট রেসিস্টর হিসেবে উপকারী। একে সক্রিয় লোড বলা হয়।

এফইটি অনেক ইলেকট্রনিক সার্কিটের প্রয়গে ব্যবহৃত হয় যেমন:

1. আরএফ এবং এএফ অ্যাম্প্লিফায়ার
2. অসিলেটর
3. সুইচিং সার্কিট
4. যন্ত্র পরিমাপে বাফার
5. যোগাযোগ রিসিভার
6. টিভির সংকেত মিক্সার সার্কিট
7. মেমরি ডিভাইস
8. ডিজিটাল সার্কিট

1.2.5 এমওএস ডিভাইস

ইনসুলেটেড গেট ফিল্ড ইফেক্ট ট্রানজিস্টারকে মেটাল অক্সাইড সেমিকন্ডাক্টর ফিল্ড এফেক্ট ট্রানজিস্টর বলা হয়। মসফেট।এটার গেট এবং চ্যানেলের মধ্যে SiO_2 এর অন্তরণ (ইন্সুলেশন) স্তর রয়েছে। সুতরাং এটি এফইটি এর তুলনায় খুব বেশি ইনপুট ইম্পিডেনন্স প্রদান করে।

1.2.5.1 মসফেটের ধরন

নির্মাণ বিবরণ থেকে মসফেট দুই ধরনের হয়: 1) ডিপ্লেশন টাইপ মসফেট, 2) এনহ্যান্সমেন্ট টাইপ মসফেট। ডিপ্লেশন টাইপ মসফেট এর একটি ফিজিক্যাল চ্যানেল, ইনসুলেটেড গেট এবং সাবস্ট্রেট রয়েছে। এর চারটি টার্মিনাল রয়েছে, উৎস, ড্রেন, গেট এবং সাবস্ট্রেট। সাবস্ট্রেট ডিভাইসের বডির সাথে সংযুক্ত। চ্যানেল টাইপ অনুযায়ী দুটি দুই ধরনের ডিপ্লেশন মসফেট হল 1) এন চ্যানেল ডিপ্লেশন মসফেট 2) P চ্যানেল ডিপ্লেশন মসফেট। এছাড়াও ডিপ্লেশন টাইপ মসফেটকে সাধারণভাবে অন মসফেট হিসাবে বলা হয়। ডিপ্লেশন টাইপ মসফেট এর দুটি অপারেটিং মোড হয়, 1) ডিপ্লেশন মোড 2) এনহ্যান্সমেন্ট মোড। ডিপ্লেশন মোডে গেটে নেগেটিভ পোটেনশিয়াল বজায় রাখা হয়।ডিপ্লেশন টাইপ মসফেট যখন এনহ্যান্সমেন্ট মোডে কাজ করে, তখন গেটে পজেটিভ পোটেনশিয়াল বজায় রাখা হয়। চিত্র 1.18 ডিপ্লেশন টাইপ মসফেট সার্কিটের প্রতীক দেখানো হয়েছে।

চিত্র 1.18: ডিপ্লেশন টাইপ মসফেট

এনহান্সমেন্ট টাইপ মোসফেটে কোন ডিপ্লেশন মোডের অপারেশন নেই এবং এটি শুধুমাত্র এনহান্সমেন্ট মোডে কাজ করে। এন চ্যানেল মসফেট এবং পি চ্যানেল মসফেট NMOS এবং PMOS ডিভাইস নামেও পরিচিত। চিত্র 1.19 এনহান্সমেন্ট টাইপ মোসফেটের সার্কিটের প্রতীক দেখানো হয়েছে।

চিত্র 1.19: এনহান্সমেন্ট টাইপ মসফেট

1.2.5.2 মসফেটের প্রয়োগ

মসফেট এর কিছু প্রয়োগ নিম্নরূপ:

1. উচ্চ কারেন্ট এবং ভোল্টেজ সুইচিং প্রয়গের জন্য উপযুক্ত
2. ট্র্যাকশন সিস্টেম
3. এসি ড্রাইভ
4. মাল্টিফেজ ইনভার্টার

1.2.6 সি এম ও এস (CMOS)

পি চ্যানেল মসফেট এবং এন চ্যানেল মসফেট একসাথে পরিপূরক মেটাল অক্সাইড সেমিকন্ডাক্টর ডিভাইস (CMOS) গঠনে ব্যবহৃত হয়। এই ডিভাইসগুলি সাধারণত ডিজিটাল সার্কিট তৈরির জন্য ব্যবহৃত হয়। লজিক গেট, কাউন্টার, মাইক্রোকন্ট্রোলার এবং মেমোরিজ নির্মাণ করতে CMOS ডিভাইস ব্যবহার করা হয়। CMOS ডিভাইসগুলি যে বৈশিষ্ট্যগুলি সরবরাহ করে, সেগুলি হল যেমন কম বিদ্যুৎ খরচ এবং কম্প্যাক্ট। এই ডিভাইসগুলি ব্যবহার করে ইন্টিগ্রেটেড সার্কিট তৈরি করা হয়। চিত্র 1.20 সি মস ডিভাইসের নির্মাণ দেখানো হয়েছে।

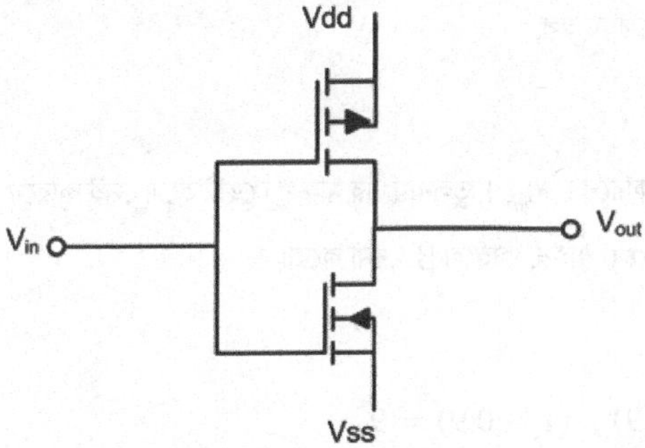

Classifications of Electronic Components

চিত্র 1.20: সি মস ডিভাইস

1.2.7 নিষ্ক্রিয়এবং সক্রিয় উপাদানগুলির মধ্যে তুলনা

সারণি 1.6 প্রধান দিকগুলিতে নিষ্ক্রিয়এবং সক্রিয় উপাদানগুলির মধ্যে সংক্ষেপে তুলনা উপস্থাপন করে।

সারণি 1.6: নিষ্ক্রিয় এবং সক্রিয় উপাদানগুলির মধ্যে তুলনা

ক্রমিক সংখ্যা	নির্ণায়ক	নিষ্ক্রিয়উপাদান	সক্রিয় উপাদান
1	উৎসের প্রকৃতি	নিষ্ক্রিয়উপাদানগুলি সার্কিট থেকে পাওয়ার এবং এনার্জি ব্যবহার করে।	সক্রিয় উপাদানগুলি সার্কিটে পাওয়ার এবং এনার্জি বিতরণ বা নিয়ন্ত্রণ করে।
2	উদাহরণ	রেসিস্টর,ক্যাপাসিটর,ইন্ডাক্টর ইত্যাদি।	ডায়োড, বিজেটি, এফইটি, ইন্টিগ্রেটেড সার্কিট ইত্যাদি।
3	পাওয়ার গেইন	এরা পাওয়ার গেইন সরবরাহ করতে অক্।	এরা পাওয়ার গেইন সরবরাহ করতে সক্ষম।
4	কারেন্টের প্রবাহ	নিষ্ক্রিয়উপাদানগুলি কারেন্টের প্রবাহ নিয়ন্ত্রণ করতে পারে না।	সক্রিয় উপাদানগুলি কারেন্টের প্রবাহ নিয়ন্ত্রণ করতে পারে।
5	বহিঃস্থ উৎসের প্রয়োজনীয়তা	এদের অপারেশনের জন্য কোনো বাহ্যিক উৎসের প্রয়োজন হয় না।	এদের অপারেশনের জন্য একটি বাহ্যিক উৎস প্রয়োজন
6	এনার্জির প্রকৃতি	নিষ্ক্রিয়উপাদান শক্তি গ্রহণকারী	সক্রিয় উপাদান শক্তি দাতা।

কার্যক্রম

1. এই অধ্যায়ের টপিক নং 1.1 এবং 1.2 শেখার পর, ছাত্রদের বাড়িতে যে বিভিন্ন গ্যাজেট পাওয়া যায় তার তালিকা চিহ্নিত করার এবং প্রস্তুত করার চেষ্টা করা উচিত, সক্রিয় এবং নিষ্ক্রিয়উপাদান ব্যবহার করে।
2. শিক্ষার্থীরা তাদের স্পেসিফিকেশন সহ বিভিন্ন ধরনের উপাদান জানার জন্য ডাটা বই পড়বে।
3. ছাত্রেরা সার্কিট পড়া এবং বোঝার দক্ষতা বিকাশ করবে। ছাত্রেরা সার্কিট ডায়াগ্রাম উল্লেখ করবে এবংউপাদানগুলির তালিকা প্রস্তুত করে।

সমাধানকৃত সমস্যা

উদাহরণ 1.2.1: বিজেটি- এ তিনটি টার্মিনালের কারেন্ট হোলো $I_1 = 100$ mA, $I_2 = 93$ mA এবং $I_3 = 7$ mA. টার্মিনালগুলির নাম চিহ্নিত করো।

সমাধান: বিজেটি- এর তিনটি টার্মিনাল আছে: এমিটার, বেস এবং কালেক্টর। এই তিনটি টার্মিনাল কারেন্ট এর মধ্যে এমিটার কারেন্ট সর্বদা বৃহত্তম। প্রদত্ত তথ্য থেকে, I_1 সবচেয়ে বড়। অতএব এই কারেন্টটি এমিটার টার্মিনাল মাধ্যমে প্রবাহিত হচ্ছে।

$I_E = I_C + I_B$

100 mA = 93 mA + 7 mA

BJT- তে, বেস কারেন্ট সবচেয়ে ছোট, তাই I_3 কারেন্ট বেস টার্মিনালের মধ্য দিয়ে প্রবাহিত হচ্ছে।

অতএব I_2 কারেন্ট কালেক্টরের মাধ্যমে প্রবাহিত হচ্ছে।

উদাহরণ 1.2.2: CB ট্রানজিস্টার কনফিগারেশনে কারেন্ট গেইন α, 1 এর থেকে কম এবং প্রায় সমান। এটির যথার্থতা স্থাপন করো।সমাধান: CB কনফিগারেশনে একটি বিজেটি এর কারেন্ট গেইন হল,

করেন্ট গেইন, $\alpha = I_C / I_E$

$I_E = I_C + I_B$

যেহেতু I_B খুব ছোট I_E এর তুলনায়, সেই কারণে I_B / I_E, 1 তুলনায় এর মান খুব ছোট হবে। সেই কারণে কারেন্ট গেইন α, 1 এর কম হবে।

উদাহরণ 1.2.3: যদি একটি ট্রানজিস্টরের α 0.9 হয়, তাহলে β গণনা করো।

সমাধান: দেওয়া আছে: $\alpha = 0.9$

$$\alpha = 0.9$$

$$\beta = \alpha / (1 - \alpha) = (0.9) / (1 - 0.9) = 9$$

উদাহরণ 1.2.4: যদি β 100 হয়, আলফা গণনা করো।

সমাধান: দেওয়া: $\beta = 100$

কারেন্ট গেইন

$$\alpha = \beta / (1 + \beta) = 100 / 101 = 0.99$$

1.3 সিগনাল এবং সক্রিয় সোর্স

1.3.1 ভূমিকা

সিগনালগুলি বিভিন্ন রুপের হতে পারে যেমন অডিও, ভিজ্যুয়াল যা তথ্য সরবরাহ করে, শারীরিক ক্রিয়াকলাপের জন্য যান্ত্রিক সিগনাল এবং বিদ্যুৎ সরবরাহের জন্য ইলেকট্রিকাল সিগনাল। সংকেতের শ্রেণীবিভাগ সার্কিটের বিশ্লেষণ, প্রক্রিয়াকরণ এবং যাচাই করতে সাহায্য করে। সিগনালগুলিকে তাদের যেকোন শারীরিক বৈশিষ্ট্য, তাদের গাণিতিক প্রতিনিধিত্ব বা তাদের ব্যবহারের দ্বারা শ্রেণীবদ্ধ করা যায়। অন্তর্নিহিত বিষয় সংকেতের ধরন সম্পর্কে একটি সংক্ষিপ্ত বিবরণ দেয় এবং সেইসঙ্গে অল্টারনেটিং কারেন্ট এবং ডাইরেক্ট কারেন্ট সিগনালগুলির মৌলিক ধারণাগুলি বোঝার দিকে মনোনিবেশ করে।

1.3.2 সিগনাল শ্রেণীবিভাগ

সিগনালগুলিকে ব্যাপকভাবে কন্টিনুয়াস টাইম(ধারাবাহিক টাইম) সিগনাল এবং ডিসক্রিট (পৃথক) টাইম সিগনাল হিসাবে শ্রেণীবদ্ধ করা হয়। একটি কন্টিনুয়াস টাইম সিগনাল হল যার গাণিতিক ফাংশন টাইম ডোমেইনে কন্টিনুয়াসভাবে সংজ্ঞায়িত করা হয়, যেখানে একটি ডিসক্রিট টাইম সিগনালকে নির্দিষ্ট টাইমে তাত্ক্ষণিকভাবে সংজ্ঞায়িত করা হয়। চিত্র 1.21 এবং 1.22 সাধারণ কন্টিনুয়াস এবং ডিসক্রিট টাইমের সিগনাল দেখানো হয়েছে।

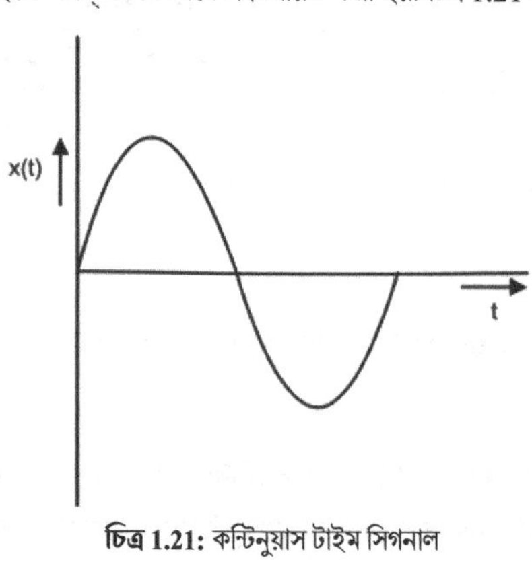

চিত্র 1.21: কন্টিনুয়াস টাইম সিগনাল

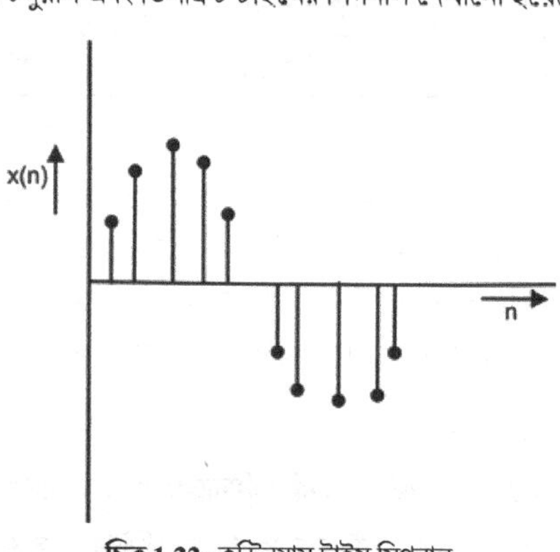

চিত্র 1.22: কন্টিনুয়াস টাইম সিগনাল

উপরের সিগনালগুলিকে আবারও শ্রেণীবদ্ধ করা হয়েছে

i) ডিটারমিনিস্টিক এবং নন ডিটারমিনিস্টিক সিগনাল

ii) পিরিয়ডিক (পর্যায়ক্রমিক) এবং নন-পিরিয়ডিক (অ-পর্যায়ক্রমিক) সিগনাল

1.3.3 ডিটারমিনিস্টিক এবং নন-ডিটারমিনিস্টিক সিগনাল

ডিটারমিনিস্টিক সিগনাল হল সেই সিগনাল যার প্রকৃতি এবং প্রশস্ততা যে কোন মুহূর্তে অনুমান করা যায়।একটি ডিটারমিনিস্টিক কন্টিনুয়াস টাইম সিগনাল এবং একটি ডিসক্রিট সংকেতের গাণিতিক ফাংশন দেওয়া হল,

$$x(t) = A\sin \omega t \quad ...(1.13)$$

$$f(x) = \begin{cases} 1, & n \geq 0 \\ 0, & otherwise \end{cases} \quad ...(1.14)$$

উপরে উপস্থাপিত সমীকরণ 1.13 একটি সাইন ফাংশন হিসাবে দেখানো হয়েছে যার সর্বাধিক অ্যাম্প্লিচুড হল A এবং টাইমের সঙ্গে সাইনোসয়েডালী পরিবর্তিত হয়, যেখানে সমীকরণ 1.14 একটি ডিসক্রিট টাইম সিগনাল উপস্থাপন করে যেটির n স্যাম্পলিংয় ইনস্ট্যান্টের জন্য অ্যাম্প্লিচুড হল 1 এবং অন্যান্য সমস্ত ইনস্ট্যান্টের জন্য 0।

নন- ডিটারমিনিস্টিক সিগনাল যা র‍্যানডম সিগনাল হিসাবেও পরিচিত, যার প্রকৃতি ভবিষ্যদ্বাণীমূলক নয়। এই ধরনের সংকেতের প্যাটার্ন অনিয়মিত এবং সাধারণ গাণিতিক ফাংশন দ্বারা সংজ্ঞায়িত করা যায় না। উদাহরণস্বরূপ, একটি অর্ধপরিবাহী পদার্থে ইলেকট্রনের চলাচলের জন্য তাপীয় শব্দ সৃষ্টি হয়েছে। চিত্র 1.23 এবং 1.24 একটি ডিটারমিনিস্টিক টাইম সিগনাল এবং নন -ডিটারমিনিস্টিক সিগনাল দেখানো হয়েছে।

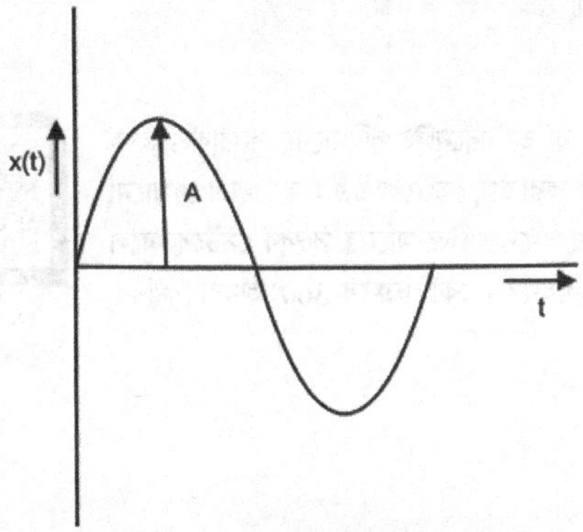

চিত্র 1.23: ডিটারমিনিস্টিক সিগনাল

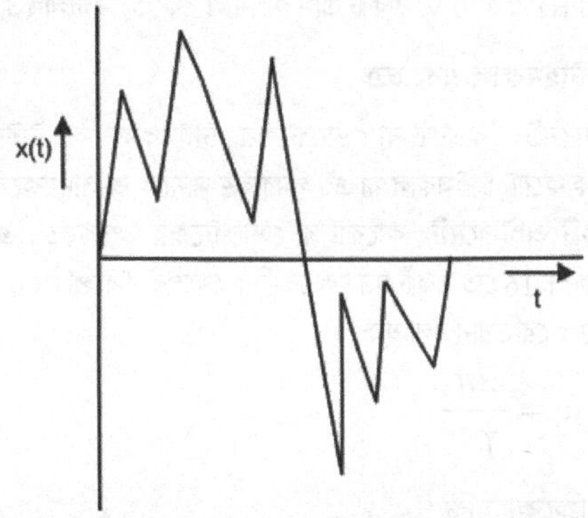

চিত্র 1.24: নন-- ডিটারমিনিস্টিক সিগনাল

1.3.4 পিরিওডিক এবং নন-পিরিওডিক সিগনাল

একটি কন্টিনুয়াস টাইম সিগনালকে পিরিওডিক বলা হয় যদি এটি নির্দিষ্ট টাইমের ব্যবধানে পুনরাবৃত্তি করে। গাণিতিক একটি পিরিওডিক সিগনাল সমীকরণ হিসাবে প্রতিনিধিত্ব করা হল

$$x\ (t) = x\ (t+T),\ -\infty < t < \infty \quad ...(1.15)$$

যেখানে T হল সংকেতের টাইমকাল। T এর ক্ষুদ্রতম মান যা প্রদত্ত সমীকরণ 1.15 কে সন্তুষ্ট করে তাকে বলা হয় সংকেতের মৌলিক টাইমকাল।

একটি সিগনাল যা নির্দিষ্ট টাইমের ব্যবধানে নিজেকে পুনরাবৃত্তি করে না বা 1.15 সমীকরণ পূরণ করে না এমন সিগনাল নন-পিরিওডিক বা অ্যাপেরিওডিক সিগনাল হিসাবে পরিচিত। উদাহরণস্বরূপ, মাইক্রোফোন দ্বারা তৈরি সিগনাল বা একটি রেডিও স্টেশন থেকে উৎপন্ন সিগনাল।

1.3.5 ইলেকট্রিকাল সিগনাল

বর্তমানে দুটি ইলেকট্রিকাল সিগনাল ব্যবহার করা হচ্ছে, শিল্পের যন্ত্রপাতি চালানোর জন্য এবং অফিস বা বাড়িতে ব্যবহৃত যন্ত্রপাতির জন্য। সর্বাধিক ব্যবহৃত ইলেকট্রিকাল সিগনাল হল অল্টারনেটিং কারেন্ট (এসি)সিগনাল। মুখ্য সুবিধা হচ্ছে আপেক্ষিক স্বাচ্ছন্দ্য যার দ্বারা এটি উৎপন্ন এবং অ্যাম্প্লিফাই করা যায়, এটির জেনারেটিং স্টেশন থেকে শেষ ভোক্তাদের সিগনাল সঞ্চালনের খরচ কম, এবং সবচেয়ে গুরুত্বপূর্ণ হল ইলেকট্রিকাল সিস্টেমে কোন ত্রুটি দেখা দিলে এটি একটি এসি সিগনালকে সহজে বিঘ্নিত করতে সক্ষম। প্রায় সব প্রধান ভারী শুল্ক সরঞ্জাম শিল্পে ব্যবহৃত হয় এবং গৃহস্থালিতে ব্যবহৃত গৃহস্থালী যন্ত্রপাতি এসি সংকেত দ্বারা চালিত হয়। সাম্প্রতিক বছরগুলিতে অগ্রগতির সাথে ডিসি সংকেতের পাওয়ারের উপাদানগুলি এবং যন্ত্রপাতির বর্ধিত ব্যবহারে ডিসক্রিট সক্রিয় উপাদান তৈরির বিকাশ একটি বাস্তবতা হতে চলেছে। চিত্র 1.25 এবং 1.26 একটি এসি এবং ডিসি সিগনাল দেখায় দেখানো হয়েছে।

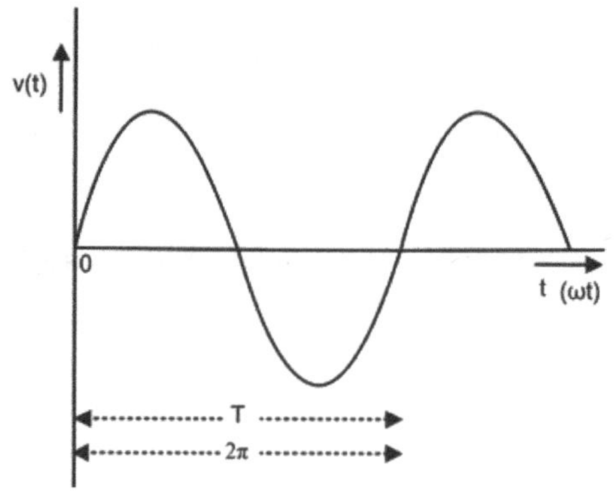

চিত্র 1.25: অল্টারনেটিং কারেন্ট সিগনাল

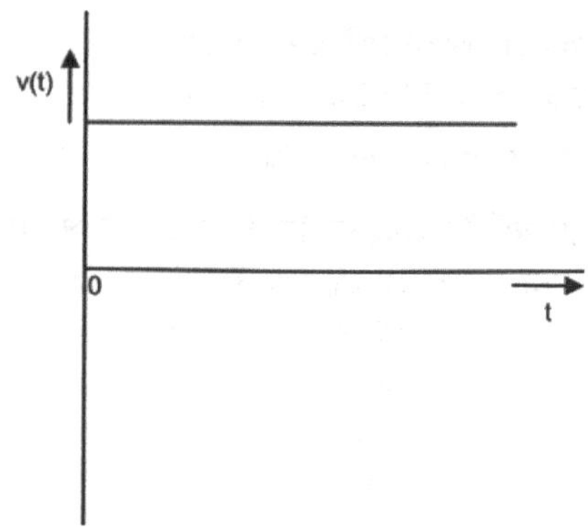

চিত্র 1.26: ডায়রেক্ট কারেন্ট সিগনাল

অল্টারনেটিং কারেন্ট (এসি) একটি সাইনোসয়েডাল টাইম-পরিবর্তিত সিগনাল। নাম থেকে বোঝা যাচ্ছে, এটি একটি সিরিজের মধ্য দিয়ে যাচ্ছে যার একটি টাইম পিরিয়ডে বিভিন্ন পজেটিভ এবং নেগেটিভ উভয় মানই আছে, যার পরে এটি একটি চক্রীয় পদ্ধতিতে ক্রমাগত একই সিরিজের পুনরাবৃত্তি করে। এটি বিদ্যুৎকেন্দ্রে জেনারেটর দ্বারা উৎপন্ন হয়। উৎপন্ন ভোল্টেজ তারপর ট্রান্সফরমার ব্যবহার করে বাড়ানো হয়এবং তারপর ট্রান্সমিশন এবং ডিস্ট্রিবিউশন নেটওয়ার্কের মাধ্যমে কারখানায় এবং আবাসিক ঘর যেখানে প্রয়োজন অনুযায়ী ভোল্টেজ কমানো হয়। একটি আবাসিক পরিবারের জন্য ভোল্টেজ প্রয়োজন 50 Hz এ 230 V। একটি এসি সিগনাল বুঝতে, নিম্নলিখিত পদগুলি গুরুত্বপূর্ণ।

1.3.5.1 টাইমকাল এবং চক্র

একটি অল্টারনেটিং কারেন্ট বা ভোল্টেজের টাইমকাল হল টাইমের ক্ষুদ্রতম মান যা অল্টারনেটিং পরিমাণের পুনরাবৃত্তিমূলক মানকে পৃথক করে। টাইমকাল যা এই পুনরাবৃত্ত মানকে আলাদা করে সেটি দ্বারা চিহ্নিত করা হয়, যেটিকে চিত্র 1.3.7 দ্বারা দেখানো হয়েছে। একটি অল্টারনেটিং কারেন্ট বা ভোল্টেজের সংকেতের একটি পজেটিভ এবং নেগেটিভ মানের সম্পূর্ণ সেটকে বলে চক্র। সমীকরণ 1.16 তে একটি চক্রকে কৌণিক বেগের পরিপ্রেক্ষিতেও দেখানো হয়েছে যেখানে একটি চক্রকে 360° অথবা কৌণিক পরিমাপের 2π রেডিয়ান বলা হয়।

AC vs. DC

$$\omega = \frac{2\pi}{T} \qquad \cdots(1.16)$$

1.3.5.2 ফ্রিকোয়েন্সি

ফ্রিকোয়েন্সি হল প্রতি সেকেন্ডে চক্রের সংখ্যা। ঘূর্ণমান মেশিনে, একটি সম্পূর্ণ চক্র উৎপাদিত হয় যখন স্ট্যাটারে স্থাপিত কন্ডাক্টরগুলি মেশিনের রোটারে স্থিত জোড়া পোলের ফ্লাক্সের দ্বারা কাটা হয়, রোটারের একটি সম্পূর্ণ আবর্তনের সময়। একটি p পোলের মেশিনের জন্য প্রতি চক্রের সংখ্যা হল প্রতি সেকেন্ডে p/2, এবং যদি রটার ঘূর্ণনের গতি প্রতি সেকেন্ডে আবর্তন হয় (rps), ফ্রিকোয়েন্সির সমীকরণ হল চক্র প্রতি সেকেন্ড বা হার্জের জন্য

$$f = \frac{np}{2} \qquad \cdots(1.17)$$

যেহেতু টি কে প্রকাশ করা সেকেন্ডে যেটা একটি চক্রের টাইমকাল, তাই ফ্রিকোয়েন্সি শব্দটিও প্রকাশ করা যেতে পারে

$$f = \frac{1}{T} \qquad \cdots(1.18)$$

সর্বাধিক প্রচলিত বিদ্যুৎকেন্দ্রের ফ্রিকোয়েন্সি হল 50 Hz এবং 60 Hz। ভারতে উৎপাদিত ভোল্টেজের ফ্রিকোয়েন্সি হল 50 Hz, যেখানে উত্তর আমেরিকা, ইউরোপ এবং অন্যান্য মহাদেশের অনেক দেশে, উৎপাদনের ফ্রিকোয়েন্সি 60 Hz।

1.3.5.3 ওয়েভফর্ম (তরঙ্গাকৃতি)

ওয়েভফর্ম হল একটি x- y সমতলে বক্ররেখার আকৃতির একটি প্লট যেখানে তাৎক্ষণিক ভোল্টেজ বা কারেন্ট y-অ্যাক্সিসে থাকে এবং টাইম (সময়) x-অ্যাক্সিসে থাকে।এক্স-অক্ষকে সময়ের পরিপ্রেক্ষিতে সেকেন্ডের দ্বারা প্রকাশ করা হয়েছে, যেটাকে রেডিয়ান বা ডিগ্রির দ্বারাও প্রকাশ করা যায়।

অনুশীলনে অল্টারনেটিং ভোল্টেজ (এসি) এবং কারেন্ট একটি সাইন ওয়েভ উৎপন্ন করে যেটি প্রায় অনুরূপ দেখায়। অতএব, এসি ভোল্টেজ এবং কারেন্টের গণনা সাইন ওয়েভের উপর ভিত্তি করে। একটি বিশুদ্ধ সাইন ওয়েভ চিত্র 1.27 এ দেখানো হয়েছে এবং এটি প্রতিনিধিত্ব করে,

$$v(t) = V_m \sin \omega t \qquad ...(1.19)$$

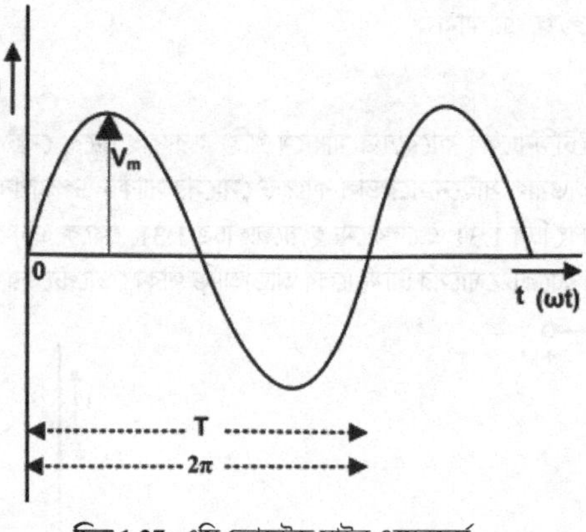

চিত্র 1.27: এসি ভোল্টেজ সাইন ওয়েভফর্ম

যেখানে ω_t হল টাইম এঙ্গেল যেটি রেডিয়ান দ্বারা প্রকাশ করা হয়, υ হল ভোল্টেজের তাত্ক্ষণিক মান এবং ν_m, সাইনোসয়েডাল ভোল্টেজ বৈচিত্র্যের সর্বোচ্চ /সর্বোচ্চ মান৷

1.3.6 ভোল্টেজ এবং কারেন্ট সোর্স

এই ইউনিটের টপিক 1 এ, তিনটি নিষ্ক্রিয়উপাদান নিয়ে আলোচনা করা হয়েছিল, যথা রেসিস্টর যা শক্তি শোষণ করে এবং অন্য দুটি অর্থাৎ ইন্ডাক্টর এবং ক্যাপাসিটর যা একটি সক্রিয় উৎস (সোর্স) থেকে শক্তি সঞ্চয় করে এবং এটিকে একই উৎসে ফেরত দিতে পারে৷ ইলেকট্রিকাল শক্তির সোর্সযা কন্টিনুয়াস শক্তি সরবরাহ বা শোষণ করতে পারে তাকে সক্রিয় সোর্স বলে৷ সক্রিয় সোর্সগুলিকে তাদের ভোল্টেজ – কারেন্ট বৈশিষ্ট্য অনুযায়ী ভোল্টেজ সোর্স এবং কারেন্ট সোর্স হিসাবে শ্রেণীবদ্ধ করা হয়৷

1.3.7 আইডিয়াল /নন আইডিয়াল সোর্স

ভোল্টেজ এবং কারেন্ট সোর্সগুলিকে ভোল্টেজ - কারেন্ট (VI) বৈশিষ্ট্য অনুযায়ী আবারও আইডিয়াল এবং নন আইডিয়াল/প্র্যাকটিক্যাল ভোল্টেজ এবং কারেন্ট সোর্স হিসাবে শ্রেণীবদ্ধ করা হয়৷

1.3.7.1 আইডিয়াল ভোল্টেজ সোর্স

একটি আইডিয়াল ভোল্টেজ সোর্স তার আউটপুট টার্মিনাল জুড়ে একটি ভোল্টেজ দিয়ে শক্তি সরবরাহ করে এবং সোর্সের কারেন্টের ওপর নির্ভরশীল থাকে না৷ একটি আইডিয়াল সাইনোসয়েডাল ভোল্টেজ সোর্সের সার্কিট উপস্থাপনা $v(t) = V_m \sin \omega t$ দ্বারা করা হয় এবং এর VI বৈশিষ্ট্যগুলি যথাক্রমে চিত্র 1.28 এবং 1.29 দেখানো হয়েছে৷ সোর্স টার্মিনালে ভোল্টেজে রেফারেন্স পোলারিটি + এবং - চিহ্ন দিয়ে লেবেল করা হয়েছে যেমন চিত্র 1.28 এ দেখানো হয়েছে,পজিটিভ টাইম অর্ধচক্রে (হাফ সাইকেল) যখন ভোল্টেজ $v(t)$ পজিটিভ হয়৷ প্রতিটি সাইকেলে ভোল্টেজ সোর্স টার্মিনালে প্রকৃত পোলারিটির একবার করে সাইন পরিবর্তন হয়৷

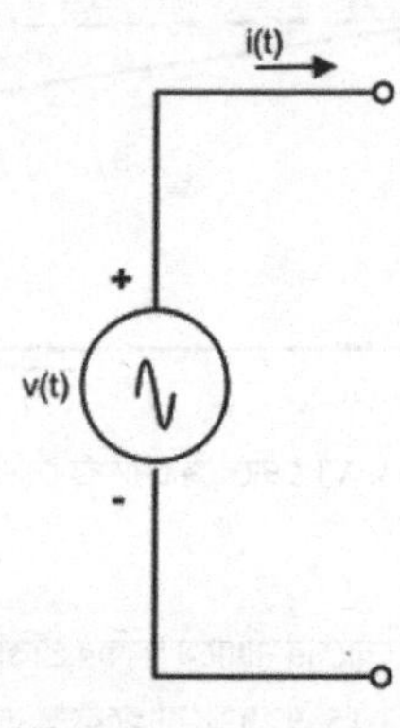

চিত্র 1.28: আইডিয়াল ভোল্টেজ সোর্সের সার্কিট উপস্থাপনা

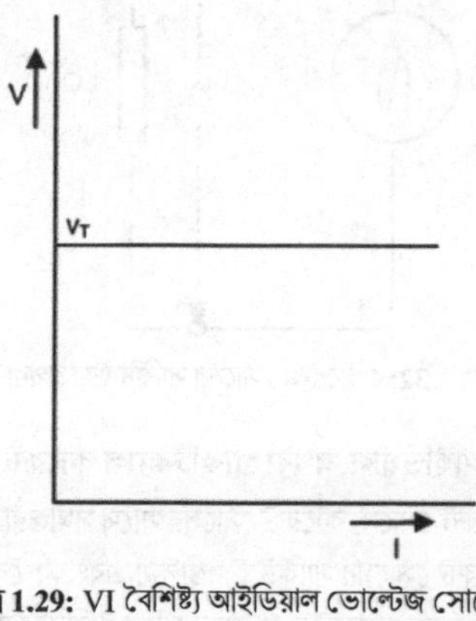

চিত্র 1.29: VI বৈশিষ্ট্য আইডিয়াল ভোল্টেজ সোর্সের

একটি আইডিয়াল ভোল্টেজ সোর্সের VI বৈশিষ্ট্য থেকে দেখা যায় যে ভোল্টেজ সোর্স থেকে প্রবাহিত কারেন্ট উপর নির্ভরশীল থাকে না, যেখানে হল একটি প্রদত্ত তাত্ক্ষণিক টাইমে সোর্স ভোল্টেজ এর মান।

1.3.7.2 আইডিয়াল কারেন্ট সোর্স

একটি আইডিয়াল কারেন্ট সোর্স আউটপুট টার্মিনালের কারেন্টের মাধ্যমে শক্তি সরবরাহ করে, যেটি কারেন্ট সোর্সের টার্মিনালের আড়াআড়ি থাকা ভোল্টেজের ওপর নির্ভরশীল নয়।একটি আইডিয়াল সাইনোসয়েডাল কারেন্ট সোর্সের সার্কিট উপস্থাপনা $i(t) = I_m \sin \omega t$ দ্বারা করা হয় এবং এর VI বৈশিষ্ট্যগুলি যথাক্রমে চিত্র 1.30 এবং চিত্র 1.31 এ দেখানো হয়েছে। চিত্র 1.31, থেকে এটা দেখা যায়, যে একটি নির্দিষ্ট তাত্ক্ষণিক সময়ে কারেন্ট সোর্সের $i(t)$ মান হচ্ছে i_T, যেটা কারেন্ট সোর্সের টার্মিনালের আড়াআড়ি থাকা ভোল্টেজের ওপর নির্ভরশীল নয়।

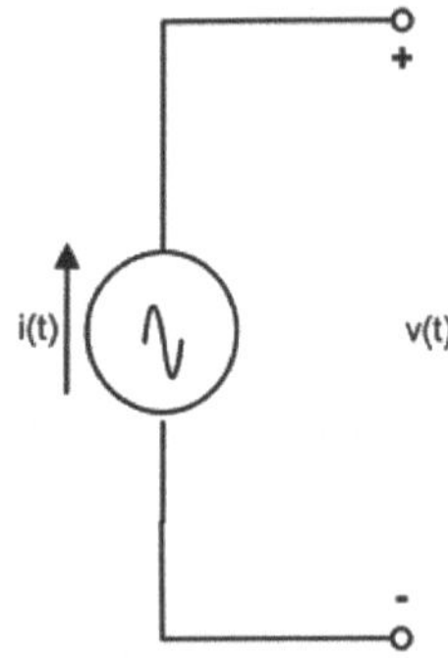

চিত্র 1.30: আইডিয়াল কারেন্ট সোর্সের সার্কিট উপস্থাপনা

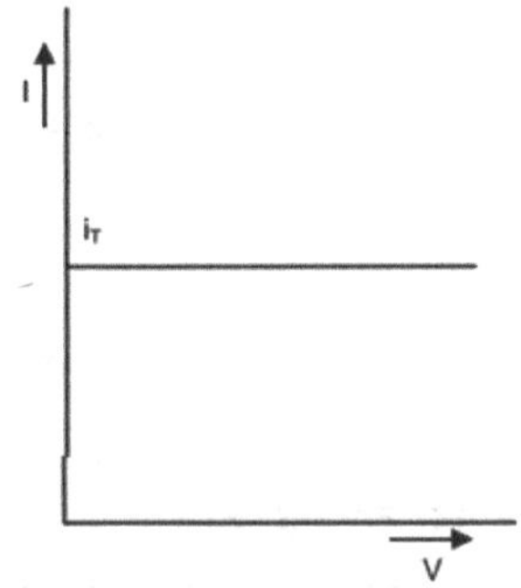

চিত্র 1.31: VI বৈশিষ্ট্যগত আইডিয়াল কারেন্ট সোর্স

1.3.7.3 নন-আইডিয়াল অথবা প্র্যাকটিক্যাল ভোল্টেজ সোর্স

ইম্প্রাক্টিক্যাল ভোল্টেজ সোর্সে, শক্তি একটি রূপান্তর দ্বারা প্রাপ্ত হয়। উদাহরণস্বরূপ, একটি ভোল্টেজ সোর্স জেনারেটরে, যান্ত্রিক শক্তি থেকে ইলেকট্রিকাল শক্তির রূপান্তর হয়। একইভাবে, একটি ব্যাটারি সোর্সের জন্য, রাসায়নিক শক্তি ইলেকট্রিকাল শক্তিতে রূপান্তরিত হয়। শক্তির রূপান্তরের ফলাফল হল শক্তির ক্ষতি এবং এটির সুরক্ষার জন্য ভোল্টেজ সোর্সের সাথে একটি অভ্যন্তরীণ রেসিস্টেন্স R_{in} সিরিজে সংযোগ করা হয়। জেনারেটর একটি প্র্যাকটিক্যাল ভোল্টেজ সোর্সের সার্কিট উপস্থাপনা চিত্র 1.32 এবং এর VI বৈশিষ্ট্য চিত্র 1.33 তে দেখানো হয়েছে। VI বৈশিষ্ট্য থেকে দেখা যায় যে টার্মিনাল ভোল্টেজ v_T হ্রাস পায় কারেন্ট i বৃদ্ধির সঙ্গে। টার্মিনাল ভোল্টেজের সমীকরণ দ্বারা দেওয়া হল,

$$v_T = v - iR_{in} \qquad ....(1.20)$$

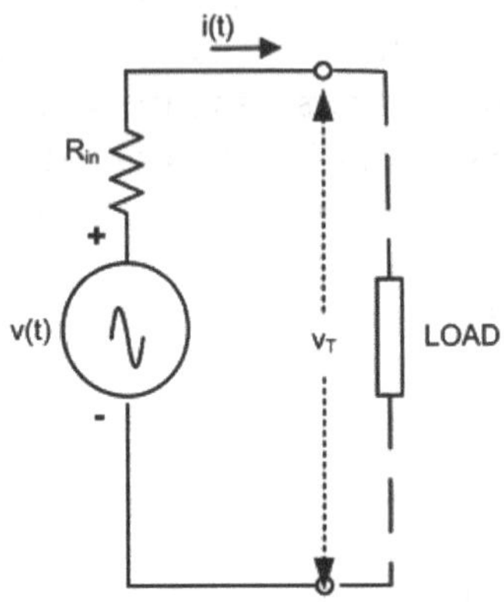

চিত্র 1.32: ভোল্টেজ সোর্সের সার্কিট উপস্থাপনা

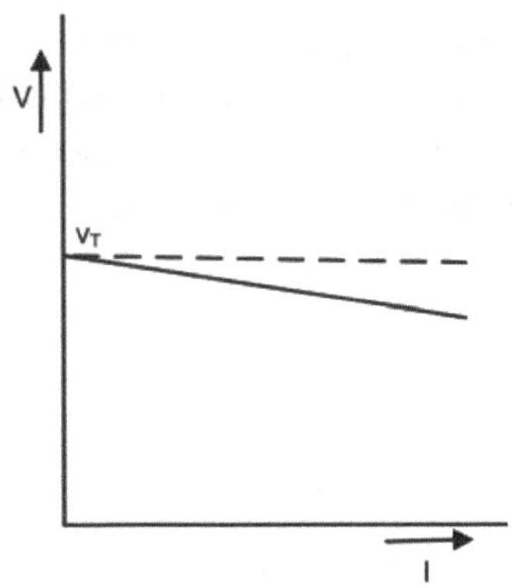

চিত্র 1.33: VI ভোল্টেজ সোর্সের বৈশিষ্ট্য

1.3.7.4 নন-আইডিয়াল অথবা প্রাকটিক্যাল কারেন্ট সোর্স

প্র্যাকটিক্যাল কারেন্ট সোর্সে, কারেন্ট সোর্সের সাথে সমান্তরালে একটি অভ্যন্তরীণ রেসিস্টেন্স R_{in} সংযোগের মাধ্যমে ক্ষতির প্রতিনিধিত্ব করা হয়। একটি প্র্যাকটিক্যাল কারেন্ট সোর্সের সার্কিট উপস্থাপনা এবং VI বৈশিষ্ট্য যথাক্রমে চিত্র.1.3.14 এবং চিত্র.1.3.15 এ দেখানো হয়েছে। এটা VI বৈশিষ্ট্য থেকে দেখা যাবে যে টার্মিনাল ভোল্টেজ v বৃদ্ধির সাথে টার্মিনাল কারেন্ট i_T কমে যায় এমন। টার্মিনাল কারেন্টের সমীকরণ হল,

$$iT = i - V/R_{in} \qquad ...(1.21)$$

ইলেকট্রনিক সার্কিটে বাইপোলার জাংশন ট্রানজিস্টর ব্যবহার করে এবং ফটোভোলটাইক কোষ ব্যবহার করে প্রায়ই কারেন্ট সোর্সের সমতুল্য সার্কিটের ব্যাখ্যা করা হয়।

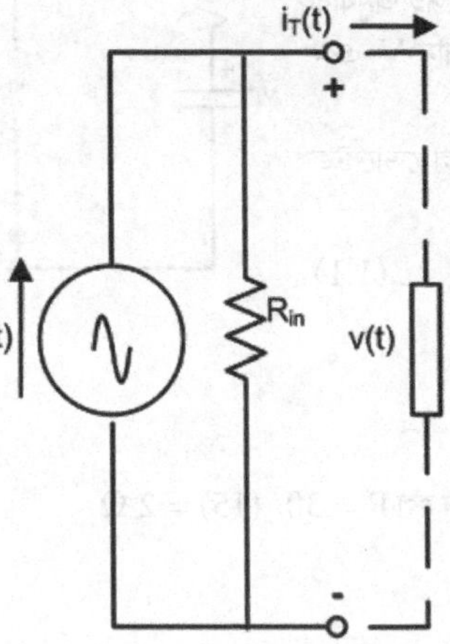

চিত্র 1.34: কারেন্ট সোর্সের সার্কিট উপস্থাপনা

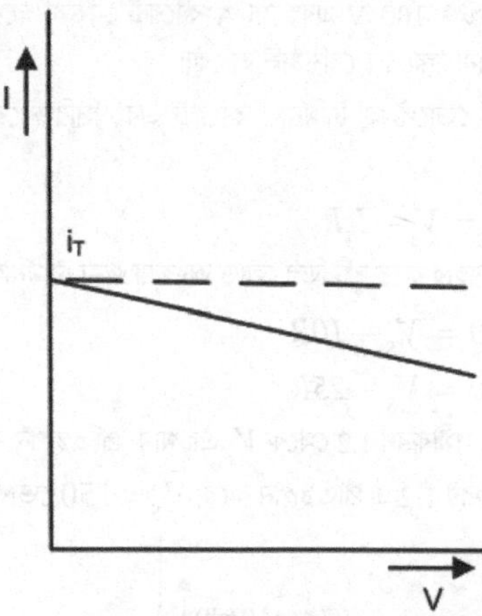

চিত্র 1.35: VI কারেন্ট সোর্সের বৈশিষ্ট্য

1.3.8 ডিপেন্ডেন্ট ভোল্টেজ এবং কারেন্ট সোর্স

ইন্ডিপেন্ডেন্ট ভোল্টেজ এবং কারেন্ট সোর্স সার্কিটে সংযুক্ত অন্য কোন কারেন্ট বা ভোল্টেজের ওপর নির্ভরশীল নয়। ডিপেন্ডেন্ট সোর্সেগুলিতে, ভোল্টেজ/ কারেন্ট ডিপেন্ডেন্ট সোর্সগুলির টার্মিনালগুলির আড়াআড়ি থাকা ভোল্টেজ বা টার্মিনালের মাধ্যমে কারেন্ট, অন্য কোথাও বিদ্যমান ভোল্টেজ/ কারেন্ট দ্বারা নির্ধারিত হয়। সার্কিট তদনুসারে, ডিপেন্ডেন্ট সোর্সগুলিকে (i) ভোল্টেজ ডিপেন্ডেন্ট ভোল্টেজ সোর্স (ii) কারেন্ট ডিপেন্ডেন্ট ভোল্টেজ সোর্স (iii) কারেন্ট ডিপেন্ডেন্ট কারেন্ট সোর্স (iv) ভোল্টেজ ডিপেন্ডেন্ট কারেন্ট সোর্স হিসাবে শ্রেণীবদ্ধ করা হয়। ডিপেন্ডেন্ট সোর্সের প্রতীকগুলির চিত্র 1.36 এবং চিত্র 1.37এ দেখানো হয়েছে। k_V, k_r, k_C এবং k_I হল বাস্তব সংখ্যা যেখানে, k_r, k_C যথাক্রমে ট্রান্স-রেসিস্টেন্স এবং ট্রান্স-কন্ডাক্টান্স এবং k_V, k_I হল মাত্রাবিহীন।

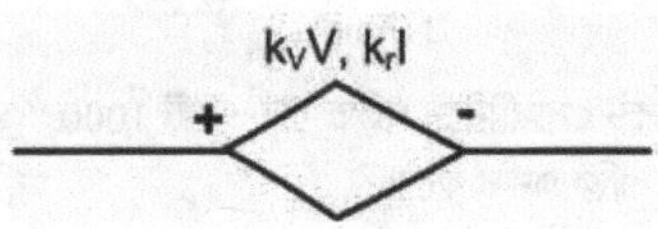

চিত্র 1.36: ডিপেন্ডেন্ট ভোল্টেজ সোর্সের প্রতীক

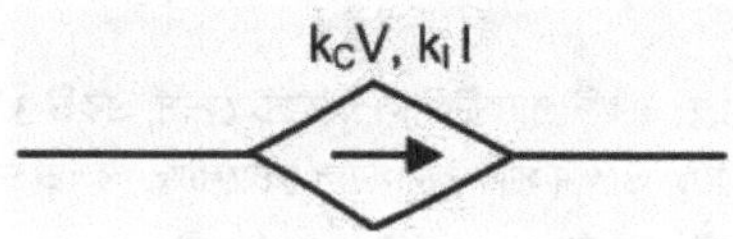

চিত্র 1.37: ডিপেন্ডেন্ট কারেন্ট সোর্সের প্রতীক

অ্যাপ্লিকেশন

ডিসক্রিট সিগনালগুলি সেন্সর থেকে প্রাপ্ত এনালগ সিগনাল প্রক্রিয়াকরণের জন্য ব্যবহৃত হয়, যেমন ডিজিটাল থার্মোমিটার ব্যবহার করে একজন ব্যক্তির তাপমাত্রা পর্যবেক্ষণ করা হয়, মোবাইল যোগাযোগ, ভিডিও স্ট্রিমিং, স্মার্ট ঘড়ি ইত্যাদি। সক্রিয় সোর্সগুলি আমাদের দৈনন্দিন জীবনের অংশ। উদাহরণস্বরূপ, 1.5 V সেল দেওয়াল ঘড়িকে শক্তি দিতে ব্যবহৃত হয়, টিভির রিমোট কন্ট্রোল ইউনিট, এয়ার কন্ডিশনার, ইগনিশনের জন্য 12V ব্যাটারি এবং যানবাহনের আলো ব্যবস্থা ইত্যাদি সবই সক্রিয় ডিসি সোর্স। একইভাবে, আমাদের বাড়িতে ব্যবহৃত গৃহস্থালী যন্ত্রপাতি যেমন রেফ্রিজারেটর, ওয়াশিং মেশিন, ফ্লুরোসেন্ট টিউব লাইট, সিলিং ফ্যান ইত্যাদিতে সিঙ্গেল ফেজ এসি সোর্স ব্যবহার করা হয়।

কার্যক্রম

শিক্ষার্থীদের করণীয়

1. কন্টিনুয়াস এবং ডিসক্রিট সিগনালগুলির প্রয়োগগুলি তালিকাভুক্ত করো।
2. কন্টিনুয়াস এবং ডিসক্রিট সিগনাল ব্যবহার করে গ্যাজেটগুলির একটি তালিকা প্রস্তুত করো।

সমাধানকৃত সমস্যা

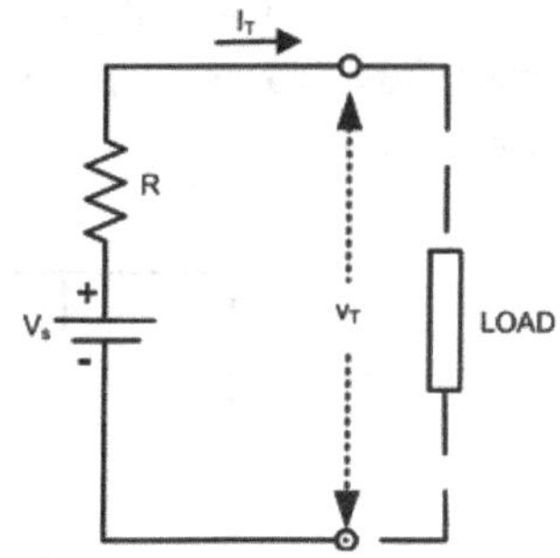

উদাহরণ 1.3.1: একটি ব্যাটারির সোর্স হিসাবে একটি আইডিয়াল ভোল্টেজ সোর্সের সাথে একটি সিরিজ রেসিস্টর একটি লোডের টার্মিনালের সাথে সংযুক্ত আছে দেখানো হয়েছে। টার্মিনালে ভোল্টেজ V_T 130 V এবং 10 A কারেন্ট V_T নেওয়া হয়েছে। টার্মিনালগুলি এখন লোড পরিবর্তিত হয়েছে এবং সেই অনুযায়ী টার্মিনালে ভোল্টেজ 100 V এবং 25 A কারেন্ট নেওয়া হয়েছে। আকাঙ্ক্ষিত ভোল্টেজ সোর্স V_s এবং রেসিস্টার R গণনা কর। VI বৈশিষ্ট্যটি আঁকো।

সমাধান: সোর্স ভোল্টেজ, টার্মিনাল কারেন্ট এবং সিরিজ রেসিস্টরের পরিপ্রেক্ষিতে টার্মিনাল ভোল্টেজ দেওয়া হয়

$$V_T = V_s - I_T R \quad ...(1.1)$$

সমীকরণ 1.1 ব্যবহার করে দুটি ভিন্ন লোড অবস্থার জন্য টার্মিনাল ভোল্টেজ নিম্নরূপ

$$130 = V_S - 10R \quad ...(1.2)$$

$$100 = V_S - 25R \quad ...(1.3)$$

সমীকরণ 1.3 এ, সমীকরণ 1.2 থেকে V_s এর মান প্রতিস্থাপন করে, সিরিজ রেসিস্টরের এর মান হল $R = 30/(15) = 2\ \Omega$

R এর মান সমীকরণ 1.2 এ প্রতিস্থাপন করে, $V_S = 150$ ভোল্ট

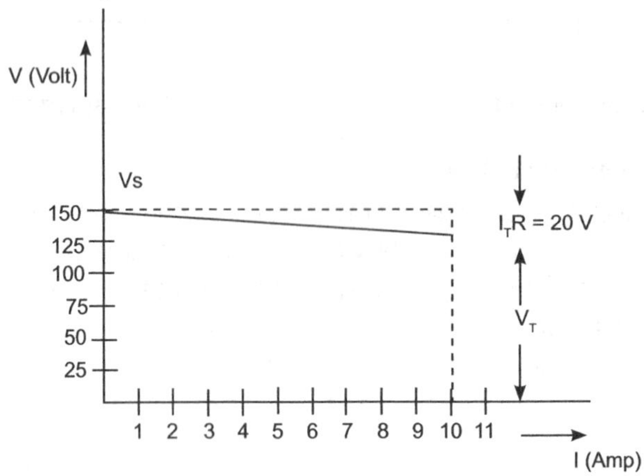

উদাহরণ 1.3.2: একটি প্র্যাকটিক্যাল কারেন্ট সোর্স, একটি 3 মিলিঅ্যাম্প আইডিয়াল কারেন্ট সোর্স নিয়ে গঠিত যার একটি 1000 ওহমের ইন্টারনাল রেসিস্টেন্স আছে। ওপেন সার্কিট টার্মিনাল ভোল্টেজ এবং অভ্যন্তরীণ রেসিস্টরে অপসারিত শক্তি গণনা করো।

সমাধান: একটি প্র্যাকটিক্যাল কারেন্ট সোর্সের সমীকরণ হল

$$i_T = i - v/R_{in} \quad ...(2.1)$$

প্রদত্ত সমস্যার জন্য যেহেতু কোন লোড কারেন্ট সোর্সের টার্মিনালের সাথে সংযুক্ত নয়, সুতরাং কারেন্ট =

অতএব সমীকরণ 2.1 পরিবর্তন হয়ে $v = iR_{in}$ হল, যেখানে v হল টার্মিনাল ভোল্টেজ। i এবং R_{in} এর মান বসানো হলে, v Volt।

ইউনিট সারসংক্ষেপ

- নিষ্ক্রিয়এবং সক্রিয় উপাদান দুটি প্রধান ধরনের সার্কিট উপাদান গঠন করে।
- ইলেকট্রিকাল চিহ্নগুলি সক্রিয় এবং নিষ্ক্রিয়উভয় উপাদানকে উপস্থাপন করতে ব্যবহৃত হয়।
- রেসিস্টেন্স হল এমন একটি উপাদানের বৈশিষ্ট্য যা কারেন্টের প্রবাহে প্রদত্ত বিরোধিতা বর্ণনা করার জন্য ব্যবহৃত হয়।
- রেসিস্টর সার্কিট ইলেকট্রিকাল কারেন্টের প্রবাহকে সীমিত বা নিয়ন্ত্রিত করার পাশাপাশি ভোল্টেজের মাত্রা কম করতে
- সার্কিটের অংশে ব্যবহৃত হয়।

- একটি ক্যাপাসিটর ইলেকট্রিকাল চার্জ আকারে শক্তি সঞ্চয় করে।
- একটি ইনডাক্টর একটি নিষ্ক্রিয়উপাদান যা চুম্বকীয় শক্তির আকারে শক্তি সঞ্চয় করতে ব্যবহৃত হয় যখন এতে বিদ্যুৎ প্রয়োগ করা হয়।
- সেমিকন্ডাক্টর উপাদান হল সক্রিয় সলিড স্টেট উপাদান।
- সক্রিয় উপাদানগুলি সমস্ত ইলেকট্রনিক সার্কিটে ব্যবহৃত হয়।
- ডায়োড, বিজেটি এবং এফইটি হল মৌলিক ডিসক্রিট সক্রিয় উপাদান।
- ডায়োড একটি একমুখী যন্ত্র যা মূলত সংশোধনের জন্য ব্যবহৃত হয়।
- বিজেটি হল একটি কারেন্ট অপারেটিং তিনটি টার্মিনাল ডিভাইস যা মূলত আম্প্লিফিকেশন এবং সুইচিং অপারেশনের জন্য ব্যবহৃত হয়।
- এফইটি হল একটি ভোল্টেজ অপারেটিং ডিভাইস যার উচ্চ ইনপুট ইম্পিডেন্স রয়েছে।
- পিমস (PMOS) এবং এন মস (NMOS) একত্রিত হয়ে একসঙ্গে সি মস (CMOS) নির্মাণ করে।
- সিগনালগুলিকে কন্টিনুয়াস টাইম সিগনাল এবং ডিসক্রিট সিগনাল হিসাবে শ্রেণীবদ্ধ করা হয়।
- গার্হস্থ্যে এবং শিল্প প্রয়োগের জন্য ব্যবহৃত ইলেকট্রিকাল সিগনালকে এসি সিগনাল এবং ডিসি সিগনাল হিসাবে শ্রেণীবদ্ধ করা হয়।
- এসি এবং ডিসি সিগনাল সোর্সগুলি তাদের ভোল্টেজ- কারেন্ট বৈশিষ্ট্য অনুযায়ী আইডিয়াল এবং প্র্যাকটিক্যাল সোর্স হিসাবে শ্রেণীবদ্ধ করা হয়।
- ডিপেন্ডেন্ট ভোল্টেজ এবং কারেন্ট সোর্স বিজেটি, জেএফইটি (JFET) এর মত উপাদান দিয়ে তৈরি সক্রিয় সার্কিট বিশ্লেষণের জন্য ব্যবহার করা হয়।

অনুশীলনী

A. বস্তুনিষ্ঠ প্রশ্ন

নির্দেশ: অনুগ্রহ করে সবচেয়ে উপযুক্ত উত্তর নির্বাচন করো।

ক্রমিক সংখ্যা	এম সি কিউ	ক্রমিক সংখ্যা	এম সি কিউ
1.1	তাপমাত্রা বৃদ্ধির সাথে বিশুদ্ধ ধাতুর রেসিস্টেন্স ক্ষমতা a. বৃদ্ধি পায় b. হ্রাস c. ধ্রুবক d. প্রথমে বৃদ্ধি এবং তারপর হ্রাস	1.7	অপটো-কাপলারের জন্য ব্যবহৃত ডায়োডের জোড়া a. জেনার ডায়োড এবং পিএন জাংশন ডায়োড b. জেনার এবং এলইডি c. জেনার ডায়োড এবং ফটো ডায়োড d. এলইডি এবং ফটো ডায়োড
1.2	ক্যাপাসিটরের উভয় প্লেটের মধ্যে ইনসুলেটিং মাধ্যম, নামে পরিচিত a. ইলেক্ট্রোড b. ক্যাপাসিটিভ মাধ্যম c. পরিচালনা মাধ্যম d. নিরোধক	1.8	1.0 Ω, তারের দৈর্ঘ্য চারটি সমান অংশে কাটা হল। এই চারটি অংশ একসঙ্গে একত্রিত হয়ে একটি পুরু তারে রুপান্তরিত হল। পুরু তারের রেসিস্টেন্স হবে a. 4 Ω b. 1/16 Ω c. ¼ Ω d. 16 Ω
1.3	সর্বাধিক ব্যবহৃত অর্ধপরিবাহী হল a. কার্বন b. সিলিকন c. জার্মেনিয়াম d. গ্যালিয়াম	1.9	বিজেটিতে, টার্মিনাল কারেন্ট হল $I_1 = 5mA$, $I_2 = 95$ mA এবং $I_3 = 100$ mA, এটির উপযুক্ত বিকল্প a. $I_1 = I_B, I_2 = I_C, I_3 = I_E$ b. $I_1 = I_B, I_2 = IE , I_3 = I_C$ c. $I_1 = I_C, I_2 = I_B, I_3 = I_E$ d. $I_1 = I_E, I_2 = I_C, I_3 = I_E$

ক্রমিক সংখ্যা	এম সি কিউ	ক্রমিক সংখ্যা	এম সি কিউ
1.4	ভোল্টেজ নিয়ন্ত্রণের জন্য ________ ডায়োড উপযুক্ত a. পিএন জাংশন b. হালকা নির্গত c. ফটো d. জনোর	1.10	সার্কিট ডায়াগ্রামে দেখানো হয়েছে, যদি ব্যাটারির E ভোল্টের সাথে কিছু সীমিত অভ্যন্তরীণ রেসিস্টেন্স থাকে এবং যদি রেসিস্টেন্স R হ্রাস পায়, তাহলে ভোল্টমিটারের মান 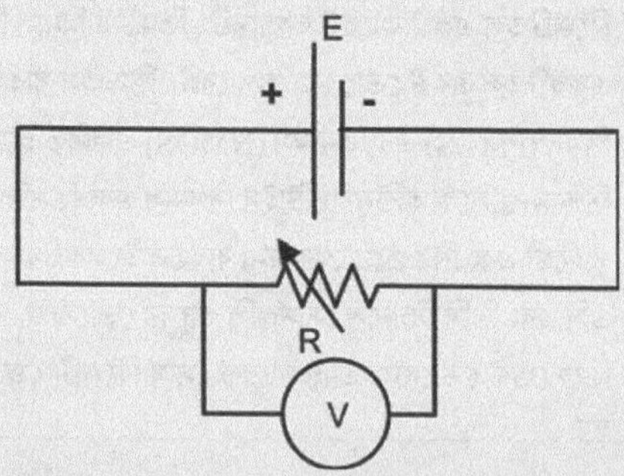 a. স্থির থাকবে b. বৃদ্ধি c. হ্রাস করবে d. E এর সমান হবে
1.5	সিগনাল x(t) কে বলা হয় নন-পিরিওডিক সিগনাল যদি a. x(t) = x(t + T) সমীকরণ T- এর সকল মানের জন্য সন্তুষ্ট হয় b. x(t) = x(t + T) সমীকরণ T এর মাত্র একটি মানের জন্য সন্তুষ্ট হয় c. x(t) = x(t + T) সমীকরণ T- এর কোন মানের জন্য সন্তুষ্ট হয় না d. x(t) = x(t + T) সমীকরণ শুধুমাত্র T এর বিজোড় মানের জন্য সন্তুষ্ট হয়		
1.6	একটি আইডিয়াল ভোল্টেজ সোর্সে সোর্স ভোল্টেজ এবং টার্মিনাল ভোল্টেজের মধ্যে সম্পর্ক হতে পারে a. টার্মিনাল ভোল্টেজ সোর্স ভোল্টেজের চেয়ে বেশি b. টার্মিনাল ভোল্টেজ সোর্স ভোল্টেজের সমান c. টার্মিনাল ভোল্টেজ সর্বদা সোর্স ভোল্টেজের চেয়ে কম d. টার্মিনাল ভোল্টেজ সোর্স ভোল্টেজের থেকে বেশি হতে পারে না।		

B. বিষয়গত প্রশ্ন

1. যে কোন তিন ধরনের ক্যাপাসিটরের তালিকা দিন। এর মধ্যে যেকোনো একটি ক্যাপাসিটরের, একটি প্রয়োগ বলো।
2. একটি নির্দিষ্ট তারের 360 মিটার দৈর্ঘ্যের রেসিস্টেন্স 90 Ω। একই তারের কত দৈর্ঘ্যের জন্য একটি 125 Ω রেসিস্টেন্স থাকবে?
3. একটি বাড়িতে 500 টি বহু রঙের বাতির স্ট্রিং বহিরঙ্গনে স্থাপন করা হয়। পাওয়ার প্রয়োগের পর, বাড়ির মালিক লক্ষ্য করেন দুটি বাল্ব পুড়ে গেছে। লাইটগুলি সিরিজ বা সমান্তরাল কিভাবে সংযুক্ত আছে?
4. তিনটি, 5F, 10 F এবং 15 F মানের ক্যাপাসিটার সিরিজে 100 V সরবরাহের আড়াআড়ি সংযুক্ত আছে। সমতুল্য ধারণক্ষমতা নির্ধারণ করো।
5. শব্দগুলি সংজ্ঞায়িত করো: বায়াসিং, ভোল্টেজ অপারেটিং ডিভাইস।
6. এফইটি এর দুটি প্রয়োগ তালিকাভুক্ত করো।
7. বিদ্যুতের প্রয়োজনীয়তা, ইনপুট ইম্পিডেন্স, তাপ স্থিতিশীলতা এবং কম্প্যাক্টনেসের ভিত্তিতে বিজেটি কে এফইটি এর সাথে তুলনা করো।
8. জেএফইটি এর থেকে মসফেট এর প্রাধান্যতা ব্যাখ্যা করো।
9. রান্নাঘর এবং স্টোর রুম আলোকিত করার জন্য দুটি আলোর বাল্ব ব্যবহার করা হয়। একটি লাইট বাল্ব 300 mA টানে যখন এটির আড়াআড়ি ভোল্টেজ 240 V হয়। স্টোর রুমে থাকা অন্য লাইট বাল্বটি 240 mA টানে যখন এটির আড়াআড়ি ভোল্টেজ 240 V. আলোর বাল্বের মোট রেসিস্টেন্স কত?

10. চোরের অ্যালার্মে আলোর বিমূর্ততা সনাক্ত করার জন্য উপযুক্ত ডায়োডের ধরন প্রস্তাব করো৷
11. যথার্থতা নির্ধারণ করো 'বিজেটিতে, এমিটার টার্মিনাল কারেন্ট হল সর্বাধিক কারেন্ট'।
12. 'এফইটি কে ইউনিপোলার ডিভাইস বলা হয়' এর কারণ দাও৷
13. β এর মান গণনা করো, যদি of এর মান 0.92 হয়৷
14. একটি প্র্যাকটিক্যাল সোর্স 500 ওহমের ইন্টার্নাল রেসিস্টেন্স এর সাথে 3 Amp আইডিয়াল কারেন্ট সোর্স নিয়ে গঠিত৷ প্রতি প্র্যাকটিক্যাল কারেন্ট সোর্সের টার্মিনালগুলি 250 ওহমের লোড রেসিস্টেন্সের সাথে সংযুক্ত৷ লোড টার্মিনালের আড়াআড়ি ভোল্টেজ বার করো এবং লোড রেসিস্টর দ্বারা শোষিত শক্তি নির্ণয় করো৷
15. আইডিয়াল এবং প্র্যাকটিক্যাল সোর্সের মধ্যে পার্থক্য তালিকাভুক্ত করো৷

ব্যবহারিক

I. P7- ES110: নিষ্ক্রিয় উপাদান

P7.1 ব্যবহারিক বিবৃতি

প্রদত্ত সার্কিটে বিভিন্ন নিষ্ক্রিয় ইলেকট্রনিক উপাদান চিহ্নিত করো।

P7.2 ব্যবহারিক গুরুত্ব

যে কোন সার্কিট বিভিন্ন ধরনের উপাদান নিয়ে গঠিত৷ এই পরীক্ষাটি নিষ্ক্রিয়ইলেকট্রনিক উপাদানগুলির শনাক্তকরণের দক্ষতার বিকাশের উদ্দেশ্যে করা হয়৷ রেসিস্টর, ইন্ডাক্টর এবং ক্যাপাসিটরের মতো নিষ্ক্রিয়উপাদান শক্তি অপচয় করে বা সঞ্চয় করে৷এই পরীক্ষাগুলি সনাক্তকণের দক্ষতা বিকাশে সহায়তা করবে যা যে কোনও সার্কিট অথবা ডিভাইসের সমস্যা সমাধানের জন্য অত্যন্ত প্রয়োজনীয়৷

P7.3 প্রাসঙ্গিকতত্ত্ব

নিষ্ক্রিয় ইলেকট্রনিক উপাদানগুলির জন্য, অনুগ্রহ করে এই ইউনিটের বিভাগ 1.1 দেখো৷

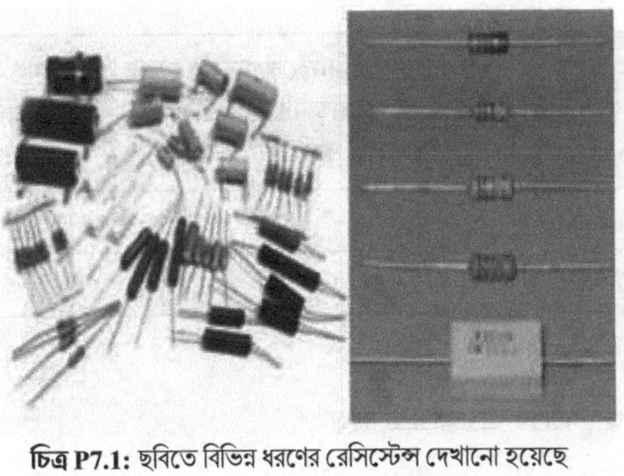

চিত্র P7.1: ছবিতে বিভিন্ন ধরণের রেসিস্টেন্স দেখানো হয়েছে

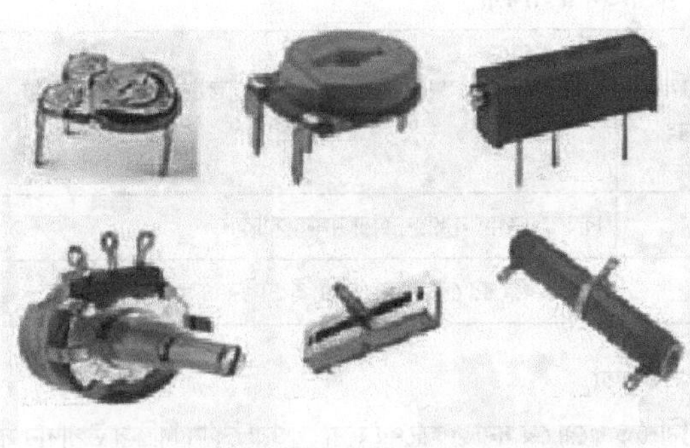

চিত্র P7.2: ছবিতে বিভিন্ন ধরণের ভেরিয়েবল রেসিস্টর হয়েছে

P7.4 ব্যবহারিক ফলাফল (PrO)

PrO1: প্রদত্ত সার্কিটে বিভিন্ন ধরনের রেসিস্টর চিহ্নিত করো৷

PrO2: প্রদত্ত সার্কিটে বিভিন্ন ধরণের ইন্ডাক্টর চিহ্নিত করো৷

PrO3: প্রদত্ত সার্কিটে বিভিন্ন ধরনের ক্যাপাসিটর চিহ্নিত করো।

P7.5 ব্যবহারিক পরিকাঠামো (কাজের পরিস্থিতি)

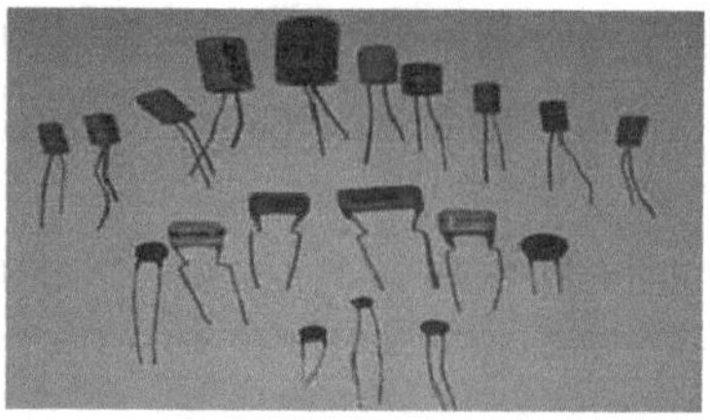

চিত্র P7.3: ছবিতে বিভিন্ন ধরনের ক্যাপাসিটর দেখানো হয়েছে

চিত্র P7.4: ছবিতে বিভিন্ন ধরনের ইনডাক্টর গুলি দেখানো হয়েছে

পোটেনশিওমিটার: পোটেনশিওমিটার বা পট সংক্ষিপ্ত আকারে পরিবর্তনশীল রেসিস্টর৷ সাধারণত তাদের মান চিহ্নিত করা আছে ওহমের সর্বোচ্চ মান হিসাবে৷ ছোট ট্রিম পাত্রগুলি 3-সংখ্যার কোড ব্যবহার করতে পারে যেখানে প্রথম 2 টি সংখ্যা উল্লেখযোগ্য এবং তৃতীয়টি হল গুণক (মূলত প্রথম 2 সংখ্যার পরে 0 এর সংখ্যাগুলি)। উদাহরণস্বরূপ, কোড 104 = 10 এর পরে চারটি 0 = 100000 ওহম = 100কিলো ওহম৷ তাদের উপর একটি অক্ষর কোডও থাকতে পারে যা ট্যাপারকে নির্দেশ করে (যেভাবে রেসিস্টেন্সের পরিবর্তন হয় পোটেনশিওমিটার কতদূর ঘুরিয়ে দেওয়া হয়েছে তার সাথে সম্পর্কিত)। লিনিয়ার (লিন) বা লগারিদমিক (লগ) ট্র্যাক সহ পোটেনশিওমিটার আছে৷ রৈখিক পোটেনশিওমিটারের সঙ্গে, ট্র্যাকের এক প্রান্ত এবং ওয়াইপারের মধ্যেকার রেসিস্টেন্স হিসাবে একটি ধ্রুবক হারে পরিবর্তিত হয়যেহেতু স্লাইডারটি ট্র্যাক বরাবর সরানো হয়৷ লগারিদমিক প্রকারের মধ্যে, ট্র্যাকের এক প্রান্ত থেকে অন্য প্রান্তে রেসিস্টেন্সের পরিবর্তন অনেক কম৷ এগুলি সাধারণত একটি সার্কিট বোর্ডে "VR" দিয়ে চিহ্নিত করা হয়৷

ক্যাপাসিটর: ব্যবহারিক ক্যাপাসিটরের ফর্মগুলি ব্যাপকভাবে পরিবর্তিত হয়, কিন্তু সবগুলোতে কমপক্ষে দুটি ইলেকট্রিকাল পরিবাহী(কন্ডাক্টর) থাকে যা একটি অন্তরক (ইনসুলেটর)দ্বারা পৃথক করা হয়৷ অনেকেক্ষেত্রেই তাদের মানগুলি তাদের ওপর মুদ্রিত হয়, কিছু 3-সংখ্যার কোড দিয়ে চিহ্নিত করা হয় এবং কয়েকটি রঙের কোডেড হয়৷ এগুলি সাধারণত একটি সার্কিট বোর্ডে "সি" দিয়ে চিহ্নিত করা হয়৷

ইনডাক্টর: একটি ইন্ডাক্টর, যাকে কয়েল বা রিঅ্যাক্টরও বলা হয়, একটি কন্ডাক্টর অর্থাৎ একটি তার দিয়ে তৈরী করা হয়,যেটি সাধারণত একটি কুণ্ডলীতে উন্ড করা থাকে৷ তাদের মান বের করা একটু কঠিন হতে পারে৷ তাদের মধ্যে কিছু রঙের কোড থাকে, অন্যথায় এলসিআর (LCR) মিটারের মত একটি ভাল পরিমাপ যন্ত্, যা ইন্ডাক্টেন্স পরিমাপ করতে প্রয়োজন হয়৷ এগুলি সাধারণত একটি সার্কিট বোর্ডে "এল" দিয়ে চিহ্নিত করা হয়৷

P7.6 প্রয়োজনীয় সামগ্রী

ক্রমিক নং	গুরুত্বপূর্ণ স্পেসিফিকেশন সহ প্রস্তাবিত প্রয়োজনীয় সামগ্রী	মোট সংখ্যা	বিস্তৃত স্পেসিফিকেশন সহ প্রকৃত প্রয়োজনীয় সামগ্রী (ছাত্রছাত্রী দ্বারা পূরণ করা হবে)		মন্তব্য (যদি থাকে)
1.	বিভিন্ন উপাদান ধারণকারী নমুনা সার্কিট	2			
2.	বিভিন্ন ধরণের রেসিস্টর, পাত্র, ইন্ডাক্টর এবং ক্যাপাসিটার	নানা প্রকার			

P7.7 সতর্কতা

1. নিশ্চিত করো যে সনাক্তকরণের জন্য নেওয়া কোন নিষ্ক্রিয় উপাদান সঠিক জায়গায় ফিরিয়ে আনা হয়েছে৷
2. কাজের টেবিলে পরিচ্ছন্নতা বজায় রাখুন৷
3. উপাদানগুলি সঠিকভাবে পরিচালনা করো৷

P7.8 প্রস্তাবিতপদ্ধতি

1. বিভিন্ন উপাদান সাবধানে পর্যবেক্ষণ করো৷
2. প্রদত্ত দুটি সার্কিটের মান এবং প্রকারের রেসিস্টরক, প্রবর্তক এবং ক্যাপাসিটারগুলি সনাক্ত করো এবং সেগুলি পর্যবেক্ষণ টেবিলে নোট করো৷

P7.9 পর্যবেক্ষণ

সার্কিট 1						
ক্রমিক নং	রেসিস্টর		ইনডাক্টর		ক্যাপাসিটর	
	প্রকারভেদ	মান	প্রকারভেদ	মান	প্রকারভেদ	মান
সার্কিট 2						

P7.10 ফলাফল এবং ব্যাখ্যা

P7.11 উপসংহার

P7.12 ব্যবহারিক সম্পর্কিত প্রশ্ন

(উত্তরের জন্য আলাদা শীট ব্যবহার করো)

দ্রষ্টব্য: রেফারেন্সের জন্য নীচে কয়েকটি নমুনা প্রশ্ন দেওয়া হল। পূর্বনির্ধারিত কোর্সের ফলাফল অর্জন নিশ্চিত করার জন্য শিক্ষকদের এই ধরনের আরো প্রশ্ন তৈরি করতে হবে।

1. যদি কোন রেসিস্টরের শরীরে কোন চতুর্থ রং নির্দেশিত না হয়, তাহলে তার সহনশীলতার (টলারেন্স) মান উল্লেখ করো।
2. প্রচলিত টিউব লাইটগুলিতে ব্যবহৃত নিষ্ক্রিয়উপাদানগুলির তালিকা দিন।

P7.13 প্রস্তাবিত শেখার উৎস

Familiarisation with Resistor

Familiarisation with Capacitor

Familiarisation with Inductor

II. P8- ES110: সিরিজ এবং সমান্তরালে রেসিস্টর

P8.1 ব্যবহারিক বিবৃতি

ব্রেডবোর্ডে রেসিস্টর সিরিজ এবং সমান্তরালভাবে সংযুক্ত করো এবং মাল্টিমিটার ব্যবহার করে এর মান পরিমাপ করো।

P8.2 ব্যবহারিক গুরুত্ব

ইলেকট্রিকাল সরঞ্জামগুলিতে সিরিজ এবং সমান্তরাল সার্কিট সংযোগগুলি খুব সাধারণ। ফিউজ, স্বয়ংক্রিয় ঘর গরম করার সরঞ্জাম এবং নিরাপত্তা কাটা উৎস সিরিজে সংযুক্ত করা হয়। বেশিরভাগ যন্ত্রপাতি বিভব উৎসের সাথে সমান্তরালভাবে সংযুক্ত করা হয়। এই পরীক্ষার লক্ষ্য হল পরিমাপ যন্ত্র ব্যবহার এবং দক্ষতা এবং ধারাবাহিক এবং সমান্তরাল সার্কিট বিশ্লেষণের দক্ষতা অর্জন করা।

P8.3 প্রাসঙ্গিক তত্ত্ব

সিরিজ এবং সমান্তরাল সার্কিটের জন্য, এই বইয়ের অধ্যায় 1 এর 1.1.6 বিভাগটি দেখো।

P8.4 ব্যবহারিক ফলাফল (PrO)

PrO1: রেসিস্টর পরিমাপের জন্য মাল্টিমিটার ব্যবহার করো।

PrO2: সমতুল্য রেসিস্টর পরিমাপ করো যখন রেসিস্টরগুলি সিরিজে সংযুক্ত থাকে।

PrO3: সমতুল্য রেসিস্টর পরিমাপ করো যখন রেসিস্টরগুলি সমান্তরালভাবে সংযুক্ত থাকে।

PrO4: ত্রুটিটি গ্রহণযোগ্য সীমার মধ্যে আছে কিনা তা নির্ধারণ করো।

P8.5 ব্যবহারিক পরিকাঠামো (সার্কিট ডায়াগ্রাম)

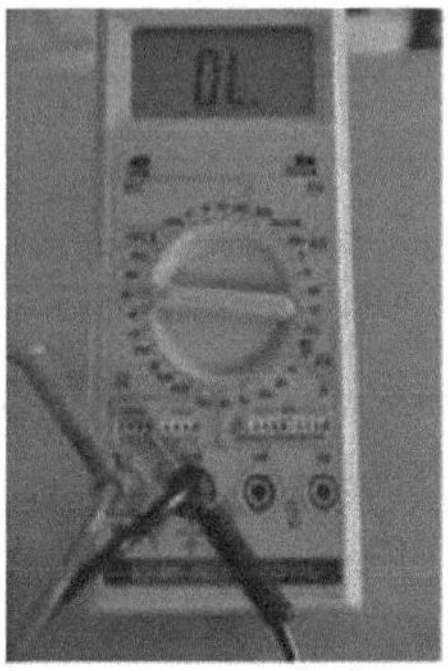

চিত্র P8.1: ডিজিটাল মাল্টিমিটার

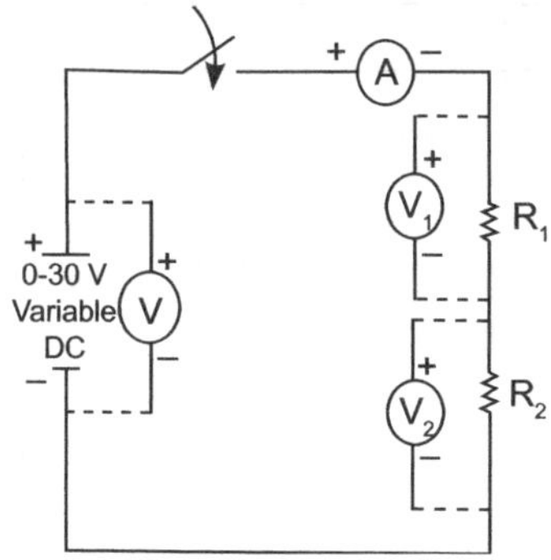

চিত্র P8.2: সিরিজ সার্কিট

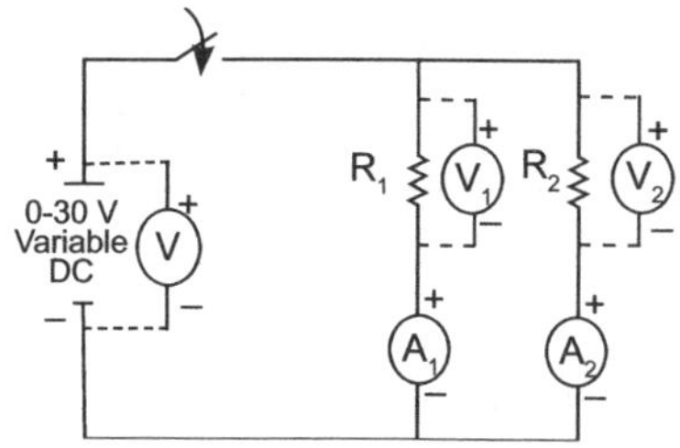

চিত্র P8.3: সমান্তরাল সার্কিট

P8.6 প্রয়োজনীয় সামগ্রী

ক্রমিক সংখ্যা	প্রস্তাবিত সম্পদ প্রয়োজন গুরুত্বপূর্ণ স্পেসিফিকেশন সহ	পরিমাণ	বিস্তৃত স্পেসিফিকেশন সহ প্রকৃত সম্পদ প্রয়োজন (ছাত্র দ্বারা পূরণ করতে হবে)		মন্তব্য (যদি থাকে)
1.	ডিজিটাল মাল্টিমিটার: 3 ½ প্রোবের সাথে ডিজিটের ডিসপ্লে	2			
2.	ভেরিয়েবল ডিসি পাওয়ার সাপ্লাই: 0-30V, 2A	1			
3.		2			
4.	ব্রেড বোর্ড: 5 cm × 17 cm	1			
5.	তারের সংযোগ: একক strand Teflon আবরণ (0.5 মিমি ব্যাস)	L.S.			

P8.7 সতর্কতা

1. নিশ্চিত করো যে সংযোগগুলি পরীক্ষামূলক পরিকাঠামো অনুযায়ী হওয়া উচিত।
2. পরীক্ষা করার সময় মাল্টি-মিটারের সঠিক ফাংশন নির্বাচন করো।
3. সার্কিট সংযোগ পরীক্ষা না করা পর্যন্ত মাল্টি-মিটার চালু করবেন না।
4. সার্কিট ডায়াগ্রামে দেখানো ভোল্টমিটার এবং অ্যামিটারকে সঠিক মেরুতে সংযুক্ত করো।
5. মাল্টিমিটার যখন রেসিস্টর জুড়ে ভোল্টেজ পরিমাপের জন্য ব্যবহৃত হয় তার সাথে সমান্তরালভাবে সংযুক্ত করা উচিত।

P8.8 প্রস্তাবিত পদ্ধতি

1. চিত্র P8.1 হিসাবে দেখানো হিসাবে ব্রেডবোর্ডে সার্কিটটি সংযুক্ত করো।
2. সার্কিটে অজানা রেসিস্টর R_1 সংযুক্ত করো।
3. মাল্টি-মিটারে COM টার্মিনালে কালো সীসা সংযুক্ত করো।
4. মাল্টি-মিটারে Ω টার্মিনালে লাল সীসা সংযুক্ত করো।
5. মাল্টি-মিটার চালু করো। ডিসপ্লে উইন্ডোটি 0L অথবা OPEN নির্দেশ করবে।
6. পরিবর্তনশীল ভোল্টেজ সরবরাহ ব্যবহার করে সার্কিটে ভোল্টেজ পরিবর্তন করো।

7. মাল্টিমিটার ব্যবহার করে ভোল্টেজ এবং কারেন্ট রিডিং রেকর্ড করো।
8. ওহমস আইন ব্যবহার করে রেসিস্টেন্সের গণনা করো।
9. রেসিস্টেন্সের গড় মান গণনা করো।
10. অজানা রেসিস্টেন্স R_2 গণনা করতে 6 থেকে 9 ধাপ পুনরাবৃত্তি করো।
11. দুটি রেসিস্টেন্স R_1 এবং R_2 সিরিজ সংমিশ্রণে সংযুক্ত করো।
12. পরীক্ষার মাধ্যমে রেসিস্টেন্স খুঁজে বের করতে ধাপ 6 থেকে 9 পুনরাবৃত্তি করো।
13. তাত্ত্বিকভাবে সমতুল্য রেসিস্টেন্স গণনা করো।
14. দুটি রেসিস্টেন্স R_1 এবং R_2 সমান্তরাল সংমিশ্রণে সংযুক্ত করো।
15. পরীক্ষার মাধ্যমে রেসিস্টেন্স খুঁজে বের করতে ধাপ 6 থেকে 9 পুনরাবৃত্তি করো।
16. তাত্ত্বিকভাবে সমতুল্য রেসিস্টেন্স গণনা করো।

P8.9 পর্যবেক্ষণ এবং গণনা

ক্রমিক সংখ্যা	রেসিস্টর R_1 জুড়ে ভোল্টেজ	সার্কিটে R_1 এর সাথে প্রবাহিত কারেন্ট	রেসিস্টর R_2 জুড়ে ভোল্টেজ	সার্কিটে R_2 দিয়ে প্রবাহিত কারেন্ট	সিরিজের R_1 এবং R_2 জুড়ে ভোল্টেজ	সিরিজের R_1 এবং R_2 এর সাথে প্রবাহিত কারেন্ট	সমান্তরালে R_1 এবং R_2 জুড়ে ভোল্টেজ	R_1 এবং R_2 সমান্তরালে প্রবাহিত কারেন্ট

গণনা

R_1 এর গড় মান =
R_2 এর গড় মান =
R_1 এবং R_2 সিরিজের সমতুল্য রেসিস্টেন্সের গড় মান =
সমতুল্য রেসিস্টেন্সের গড় মান যখন R_1 এবং R_2 সমান্তরাল হয় =

P8.10 ফলাফল এবং ব্যাখ্যা

R_1 এর মান	R_2 এর মান	রেসিস্টেন্সের সিরিজ সংমিশ্রণের সমতুল্য রেসিস্টেন্স, R_s		রেসিস্টেন্সের সমান্তরাল সংমিশ্রণের সমান রেসিস্টেন্স, R_p	
পরীক্ষামূলকভাবে	পরীক্ষামূলকভাবে	তাত্ত্বিকভাবে	পরীক্ষামূলকভাবে	তাত্ত্বিকভাবে	পরীক্ষামূলকভাবে

P8.11 উপসংহার এবং/অথবা বৈধতা

....

....

P8.12 ব্যবহারিক সম্পর্কিত প্রশ্ন

(উত্তরের জন্য আলাদা পত্রক ব্যবহার করো)

দ্রষ্টব্য: রেফারেন্সের জন্য নীচে কয়েকটি নমুনা প্রশ্ন দেওয়া হল। শিক্ষকদের পূর্বনির্ধারিত কোর্সের ফলাফল অর্জন নিশ্চিত করার জন্য এমন আরও প্রশ্ন ডিজাইন করতে হবে

1. যদি রেসিস্টেন্স জুড়ে ভোল্টেজ তিনগুণ বৃদ্ধি পায়, তাহলে কারেন্ট কিভাবে প্রভাবিত হবে?
2. কিভাবে রেসিস্টেন্স সংযুক্ত করা উচিত যাতে ফলে রেসিস্টেন্স ক্ষমতা হ্রাস পায়?

P8.13 প্রস্তাবিত শেখার উৎস

Ohms Law

Equivalent Resistance

III. P9-ES110: সিরিজ এবং প্যারালালে ক্যাপাসিটর

P9.1 ব্যবহারিক বিবৃতি

ব্রেড বোর্ডে সিরিজ এবং প্যারালাল সংমিশ্রণে ক্যাপাসিটর সংযুক্ত করো এবং মাল্টিমিটার ব্যবহার করে এর মান পরিমাপ করো।

P9.2 ব্যবহারিক তাৎপর্য

শিল্প এবং গার্হস্থ্য প্রয়োগগুলিতে, সঠিকতার সাথে সমতুল্য ক্যাপাসিটেন্স এর পরিমাপ খুবই গুরুত্বপূর্ণ। এই ধরনের পরিমাপ মাল্টিমিটার বা এলসিআর মিটার দ্বারা করা যেতে পারে।

P9.3 প্রাসঙ্গিক তত্ত্ব

ক্যাপ্যাসিট্যান্সের জন্য, বইটির 1.1.1 দেখো।

P9.4 ব্যবহারিক ফলাফল (PrO)

PrO1: ক্যাপাসিট্যান্স পরিমাপ করতে মাল্টিমিটার ব্যবহার করো।

PrO2: যখন সিরিজে ক্যাপ্যাসিটার সংযুক্ত থাকবে, ইকুইভ্যালেন্ট ক্যাপ্যাসিট্যান্স পরিমাপ করো।

PrO3: যখন প্যারালালে ক্যাপ্যাসিটার সংযুক্ত থাকবে, ইকুইভ্যালেন্ট ক্যাপ্যাসিট্যান্স পরিমাপ করো।

P9.5 ব্যবহারিক পরিকাঠামো (সার্কিট ডায়াগ্রাম/ কাজের পরিস্থিতি)

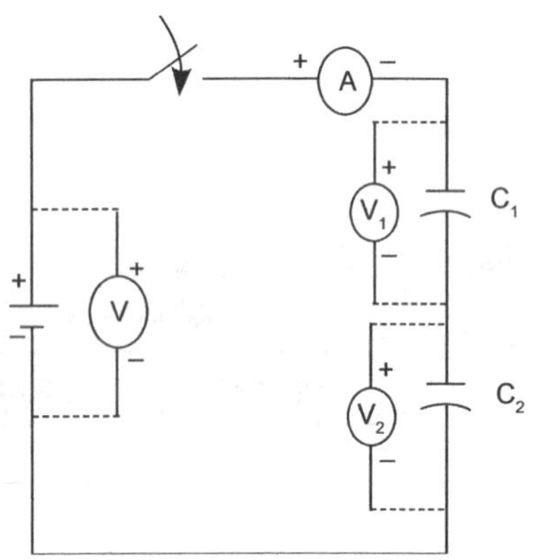

চিত্র P9.1: ক্যাপাসিটরের সিরিজ সমন্বয়

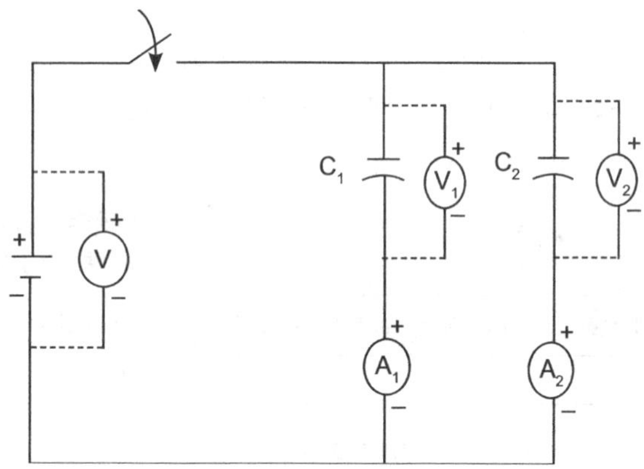

চিত্র P9.3: ক্যাপাসিটরের প্যারালাল সমন্বয়

P9.6 প্রয়োজনীয় সামগ্রী

ক্রমিক নং	গুরুত্বপূর্ণ স্পেসিফিকেশন সহ প্রস্তাবিত প্রয়োজনীয় সামগ্রী	মোট সংখ্যা	বিস্তৃত স্পেসিফিকেশন সহ প্রকৃত প্রয়োজনীয় সামগ্রী (ছাত্র ছাত্রী দ্বারা পূরণ করা হবে)	মন্তব্য (যদি থাকে)
1.	ডিজিটাল মাল্টি মিটার: প্রোবের সাথে 1/2 ডিজিটের ডিসপ্লে	3		

2.	ডিসি পাওয়ার সাপ্লাই: 0-30 V, 2A, SC সুরক্ষা, ভোল্টেজ এবং কারেন্টের জন্য প্রদর্শন।	1		
3.	ইএমএফ উৎস: ভোল্টেজ = 0-20 V, অ্যাম্পিয়ার = 0-1A	1		
4.	অ্যামমিটার 0-5 Amps	2		
5.	মাইক্রো ফ্যারাডে উপযুক্ত ক্যাপাসিটার	2.		
6.	সংযোগ তার: সিঙ্গেল স্ট্র্যান্ড টেফলন আবৃত (0.6 মিমি ব্যাস)	L.S.		

P9.7 সতর্কতা

1. সার্কিট সংযোগ পরীক্ষা না করা পর্যন্ত মাল্টি-মিটার চালু করবেন না।
2. পরীক্ষা করার সময় মাল্টি-মিটারের সঠিক ফাংশন নির্বাচন করো।
3. সার্কিটে সংযোগ করার আগে নিশ্চিত করো যে সমস্ত ক্যাপাসিটার সম্পূর্ণরূপে নিষ্কাশিত হয়েছে।
4. সার্কিট স্পর্শ করার সময় নিশ্চিত করো যে আপনার হাত ভেজা না থাকে।

P9.8 প্রস্তাবিত পদ্ধতি

1. মাল্টি-মিটারে COM টার্মিনালে কালো তারটি সংযুক্ত করো।
2. মাল্টি-মিটারে Ω টার্মিনালে লাল তারটি সংযুক্ত করো।
3. নিশ্চিত করো যে প্রায় 30 সেকেন্ডের জন্য ক্যাপাসিটর এর লিড দুটি একটি তার সংযুক্ত করে প্রতিটি ক্যাপাসিটরের ডিসচার্জ করা হয়েছে (V = 0)।
4. সার্কিটে সংযোগ করার আগে ক্যাপাসিটরের মান নোট করো।
5. সার্কিট ডায়াগ্রাম, চিত্র P9.2 অনুযায়ী মিটার সহ ব্রেড বোর্ডে সিরিজে ক্যাপাসিটারগুলিকে সংযুক্ত করো।
6. সরবরাহ চালু করো এবং ভোল্টমিটার হিসাবে ব্যবহৃত মাল্টিমিটার ও অ্যামিটার এর রিডিংগুলি নোট করো এবং প্রতিটি ক্যাপাসিটর এবং সরবরাহ ভোল্টেজ এর ভোল্টেজ পরিমাপ করো।
7. সরবরাহ বন্ধ করো।
8. সিরিজের সমতুল্য ক্যাপাসিট্যান্স বের করো।
9. সার্কিট ডায়াগ্রাম, চিত্র P9.3 অনুযায়ী মিটার সহ ব্রেড বোর্ডে প্যারালালে ক্যাপাসিটারগুলিকে সংযুক্ত করো।
10. সরবরাহ চালু করো এবং ভোল্টমিটার এবং অ্যামিটার হিসাবে ব্যবহৃত মাল্টিমিটারের রিডিংগুলি নোট করো।
11. সরবরাহ বন্ধ করো।
12. প্যারালালের সমতুল্য ক্যাপাসিট্যান্স বের করো।
13. C_1 থেকে C_1' এবং C_2 থেকে C_2' এর মান পরিবর্তন করো এবং 3 থেকে 12 ধাপ পুনরাবৃত্তি করো এবং সিরিজ সমতুল্য ক্যাপাসিট্যান্স C_{TS2} এবং প্যারালাল সমতুল্য ক্যাপাসিট্যান্স C_{TP2} খুঁজুন।

P9.9 পর্যবেক্ষণ এবং গণনা

1. C_1 = ______________________; C_2 = ______________________
2. C_1' = ______________________; C_2' = ______________________

সিরিজ কানেকশন

ক্রমিক নং	V	V_1	V_2	I
1.				
2.				

তাত্ত্বিকভাবে সিরিজ সংযোগের জন্য

$$V = V_1 + V_2,$$
$$Q/C = Q/C_1 + Q/C_2 \text{ i.e. } 1/C = 1/C_1 + 1/C_2$$
$$C_{TS1} = C_1 \times C_2 = \_\_\_\_\_\_\_\_\_\_\_\_\_\_\_$$
$$C_1 + C_2$$
$$C_{TS2} = C_1' \times C_2' = \_\_\_\_\_\_\_\_\_\_\_\_\_\_\_$$
$$C_1' + C_2'$$

প্যারালাল কানেকশন

ক্রমিক নং	V	V_1	V_2	I_1	I_2
1.					
2.					

তাত্ত্বিকভাবে সিরিজ সংযোগের জন্য

$$V = V_1 = V_2$$
$$Q = C(V_1 + V_2)$$
$$C_{TP1} = C_1 + C_2 = \_\_\_\_\_\_\_\_\_\_\_\_\_\_\_$$
$$C_{TP2} = C_1' + C_2' = \_\_\_\_\_\_\_\_\_\_\_\_\_\_\_$$

P9.10 ফলাফল এবং ব্যাখ্যা

P9.11 উপসংহার

....

....

P9.12 ব্যবহারিক সম্পর্কিত প্রশ্ন

(উত্তরের জন্য আলাদা শীট ব্যবহার করো)

দ্রষ্টব্য: রেফারেন্সের জন্য নীচে কয়েকটি নমুনা প্রশ্ন দেওয়া হল। পূর্বনির্ধারিত কোর্সের ফলাফল অর্জন নিশ্চিত করার জন্য শিক্ষকদের এই ধরনের আরো প্রশ্ন তৈরি করতে হবে।

1. শুরুতে প্রতিটি ক্যাপাসিটরের ডিসচার্জ করার কারণ কি?
2. মাইক্রো ফ্যারাড এবং 5 মাইক্রো ফ্যারাডের দুটি ক্যাপাসিটার রয়েছে। সমতুল্য ক্যাপ্যাসিট্যান্স তুলনা করো, যদি তারা সিরিজে এবং তারপর প্যারালালে সংযুক্ত থাকে।
3. যদি আপনি একটি ক্যাপাসিটর ব্যাংকে প্রচুর পরিমাণে চার্জ সঞ্চয় করতে চান, তাহলে ক্যাপাসিটারগুলিকে সিরিজে বা প্যারালালে কেমন ভাবে সংযুক্ত করা উচিত?

IV. P10-ES110: সক্রিয় ইলেকট্রনিক উপাদান

P10.1 ব্যবহারিক বিবৃতি

প্রদত্ত সার্কিটে বিভিন্ন সক্রিয় ইলেকট্রনিক উপাদান চিহ্নিত করো।

P10.2 ব্যবহারিক গুরুত্ব

যে কোন সার্কিট বিভিন্ন ধরনের উপাদান নিয়ে গঠিত। সক্রিয় উপাদানগুলি ইলেকট্রিকাল সার্কিটে শক্তি সরবরাহ করে। এই পরীক্ষাটি উদ্দেশ্য হল সক্রিয় উপাদানগুলি চিহ্নিত করা, যা মৌলিক সার্কিটের নকশার দক্ষতা বিকাশের জন্য অথবা কোন সার্কিট বা ডিভাইসের সমস্যা সমাধানের জন্য অত্যন্ত প্রয়োজনীয়।

P10.3 প্রাসঙ্গিকতত্ত্ব

সক্রিয় ইলেকট্রনিক উপাদানগুলির জন্য, এই বইয়ের বিভাগ 1.2 দেখো।

P10.4 ব্যবহারিক ফলাফল (PRO)

PrO1: প্রদত্ত সার্কিটে বিভিন্ন ধরনের ডায়োড চিহ্নিত করো।

PrO2: প্রদত্ত সার্কিটে বিভিন্ন ধরনের ট্রানজিস্টর চিহ্নিত করো।

P10.5 ব্যবহারিক পরিকাঠামো কাজের পরিস্থিতি

চিত্র P10.1: পিএন জাংশন ডায়োড, ফটোডায়োড, জেনার ডায়োড, এলইডি এর **মতো** বিভিন্ন ধরনের ডায়োডের চিত্র।

চিত্র P10.2: Image showing various types of Transistors like BJT, Power Transistor, JFET, MOSFET

P10.6 প্রয়োজনীয় সামগ্রী

ক্রমিক নং	গুরুত্বপূর্ণ স্পেসিফিকেশন সহ প্রস্তাবিত প্রয়োজনীয় সামগ্রী	মোট সংখ্যা	বিস্তৃত স্পেসিফিকেশন সহ প্রকৃত প্রয়োজনীয় সামগ্রী (ছাত্রছাত্রী দ্বারা পূরণ করা হবে)		মন্তব্য (যদি থাকে)
1.	বিভিন্ন সক্রিয় উপাদান ধারণকারী নমুনা সার্কিট	2			
2.	ডায়োড: সেমিকন্ডাক্টর ডায়োড, জেনার ডায়োড, এলইডি, ফটোডায়োড, ইত্যাদি	নানাপ্রকার			
3.	ট্রানজিস্টর: বিজেটি, জেএফইটি, মসফেট, ইত্যাদি	নানাপ্রকার			

P10.7 সতর্কতা

1. নিশ্চিত করো যে শনাক্তকরণের জন্য নেওয়া কোন সক্রিয় উপাদান সঠিক জায়গায় ফিরিয়ে আনা হয়েছে।
2. কাজের টেবিলে পরিচ্ছন্নতা বজায় রাখুন।
3. উপাদানগুলি সঠিকভাবে পরিচালনা করো।

P10.8 প্রস্তাবিতপদ্ধতি

1. যত্নশীল উপাদানগুলি সাবধানে পর্যবেক্ষণ করো।
2. প্রদত্ত দুটি সার্কিটের ডায়োড এবং ট্রানজিস্টরের কম্পোনেন্ট নং এবং টাইপ সনাক্ত করো এবং সেগুলি পর্যবেক্ষণ টেবিলে নোট করো।

P10.9 পর্যবেক্ষণ

সার্কিট 1				
ক্রমিক নং	ডায়োড		ট্রানজিস্টর	
	প্রকারভেদ	মান	প্রকারভেদ	মান

সার্কিট 2				

P10.10 ফলাফল এবং ব্যাখ্যা

P10.11 উপসংহার

P10.12 ব্যবহারিক সম্পর্কিত প্রশ্ন

(উত্তরের জন্য আলাদা শীট ব্যবহার করো)

দ্রষ্টব্য: রেফারেন্সের জন্য নীচে কয়েকটি নমুনা প্রশ্ন দেওয়া হল৷ পূর্বনির্ধারিত কোর্সের ফলাফল অর্জন নিশ্চিত করার জন্য শিক্ষকদের এই ধরনের আরো প্রশ্ন তৈরি করতে হবে৷

1. প্রদত্ত ডায়োডটি জার্মেনিয়াম ডায়োড বা সিলিকন ডায়োড কিনা তা কীভাবে চিহ্নিত করা যায় তা বর্ণনা করো৷
2. একটি প্রদত্ত ট্রানজিস্টরের জন্য, কিভাবে এমিটার, বেস এবং কালেক্টর টার্মিনাল চিহ্নিত করা যায় বর্ণনা করো৷
3. ব্যবহারিক সময় পর্যবেক্ষণ করা বিভিন্ন সক্রিয় উপাদানগুলির ইলেকট্রিকাল চিহ্নগুলি আঁকুন৷

P10.13 প্রস্তাবিত শেখার উৎস

1. "Diode, Transistor & FET Circuits Manual", Editor(s): R.M. Marston, Circuits Manual Series, Newnes, 1991, ISBN 9780750602280.

Electronics Devices and Circuits

V. P11-ES110: এলসিআর মিটার ব্যবহার করে পরিমাপ

P11.1 ব্যবহারিক বিবৃতি

ইনডাকটেন্স এবং **রেসিস্টেন্স এর** মান পরিমাপ করতে এলসিআর মিটার ব্যবহার করো৷

P11.2 ব্যবহারিক তাৎপর্য

শিল্প এবং গার্হস্থ্য প্রয়োগগুলিতে, ইন্ডাক্টর এবং রেসিস্টেন্স সার্কিটে ব্যবহৃত হয়৷ একটি সার্কিট ডিজাইন করার পাশাপাশি সার্কিট ট্রাবল-শুটিং করতে, ইনডাকটেন্স এবং রেসিস্টেন্স মান নিশ্চিত হওয়া উচিত৷ এই প্রাকটিকালটি এলসিআর মিটারের সামনের প্যানেল নিয়ন্ত্রণ এবং ইনডাকটেন্স এবং রেসিস্টেন্স মান পরিমাপের জন্য এর ব্যবহারের সাথে পরিচয় করিয়ে দেবে৷

P11.3 প্রাসঙ্গিক তত্ত্ব

ইনডাকটেন্স এবং রেসিস্টেন্স জন্য, দয়া করে এই বইয়ের অধ্যায় 1 এর 1.1.1 দেখো৷

এলসিআর মিটার হল এক ধরনের ইলেকট্রনিক পরীক্ষার যন্ত্র যা ইলেকট্রনিক কম্পোনেন্টের ইনডাক্টেন্স (L), ক্যাপাসিট্যান্স (C) এবং রেসিস্টেন্স (R) পরিমাপ করতে ব্যবহৃত হয়৷ এটি পরীক্ষার অধীনে একটি ডিভাইসের মাধ্যমে প্রবাহিত কারেন্ট (I) পরিমাপ করে, ডিভাইস এ দেওয়া ভোল্টেজ (V), এবং পরিমাপ করা V এবং I এর মধ্যে ফেজ এঙ্গেল পরিমাপ করো৷ এই তিনটি পরিমাপ থেকে, সমস্ত ইম্পিডেন্স প্যারামিটারগুলি এলসিআর মিটার দ্বারা গণনা করা হয়৷

P11.4 ব্যবহারিক ফলাফল (PrO)

PrO1: বিভিন্ন সেটিংস বুঝতে এলসিআর মিটার হ্যান্ডেল করো৷

PrO2: এলসিআর মিটার ব্যবহার করে প্রদত্ত রেসিস্টেন্স এর মান পরিমাপ করো৷

PrO3: একটি ডিজিটাল মাল্টিমিটার দিয়ে রেসিস্টেন্স এর মান পরীক্ষা করো এবং এলসিআর মিটারকে স্ট্যান্ডার্ড মিটার হিসাবে ধরে নিয়ে ত্রুটি বিশ্লেষণ করো৷

P11.5 ব্যবহারিক পরিকাঠামো (সার্কিট ডায়াগ্রাম)

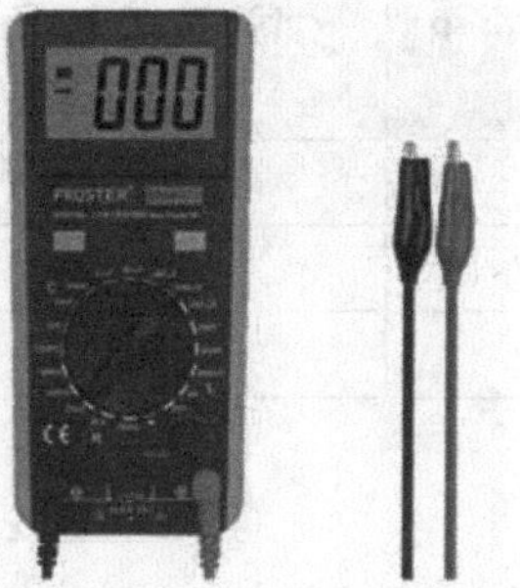

চিত্র **P11.1:** একটি ডিজিটাল এলসিআর মিটার
সৌজন্যে: BM 4070 এর প্রোস্টার

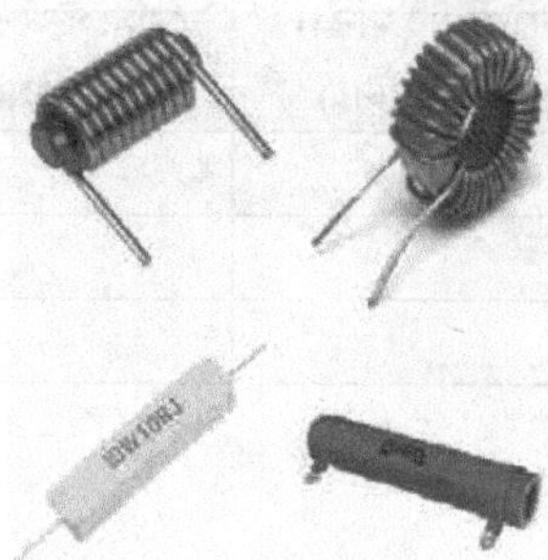

চিত্র **P11.2:** ইন্ডাক্টর এবং রেসিস্টর

P11.6 প্রয়োজনীয় সামগ্রী

ক্রমিক নং	গুরুত্বপূর্ণ স্পেসিফিকেশন সহ প্রস্তাবিত প্রয়োজনীয় সামগ্রী	মোট সংখ্যা
1.	ডিজিটাল এলসিআর মিটার: 3 ½ - প্রোবের সাথে ডিজিটাল এলসিডি ডিসপ্লে; রেসিস্টেন্স: 20Ω-200MΩ; ক্যাপাসিটেন্স: 2000PF-200 uF; ইনডাকটেন্স: 20mH-20H বা অনুরূপ রেঞ্জ সহ অন্য এলসিআর মিটার।	1
2.	ইনডাকটার: বিভিন্ন ধরনের ও বিভিন্ন মানের যেমন এয়ার উনড, ফেরাইট কোর ও টরয়েডাল ইন্ডাক্টর।	সর্বনিম্ন 3
3.	রেসিস্টর: বিভিন্ন ধরনের ও বিভিন্ন মানের যেমন ওয়ার উনড, কার্বন ফিল্ম ও সারমেট ফিল্ম রেসিস্টর।	সর্বনিম্ন 3
4.	বার্নআউট রেসিস্টর	1
5.	সংযোগ তার: সিঙ্গেল স্ট্র্যান্ড টেফলন আবৃত (0.5 মিমি ব্যাস)	L. S.

P11.7 সতর্কতা

1. যত তাড়াতাড়ি এটি চালু করা হয়, এলসিআর মিটারকে প্রায় 2 মিনিটের জন্য সেলফ-ক্যালিব্রেটেড (সেলফ-ক্যালিব্রেশন) করতে দিতে হবে।
2. পরীক্ষা করার সময়, নবটি অ্যাডজাস্ট করো এবং এলসিআর মিটারের সঠিক ফাংশন নির্বাচন করো।

P11.8 প্রস্তাবিত পদ্ধতি

1. প্যানেলে বিভিন্ন নিয়ন্ত্রণ সনাক্ত করো এবং যন্ত্রের ম্যানুয়ালের মাধ্যমে তাদের কাজ বোঝার চেষ্টা করো।
2. এলসিআর মিটার চালু করো।
3. সকেটে অজানা মানের ইন্ডাক্টর প্রবেশ করান ও নবটি অ্যাডজাস্ট করে ইনডাকটেন্স নির্বাচন করো।
4. নিশ্চিত করো যে এলসিআর মিটারের ফ্রিকোয়েন্সি পরীক্ষা চলাকালীন স্থির রয়েছে।
5. ডিজিটাল এলসিআর মিটার থেকে ইন্ডাক্ট্যান্সের মান পর্যবেক্ষণ করো এবং নোট করো।
6. একইভাবে, অন্যান্য রেসিস্টেন্স প্রবেশ করান এবং তাদের মানগুলি নোট করো।
7. এখন মাল্টিমিটার ব্যবহার করে একই রেসিস্টেন্স এর রেসিস্টেন্স পরিমাপ করো।
8. ধাপ 8 এ প্রতিরোধের পরিমাপে ত্রুটির শতাংশ গণনা করো, এলসিআর মিটারকে মান স্ট্যান্ডার্ড হিসাবে ধরে নিন।
9. বিভিন্ন ধরণের এবং ইন্ডাক্টর এবং রেসিস্টেন্স গুলির মানগুলির জন্য ধাপ 3 থেকে 7 পুনরাবৃত্তি করো এবং পর্যবেক্ষণ এবং গণনার টেবিলে তাদের নোট করো।
10. শেষে, একটি 'বার্ন আউট' রেসিস্টেন্স নিন এবং এটি সন্নিবেশ করান এবং রেসিস্টেন্স এর মান পরিমাপ করো এবং 'A' হিসাবে মানটি নোট করো।
11. এখন কেবল একটি তারের ব্যবহার করে টার্মিনালগুলি শর্ট করো। পর্যবেক্ষণটি 'B' হিসাবে নোট করো।

P11.9 পর্যবেক্ষণ এবং গণনা

ক্রমিক নং	ইনডাকটেন্স এর মান 'L' (এলসিআর মিটার)	রেসিস্টেন্স এর মান 'R' (এলসিআর মিটার)	রেসিস্টেন্স এর মান 'R' (মাল্টিমিটার)	রেসিস্টেন্স এর পরিমাপে ত্রুটির শতাংশ
1.				
2.				
3.				

A = …………

B = …………

গণনা

$$\text{রেসিস্টেন্স এর পরিমাপে ত্রুটির শতাংশ} = \frac{\text{রেসিস্টেন্স এর মান এলসিআর মিটার ব্যবহার করে} - \text{রেসিস্টেন্স এর মান মাল্টিমিটার ব্যবহার করে}}{\text{রেসিস্টেন্স এর মান এলসিআর মিটার ব্যবহার করে}} \times 100$$

P11.10 ফলাফল এবং ব্যাখ্যা

(প্রাপ্ত মান, টলারেন্স, ত্রুটি সম্পর্কে মন্তব্য করো; 'বার্ন আউট' রেসিস্টরক সংযুক্ত হলে প্রাপ্ত ফলাফল; শর্ট সার্কিট তৈরি হলে প্রাপ্ত ফলাফল)

………

………

P11.11 উপসংহার

………

………

P11.12 ব্যবহারিক সম্পর্কিত প্রশ্ন

(উত্তরের জন্য আলাদা শীট ব্যবহার করো)

দ্রষ্টব্য: রেফারেন্সের জন্য নীচে কয়েকটি নমুনা প্রশ্ন দেওয়া হল। পূর্বনির্ধারিত কোর্সের ফলাফল অর্জন নিশ্চিত করার জন্য শিক্ষকদের এই ধরনের আরো প্রশ্ন তৈরি করতে হবে।

1. একটি নিষ্ক্রিয়কম্পোনেন্টের মান কিভাবে পরিমাপ করা যায় বর্ণনা করো, যা সার্কিটে সংযুক্ত?
2. যদি নিষ্ক্রিয়কম্পোনেন্টের মান প্রদত্ত এলসিআর মিটারের সীমার বাইরে থাকে, তাহলে পরিমাপের প্রভাব বলুন

VI. P12-ES110: এল সি আর-কিউ মিটার ব্যবহার করে ক্যাপাসিটর পরিমাপ

P12.1 ব্যবহারিক বিবৃতি

প্রদত্ত ক্যাপাসিটরের মান পরিমাপ করতে LCR-Q মিটার ব্যবহার করো।

P12.2 ব্যবহারিক গুরুত্ব

একটি স্বয়ংক্রিয় গণিত ডিজিটাল LCR-Q মিটার, যাকে LCR -Q পরীক্ষকও বলা হয়, উপযোগিতা হল যা সরাসরি ক্যাপ্যাসিট্যান্সের মতো উপাদানগুলি পরিমাপ করে অন্যান্য গুরুত্বপূর্ণ পরামিতিগুলির সাথে যেমন ইন্ডাক্ট্যান্স, ক্যাপ্যাসিট্যান্স, রেসিস্টেন্স এবং অন্যান্য মান যেমন Q ফ্যাক্টর, ইলেকট্রনিক সার্কিট উন্নয়ন ও সমস্যা সমাধানের সময় উপযোগী। এই ব্যবহারিকের লক্ষ্য হল এলসিআর-কিউ মিটারের সামনের প্যানেল নিয়ন্ত্রণ এবং পরিমাপে এর প্রয়োগ বোঝা।

P12.3 প্রাসঙ্গিক তত্ত্ব

এলসিআর-কিউ মিটার হল এক ধরনের ইলেকট্রনিক পরীক্ষার সরঞ্জাম যা ইন্ডাক্টেন্স (L), ক্যাপাসিট্যান্স (C), রেসিস্টেন্স (R) এবং Q ফ্যাক্টর পরিমাপ করতে ব্যবহৃত হয়। যদি একটি পরিচিত ভোল্টেজ উৎস থেকে এবং পরিচিত রেসিস্টেন্সের মাধ্যমে একটি ক্যাপাসিটরের চার্জ করা হয়, তাহলে ক্যাপাসিটরের ভোল্টেজের একটি নির্দিষ্ট মান (ব্যাটারি ভোল্টেজের 63% বলে) পৌঁছানোর জন্য প্রয়োজনীয় সময় সরাসরি নির্ভর করবে 'C' এর মানের উপর। 'C'-এর মান যত বেশি, কাউন্টার টেকনিক ব্যবহার করে সময় পরিমাপ করতে LCR মিটারের তত বেশি সময় লাগে। ডিজিটাল ভোল্টমিটার টেকনিক 'সময়' কে ভোল্টেজে রূপান্তর করতে পারে, তাই অবশেষে C এবং/অথবা L এবং/অথবা R এর মান প্রাপ্ত করা যাবে।যাইহোক, এটি কিভাবে পরিমাপ করা হয় তার একটি সরলীকৃত বর্ণনা। স্বয়ংক্রিয় গণনা মিটার মাইক্রোপ্রসেসর ভিত্তিক যন্ত্র যা পরিমাপকে সহজ করে। ডিজিটাল LCR -Q মিটার সম্পর্কে আরও জানার জন্য দয়া করে ম্যানুয়ালটি পড়ুন।

P12.4 ব্যবহারিক ফলাফল (PrO)

PrO1: সেট এবং হ্যান্ডেল LCR - Q মিটার।

PrO2: ক্যাপাসিট্যান্স পরিমাপ করতে LCR - Q মিটার ব্যবহার করো।

PrO3: মিটারের মাধ্যমে প্রাপ্ত ফলাফলের সাথে কম্পোনেন্টের খোদিত মানের তুলনা করো।

P12.5 ব্যবহারিক পরিকাঠামো (কাজের পরিস্থিতি)

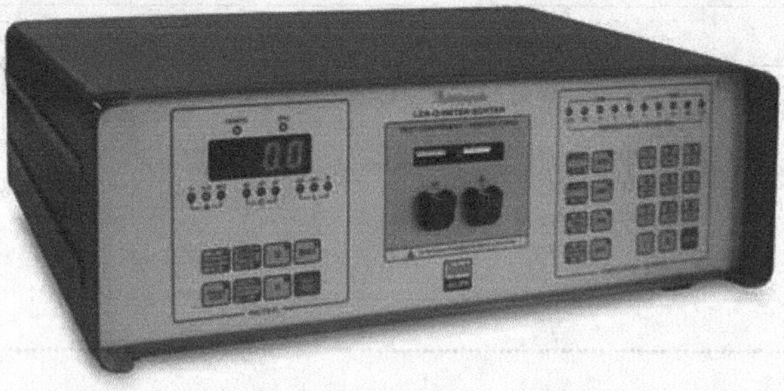

চিত্র 12.1: একটি নমুনা অটো গণনা LCR-Q মিটার

P12.6 প্রয়োজনীয় সামগ্রী

ক্রমিক সংখ্যা	প্রস্তাবিত সম্পদ প্রয়োজন গুরুত্বপূর্ণ স্পেসিফিকেশন সহ	পরিমাণ	বিস্তৃত স্পেসিফিকেশন সহ প্রকৃত সম্পদ প্রয়োজন (ছাত্র দ্বারা পূরণ করতে হবে)		মন্তব্য (যদি থাকে)
1.	অটো কম্পিউট ডিজিটাল LCR-Q মিটার: 4 ডিজিট প্রদর্শন; স্ব-পরীক্ষা সুবিধা সহ অটো পরিসীমা	1			
2.	পরীক্ষার জন্য ক্যাপাসিটার	মিশ্র			

P12.7 সতর্কতা

1. LCR Q মিটার সাবধানে হ্যান্ডেল করো।
2. পরীক্ষা করার সময়, LCR-Q মিটারের সঠিক কাজ নির্বাচন করো।
3. নিশ্চিত করো যে পরীক্ষা করা ক্যাপাসিটারগুলি ডিসচার্জ অবস্থায় আছে।
4. সার্কিট ডায়াগ্রামে দেখানো হিসাবে সঠিক পোলারিটিতে ক্যাপাসিটর সংযুক্ত করো।

P12.8 প্রস্তাবিত পদ্ধতি

1. এলসিআর-কিউ মিটারের প্যানেলে উপলব্ধ প্রধান নিয়ন্ত্রণগুলি চিহ্নিত করো এবং তাদের কাজ বোঝার চেষ্টা করো।
2. যন্ত্রটি চালু করো।
3. নির্দিষ্ট সময়ের জন্য প্রায় দুই মিনিট অপেক্ষা করো যাতে LCR-Q মিটারটি স্ব-ক্রমাঙ্কিত হয় এবং ব্যবহারের জন্য প্রস্তুত থাকে।
4. পোলারিটিগুলির যত্ন নেওয়া সকেটে অজানা মূল্যের ক্যাপাসিটর লাগান।। 'R /L /C' সুইচটি টিপুন যাতে 'C' এর অধীনে LED glows নির্দেশ করে যে যন্ত্রটি ক্যাপ্যাসিট্যান্স পরিমাপ মোডে রয়েছে। সম্পূর্ণরূপে স্বয়ংক্রিয় মিটার, কোন পরিসীমা সেটিং প্রয়োজন নেই। যথোপযুক্ত প্রত্যয়ের অধীনে একটি LED জ্বলবে।
5. একইভাবে, অন্যান্য ক্যাপাসিটারগুলি সন্নিবেশ করান এবং তাদের মানগুলি নোট করো।
6. এলসিআর-কিউ মিটারের মাধ্যমে প্রাপ্ত ফলাফলের তুলনা ক্যাপাসিটরের গায়ে খোদিত মানের সাথে, এলসিআর-কিউ মিটার নিয়ে স্ট্যান্ডার্ড মিটার হিসাবে এবং ত্রুটির শতাংশ গণনা করো।
7. বিভিন্ন ক্যাপাসিটরের জন্য 2 থেকে 5 ধাপ পুনরাবৃত্তি করো এবং পর্যবেক্ষণ এবং গণনার টেবিলে তাদের নোট করো

P12.9 পর্যবেক্ষণ এবং গণনা

ক্রমিক সংখ্যা	ক্যাপাসিট্যান্স মান 'সি' (এলসিআর মিটার)	ক্যাপাসিট্যান্স মান 'সি' (খোদিত মান)	প্রতিরোধের পরিমাপে ত্রুটির শতাংশ
1.			
2.			
3.			

গণনা

ক্যাপ্যাসিট্যান্স পরিমাপে ত্রুটির শতাংশ = ('C' মান LCR-Q মিটার ব্যবহার করে - 'C' (লিখিত মান) × 100

(LCR মিটার ব্যবহার করে 'C' এর মান)

P12.10 ফলাফল এবং ব্যাখ্যা

....

....

P12.11 উপসংহার

....

....

P12.12 ব্যবহারিক সম্পর্কিত প্রশ্ন

(উত্তরের জন্য আলাদা পত্রক ব্যবহার করো)

দ্রষ্টব্য: রেফারেন্সের জন্য নীচে কয়েকটি নমুনা প্রশ্ন দেওয়া হল৷ শিক্ষকদের পূর্বনির্ধারিত কোর্সের ফলাফল অর্জন নিশ্চিত করার জন্য এমন আরও প্রশ্ন ডিজাইন করতে হবে

1. এলসিআর কিউ মিটারের জন্য উষ্ণ সময় প্রয়োজনের কারণটি বলুন৷
2. কেন চার্জ করা ক্যাপাসিটরের পরীক্ষা করার পরামর্শ দেওয়া হয় না তা ব্যাখ্যা করো৷

Q meter Experiment

P12.13 প্রস্তাবিত শেখার সম্পদ

VII. P13-ES110: রঙিন কোড দিয়ে রেসিস্টর পরিমাপ এবং মাল্টিমিটার ব্যবহার করে তার নিশ্চিতকরণ

P13.1 ব্যবহারিক বিবৃতি

রঙ কোড দিয়ে পরিমাপ নিশ্চিত করতে ডিজিটাল মাল্টিমিটার ব্যবহার করে প্রদত্ত রেসিস্টরের মান নির্ধারণ করো।

P13.2 ব্যবহারিক গুরুত্ব

এই পরীক্ষার উদ্দেশ্য হল রঙ কোডিং ব্যবহার করে কার্বন রেসিস্টরের মান বের করা। ইলেকট্রনিক সার্কিটের অধিকাংশ ক্ষেত্রে রেসিস্টর ব্যবহার করা হয়৷ সার্কিটগুলির বিকাশ এবং সমস্যা সমাধানের জন্য মাল্টি-মিটারের মতো একটি পরিমাপ যন্ত্র ব্যবহার করে মানগুলি নিশ্চিত করার দক্ষতা বিকাশ করা প্রয়োজন।

P13.3 প্রাসঙ্গিক তত্ত্ব

একটি কার্বন রেসিস্টরের বিভিন্ন রং তিন ব্যান্ড দ্বারা চিহ্নিত করা হয় যেগুলি একে অপরের সমদূরবর্তী এবং একটি চতুর্থ ব্যান্ড পূর্ববর্তী ব্যবধানের তুলনায় তৃতীয় থেকে সামান্য দূরতর যেমন চিত্র 13.1-এ দেখানো হয়েছে৷ রঙের সংমিশ্রণটি ওহমে রেসিস্টরের মানকে উপস্থাপন করে৷ ব্যান্ডগুলি বাম থেকে ডানে পড়া হয়, প্রথম দুটি রঙের ব্যান্ডগুলি বেস মানকে পৃথক সংখ্যা হিসাবে উপস্থাপন করে, যখন তৃতীয়টি একটি পাওয়ার গুণক এবং শেষটি একটি সহনশীলতা নির্দেশক কারণ উৎপাদন প্রক্রিয়াটি মানটির যথার্থতা সীমাবদ্ধ করে৷ যদি পাঁচটি ব্যান্ড থাকে, তাহলে প্রথম তিনটি মূল মানকে উপস্থাপন করে, যেখানে শেষ দুটি এখনও যথাক্রমে গুণক এবং সহনশীলতার প্রতিনিধিত্ব করে৷

রঙের মান উপস্থাপন:

0 = কালো; 1 = বাদামী; 2 = লাল; 3 = কমলা; 4 = হলুদ;

5 = সবুজ; 6 = নীল; 7 = ভায়োলেট; 8 = ধূসর; 9 = সাদা

সহনশীলতা:

বাদামী = +/- 1%; লাল = +/- 2%; সোনা = +/- 5%; রূপা = +/- 10 %

একটি রেসিস্টরের পাওয়ার রেটিং ওয়াটেজে দেওয়া হয়। সাধারণ উপলব্ধ রেসিস্টরগুলির পাওয়ার রেটিং রয়েছে 1/8 ওয়াট, 1/4 ওয়াট, 1/2 ওয়াট, 1 ওয়াট, 2 ওয়াট।

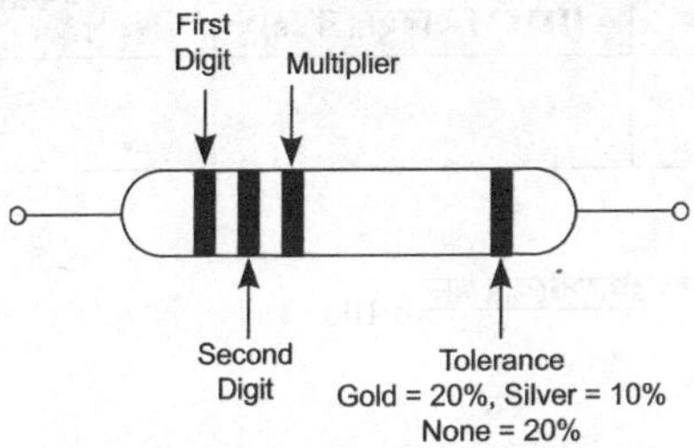

চিত্র P13.1: রেসিস্টরদের রঙ কোডিং

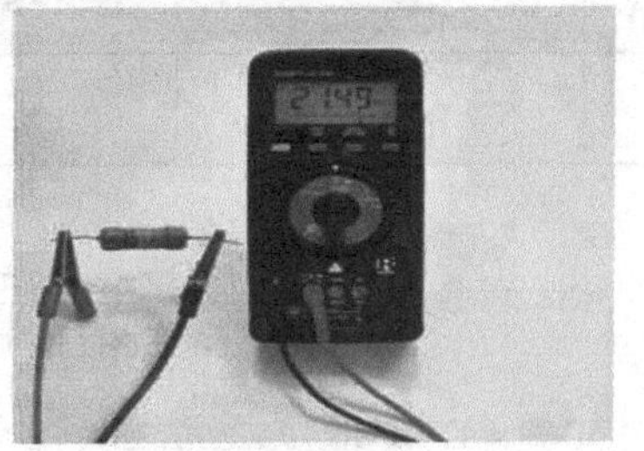

চিত্র P13.2 ডিজিটাল মাল্টি-মিটার ব্যবহার করে রেসিস্টর পরিমাপ

P13.4 ব্যবহারিক ফলাফল (PrO)

PrO1: রঙ কোডিং দ্বারা রেসিস্টরের মান চিহ্নিত করো।

PrO2: রেসিস্টর পরিমাপের জন্য মাল্টিমিটার ব্যবহার করো।

PrO3: ত্রুটিটি গ্রহণযোগ্য সীমার মধ্যে আছে কিনা তা নির্ধারণ করো।

P13.5 ব্যবহারিক পরিকাঠামো (কাজের পরিস্থিতি)

চিত্র 13.2 রেসিস্টরের মান নিশ্চিত করে পরিমাপের জন্য একটি ডিজিটাল মাল্টি-মিটার ব্যবহারের কাজের পরিস্থিতি দেখায়।

P13.6 প্রয়োজনীয় সামগ্রী

ক্রমিক সংখ্যা	প্রস্তাবিত সম্পদ প্রয়োজন গুরুত্বপূর্ণ স্পেসিফিকেশন সহ	পরিমাণ	বিস্তৃত স্পেসিফিকেশন সহ প্রকৃত সম্পদ প্রয়োজন (ছাত্র দ্বারা পূরণ করতে হবে)		মন্তব্য (যদি থাকে)
1.	প্রোব সহ ডিজিটাল মাল্টি মিটার 3 1/2 ডিজিটের এলসিডি ডিসপ্লে	1			
2.	বিভিন্ন মান এবং ওয়াটেজের কার্বন রেসিস্টর	মিশ্র (সর্বনিম্ন 5)			

P13.7 সতর্কতা

1. নিশ্চিত করো যে পরিমাপ করার সময় উভয় রেসিস্টর সীসা অস্পৃশ্য, অন্যথায় DMM রেসিস্টরের পাশাপাশি শরীরের রেসিস্টর পরিমাপ করবে।
2. পরীক্ষা করার সময় মাল্টি-মিটারের সঠিক ফাংশন নির্বাচন করো।

P13.8 প্রস্তাবিত পদ্ধতি

1. ডিজিটাল মাল্টিমিটারের "V" সকেটে লাল সীসা প্লাগ এবং "COM" সকেটে কালো সীসা প্লাগ সন্নিবেশ করান।
2. রেসিস্টেন্স পরিমাপের জন্য ফাংশন সেট করো।
3. উপযুক্ত পরিসরে সেট করো।
4. দুটি প্রোবের ক্রোকোডাইল ক্লিপগুলিকে রেসিস্টরের সাথে সংযুক্ত করো (অথবা পরিমাপ করতে রেসিস্টর সার্কিটের সাথে জাম্পার তারের মাধ্যমে
5. রিডিং নোট করো, প্রয়োজনে পরিসীমা সামঞ্জস্য করো।
6. রঙ কোড এবং DMM ব্যবহার করে বিভিন্ন রেসিস্টরের রেসিস্টেন্সের মান নির্ধারণ করো।

7. প্রতিটি রেসিস্টরের রেসিস্টেন্সপরিমাপ করো এবং পর্যবেক্ষণ টেবিলে মানটি নোট করো।
8. পরিমাপকৃত মানের সাথে রঙ কোডেড রেসিস্টেন্সের মান তুলনা করো৷
9. পরিমাপকৃত রেসিস্টেন্স এবং রঙ কোডেড রেসিস্টেন্সের, রেসিস্টরের সহনশীলতার পরিসরে একমত হওয়া উচিত।

P13.9 পর্যবেক্ষণ এবং গণনা

ক্রমিক সংখ্যা	রঙ কোড ব্যবহার করে রেসিস্টেন্সের মান	রঙ কোডেড সহনশীলতা	পরিমিত মূল্য (DMM ব্যবহার করে)	শতকরা ত্রুটি

গণনা

$$\text{শতকরা ত্রুটি} = \frac{\text{রেসিস্টেন্সের পরিমাপকৃত মান - রঙ কোড ব্যবহার করে রেসিস্টেন্সের মান}}{\text{রেসিস্টেন্সের পরিমাপকৃত মান}} \times 100$$

P13.10 ফলাফল এবং ব্যাখ্যা

....

....

P13.11 উপসংহার

....

....

P13.12 ব্যবহারিক সম্পর্কিত প্রশ্ন

(উত্তরের জন্য আলাদা পত্রক ব্যবহার করো)

দ্রষ্টব্য: রেফারেন্সের জন্য নীচে কয়েকটি নমুনা প্রশ্ন দেওয়া হল৷ শিক্ষকদের পূর্বনির্ধারিত কোর্সের ফলাফল অর্জন নিশ্চিত করার জন্য এমন আরও প্রশ্ন ডিজাইন করতে হবে

1. যদি প্রদত্ত রেসিস্টেন্সের রঙের ব্যান্ড বাদামী, সবুজ এবং ধূসর হয়; রেসিস্টেন্সের মূল্য এবং সহনশীলতা কি?
2. আপনি একটি কার্বন রেসিস্টর মান পরিমাপ করতে পারেন যা সার্কিটে সংযুক্ত। আপনার মত যাচাই করো৷

P13.13 প্রস্তাবিত শেখার সম্পদ

Measurement of Resistance

VIII. P14-ES110: পিএন জাংশন ডায়োডের পরীক্ষা

P14.1 ব্যবহারিক বিবৃতি

ডিজিটাল মাল্টিমিটার ব্যবহার করে পিএন জাংশন ডায়োড পরীক্ষা করো৷

P14.2 ব্যবহারিক গুরুত্ব

পিএন জাংশন ডায়োড একটি দুটি টার্মিনাল সেমিকন্ডাক্টর ডিভাইস৷ প্রয়োগের প্রয়োজন অনুযায়ী ডায়োড নির্বাচন করা হয়৷ পরীক্ষা করার জন্য ডায়োড-এর রেসিস্টেন্স পরিমাপ করা হয়৷ কিছু ডিজিটাল মাল্টিমিটার এবং সিআরও-তে সরাসরি ডায়োড পরীক্ষার সুবিধা রয়েছে৷ এই ব্যবহারিক উভয় পদ্ধতি ব্যবহার করে ডায়োড পরীক্ষার দক্ষতা বিকাশের লক্ষ্য৷

P14.3 প্রাসঙ্গিক তত্ত্ব

পিএন জাংশন ডায়োড তত্ত্বের জন্য, দয়া করে এই বইটির বিষয় 1.2.2 দেখো৷

P14.4 ব্যবহারিক ফলাফল (PrO)

PrO1: ডায়োড পরীক্ষার জন্য ডিজিটাল মাল্টি-মিটার ব্যবহার করো।

PrO2: ডায়োডের রেসিস্টেন্স পরিমাপ৷

P14.5 ব্যবহারিক পরিকাঠামো (কাজের পরিস্থিতি)

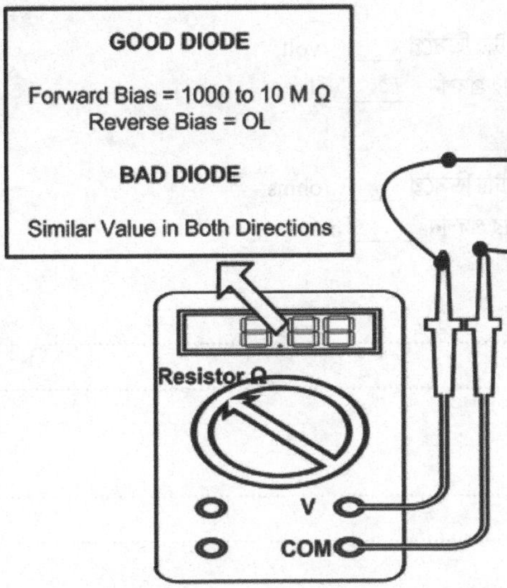

চিত্র P14.1: ডিজিটাল মাল্টিমিটার ব্যবহার করে ডায়োড টেস্টিং

P14.6 প্রয়োজনীয় সামগ্রী

ক্রমিক সংখ্যা	প্রস্তাবিত সম্পদ প্রয়োজন গুরুত্বপূর্ণ স্পেসিফিকেশন সহ	পরিমাণ	বিস্তৃত স্পেসিফিকেশন সহ প্রকৃত সম্পদ প্রয়োজন (ছাত্র দ্বারা পূরণ করতে হবে)		মন্তব্য (যদি থাকে)
1.	ডিজিটাল মাল্টি মিটার: প্রোবের সাথে 1/2 ডিজিটের ডিসপ্লে	1			
2.	ডায়োড IN4007 (বা অন্য কোন সমতুল্য ডায়োড)	1			

P14.7 সতর্কতা

1. পরীক্ষার সময় মাল্টিমিটারের সঠিক মোড নির্বাচন করো।
2. সার্কিটের সমস্ত শক্তি বন্ধ আছে তা নিশ্চিত করো।
3. পরীক্ষা করার সময় ডায়োডে কোন ভোল্টেজ নেই তা নিশ্চিত করো।

P14.8 প্রস্তাবিত পদ্ধতি

A. ডিজিটাল মাল্টি-মিটার ব্যবহার করে সরাসরি ডায়োড পরীক্ষা:

1. ডায়াল ঘোরান অর্থাৎ ঘূর্ণমান সুইচ ডায়োড টেস্ট মোডে।
2. পরীক্ষা লিড ডায়োডে সংযোগ করো। প্রদর্শিত পরিমাপ রেকর্ড করো।
3. পরীক্ষার লিড বিপরীত করো। প্রদর্শিত পরিমাপ রেকর্ড করো।

B. রেসিস্টেন্স পরিমাপ মোড ব্যবহার করে ডায়োড টেস্টিং:

1. ডায়ালটি রেসিস্টেন্স মোডে (Ω) ঘোরান।
2. সার্কিট থেকে অপসারণের পরে পরীক্ষাটি ডায়োডের দিকে নিয়ে যায়। প্রদর্শিত পরিমাপ রেকর্ড করো।
3. পরীক্ষার লিড বিপরীত। প্রদর্শিত পরিমাপ রেকর্ড করো।
4. ডায়োড পরীক্ষা করার জন্য রেসিস্টেন্স মোড ব্যবহার করার সময় সেরা ফলাফলের জন্য, একটি ভাল ডায়োডের সাথে নেওয়া রিডিংগুলির তুলনা করো।

P14.9 পর্যবেক্ষণ এবং গণনা

A. সরাসরি ডায়োড পরীক্ষা

1. ফরওয়ার্ড পক্ষপাতমূলক অবস্থার সময় মাল্টি মিটার ডিসপ্লে ______ volt
2. বিপরীত পক্ষপাতমূলক অবস্থার সময় মাল্টি মিটার প্রদর্শন ______ volt

B. রেসিস্টর পরিমাপ পরীক্ষা

1. ফরওয়ার্ড পক্ষপাতমূলক অবস্থার সময় মাল্টি মিটার ডিসপ্লে ______ ohms
2. বিপরীত পক্ষপাতমূলক অবস্থার সময় মাল্টি মিটার প্রদর্শন ______ ohms

P14.10 ফলাফল এবং ব্যাখ্যা

....

....

P14.11 উপসংহার

....

....

P14.12 ব্যবহারিক সম্পর্কিত প্রশ্ন

(উত্তরের জন্য আলাদা পত্রক ব্যবহার করো)

দ্রষ্টব্য: রেফারেন্সের জন্য নীচে কয়েকটি নমুনা প্রশ্ন দেওয়া হল। শিক্ষকদের পূর্বনির্ধারিত কোর্সের ফলাফল অর্জন নিশ্চিত করার জন্য এমন আরও প্রশ্ন ডিজাইন করতে হবে

1. 1N সিরিজের ডায়োডের টার্মিনাল চিহ্নিত করো।
2. সিআরও ব্যবহার করে প্রদত্ত ডায়োড পরীক্ষা করো।
3. প্রদত্ত লোড কারেন্ট প্রয়োজনের জন্য ডাটা শীট থেকে ডায়োড নির্বাচন করো।

IX. P15-ES110: পি-এন জাংশন ডায়োড

P15.1 ব্যবহারিক বিবৃতি

পি-এন জাংশন ডায়োডের কর্মক্ষমতা পরীক্ষা করো।

P15.2 ব্যবহারিক তাৎপর্য

পি-এন জাংশন ডায়োড শিল্পের পাশাপাশি ডোমেস্টিক প্রয়োগ যেমন ডিটেক্টর সার্কিট, ওয়েভ শেপিং সার্কিট এবং ডিসি পাওয়ার সাপ্লাইগুলির রেক্টিফায়ার হিসাবে ব্যবহৃত হয়। এই প্রয়োগগুলির জন্য, একটি উপযুক্ত ডায়োড নির্বাচন করার জন্য, ডায়োডের কার্যকারিতা জানা প্রয়োজন। এই প্রাকটিকালে, শিক্ষার্থী ভোল্টেজ পরিবর্তনের সাথে সাথে ডায়োড এর আচরণ বোঝার জন্য প্রদত্ত ডায়োডের V-I বৈশিষ্ট্যগুলি আঁকবে, যা পরিবর্তে সার্কিটে ব্যবহৃত প্রাসঙ্গিক ইলেকট্রনিক ডিভাইসগুলি নির্বাচন করতে সাহায্য করবে

P15.3 প্রাসঙ্গিক তত্ত্ব

পি-এন জাংশন ডায়োড তত্ত্বের জন্য, দয়া করে বিষয় 1.2.2 উল্লেখ করো।

P15.4 ব্যবহারিক ফলাফল (PrO)

PrO1: পি-এন জাংশন ডায়োডের V-I বৈশিষ্ট্য আঁকুন।

PrO2: প্রদত্ত ডায়োডের স্থির রেসিস্টেন্স পরিমাপ করো।

PrO3: প্রদত্ত ডায়োডের পরিবর্তনশীল রেসিস্টেন্স পরিমাপ করো।

PrO4: প্রদত্ত ডায়োডের নি ভোল্টেজ নির্ধারণ করো।

P15.5 ব্যবহারিক পরিকাঠামো (সার্কিট ডায়াগ্রাম)

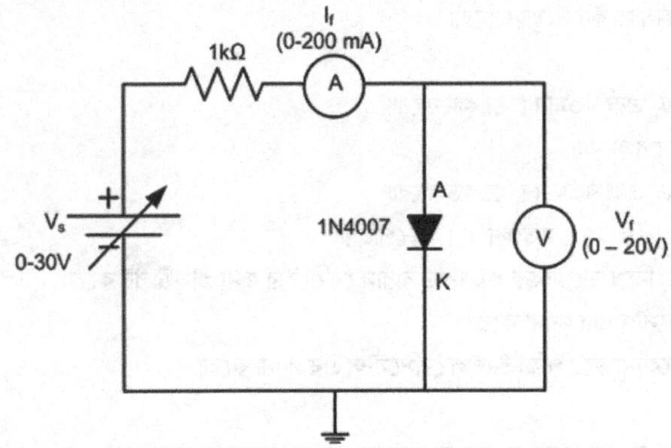

চিত্র P15.1: ফরোয়ার্ড বায়াসে ডায়োডের সার্কিট ডায়াগ্রাম

P15.6 প্রয়োজনীয় সামগ্রী

ক্রমিক নং	গুরুত্বপূর্ণ স্পেসিফিকেশন সহ প্রস্তাবিত প্রয়োজনীয় সামগ্রী	মোট সংখ্যা	বিস্তৃত স্পেসিফিকেশন সহ প্রকৃত প্রয়োজনীয় সামগ্রী (ছাত্র ছাত্রী দ্বারা পূরণ করা হবে)	মন্তব্য (যদি থাকে)
1.	ডিজিটাল মাল্টিমিটার: 1/2 ডিজিটের ডিসপ্লে	3		
2.	ডিসি নিয়ন্ত্রিত বিদ্যুৎ সরবরাহ: ভেরিয়েবল ডিসি বিদ্যুৎ সরবরাহ 0-30V, 2A, SC সুরক্ষা, ভোল্টেজ এবং বর্তমানের জন্য ডিসপ্লে	1		
3.	ভোল্টমিটার: 0-20 V	1		
4.	অ্যামমিটার 0 - 200 mA, 0 - 200 μA	2		
5.	ব্রেড বোর্ড: 5.5 সেমি × 17 সেমি	1		
6.	ডায়োড: IN4007 (বা অন্য কোন সমতুল্য ডায়োড)	1		
7.	রেসিস্টেন্স 1KΩ (0.5 ওয়াট/0.25 ওয়াট)	1		
8.	সংযোগ তার: সিঙ্গেল স্ট্র্যান্ড টেফলন আবৃত (0.6 মিমি ব্যাস)	L. S.		

P15.7 সতর্কতা

1. সার্কিট ডায়াগ্রাম অনুযায়ী সার্কিট কানেকশন চেক না করা পর্যন্ত পাওয়ার সাপ্লাই চালু করবেন না।
2. সার্কিট ডায়াগ্রামে দেখানো হয়েছে যে ভোল্টমিটার এবং অ্যামিটার সঠিক মেরুতে সংযুক্ত আছে তা নিশ্চিত করো।
3. লোড রেসিস্টেন্স এর সঠিক মান এবং ওয়াটেজ নিশ্চিত করো।
4. পরীক্ষা করার সময় ডায়োডের রেটেড ভোল্টেজের বাইরে ডায়োডের ইনপুট ভোল্টেজ অতিক্রম করবেন না। এটি ডায়োডের পক্ষে ক্ষতিকারক হতে পারে।
5. কোন পরিসীমা পরিবর্তন করার আগে নিশ্চিত করো যে মিটার বন্ধ অবস্থায় আছে।

P15.8 প্রস্তাবিত পদ্ধতি

1. চিত্র.15.1 এর মতো ইলেকট্রিকাল সার্কিট সংযুক্ত করো।
2. বিদ্যুৎ সরবরাহ চালু করো।
3. পর্যবেক্ষণ টেবিলে ভোল্টেজ V_F এবং বর্তমান I_F রেকর্ড করো।
4. ইনপুট ভোল্টেজ 0.1 V এর ধাপে বাড়ান।
5. পর্যবেক্ষণ টেবিলে ভোল্টেজ V_F এবং বর্তমান I_F রেকর্ড করো।
6. 4 থেকে 5 পর্যন্ত ধাপগুলি পুনরাবৃত্তি করো, যতক্ষণ না 1 ভি পৌঁছায়।
7. X- অক্ষে V_F এবং Y- অক্ষে I_F নিয়ে ডায়োডের ফরওয়ার্ড বায়াস বৈশিষ্ট্যের জন্য গ্রাফটি প্লট করো।
8. একটি নির্দিষ্ট বিন্দুতে স্থির রেসিস্টেন্স **এর** গণনা করো।
9. প্লট করা গ্রাফের দুটি পয়েন্ট বিবেচনা করে পরিবর্তনশীল রেসিস্টেন্স **এর** গণনা করো।

P15.9 পর্যবেক্ষণ এবং গণনা

ক্রমিক নং	V_F (volts)	I_F (mA)
1.		
2.		
3.		

গণনা

একটি নির্দিষ্ট বিন্দুতে স্থির রেসিস্টেন্স $R_{static} = V_F/I_F$

পরিবর্তনশীল রেসিস্টেন্স $R_{dynamic} = \Delta V_F/\Delta I_F$

P15.10 ফলাফল এবং ব্যাখ্যা

1. প্রদত্ত ডায়োডের স্থির রেসিস্টেন্স = ………………
2. প্রদত্ত ডায়োডের পরিবর্তনশীল রেসিস্টেন্স = ………………
3. প্রদত্ত ডায়োডের নি ভোল্টেজ = ………………

P15.11 উপসংহার

……………………………………………………………………………………………………

……………………………………………………………………………………………………

P15.12 ব্যবহারিক সম্পর্কিত প্রশ্ন

(উত্তরের জন্য আলাদা শীট ব্যবহার করো)

দ্রষ্টব্য: রেফারেন্সের জন্য নীচে কয়েকটি নমুনা প্রশ্ন দেওয়া হল। পূর্বনির্ধারিত কোর্সের ফলাফল অর্জন নিশ্চিত করার জন্য শিক্ষকদের এই ধরনের আরো প্রশ্ন তৈরি করতে হবে।

1. ডেটা শীট থেকে BY সিরিজ ডায়োডের টার্মিনাল সনাক্ত করো।
2. সার্কিট থেকে লোড রেসিস্টেন্স সরানো হলে কি হবে তা বর্ণনা করো।
3. এই পরীক্ষায় লোড রেসিস্টেন্স এর মান 5Ω, 1/4W এ পরিবর্তিত হলে কী হবে তা বলুন।

P15.13 প্রস্তাবিত শেখার উৎস

Characteristics of Diode

X. P16-ES110: জেনার ডায়োড কর্মক্ষমতা পরীক্ষা

P16.1 ব্যবহারিক বিবৃতি

জেনার ডায়োডের কর্মক্ষমতা পরীক্ষা করো।

P16.2 ব্যবহারিক তাৎপর্য

শিল্পে, জেনার ডায়োডগুলি ব্যাপকভাবে ব্যবহিত হয় ভোল্টেজ রেফারেন্স এবং শান্ট রেগুলেটর হিসাবে ছোট সার্কিট এর ভোল্টেজ নিয়ন্ত্রণ করতে, ওভার ভোল্টেজ সুরক্ষা সার্কিটগুলিতে, প্রয়োগ পরিবর্তন করার ক্ষেত্রে। জেনার ডায়োড ক্লিপিং এবং ক্ল্যাম্পিং সার্কিটগুলিতে বিশেষত পিক ক্লিপার্সের পাশাপাশি ডিভাইস সুরক্ষার জন্য সার্জ সাপ্রেশন সার্কিট এ ব্যবহৃত হয়। উপযুক্ত জেনার ডায়োড চয়ন করতে, জেনার ডায়োডের কার্যকারিতা বুঝতে হবে।

P16.3 প্রাসঙ্গিক তত্ত্ব

জেনার ডায়োডের জন্য, এই বইতে সারণী 1.2.1 দেখো।

P16.4 ব্যবহারিক ফলাফল (PrO)

PrO1: একটি সার্কিটে জেনার ডায়োড চিহ্নিত করো।

PrO2: জেনার ডায়োডের v/i বৈশিষ্ট্যগুলি প্লট করো।

PrO3: জেনার ব্রেকডাউন ভোল্টেজ নির্ধারণ করো।

PrO4: ভোল্টেজ এবং কারেন্ট পরিমাপ করতে ডিজিটাল মাল্টিমিটার ব্যবহার করো।

P16.5 ব্যবহারিক পরিকাঠামো (সার্কিট ডায়াগ্রাম)

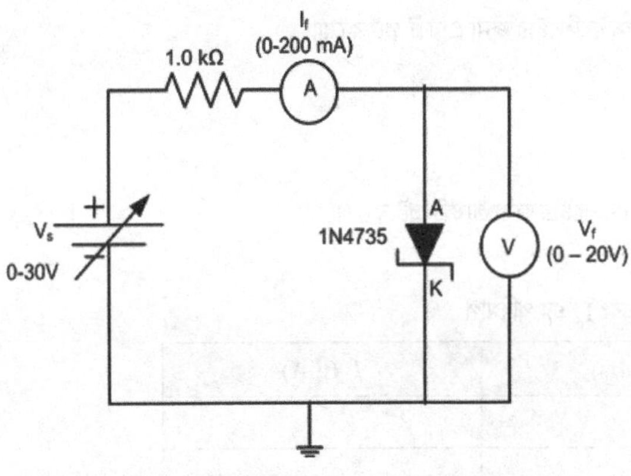

চিত্র P16.1: জেনার ডায়োড ফরওয়ার্ড বায়াস অবস্থায়।

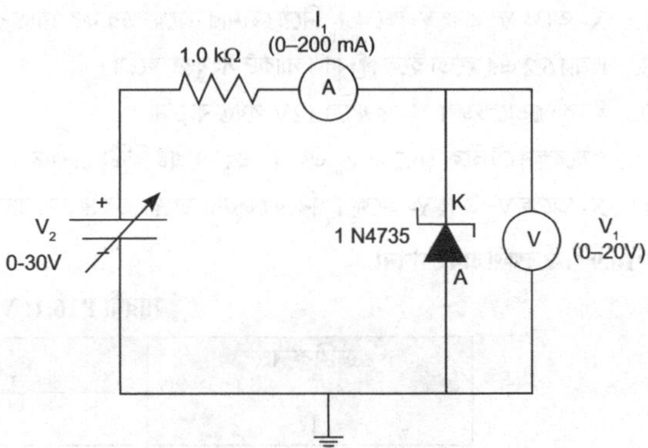

চিত্র P16.2: জেনার ডায়োড রিভার্স বায়াস অবস্থায়।

P16.6 প্রয়োজনীয় সামগ্রী

ক্রমিক নং	গুরুত্বপূর্ণ স্পেসিফিকেশন সহ প্রস্তাবিত প্রয়োজনীয় সামগ্রী	মোট সংখ্যা	বিস্তৃত স্পেসিফিকেশন সহ প্রকৃত প্রয়োজনীয় সামগ্রী (ছাত্র ছাত্রী দ্বারা পূরণ করা হবে)	মন্তব্য (যদি থাকে)
1.	ডিজিটাল মাল্টিমিটার: 1/2 ডিজিটের ডিসপ্লে	3		
2.	ডিসি নিয়ন্ত্রিত বিদ্যুৎ সরবরাহ: ভেরিয়েবল ডিসি বিদ্যুৎ সরবরাহ 0-30V, 2A, SC সুরক্ষা, ভোল্টেজ এবং বর্তমানের জন্য ডিসপ্লে	1		
3.	ভোল্টমিটার: 0-20 V	1		
4.	অ্যামমিটার 0 - 200 mA, 0 - 200 µA	2		

5.	ব্রেড বোর্ড: 5.5 সেমি × 17 সেমি	1		
6.	ডায়োড: IN4735 (বা অন্য কোন সমতুল্য ডায়োড)	1		
7.	রেসিস্টেন্স 1KΩ (0.5 ওয়াট/0.25 ওয়াট)	1		
8.	সংযোগ তার: সিঙ্গেল স্ট্র্যান্ড টেফলন আবৃত (0.6 মিমি ব্যাস)	L. S.		

P16.7 সতর্কতা

1. সার্কিট ডায়াগ্রাম অনুযায়ী সার্কিট কানেকশন চেক না করা পর্যন্ত পাওয়ার সাপ্লাই চালু করবেন না।
2. সার্কিট ডায়াগ্রামে দেখানো হয়েছে যে ভোল্টমিটার এবং অ্যামিটার সঠিক মেরুতে সংযুক্ত আছে তা নিশ্চিত করো।
3. পরিসীমা বা সেটিংস পরিবর্তন করার সময় মিটার বন্ধ অবস্থায় আছে তা নিশ্চিত করো।
4. সার্কিট এর ধারাবাহিকতা পরীক্ষা করো।

P16.8 প্রস্তাবিত পদ্ধতি

1. চিত্র.P16.1 এর মতো ইলেকট্রিকাল সার্কিট সংযুক্ত করো।
2. বিদ্যুৎ সরবরাহ চালু করো।
3. পর্যবেক্ষণ সারণী P16.1 এ ভোল্টেজ V_F এবং কারেন্ট I_F রেকর্ড করো।
4. ইনপুট ভোল্টেজ 0.1 V এর ধাপে বাড়ান।
5. পর্যবেক্ষণ সারণী P16.1 এ ভোল্টেজ V_F এবং কারেন্ট I_F রেকর্ড করো।
6. 4 থেকে 5 পর্যন্ত ধাপগুলি পুনরাবৃত্তি করো, যতক্ষণ না 1 ভি পৌঁছায়।
7. X- অক্ষে V_F এবং Y- অক্ষে I_F নিয়ে জেনার ডায়োডের ফরওয়ার্ড বায়াস বৈশিষ্ট্যের জন্য গ্রাফটি প্লট করো।
8. চিত্র.16.2 এর মতো ইলেকট্রিকাল সার্কিট সংযুক্ত করো।
9. ইনপুট ভোল্টেজ 1 V এর ধাপে 12V পর্যন্ত বাড়ান।
10. পর্যবেক্ষণ টেবিলে 16.2 এ V_R এবং I_R এর সংশ্লিষ্ট রিডিং রেকর্ড করো।
11. X- অক্ষে V_R এবং Y- অক্ষে I_R নিয়ে জেনার ডায়োডের রিভার্স বায়াস বৈশিষ্ট্যের জন্য গ্রাফটি প্লট করো।

P16.9 পর্যবেক্ষণ এবং গণনা

সারণী P16.1: V_F এবং I_F এর পরিমাপ

ক্রমিক নং	V_F (volts)	I_F (mA)
1.		
2.		
3.		

সারণী P16.1: V_R এবং I_R এর পরিমাপ

ক্রমিক নং	V_R (volts)	I_R (mA)
1.		
2.		
3.		
4.		
5.		

গণনা

1. জেনার ডায়োডের ফরওয়ার্ড রেসিস্টেন্স $R_Z = V_F/I_F$

2. I তে ব্রেকডাউন অঞ্চলে জেনার ডায়োডের পরিবর্তনশীল রেসিস্টেন্স = ··············mA

$R_{ZD} = V_R/I_R$

P16.10 ফলাফল এবং ব্যাখ্যা

1. জেনার ব্রেকডাউন ভোল্টেজ = ···············
2. জেনার ডায়োডের ফরওয়ার্ড রেসিস্টেন্স = ···············

P16.11 উপসংহার

....

....

P16.12 ব্যবহারিক সম্পর্কিত প্রশ্ন

(উত্তরের জন্য আলাদা শীট ব্যবহার করো)

দ্রষ্টব্য: রেফারেন্সের জন্য নীচে কয়েকটি নমুনা প্রশ্ন দেওয়া হল। পূর্বনির্ধারিত কোর্সের ফলাফল অর্জন নিশ্চিত করার জন্য শিক্ষকদের এই ধরনের আরো প্রশ্ন তৈরি করতে হবে।

1. ডেটা ম্যানুয়াল থেকে যেকোন দুটি জেনার ডায়োডের জন্য জেনার ভোল্টেজের মান বের করো।
2. প্রদত্ত জেনার ডায়োডের জন্য রিভার্স কারেন্টের সর্বোচ্চ মানটি বলুন।
3. জেনার ডায়োড এ মধ্য দিয়ে প্রবাহিত ভোল্টেজ ও কারেন্টের কি প্রভাব হবে, যখন এটির রিভার্স ভোল্টেজ ব্রেকডাউন ভোল্টেজের চেয়ে বেশি হবে।

XI. P17-ES110: লাইট এমিটিং ডায়োড

P17.1 ব্যবহারিক বিবৃতি

এলইডি এর কর্মক্ষমতা পরীক্ষা করো।

P17.2 ব্যবহারিক তাৎপর্য

শিল্প এবং গার্হস্থ্য প্রয়গে এলইডি ব্যাপকভাবে ডিসপ্লে ডিভাইস এবং সূচক হিসাবে ব্যবহৃত হয়। এলইডি একটি দুই টার্মিনাল সেমিকন্ডাক্টর আলো নির্গমনকারী একটিভ ডিসপ্লে ডিভাইস। মাল্টি-মিটার ব্যবহার করে এলইডি পরীক্ষা করা যায়।

P17.3 প্রাসঙ্গিক তত্ত্ব

লাইট এমিটিং ডায়োড এর বৈশিষ্ট্য, প্রয়োগ এবং প্রতীক এর জন্য সারণী 1.2.1 দেখো।

P17.4 ব্যবহারিক ফলাফল (PrO)

লাইট এমিটিং ডায়োডের কর্মক্ষমতার পরীক্ষা :

PrO1: উপাদান সনাক্তকরণ দক্ষতা উন্নত করো।

PrO2: এলইডি পরীক্ষার দক্ষতা বিকাশ করো।

PrO3: প্রদত্ত এলইডি পরীক্ষা করতে ডিসি পাওয়ার সাপ্লাই ব্যবহার করো।

P17.5 ব্যবহারিক পরিকাঠামো (সার্কিট ডায়াগ্রাম)

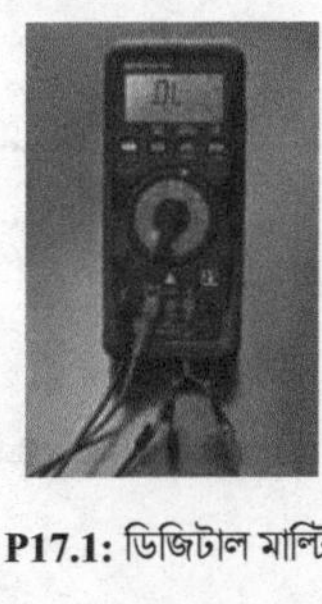

চিত্র P17.1: ডিজিটাল মাল্টিমিটার

চিত্র P17.3: চিত্রতে দেখা যাছে মাল্টিমিটারের সাথে সংযুক্ত ক্রোকওডাইল প্রোব।

P17.6 প্রয়োজনীয় সামগ্রী

ক্রমিক নং	গুরুত্বপূর্ণ স্পেসিফিকেশন সহ প্রস্তাবিত প্রয়োজনীয় সামগ্রী	মোট সংখ্যা	বিস্তৃত স্পেসিফিকেশন সহ প্রকৃত প্রয়োজনীয় সামগ্রী (ছাত্র ছাত্রী দ্বারা পূরণ করা হবে)	মন্তব্য (যদি থাকে)
1.	ডিজিটাল মাল্টিমিটার: 1/2 ডিজিটের ডিসপ্লে	2		
2.	ডিসি নিয়ন্ত্রিত বিদ্যুৎ সরবরাহ: ভেরিয়েবল ডিসি বিদ্যুৎ সরবরাহ 0-30V, 2A, SC সুরক্ষা, ভোল্টেজ এবং বর্তমানের জন্য ডিসপ্লে	1		
3.	পরীক্ষার জন্য এলইডি	1		
4.	সংযোগ তার: সিঙ্গেল স্ট্র্যান্ড টেফলন আবৃত (0.6 মিমি ব্যাস)	L. S.		

P17.7 সতর্কতা

1. সার্কিট সংযোগ পরীক্ষা না করা পর্যন্ত মাল্টি-মিটার চালু করবেন না।
2. পরীক্ষা করার সময় মাল্টি-মিটারের সঠিক ফাংশন নির্বাচন করো।
3. সার্কিট ডায়াগ্রামে দেখানো হয়েছে যে ভোল্টমিটার এবং অ্যামিটার সঠিক মেরুতে সংযুক্ত আছে তা নিশ্চিত করো।

P17.8 প্রস্তাবিত পদ্ধতি

1. মাল্টি-মিটারে COM টার্মিনালে কালো তারটি সংযুক্ত করো।
2. মাল্টি-মিটারে Ω টার্মিনালে লাল তারটি সংযুক্ত করো।
3. মাল্টি-মিটারে ডায়োড প্রতীকে ডায়ালটি সেট করো। এটি কারেন্টকে এক দিকে প্রবাহিত করতে দেয় এবং অন্য দিকে নয়।
4. মাল্টি-মিটার চালু করো। ডিসপ্লে উইন্ডোটি 0L অথবা OPEN নির্দেশ করবে।
5. পরীক্ষার জন্য একটি এলইডি নিন।
6. এলইডি এর ক্যাথোড প্রান্তের সাথে কালো প্রোবটি সংযুক্ত করো, যা সাধারণত ছোট প্রান্তটি হয়ে থাকে এবং এলইডি এর এনোড প্রান্তের সাথে লাল প্রোবটি সংযুক্ত করো।
7. এলইডি এর অবস্থা পর্যবেক্ষণ করো।
8. মাল্টি-মিটারে প্রদর্শিত ফরওয়ার্ড ভোল্টেজ ড্রপ দেখো।
9. বিদ্যুৎ সরবরাহের পজিটিভ এবং নেগাটিভ টার্মিনাল এ এলইডি সংযোগ করে ডিসি পাওয়ার সাপ্লাই ব্যবহার করে এলইডি পরীক্ষা করা যায়।
10. এলইডি এর অবস্থা পর্যবেক্ষণ করো এবং তারপর এলইডি এর টার্মিনালগুলিকে উল্টে দিয়ে নবম ধাপটি পুনরাবৃত্তি করো।

P17.9 পর্যবেক্ষণ

এলইডি টি .... (জ্বলছে/ জ্বলছে না)

P17.10 ফলাফল এবং ব্যাখ্যা

....

....

P17.11 উপসংহার এবং বৈধতা

....

....

P17.12 ব্যবহারিক সম্পর্কিত প্রশ্ন

(উত্তরের জন্য আলাদা শীট ব্যবহার করো)

দ্রষ্টব্য: রেফারেন্সের জন্য নীচে কয়েকটি নমুনা প্রশ্ন দেওয়া হল। পূর্বনির্ধারিত কোর্সের ফলাফল অর্জন নিশ্চিত করার জন্য শিক্ষকদের এই ধরনের আরো প্রশ্ন তৈরি করতে হবে।

1. প্রদত্ত এলইডি এর টার্মিনালগুলি খুঁজে বের করো৷
2. বাইকালার এলইডি পরীক্ষা করার পদ্ধতি বলুন৷
3. উজ্জ্বলতার উপর এলইডি এর মধ্য দিয়ে প্রবাহিত বিদ্যুতের পরিবর্তনের প্রভাব বলুন৷

XII. P18-ES110: ডিজিটাল মাল্টিমিটার ব্যবহার করে ট্রানজিস্টরের তিনটি টার্মিনাল চিহ্নিতকরন৷

P18.1 ব্যবহারিক বিবৃতি

ডিজিটাল মাল্টিমিটার ব্যবহার করে ট্রানজিস্টরের তিনটি টার্মিনাল চিহ্নিত করো৷

P18.2 ব্যবহারিক তাৎপর্য

ট্রানজিস্টর এর ব্যবহার শিল্পে ব্যাপক ভাবে আছে৷ ট্রানজিস্টর হল সেমিকন্ডাক্টর ডিভাইস যা ভোল্টেজ, কারেন্টের পরিবর্ধনের মতো প্রয়গের জন্য ব্যবহৃত হয় এবং সুইচ এবং অসিলেটর সার্কিটেও ব্যবহৃত হয়৷ ডিজিটাল সার্কিটগুলিতে এগুলি সুইচ হিসাবে ব্যবহৃত হয়৷ এটি ইলেকট্রনিক এবং টেলিযোগাযোগ যন্ত্রপাতি, কম্পিউটার, টেলিভিশন, মোবাইল ফোন, অডিও পরিবর্ধক এবং ইন্ডাস্ট্রিয়াল কন্ট্রোলে ব্যবহৃত হয়৷

P18.3 প্রাসঙ্গিক তত্ত্ব

ট্রানজিস্টরের তত্ত্বের জন্য উপ বিষয় 1.2.3.1 দেখো

ট্রানজিস্টর টার্মিনাল সনাক্তকরণ: বাজারে বিভিন্ন প্যাকেজের সাথে ট্রানজিস্টর পাওয়া যায়৷ TO-92 প্যাকেজটি বিবেচনা করো৷ ট্রানজিস্টর এমন রাখুন যাতে সমতল পৃষ্ঠ উপরের দিকে মুখ করে চিত্র P18.1 তে দেখানো হয়েছে৷

1. অভ্যন্তরীণভাবে ট্রানজিস্টারের দুটি ডায়োড **থাকে** (NPN ≡ N - P - N ≡ NP জাংশন + PN জাংশন এবং PNP ≡ P - N - P ≡ PN জাংশন + NP জাংশন) অর্থাৎ emitter to base হল একটি PN জাংশন (ডায়োড) এবং বেস কালেক্টর আরেকটি PN জাংশন (ডায়োড)৷
2. ডায়োড মোডে, মাল্টিমিটার ভোল্টেজ দেখাবে, যখন মাল্টিমিটারের পজিটিভ প্রোব ডায়োডের অ্যানোডের সাথে এবং ক্যাথোডের নেগেটিভ প্রোবের সাথে সংযুক্ত থাকে৷
3. যদি মাল্টিমিটার পজিটিভ প্রোব ডায়োডের ক্যাথোড এবং অ্যানোডের নেগেটিভ প্রোবের সাথে সংযুক্ত থাকে, তাহলে এটি কোন ভোল্টেজ দেবে না (শূন্য দেখাবে)৷

P18.4 ব্যবহারিক ফলাফল (PrO)

PrO1: একটি মাল্টিমিটার ব্যবহার করে একটি প্রদত্ত ট্রানজিস্টর পরীক্ষা করো৷

PrO2: বেস এবং এমিটর মধ্যে, বেস এবং কালেক্টরের মধ্যে; এবং এমিটর এবং কালেক্টরের মধ্যে রেসিস্টেন্স এর মান কত পরিমাপ করো৷

PrO3: বিজেটি এর টার্মিনাল চিহ্নিত করো৷

P18.5 ব্যবহারিক পরিকাঠামো (সার্কিট ডায়াগ্রাম)

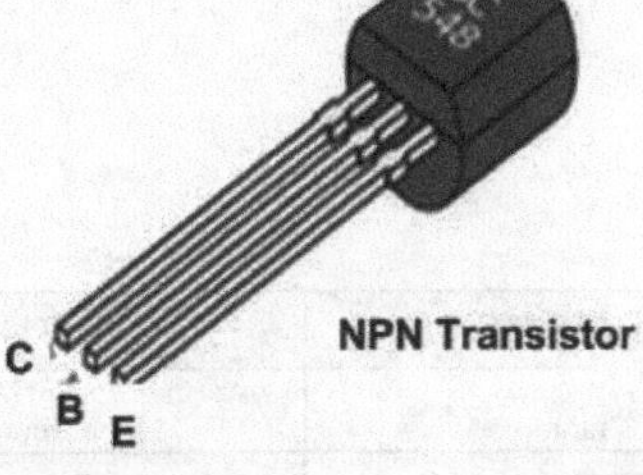

চিত্র P18.1: ট্রানজিস্টরের TO-92 প্যাকেজ

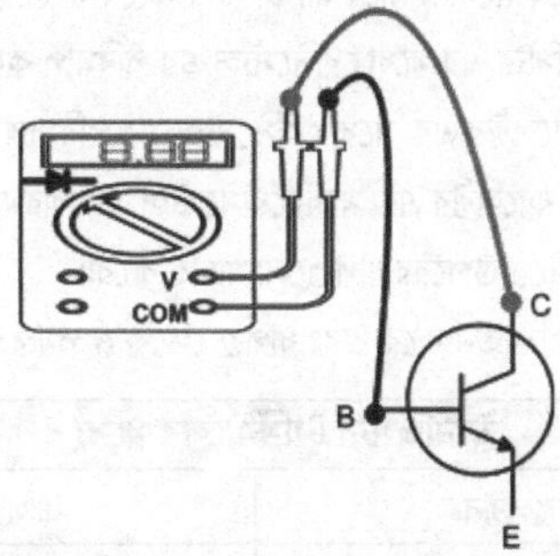

চিত্র P18.2: NPN ট্রানজিস্টর মিটার চেক

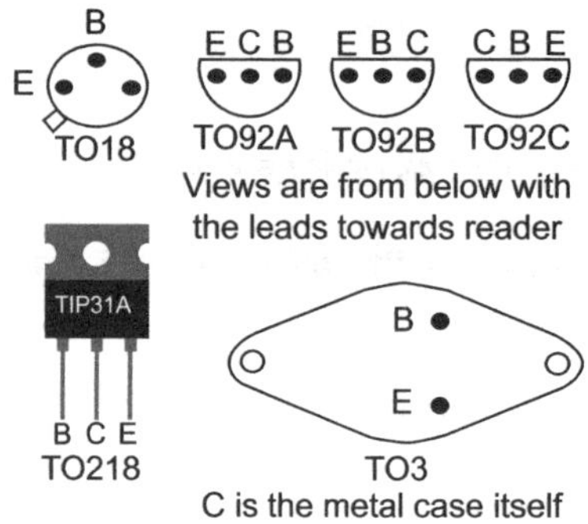

চিত্র P18.3: কিছু কেস স্টাইলের জন্য এমিটার, বেস এবং কালেক্টর লিড।

P18.6 প্রয়োজনীয় সামগ্রী

ক্রমিক নং	গুরুত্বপূর্ণ স্পেসিফিকেশন সহ প্রস্তাবিত প্রয়োজনীয় সামগ্রী	মোট সংখ্যা	বিস্তৃত স্পেসিফিকেশন সহ প্রকৃত প্রয়োজনীয় সামগ্রী (ছাত্র ছাত্রী দ্বারা পূরণ করা হবে)	মন্তব্য (যদি থাকে)
1.	সিঙ্গেল-ফেজ এসি সোর্স 230V, 50Hz	1		
2.	সংযোগ তার: মাল্টিস্ট্র্যান্ড তামার তার, 1.5 মিমি^{2}	LS		
3.	ডিজিটাল মাল্টিমিটার: 1/2 ডিজিটের ডিসপ্লে	1		
4.	ট্রানজিস্টর: ছোট সংকেত ট্রানজিস্টর (TO-92 প্যাকেজ); BC547 (NPN); BC557 (PNP)	প্রত্তেক ধরনের 1 টি করে।		
5.	পাওয়ার ট্রানজিস্টর 2N2955 (NPN); 2N3055 (PNP)	প্রত্তেক ধরনের 1 টি করে।		

P18.7 সতর্কতা

1. সঠিক ধরনের এবং পরিসরের পরিমাপ যন্ত্র নির্বাচন করো।।
2. সার্কিট ডায়াগ্রামে দেখানো হিসাবে সার্কিট সংযুক্ত করো।
3. পরীক্ষা হয়ে যাবার পরে বিদ্যুৎ সরবরাহ বন্ধ করো।

P18.8 প্রস্তাবিত পদ্ধতি

1. মাল্টিমিটারকে তার Ω পরিসরে সেট করো।
2. চিত্র P18.1 দেখানো হিসাবে মাল্টিমিটার সংযোগ করো।
3. বেস এবং এমিটর এর মধ্যে রেসিস্টেন্স এর পরিমাপ করো।
4. বেস এবং কালেক্টর এর মধ্যে রেসিস্টেন্স এর পরিমাপ করো।
5. এমিটর এবং কালেক্টর এর মধ্যে রেসিস্টেন্স এর পরিমাপ করো।
6. নিচের চার্ট দিয়ে উপরের ধাপগুলো যাচাই করো।
7. ট্রানজিস্টর পরিবর্তন করো এবং ধাপ 2 থেকে 6 পর্যন্ত পুনরাবৃত্তি করো।

ট্রানজিস্টর টার্মিনালের মধ্যে		পি-এন-পি	এন-পি-এন
কালেক্টর	এমিটর	R_{HIGH}	R_{HIGH}
কালেক্টর	বেস	R_{LOW}	R_{HIGH}
এমিটর	কালেক্টর	R_{HIGH}	R_{HIGH}

এমিটর	বেস	R_{LOW}	R_{HIGH}
বেস	কালেক্টর	R_{HIGH}	R_{LOW}
বেস	এমিটর	R_{HIGH}	R_{LOW}

P18.9 পর্যবেক্ষণ

1. বেস এবং এমিটর এর মধ্যে রেসিস্টেন্স, R_{BE} = ---------------
2. বেস এবং কালেক্টর এর মধ্যে রেসিস্টেন্স, R_{CB} = ---------------
3. এমিটর এবং কালেক্টর এর মধ্যে রেসিস্টেন্স, R_{CE} = ---------------

P18.10 ফলাফল

P18.11 উপসংহার এবং বৈধতা

....

....

P18.12 ব্যবহারিক সম্পর্কিত প্রশ্ন

(উত্তরের জন্য আলাদা শীট ব্যবহার করো)

দ্রষ্টব্য: রেফারেন্সের জন্য নীচে কয়েকটি নমুনা প্রশ্ন দেওয়া হল। পূর্বনির্ধারিত কোর্সের ফলাফল অর্জন নিশ্চিত করার জন্য শিক্ষকদের এই ধরনের আরো প্রশ্ন তৈরি করতে হবে।

1. একটি ছোট সংকেত ট্রানজিস্টর এবং একটি পাওয়ার ট্রানজিস্টরের মধ্যে পার্থক্য বর্ণনা কর।
2. কিছু ট্রানজিস্টরের হিট সিংকের প্রয়োজনের কারণ দিন?

P18.13 প্রস্তাবিত শেখার উৎস

Identify npn and pnp transistor

XIII. P19-ES110: বিজেটি এর পারফরম্যান্স

P19.1 ব্যবহারিক বিবৃতি

এনপিএন ট্রানজিস্টরের কর্মক্ষমতা পরীক্ষা করো।

P19.2 ব্যবহারিক তাৎপর্য

বিজেটি একটি তিনটি টার্মিনাল অ্যাকটিভ বিচ্ছিন্ন উপাদান। বিজেটি দুই ধরনের এনপিএন এবং পিএনপি তে পাওয়া যায়। বিজেটি সি ই, সিবি এবং সিসি নামে তিনটি কনফিগারেশনের যেকোন একটিতে পরিচালিত হতে পারে। বিজেটি কর্মক্ষমতা তার ইনপুট এবং আউটপুট বৈশিষ্ট্য চক্রান্ত দ্বারা পরীক্ষা করা যেতে পারে কমন এমিটার (সি ই) মোড একটি বিজেটি এর অপারেশন এর সর্বজনীন মোড। উপযুক্ত বায়াসিং সহ সি ই মোড ব্যবহার করে সব ধরণের পরিবর্ধন করা যেতে পারে। রেডিও ফ্রিকোয়েন্সি সার্কিটেও কমন-এমিটার এম্প্লিফায়ার ব্যবহার করা হয়। এই প্রাকটিকালটি সাধারণ এমিটার (সি ই) কনফিগারেশনে এনপিএন ট্রানজিস্টরের কর্মক্ষমতা পরীক্ষা করার জন্য দরকারী।

P19.3 প্রাসঙ্গিক তত্ত্ব

প্রচলিত এমিটারটি ব্যবহারিক পরিবর্ধক সার্কিটগুলিতে সর্বাধিক ব্যবহৃত কনফিগারেশন, যেহেতু এটি ভাল ভোল্টেজ, কারেন্ট এবং পাওয়ার লাভ প্রদান করে। ইনপুটটি বেস-এমিটার সার্কিট জুড়ে প্রয়োগ করা হয় এবং আউটপুটটি কালেক্টর-এমিটার সার্কিট থেকে নেওয়া হয়, যার ফলে এমিপটার ইনপুট এবং আউটপুট উভয় ক্ষেত্রেই **"কমন"** হয়। সি ই কনফিগারেশন ইনপুট এবং আউটপুট সংকেতের মধ্যে একটি ফেজ রিভার্সাল প্রদান করে। **বিজেটি** কনফিগারেশনের জন্য এই বইয়ের অধ্যায় 1 এর 1.2.3.2 বিভাগটি দেখো।

P19.4 ব্যবহারিক ফলাফল (PrO)

PrO1: ইনপুট এবং আউটপুট কারেন্ট এবং ভোল্টেজ পরিমাপ করো।

PrO2: ভোল্টেজ বনাম কারেন্টের জন্য গ্রাফ আঁকুন।

PrO3: এনপিএন ট্রানজিস্টরের কর্মক্ষমতা পরীক্ষা করো।

P19.5 ব্যবহারিক পরিকাঠামো

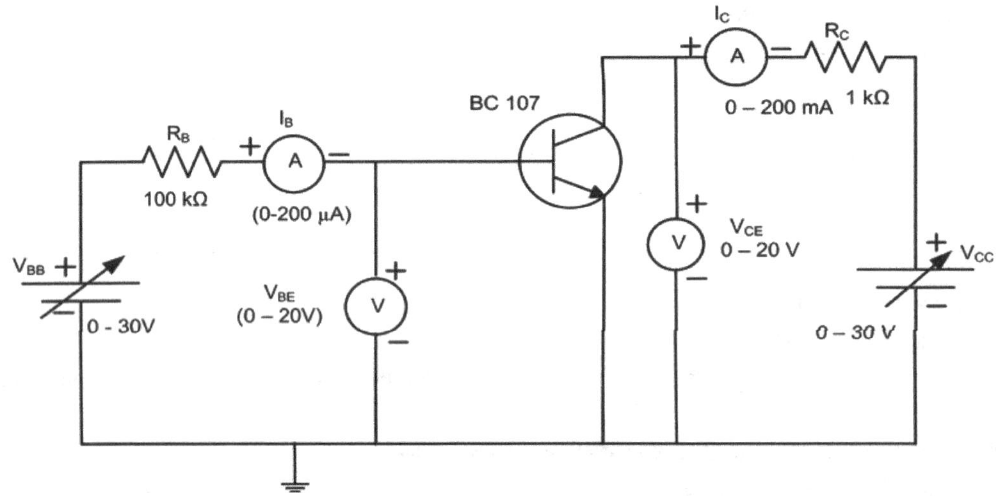

চিত্র P19.1: সি ই মোডে বিজেটি এর সার্কিট ডায়াগ্রাম।

P19.6 প্রয়োজনীয় সামগ্রী

ক্রমিক নং	গুরুত্বপূর্ণ স্পেসিফিকেশন সহ প্রস্তাবিত প্রয়োজনীয় সামগ্রী	মোট সংখ্যা	বিস্তৃত স্পেসিফিকেশন সহ প্রকৃত প্রয়োজনীয় সামগ্রী (ছাত্র ছাত্রী দ্বারা পূরণ করা হবে)	মন্তব্য (যদি থাকে)
1.	ডিজিটাল মাল্টিমিটার: 1/2 ডিজিটের ডিসপ্লে প্রবের সাথে	2		
2.	ডিসি নিয়ন্ত্রিত বিদ্যুৎ সরবরাহ: ভেরিয়েবল ডিসি বিদ্যুৎ সরবরাহ 0-30V, 2A, SC সুরক্ষা, ভোল্টেজ এবং বর্তমানের জন্য ডিসপ্লে	1		
3.	ভোল্টমিটার: (0-20 V), (0-2 V)	1 টি করে		
4.	অ্যামমিটার 0 - 200 mA, 0 - 200 μA	1 টি করে		
5.	ট্রানজিস্টর: BC107 বা অন্য কোন সমতুল্য	1		
6.	রেসিস্টেন্স 1KΩ (0.5 ওয়াট/0.25 ওয়াট)	1		
7.	ব্রেড বোর্ড: 15 সেমি × 17 সেমি	1		

P19.7 সতর্কতা

1. সার্কিট ডায়াগ্রাম অনুযায়ী সার্কিট কানেকশন চেক না করা পর্যন্ত পাওয়ার সাপ্লাই চালু করবেন না।
2. পরীক্ষা করার সময় ট্রানজিস্টর এর রেটেড ভোল্টেজের বাইরে ট্রানজিস্টর এর ইনপুট ভোল্টেজ অতিক্রম করবেন না। এটি ট্রানজিস্টর এর পক্ষে ক্ষতিকারক হতে পারে।
3. সার্কিট ডায়াগ্রামে দেখানো হয়েছে যে ভোল্টমিটার এবং অ্যামিটার সঠিক মেরুতে সংযুক্ত আছে তা নিশ্চিত করো।

P19.8 প্রস্তাবিত পদ্ধতি

Part I

ইনপুট বৈশিষ্ট্য:

1. চিত্র. P19.1 দেখানো এর মতো সার্কিট সংযুক্ত করো।
2. V_{CC} পরিবর্তন করে V_{CE} কে কন্সট্যান্ট ভোল্টেজ (2V) এ সেট করো।
3. 0V থেকে 1V পর্যন্ত 0.1V ধাপে ইনপুট ভোল্টেজ V_{BE} পরিবর্তন করো এবং পর্যবেক্ষণ টেবিলে I_B এর সংশ্লিষ্ট মান রেকর্ড করো।
4. V_{CE} 5V, এবং 10V এ রেখে উপরের ধাপ 2 এবং 3 পুনরাবৃত্তি করো।
5. রেকর্ড করা রিডিং থেকে বৈশিষ্ট্যগুলি স্কেচ করো।
6. উপযুক্ত অপারেটিং পয়েন্টে ইনপুট রেসিস্টেন্স এর গণনা করো (ri)।

Part II

আউটপুট বৈশিষ্ট্য:

1. চিত্র. P19.1 দেখানো এর মতো সার্কিট সংযুক্ত করো।
2. V_{BB} পরিবর্তন করে I_B কে কন্সট্যান্ট কারেন্ট (10 μA) এ সেট করো।
3. 0V থেকে 10V পর্যন্ত 1V ধাপে আউটপুট ভোল্টেজ V_{CC} পরিবর্তন করো এবং পর্যবেক্ষণ টেবিলে V_{CE} এবং I_C এর সংশ্লিষ্ট মান রেকর্ড করো।
4. I_B 20μA, এবং 30μA এ রেখে উপরের ধাপ 2 এবং 3 পুনরাবৃত্তি করো।
5. রেকর্ড করা রিডিং থেকে বৈশিষ্ট্যগুলি স্কেচ করো।
6. উপযুক্ত অপারেটিং পয়েন্টে আউটপুট রেসিস্টেন্স এর গণনা করো (ro)।

P19.9 পর্যবেক্ষণ

সারণী P19.1: ইনপুট বৈশিষ্ট্য

ক্রমিক নং	V_{CE} = 2V		V_{CE} = 5V		V_{CE} = 10V	
	V_{BE} (V)	I_B (μA)	V_{BE} (V)	I_B (μA)	V_{BE} (V)	I_B (μA)
1.						
2.						
3.						

সারণী P19.2: আউটপুট বৈশিষ্ট্য

করমকি নং	I_B = 10μA		I_B = 20μA		I_B = 30μA	
	V_{CE}(V)	I_C(mA)	V_{CE}(V)	I_C(mA)	V_{CE}(V)	I_C(mA)
1.						
2.						

গণনা (গ্রাফ থেকে)

1. ইনপুট রেসিস্টেন্স R_i
2. আউটপুট রেসিস্টেন্স R_o
3. কারেন্ট পরিবর্ধন ফ্যাক্টর α

P19.10 ফলাফল এবং ব্যাখ্যা

1. ইনপুট রেসিস্টেন্স R_i = ⋯⋯ Ω
2. আউটপুট রেসিস্টেন্স R_o = ⋯⋯ Ω
3. কারেন্ট পরিবর্ধন ফ্যাক্টর α = ⋯⋯⋯⋯

P19.11 উপসংহার এবং/অথবা বৈধতা

....

....

P19.12 ব্যবহারিক সম্পর্কিত প্রশ্ন

(উত্তরের জন্য আলাদা শীট ব্যবহার করো)

দ্রষ্টব্য: রেফারেন্সের জন্য নীচে কয়েকটি নমুনা প্রশ্ন দেওয়া হল। পূর্বনির্ধারিত কোর্সের ফলাফল অর্জন নিশ্চিত করার জন্য শিক্ষকদের এই ধরনের আরো প্রশ্ন তৈরি করতে হবে।

1. প্রদত্ত বিজেটি এর পরিবর্তনশীল ইনপুট রেসিস্টেন্স **এর মান** বের করো।
2. সিসি কনফিগারেশনে কারেন্ট গেন পরিমাপ করার পদ্ধতিটি বলুন।

P19.13 প্রস্তাবিত শেখার উৎস

BJT common emitter

XIV. P20-ES110: বিজেটি এর কারেন্ট গেইন

P20.1 ব্যবহারিক বিবৃতি

কমোন এমিটার ট্রানজিস্টার কনফিগারেশনের কারেন্ট গেইন নির্ধারণ করো।

P20.2 ব্যবহারিক গুরুত্ব

বিজেটি একটি কারেন্ট অপারেটিং, দ্বি-জাংশন সক্রিয় সেমিকন্ডাক্টর উপাদান। বিজেটি সিই, সিবি এবং সিসি এই তিনটি কনফিগারেশনের যেকোন একটিতে পরিচালিত হতে পারে। বিজেটির কারেন্ট গেইন একটি গুরুত্বপূর্ণ পারফরম্যান্সের কারণ। এই ব্যবহারিকটি বিজেটির কারেন্ট গেইন নির্ধারণের জন্য কার্যকর।

P20.3 প্রাসঙ্গিকতত্ত্ব

ব্যবহারিক **অ্যামপ্লিফায়ার** সার্কিটগুলিতে সর্বাধিক ব্যবহৃত কনফিগারেশন প্রচলিত হল এমিটার, যেহেতু এটি ভাল ভোল্টেজ, কারেন্ট এবং পাওয়ার গেইন সরবরাহ করে। ইনপুটটি বেস-এমিটার সার্কিট জুড়ে প্রয়োগ করা হয় এবং আউটপুটটি নেওয়া হয় কালেক্টর-এমিটার সার্কিট থেকে, যেখানে এমিটরকে ইনপুট এবং আউটপুট উভয় ক্ষেত্রেই "কমোন " করা হয়।সিই কনফিগারেশনে কারেন্ট গেইন হল আউটপুট কারেন্ট I c থেকে ইনপুট কারেন্ট I b অনুপাত।

বিজেটি কনফিগারেশনের জন্য রেফারেন্স হিসাবে 1.2.3.2 নেওয়া হল।

P20.4 ব্যবহারিক ফলাফল (PRO)

PrO1: ইনপুট এবং আউটপুট কারেন্ট পরিমাপ করো।

PrO2: সরাসরি কারেন্ট পরিমাপের জন্য মাল্টিমিটার ব্যবহার করো।

PrO3: সিই কনফিগারেশন ট্রানজিস্টরের কারেন্ট গেইন নির্ধারণ করো।

P20.5 ব্যবহারিক পরিকাঠামো

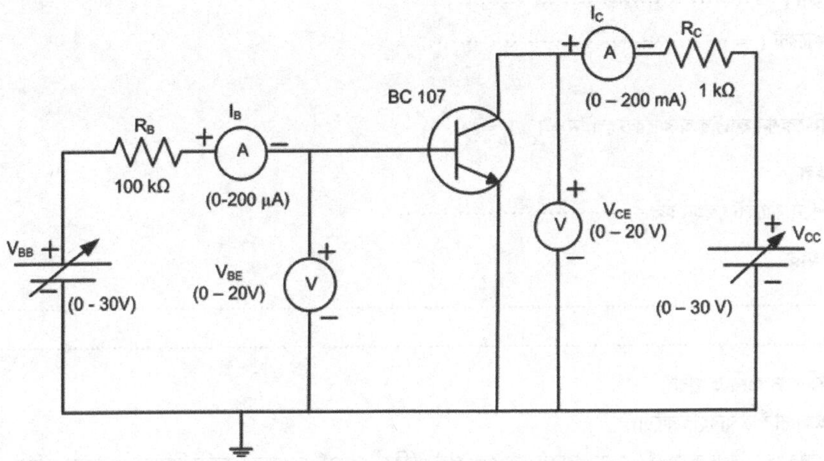

চিত্র P20.1: সিই মোডে বিজেটির সার্কিট ডায়াগ্রাম

P20.6 প্রয়োজনীয় সামগ্রী

ক্রমিক নং	গুরুত্বপূর্ণ স্পেসিফিকেশন সহ প্রস্তাবিত প্রয়োজনীয় সামগ্রী	মোট সংখ্যা	বিস্তৃত স্পেসিফিকেশন সহ প্রকৃত প্রয়োজনীয় সামগ্রী (ছাত্রছাত্রী দ্বারা পূরণ করা হবে)		মন্তব্য (যদি থাকে)
1.	ডিজিটাল মাল্টি মিটার: 1/2 ডিজিটের ডিসপ্লে প্রোবের সাথে	2			
2.	পরিবর্তনশীল ডিসি পাওয়ার সাপ্লাই: 0-30V, 2A, এসসি সুরক্ষা, ভোল্টেজ এবং কারেন্টের জন্য ডিসপ্লে	1			
3.	ভোল্টমিটার: (0 - 20 V), (0-2 V)	1 টি			
4.	অ্যামমিটার: (0 - 200 mA, (0 - 200 μA)	1 টি			
5.	ট্রানজিস্টর: BC107 বা অন্য কোন সমতুল্য	1			
6.	রেসিস্টর : 1KΩ (0.5 ওয়াট/0.25 ওয়াট)	1			
7.	ব্রেড বোর্ড: 5 CM × 17 CM	1			

P20.7 সতর্কতা

1. সার্কিট ডায়াগ্রাম অনুযায়ী সার্কিট সংযোগ পরীক্ষা না করা পর্যন্ত বিদ্যুৎ সরবরাহ চালু করবেন না।
2. পরীক্ষা করার সময় ট্রানজিস্টরের ইনপুট ভোল্টেজ এর রেটযুক্ত ভোল্টেজ অতিক্রম করবেন না। এতে ট্রানজিস্টরের ক্ষতি হতে পারে।
3. সার্কিট ডায়াগ্রামে দেখানো হিসাবে সঠিক মেরুতে ভোল্টমিটার এবং অ্যামমিটার সংযুক্ত করো।

P20.8 প্রস্তাবিত পদ্ধতি

1. চিত্র দেখানো হিসাবে সার্কিট সংযোগ করো।
2. V_{CC} পরিবর্তনের মাধ্যমে কনস্ট্যান্ট ভোল্টেজে (2V) V_{CE} সেট করো
3. ইনপুট ভোল্টেজ V_{BE} 0.8 V হিসাবে প্রয়োগ করো এবং পর্যবেক্ষণ টেবিলে I_B এর সংশ্লিষ্ট মান রেকর্ড করো।
4. বায়াসিং ভোল্টেজ V_{CC} = 7 V প্রয়োগ করো এবং পর্যবেক্ষণ টেবিলে সংশ্লিষ্ট মান I_C রেকর্ড করো।

P20.9 পর্যবেক্ষণ

1. ইনপুট কারেন্ট I_B = ……………………………………
2. আউটপুট কারেন্ট I_C = ……………………………………

গণনা

কারেন্ট অ্যামপ্লিফিকেশন ফ্যাক্টর বা কারেন্ট গেইন = I_C / I_B =

P20.10 ফলাফল

সিই কনফিগারেশনে কারেন্ট গেইন হল ……………………………

P20.11 উপসংহার

……………………………………………………………………………………………………

……………………………………………………………………………………………………

P20.12 ব্যবহারিক সম্পর্কিত প্রশ্ন

(উত্তরের জন্য আলাদা শীট ব্যবহার করো)

দ্রষ্টব্য: রেফারেন্সের জন্য নীচে কয়েকটি নমুনা প্রশ্ন দেওয়া হল। পূর্বনির্ধারিত কোর্সের ফলাফল অর্জন নিশ্চিত করার জন্য শিক্ষকদের এই ধরনের আরো প্রশ্ন তৈরি করতে হবে।

1. সরাসরি মাল্টি-মিটার পদ্ধতি ব্যবহার করে একই পরীক্ষা পুনরাবৃত্তি করো।
2. বিভিন্ন ইনপুট এবং বায়াসিং ভোল্টেজের জন্য কারেন্ট গেইন খুঁজুন।
3. ডেটা শীট থেকে একটি প্রদত্ত ট্রানজিস্টারের কারেন্ট গেইনের মান বের করো।

XV. P21-ES110: ট্রানজিস্টর সুইচ সার্কিট

P21.1 ব্যবহারিক বিবৃতি

ট্রানজিস্টর সুইচ সার্কিটের কর্মক্ষমতা পরীক্ষা করো।

P21.2 ব্যবহারিক গুরুত্ব

একটি ট্রানজিস্টরের সবচেয়ে মৌলিক প্রয়োগগুলির মধ্যে একটি হল এটি সার্কিটের অন্য অংশে বিদ্যুতের প্রবাহ নিয়ন্ত্রণ করে বা অন্য কথায় এটি একটি সাধারণ ইলেকট্রিকাল সুইচ হিসাবে ব্যবহৃত হয়। কাট-অফ বা স্যাচুরেশন মোডে এটি চালানো হলে, ট্রানজিস্টার একটি সুইচের বাইনারি চালু/বন্ধের প্রভাব তৈরি করতে পারে। ট্রানজিস্টর সুইচ হল ক্রিটিকাল সার্কিট-বিল্ডিং ব্লক; তারা সার্কিট ইন্টারফেস করতে ব্যবহৃত হয় এবং লজিক গেট তৈরি করতে ব্যবহৃত হয়, যা মাইক্রোপ্রসেসর, মাইক্রোকন্ট্রোলার এবং অন্যান্য সমন্বিত সার্কিট তৈরি করতে লাগে যেগুলি অনেক প্রয়গে দরকারী। এইভাবে এই পরীক্ষার মাধ্যমে ছাত্র একটি ট্রানজিস্টরের কর্মক্ষমতা উপলব্ধি করতে সক্ষম হবে যে এটি একটি সুইচ হিসাবে কাজ করে যা একটি বাহ্যিক ইনপুট দ্বারা চালু বা বন্ধ করা যায়।

P21.3 প্রাসঙ্গিকতত্ত্ব

তত্ত্বের জন্য এই বইয়ের ‘প্রয়োগ অফ ট্রানজিস্টর’ এর 1.2.3.3 সাব -বিষয় দেখো।ট্রানজিস্টার হল কারেন্ট নিয়ন্ত্রক যন্ত্র যা তাদের মাধ্যমে এমিটার থেকে কালেক্টর টার্মিনালগুলিতে প্রবাহিত কারেন্টের পরিমাণ নিয়ন্ত্রণ করে যা তাদের বেস টার্মিনালে প্রয়োগ করা বায়াসিং ভোল্টেজের পরিমাণের অনুপাত, যা এভাবে কারেন্ট নিয়ন্ত্রিত সুইচ হিসাবে কাজ করো। এটি তিনটি ভিন্ন অঞ্চলে কাজ করে: প্রযোজ্য বায়াসিং অনুযায়ী সক্রিয়, কাট-অফ এবং স্যাচুরেশন অঞ্চলে ভাগ করা হয়। এই সার্কিটে একটি বর্গ অয়েভ ইনপুট প্রয়োগ করা হয়। যখন ইনপুট বেশি হয়, ট্রানজিস্টর চালু হয় এবং স্যাচুরেশন অঞ্চলে কাজ করো। সুতরাং সর্বাধিক কারেন্ট IC ট্রানজিস্টরের পাশাপাশি এলইডি এর মাধ্যমে প্রবাহিত হয়। তাই এলইডি আলো নির্গত করো। যখন ইনপুট কম (কম মানে ট্রানজিস্টর চালু করার জন্য যথেষ্ট নয়), ট্রানজিস্টার কাট-অফ অবস্থায় থাকে। সুতরাং কারেন্ট IC শূন্য হয় এবং তাই এলইডি আলো নিঃসরণ করে না। যেহেতু ইনপুট বর্গাকার অয়েভ, তাই এলইডি পর্যায়ক্রমে চালু এবং বন্ধ হবে।

P21.4 ব্যবহারিক ফলাফল (PrO)

PrO1: সার্কিটটি সঠিকভাবে সংযুক্ত করো।

PrO2: ট্রানজিস্টর সুইচ সার্কিটের কর্মক্ষমতা পরীক্ষা করো।

PrO3: একটি এলইডি নিয়ন্ত্রণ করার জন্য সুইচ হিসেবে ট্রানজিস্টর ব্যবহার করো।

P21.5 ব্যবহারিক পরিকাঠামো (কাজের পরিস্থিতি)

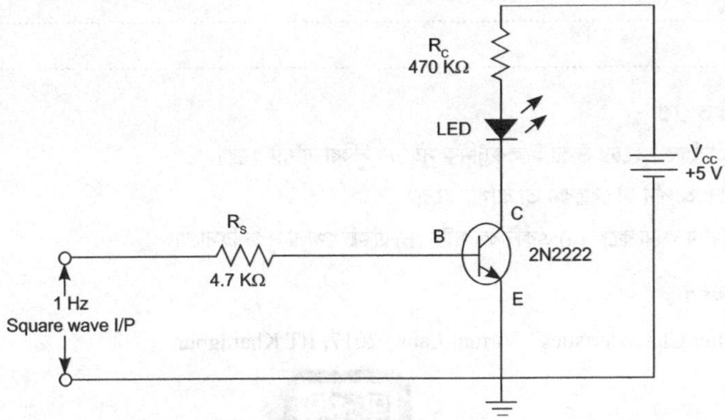

চিত্র P21.1: ট্রানজিস্টার সুইচ সার্কিটের কর্মক্ষমতা পরীক্ষা করার কাজের পরিস্থিতি দেখানো হয়েছে।

P21.6 প্রয়োজনীয় সামগ্রী

ক্রমিক নং	গুরুত্বপূর্ণ স্পেসিফিকেশন সহ প্রস্তাবিত প্রয়োজনীয় সামগ্রী	মোট সংখ্যা	বিস্তৃত স্পেসিফিকেশন সহ প্রকৃত প্রয়োজনীয় সামগ্রী (ছাত্রছাত্রী দ্বারা পূরণ করা হবে)		মন্তব্য (যদি থাকে)
1.	ডিসি পাওয়ার সাপ্লাই: 0-30 V	1			
2.	ব্রেড বোর্ড: 5 CM × 17 CM	1			
3.	ফাংশন জেনারেটর: 1Hz- 1MHz	1			
4.	রেসিস্টর	1			
5.	ট্রানজিস্টর: NPN, 2N2222 (অথবা BC547 বা যেকোনো অন্যান্য সমতুল্য ট্রানজিস্টার)	1			
6.	লাইট এমিটিং ডায়োড				
7.	সংযোগ তার, একক স্ট্র্যান্ড টেফলন আবরণ (0.5 মিমি ব্যাস)	এলএস			

P21.7 সতর্কতা

1. নিশ্চিত করো যে সমস্ত সংযোগ সঠিক এবং পরিচ্ছন্ন।
2. পরীক্ষা করার সময় মাল্টি-মিটারের সঠিক ফাংশন নির্বাচন করো।

P21.8 প্রস্তাবিত পদ্ধতি

1. চিত্র P21.1 এ দেখানো সার্কিট সংযুক্ত করো।
2. 5V পি-পি ফাংশন জেনারেটর থেকে একটি কনস্ট্যান্ট এমপ্লিচুডের 1 Hz স্কয়ার ওয়েভ সংগ্রহ করো।
3. ফাংশন জেনারেটর থেকে সার্কিটের বেস এবং গ্রাউন্ডে স্কয়ার ওয়েভ সিগনাল প্রয়োগ করো।
4. কালেক্টর এবং গ্রাউন্ডে 5V V_{CC} প্রয়োগ করো।
5. এলইডি এর ইঙ্গিত লক্ষ্য করো।

P21.9 পর্যবেক্ষণ

1. এলইডি হল ________। (উজ্জ্বল /অনুজ্জ্বল)

P21.10 ফলাফল এবং ব্যাখ্যা

সিই কনফিগারেশনে কারেন্ট গেইন হল ……………………………

P21.11 উপসংহার

....

....

P21.12 ব্যবহারিক সম্পর্কিত প্রশ্ন

1. যান্ত্রিক বা ইলেকট্রিকাল যান্ত্রিক সুইচের উপর ইলেকট্রনিক সুইচের সুবিধা ব্যাখ্যা করো।
2. সুইচিং সার্কিট শব্দটি দ্বারা আপনি কী বোঝেন তা ব্যাখ্যা করো?
3. ট্রানজিস্টর কখন কাজ করে বর্ণনা করো (a) একটি বন্ধ সুইচ (b) একটি খোলা সুইচ হিসাবে।

P21.13 প্রস্তাবিত শেখার উৎস

[1] "BJT Common Emitter Characteristics", Virtual Labs, 2017, IIT Kharagpur.

BJT: Common Emitter Configuration

XVI. P22-ES110: ট্রানজিস্টার অ্যামপ্লিফায়ার সার্কিটের কর্মক্ষমতা পরীক্ষা

P22.1 ব্যবহারিক বিবৃতি

ট্রানজিস্টার অ্যামপ্লিফায়ার (পরিবর্ধক) সার্কিটের কর্মক্ষমতা পরীক্ষা করো।

P22.2 ব্যবহারিক তাৎপর্য

ইলেকট্রনিক সার্কিটে ছোট সংকেত পরিবর্ধনের জন্য একক পর্যায়ে কম পাওয়ারের পরিবর্ধক ব্যবহার করা হয়। লো পাওয়ার অ্যামপ্লিফায়ার বিভিন্ন ইলেকট্রনিক যন্ত্রপাতি এবং ইলেকট্রনিক যোগাযোগে ব্যবহৃত হয়। এই প্রাকটিক্যালটি শিক্ষার্থীদের একক পর্যায়ের লো পাওয়ার কমন এমিটার অ্যামপ্লিফায়ার তৈরি ও পরীক্ষা করার দক্ষতা বিকাশে সহায়তা করবে।

P22.3 প্রাসঙ্গিক তত্ত্ব

নিম্ন শক্তি পরিবর্ধক একটি ইলেকট্রনিক যন্ত্র যা একটি সংকেতের শক্তি বৃদ্ধি করতে পারে। একটি পরিবর্ধক দ্বারা একটি সংকেতের প্রশস্ততা বাড়ানোর জন্য একটি পরিবর্ধক একটি বিদ্যুৎ সরবরাহ থেকে ইলেকট্রিকাল শক্তি ব্যবহার করে কিন্তু সমস্ত পরিবর্ধক তাদের সার্কিট কনফিগারেশন এবং অপারেশন পদ্ধতি অনুসারে শ্রেণীবদ্ধ করা হয় না। অপারেশনাল অ্যামপ্লিফায়ার এবং ছোট সংকেত অ্যামপ্লিফায়ার থেকে বড় সংকেত এবং পাওয়ার অ্যামপ্লিফায়ার পর্যন্ত এমপ্লিফায়ার হিসাবে শ্রেণীবদ্ধ ইলেকট্রনিক সার্কিটের অনেকগুলি রূপ রয়েছে। একটি এম্প্লিফায়ারের শ্রেণীবিভাগ সংকেতের আকারের উপর নির্ভর করে, বড় বা ছোট, এর শারীরিক কনফিগারেশন এবং এটি কিভাবে ইনপুট সংকেত প্রক্রিয়া করে, সেটা হল ইনপুট সংকেত এবং লোডে প্রবাহিত প্রবাহের মধ্যে সম্পর্ক।

পরিমাপ করা যায় এমন তিনটি ভিন্ন ধরণের পরিবর্ধক গেন রয়েছে এবং সেগুলি হল: ভোল্টেজ **গেন** (এভি), বর্তমান **গেন** (এআই) এবং পাওয়ার **গেন** (এপি) পরিমাপ করা পরিমাণের উপর নির্ভর করে।

P22.4 ব্যবহারিক ফলাফল (PrO)

PrO1: প্রাসঙ্গিক ইলেকট্রনিক্স অ্যাকটিভ এবং নিষ্ক্রিয়উপাদান নির্বাচন করো।

PrO2: বিজেটি, রেসিস্টর ও ক্যাপাসিটর পরীক্ষা করো।

PrO3: সার্কিট ডায়াগ্রাম অনুযায়ী ব্রেডবোর্ডে ইলেকট্রনিক উপাদান মাউন্ট করো।

PrO4: ট্রানজিস্টার পরিবর্ধক সার্কিটের কর্মক্ষমতা পরীক্ষা করো:

P22.5 ব্যবহারিক পরিকাঠামো (সার্কিট ডায়াগ্রাম)

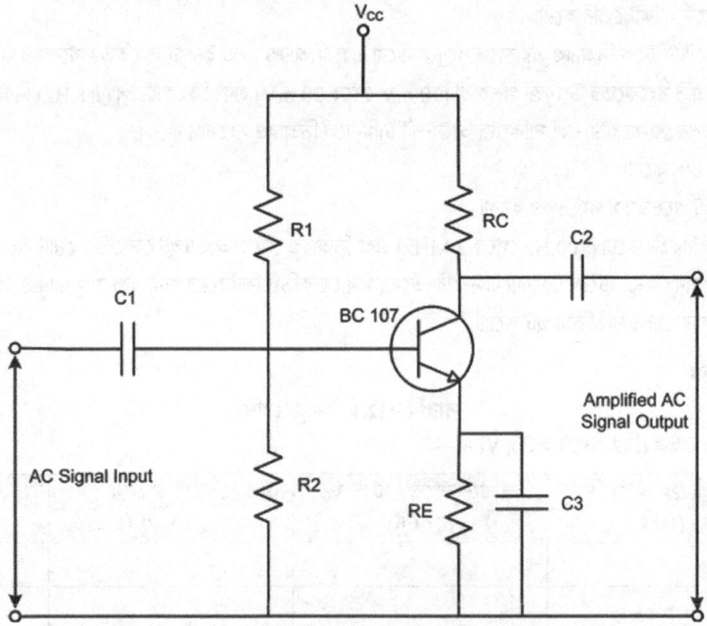

চিত্র P22.1: ট্রানজিস্টার পরিবর্ধক সার্কিট

P22.6 প্রয়োজনীয় সামগ্রী

ক্রমিক নং	গুরুত্বপূর্ণ স্পেসিফিকেশন সহ প্রস্তাবিত প্রয়োজনীয় সামগ্রী	মোট সংখ্যা	বিস্তৃত স্পেসিফিকেশন সহ প্রকৃত প্রয়োজনীয় সামগ্রী (ছাত্র ছাত্রী দ্বারা পূরণ করা হবে)	মন্তব্য (যদি থাকে)
1.	ক্যাথোড রে অসিলোস্কোপ: (অ্যানালগ টাইপ) 30/100 MHz ফ্রিকোয়েন্সি	1		
2.	পরিবর্তনশীল ফ্রিকোয়েন্সি এবং প্রশস্ততা সহ সাইন, স্কয়ার এবং ত্রিভুজাকার আউটপুট সহ 0-2 মেগাহার্টজ	1		
3.	নিয়ন্ত্রিত ডিসি পাওয়ার সাপ্লাই: 0-30V, 2Amp SC সুরক্ষা	1		
4.	ট্রানজিস্টর: BC 547 বা সমতুল্য ট্রানজিস্টর	1		
5.	**রেসিস্টেন্স:** $R_1 = 33K\Omega$, $R_2 = 3.3K\Omega$, $R_C = 1.5K\Omega$, $R_E = 470\Omega$	1		
6.	ক্যাপাসিটার: $C_1 = 0.1\mu f$, $C_2 = 0.1\mu f$, $C_3 = 10\ \mu f$	1		
7.	ব্রেড বোর্ড: 15 সেমি × 17 সেমি	1		
8.	সংযোগ তার: সিঙ্গেল স্ট্র্যান্ড টেফলন আবৃত (0.6 মিমি ব্যাস)	LS		

P22.7 সতর্কতা

1. সার্কিট ডায়াগ্রাম অনুযায়ী সঠিক সংযোগ তৈরি আছে কি না নিশ্চিত করো।
2. নিশ্চিত করো যে পাওয়ার সুইচ প্রাথমিকভাবে 'বন্ধ' অবস্থায় আছে। ফাংশন জেনারেটর এবং সিআরও এর সঠিক সেটিংস নিশ্চিত করো।

P22.8 প্রস্তাবিত পদ্ধতি

1. চিত্র অনুযায়ী ব্রেডবোর্ডে সার্কিট তৈরি করো।
2. ফাংশন জেনারেটর আউটপুটকে সিআরও এর সাথে সংযুক্ত করো এবং সিআরও - তে ইনপুট সংকেত পর্যবেক্ষণ করো।
3. ফাংশন জেনারেটরে এসি সংকেতের উপযুক্ত প্রশস্ততা (10 mV থেকে 20 mV) এবং ফ্রিকোয়েন্সি (1 KHz) নির্বাচন করো।
4. ইনপুট টার্মিনালে ফাংশন জেনারেটর এবং সার্কিটের আউটপুট টার্মিনালে সিআরও সংযোগ করো।
5. ডিসি পাওয়ার সাপ্লাই চালু করো।
6. সিআরও তে আউটপুট ওয়েভফর্ম পর্যবেক্ষণ করো।
7. ইনপুট ফ্রিকোয়েন্সি পরিবর্তন করো (100 Hz থেকে 2 MHz) এবং সিআরও থেকে আউটপুট ভোল্টেজ নোট করো।
8. গেন গণনা করো। ফাংশন জেনারেটরের ফ্রিকোয়েন্সি পরিবর্তনের মাধ্যমে কুড়িটি রিডিংয়ের জন্য ধাপ 7 পুনরাবৃত্তি করো।
9. সেমি লগ কাগজে ফ্রিকোয়েন্সি প্রতিক্রিয়া প্লট করো।

P22.9 পর্যবেক্ষণ ও গণনা

সারণী P22.1: ইনপুট বৈশিষ্ট্য

এমভিতে ইনপুট ভোল্টেজ (স্থির রাখতে হবে), Vi = -----

ক্রমিক নং	ইনপুট ফ্রিকোয়েন্সি (Hz)	আউটপুট ভোল্টেজ, Vo (ভোল্ট)	ভোল্টেজ গেন (A = Vo/Vi)	ডিবি তে গেন 20 log(Vo/Vi)
1.				
2.				
3.				

গণনা

1. ভোল্টেজ গেন: Vo/Vi = ...
2. 1KHz এ ভোল্টেজ গেন: Vo/Vi = ...
3. dB ব্যান্ডউইথ B/W = $F_H - F_L$ = ...

P22.10 ফলাফল এবং ব্যাখ্যা

1. মিড ফ্রিকোয়েন্সি রিজিওন = ...
2. ব্যান্ডউইথ = ...

P22.11 উপসংহার এবং/অথবা বৈধতা

....

....

P22.12 ব্যবহারিক সম্পর্কিত প্রশ্ন

(উত্তরের জন্য আলাদা শীট ব্যবহার করো)

দ্রষ্টব্য: রেফারেন্সের জন্য নীচে কয়েকটি নমুনা প্রশ্ন দেওয়া হল। পূর্বনির্ধারিত কোর্সের ফলাফল অর্জন নিশ্চিত করার জন্য শিক্ষকদের এই ধরনের আরো প্রশ্ন তৈরি করতে হবে।

1. সার্কিটে ব্যবহৃত বায়াসিংয়ের ধরন চিহ্নিত করো।
2. যদি পিএনপি ট্রানজিস্টর ব্যবহার করা হয়, সার্কিটে প্রয়োজনীয় পরিবর্তনগুলি প্রস্তাব করো।
3. ডেটশীট ব্যবহার করে সমতুল্য ট্রানজিস্টর প্রস্তাব করো।

P22.13 প্রস্তাবিত শেখার উৎস

1. "Single Stage CE Amplifier | Circuit Elements and Working" Physics4students 30 Mar 2017.
2. "Data Sheet of BC546", Fairchild Semiconductor.

আরো জানো

মাইক্রো প্রকল্প (গুলি) /কার্যক্রম

শিক্ষকদের নির্দেশনায় 5-6 জন শিক্ষার্থীর একটি দলে একটি বা দুটি মাইক্রো প্রকল্প (গুলি) /কার্যকলাপ গ্রহণ করো এবং ব্যক্তিগত অংশগ্রহণের সাথে এটিকে গ্রুপ হিসাবে উপস্থাপন করো৷ একটি নমুনা তালিকা নিচে দেওয়া হল :

a. ইলেকট্রিকাল সার্কিট উপাদান এবং প্রাসঙ্গিক শিল্প প্রয়োগের একটি চার্ট প্রস্তুত করো৷

b. প্রতিরোধের ছবি সংগ্রহ করো এবং সাধারণ সিরিজ সার্কিট এবং প্যারালাল সার্কিটের মডেল প্রস্তুত করো৷

c. ক্যাপ্যাসিট্যান্সের ছবি সংগ্রহ করো এবং সাধারণ সিরিজ সার্কিট এবং প্যারালাল সার্কিটের মডেল প্রস্তুত করো৷

d. বিভিন্ন ধরণের রেসিস্টর, ক্যাপাসিটার, ইন্ডাক্টর এবং ডায়োডের তথ্য তালিকা সংগ্রহ করো৷

e. নিম্নলিখিত টার্মিনাল পয়েন্টগুলিতে ডিজিটাল মাল্টিমিটার ব্যবহার করে ভোল্টেজ পরিমাপ করো৷

ধাপ-1: উপযুক্ত পরিমাপের পরিসর নির্বাচন করো৷ এসি ভোল্টেজ পরিমাপের জন্য সিলেক্টর নব রাখো৷একটি 5 Amp সুইচ সকেট আউটলেটে ভোল্টেজ পরিমাপ করো৷ পর্যবেক্ষণ করো এবং প্রদর্শিত ভোল্টেজ রিডিং নোট করো৷এখন ডিসি ভোল্টেজ পরিমাপে সিলেক্টর নব পরিবর্তন করো এবং আবার সকেটে ভোল্টেজ পরিমাপ করো৷আউটলেটে প্রদর্শিত পঠন নোট করো৷

ধাপ-2: প্রদত্ত লিড-এসিড ব্যাটারির টার্মিনালে ভোল্টেজ পরিমাপের জন্য ধাপ ১ পুনরাবৃত্তি করো৷

পর্যায়-1 এবং 2-এ পর্যবেক্ষণ করা এবং উল্লিখিত পড়া সম্পর্কে মন্তব্য করো৷

ভিডিও সম্পদ

Passive components

আইসিটির ব্যবহার

Basic Electrical

Note for Resistor Combinations

রেফারেন্স এবং প্রস্তাবিত পড়া

1. Ritu Sahdev, Basic Electrical Engineering, New Delhi: Khanna Publishing House, 2018.
2. V.N. Mittle, and A. Mittal, Basic Electrical Engineering, McGraw Education, 2017.
3. V Jegathesan, K.Vinoth Kumar and R Saravanakumar, Basic Electrical and Electronics Engineering, New Delhi: Wiley India, 2015.
4. B. L. Theraja, Electrical Technology, Vol. - I, New Delhi: S. Chand and Company, 2015.
5. V.K. Mehta and Rohit Mehta, Principles of Electronics, S. Chand and Company, New Delhi, 2014.
6. David A. Bell, Electronic Devices and Circuits, New Delhi: Oxford University Press, 2011.

2 এনালগ সার্কিটের পর্যালোচনা

ইউনিট বিশেষ

এই ইউনিটে নিম্নলিখিত বিষয়গুলি নিয়ে আলোচনা করা হয়েছে:

- অপ অ্যাম্প IC 741 এর মৌলিক
- অপ অ্যাম্প এর পরামিতি
- আদর্শ অপ অ্যাম্প এর বৈশিষ্ট্য
- অপ অ্যাম্প এর ওপেন লুপ কনফিগারেশন
- অপ অ্যাম্প এর ক্লোজ লুপ কনফিগারেশন
- অপ অ্যাম্প ইনভার্টিং মোড অ্যামপ্লিফায়ার
- অপ অ্যাম্প নন-ইনভার্টিং মোড অ্যামপ্লিফায়ার
- অপ অ্যাম্প একটি অ্যাডার হিসাবে
- অপ অ্যাম্প একটি ডিফারেনশিয়েটর হিসাবে
- অপ অ্যাম্প একটি ইন্টিগ্রেটার হিসাবে

বিষয়গুলির ব্যবহারিক প্রয়োগ আলোচনা করা হয়েছে। বহুনির্বাচনী প্রশ্নের পাশাপাশি বিষয়গত প্রশ্ন এবং সংখ্যাসূচক সমস্যার সংখ্যা অনুশীলনের জন্য প্রদান করা হয়েছে। সম্পর্কিত ব্যবহারিক, ক্ষুদ্র প্রকল্প এবং ক্রিয়াকলাপ সম্বলিত একটি " আরো জানো" বিভাগ দ্বারা অনুসরণ করা হয়েছে, আইসিটি সহ ভিডিও সংস্থানগুলি দেওয়া হয়। ইউনিটটিতে রেফারেন্স এবং প্রস্তাবিত রিডিংগুলির একটি তালিকা দেওয়া হয়েছে যাতে কেউ তাদের আরও অনুশীলন এবং শেখার উন্নতির জন্য তাদের মাধ্যমে যেতে পারে।

যুক্তি

অপারেশনাল অ্যামপ্লিফায়ার (অপ অ্যাম্প) হল সবচেয়ে বহুমুখী এবং ইন্টিগ্রেটেড সার্কিট (IC)। একটি আইসি হল একটি ছোট সেমিকন্ডাক্টর-ভিত্তিক ইলেকট্রনিক ডিভাইস বা একটি মাইক্রোচিপ যার উপর হাজার হাজার এবং শত শত বিচ্ছিন্ন (ডিসক্রিট)বৈদ্যুতিক উপাদান, যেমন রেসিস্টর, ক্যাপাসিটার এবং ট্রানজিস্টর তৈরি করা হয়।এনালগ ইলেকট্রনিক সার্কিটের বিভিন্ন প্রয়োগ ডেভেলপ করতে অপ অ্যাম্প ব্যবহৃত হয় এবং এই ইউনিটটি অত্যন্ত জনপ্রিয়। অপ অ্যাম্প ভিত্তিক ইলেকট্রনিক সার্কিট নির্মাণ,পরীক্ষা এবং নির্ণয়ের দক্ষতা বিকাশের উদ্দেশ্যে করা হয়েছে। এই ইউনিট, অপ অ্যাম্প এর উপর ভিত্তি করে এনালগ সার্কিটের বিভিন্ন দিক নিয়ে কাজ করে যা বিভিন্ন শিল্প, ভোক্তা এবং ডোমেস্টিক অ্যাপ্লিকেশনে ব্যবহৃত হয়।

পূর্ব-প্রয়োজনীয়

1. **বিজ্ঞান:** কারেন্টের প্রভাব (দশম শ্রেণী)
2. **ফলিত পদার্থবিজ্ঞান-I:** ভৌত জগত, ইউনিট এবং পরিমাপ (সেমিস্টার -1)
3. **গণিত-1:** বীজগণিত (সেমিস্টার-1)

ইউনিট ফলাফল

এই ইউনিট সমাপ্ত হলে, শিক্ষার্থী সক্ষম হবে:

U2-O1: অপ অ্যাম্প প্যারামিটার বর্ণনা করো।

U2-O2: অপ অ্যাম্প কনফিগারেশন ব্যাখ্যা করো।

U2-O3: অপ অ্যাম্প কে ইনভার্টিং এবং নন ইনভার্টিং অ্যামপ্লিফায়ার হিসেবে বর্ণনা করো।

U2-O4: মৌলিক প্রয়োগের জন্য অপ অ্যাম্প ব্যবহার করো।

কোর্স আউটকোমের সাথে ইউনিট ওয়াইজ এর আউটকাম শেখার ম্যাপিং ইউনিট

ইউনিট-2 ফলাফল	কোর্স আউটকোমের সাথে প্রত্যাশিত ম্যাপিং (1-দুর্বল সম্পর্ক; 2- মাঝারি সম্পর্ক; 3- শক্তিশালী সম্পর্ক)					
	সিও-1	সিও-2	সিও-3	সিও-4	সিও-5	সিও-6
U2-O1	1	3	-	-	-	-
U2-O2	1	3	-	-	-	-
U2-O3	1	3	-	-	-	-
U2-O4	2	3	-	-	-	-

রবার্ট জন উইডলার

কিংবদন্তী চিপ ডিজাইনার হিসেবে পরিচিত রবার্ট জন উইডলার প্রথম গণ-উৎপাদিত অপারেশনাল অ্যামপ্লিফায়ার আইসি-র নকশার জন্য গুরুত্বপূর্ণ ভূমিকা পালন করেছিলেন। একটি স্ব-শিক্ষিত রেডিও প্রকৌশলী, ওয়াল্টার উইডলার WGAR (1220 AM) রেডিও স্টেশনের জন্য কাজ করেছিলেন এবং অগ্রণী অতি-উচ্চ ফ্রিকোয়েন্সি ট্রান্সমিটার ডিজাইন করেছিলেন। ইলেকট্রনিক্সের জগৎ তাকে জন্মের পর থেকেই ঘিরে রেখেছিল। উইডলার,উইডলার কারেন্ট সোর্স, উইডলার ব্যান্ড গ্যাপ ভোল্টেজ রেফারেন্স এবং উইডলার আউটপুট স্টেজ সহ লিনিয়ার ইন্টিগ্রেটেড সার্কিটের মৌলিক বিল্ডিং ব্লক আবিষ্কার করেন। উইডলার, 1964 সালে ডেভিড টালবার্টের সাথে একত্রে প্রথম ভর-উৎপাদিত অপারেশনাল অ্যামপ্লিফায়ার আইসি তৈরি করেছিলেন। এর ফলে ফেয়ারচাইল্ড সেমিকন্ডাক্টর এবং ন্যাশনাল সেমিকন্ডাক্টর, রৈখিক সমন্বিত (লিনিয়ার ইন্টিগ্রেটেড) সার্কিটের বিশেষভাবে কার্যকরী হয়ে ওঠে। ন্যাশনাল সেমিকন্ডাক্টর যেখানে তিনি ঠিকাদার হিসেবে কাজ করেছিলেন তিনি প্রথম আল্ট্রা-লো-ভোল্টেজ অপারেশনাল অ্যামপ্লিফায়ার (LM 10) সহ উন্নত রৈখিক আইসিগুলির একটি সিরিজ তৈরি করেছিলেন।

2.1 অপারেশনাল অ্যাম্প্লিফায়ারের মৌলিক বিষয়

2.1.1 ভূমিকা

আজকাল সমস্ত ইঞ্জিনিয়ারিং ক্ষেত্রে ইলেকট্রনিক সার্কিটের প্রয়োগ গুরুত্বপূর্ণ ভূমিকা পালন করে। দুটি প্রধান ধরনের ইলেকট্রনিক সার্কিট হল এনালগ ইলেকট্রনিক সার্কিট এবং ডিজিটাল ইলেকট্রনিক সার্কিট। রেকটিফায়ার, অ্যাম্প্লিফায়ার এবং অসিলেটর সাধারণত সবচেয়ে বেশি ব্যবহৃত হয় এনালগ ইলেকট্রনিক সার্কিটে। এই সার্কিটগুলি ক্রমাগত (কন্টিনিউয়াস) সংকেত অর্থাৎ রৈখিক বা এনালগ সংকেত প্রক্রিয়া করতে পারে। অতএব এনালগ সার্কিটগুলিকে লিনিয়ার ইলেকট্রনিক্স সার্কিটও বলা হয়।এসি সংকেতকে ডিসি সিগনালে রূপান্তর করতে রেকটিফায়ার সার্কিট ব্যবহার করা হয়। ডায়োডগুলি রেকটিফায়ার সার্কিটের জন্য ব্যবহৃত হয়। অ্যাম্প্লিফায়ার ইনপুট সংকেতের প্রশস্ততা বাড়াতে ব্যবহৃত হয়। বিজেটি বা এফইটির মতো ডিসক্রিট উপাদান ব্যবহার করে অ্যাম্প্লিফায়ার তৈরি করা যেতে পারে। ডিসক্রিট উপাদানগুলি ব্যবহার করে নির্মিত এনালগ সার্কিটগুলিতে অনেকগুলি অসুবিধা দেখায় জায়, যেমন বড় আকার, বেশি বিদ্যুৎ খরচ এবং কম নির্ভরযোগ্যতা। এই ত্রুটি কাটিয়ে উঠতে ইইটিগ্রাটেড সার্কিট (আইসি) ব্যবহার করা হয়। অপারেশনাল অ্যামপ্লিফায়ার যা সাধারণত অপ-অ্যাম্প নামে পরিচিত, ইলেকট্রনিক সার্কিটগুলিতে খুব জনপ্রিয় বিল্ডিং ব্লক। এসি এবং ডিসি সংকেত আম্প্লিফিকেশন, ফিল্টার, অসিলেটর, ভোল্টেজ রেগুলেটর, কম্পারেটরস এবং বেশিরভাগ ভোক্তা এবং শিল্প অ্যাপ্লিকেশনে অপ-অ্যাম্প ব্যবহার করা হয়।

2.1.2 অপ অ্যাম্প এর মৌলিক

অপারেশনাল অ্যামপ্লিফায়ারগুলি একটি সরাসরি সংযুক্ত উচ্চ গেইন অ্যামপ্লিফায়ার যা সাধারণত এক বা একাধিক ডিফারেনশিয়াল অ্যামপ্লিফায়ার নিয়ে গঠিত যা লেভেল শিফটার এবং আউটপুট পর্যায় অনুসরণ করে থাকে। "অপারেশনাল" শব্দটি নামে ব্যবহৃত হয় কারণ এই অ্যাম্প্লিফায়ারগুলি প্রাথমিকভাবে গাণিতিক ক্রিয়াকলাপে ব্যবহৃত হত।

একটি কার্যকরী অ্যামপ্লিফায়ার চিত্র 2.1 এ প্রদত্ত প্রতীক দ্বারা প্রতিনিধিত্ব করা হয়। সবচেয়ে বেশি ব্যবহৃত অপ-অ্যাম্প আইসি হল μA 741, যা অনেক নির্মাতারা তৈরি করে। আইসি নম্বরে দুটি উপসর্গ অক্ষর নির্মাতাকে নির্দেশ করে। সারণী 2.1 এ উপসর্গ এবং প্রস্তুতকারকের নাম দেখানো হয়েছে। চিত্র 2.2 এ IC μA 741এর পিন কনফিগারেশন দেখানো হয়েছে। সারণী 2.2 এ IC 741 এর জন্য পিন ফাংশন দেখানো হয়েছে।

সারণী 2.1: আইসি 741 এর জন্য উপসর্গ অক্ষর এবং প্রস্তুতকারকের নাম

উপসর্গ অক্ষর	প্রস্তুতকারকের নাম
এডি	এনালগ ডিভাইস
এলএম	ন্যাশনাল সেমিকন্ডাক্টর
এমসি	মটোরোলা
এনই/এসই	সিগনেটিক্স
ওপি	প্রিসিশন মনোলিথিক
টিআই	টেক্সাস ইন্সট্রুমেন্ট
μ A	ফেয়ারচাইল্ড

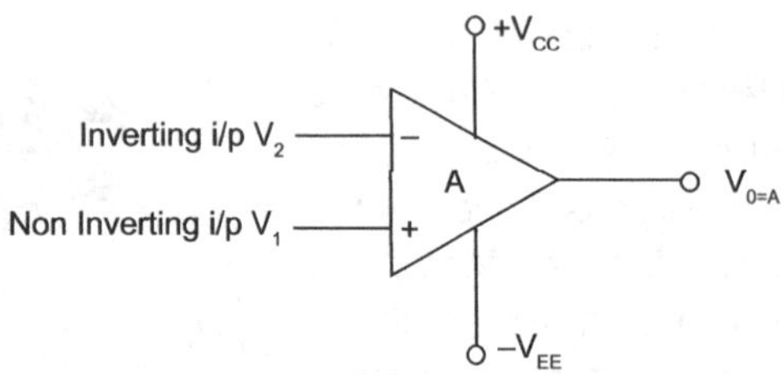

চিত্র 2.1: অপ অ্যাম্প এর প্রতীক

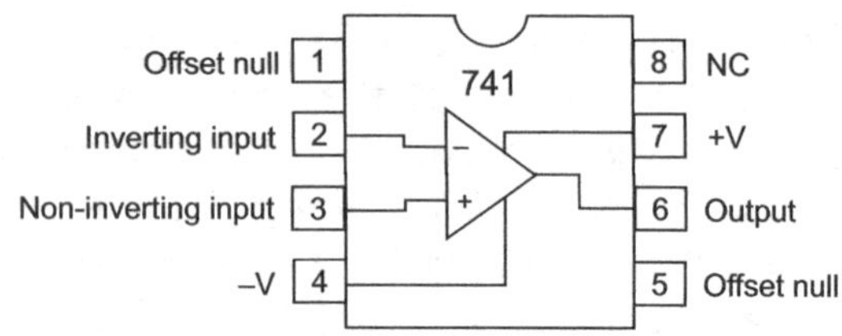

চিত্র 2.2: IC μA 741 এর ডায়াগ্রাম পিন আউট করো

সারণী 2.2: IC 741 এর পিন ফাংশন

পিন নং	পিন লেবেল	পিন ফাংশন
1.	অফসেট নাল	এটি অফসেট ভোল্টেজ অপসারণ বা কমানোর জন্য ব্যবহৃত হয়। এটি পিন নং সহ ব্যবহার করা হয়।
2.	ইনভার্টিং ইনপুট	এটির প্রতীকটিতে বিয়োগ (-) চিহ্ন দ্বারা চিহ্নিত করা হয়। এই ইনপুটটিতে একটি সংকেত প্রয়োগ করা হয়েছে যেটি অ্যাম্প্লিফায়েড হিসাবে প্রদর্শিত হয় কিন্তু আউটপুটে হয় একটি ফেজ ইনভার্টেড সংকেত হিসাবে থাকে।
3.	নন-ইনভার্টিং ইনপুট	এটি প্লাস (+) চিহ্ন চিহ্ন দ্বারা চিহ্নিত করা হয়। এই টার্মিনালে প্রয়োগ করা একটি সংকেত আউটপুটে একটি অ্যাম্প্লিফায়েড সংকেত হিসাবে প্রদর্শিত হবে যা ইনপুট হিসাবে একই ফেজ আছে।
4.	$-V_{CC}$	বায়াসিং বিদ্যুৎ সরবরাহের জন্য নেগেটিভ সরবরাহের পিনটিতে সাধারণত - 15 V প্রয়োগ করা হয়।
5.	অফসেট নাল	এটি অফসেট ভোল্টেজ অপসারণ বা কমানোর জন্য ব্যবহৃত হয়। এটি পিন নং সহ ব্যবহার করা হয়।
6.	আউটপুট	অপ অ্যাম্প থেকে একক শেষ আউটপুট এই পিন থেকে পাওয়া যায়।
7.	$+V_{CC}$	বায়াসিং বিদ্যুৎ সরবরাহের জন্য পজিটিভ সরবরাহের পিনটিতে সাধারণত 15 + V প্রয়োগ করা হয়।
8.	NC	সংযোগ বিচ্ছিন্ন থাকে।

2.1.2.1 প্যাকেজ

উপলব্ধ তিনটি জনপ্রিয় প্যাকেজ নিম্নরূপ:

1. ডুয়াল ইন লাইন প্যাকেজ (ডিআইপি)

2. ধাতব কৌটা (মেতাল কান) প্যাকেজ (টিও)

3. ফ্ল্যাট প্যাকেজ বা ফ্ল্যাট প্যাক

অপ অ্যাম্প প্যাকেজগুলোতে, একটি আইসি তে একটি, দুটি (দ্বৈত) বা চারটি (চতুর্ভুজ) অপ-অ্যাম্পস থাকতে পারে। সাধারণ প্যাকেজে 8 টি টার্মিনাল, 10 টি টার্মিনাল এবং 14 টি টার্মিনাল রয়েছে। বহুল ব্যবহৃত খুব জনপ্রিয় টাইপ, uA741 হল একটি একক অপ-অ্যাম্প আইসি এবং এটি বিভিন্ন প্যাকেজে পাওয়া যায় যেমন চিত্র 2.3 এ দেখানো হয়েছে। UA747 একটি দ্বৈত 741 এবং একটি 10-পিন ক্যান বা 14-পিন ডিআইপি তে আসে।

a. ডুয়েল-ইন-লাইন প্লাস্টিক (ডিআইপি) প্যাকেজ   b. সোজা লিড সহ TO-5 স্টাইল প্যাকেজ   c. ফ্ল্যাট প্যাক

চিত্র 2.3 : 741 অপ অ্যাম্প এর বিভিন্ন IC প্যাকেজ

2.1.2.2 অপ অ্যাম্প এর পরামিতি

অপারেশনাল অ্যামপ্লিফায়ার হল কেবল একটি উচ্চ গেইনের, সরাসরি সংযুক্ত অ্যাম্প্লিফায়ার। এটি সাধারণত একটি বিস্তৃত ফ্রিকোয়েন্সি পরিসরে সংকেতগুলি বাড়ানোর উদ্দেশ্যে তৈরি করা হয় এবং সাধারণত বহিরাগত প্রতিক্রিয়া নেটওয়ার্কগুলির সাথে ব্যবহৃত হয়। অপ অ্যাম্প - এর বিভিন্ন প্যারামিটার রয়েছে, যা বিশ্বস্ত আম্প্লিফিকেশনের জন্য প্রয়োজনীয়। অপ অ্যাম্প এর বিভিন্ন বৈদ্যুতিক প্যারামিটার রয়েছে। যেমন- ডিফারেনশিয়াল ইনপুট রেসিস্টেন্স, ইনপুট অফসেট ভোল্টেজ, আউটপুট অফসেট ভোল্টেজ এবং সাধারণ মোড প্রত্যাখ্যান অনুপাত। যেহেতু অপারেশনাল অ্যামপ্লিফায়ার সার্কিট এবং সিস্টেম ডিজাইনের জন্য একটি সার্বজনীন বিল্ডিং ব্লক হয়ে উঠেছে,তাই ব্যাপকভাবে একটি সংখ্যা গৃহীত নকশা শর্তাবলী জড়িত, যা বিভিন্ন অপ অ্যাম্প সার্কিটের তুলনামূলক যোগ্যতা বর্ণনা করে। এই অনুচ্ছেদে, প্রক্রিয়ায় ব্যবহৃত অ্যামপ্লিফায়ারের কর্মক্ষমতা চিহ্নিত করতে ব্যবহৃত প্যারামিটারগুলি ব্যাখ্যা করা হয়েছে।

Op-Amp

ইনপুট অফসেট কারেন্ট (Iio): ইনপুট অফসেট কারেন্ট হল পৃথক কারেনজেগুল, যেগুলো একটি সুষম অ্যামপ্লিফায়ার এর ইনপুট টার্মিনাল প্রবেশ করে, তাদের মধ্যে পার্থক্য। চিত্র 2.4 উল্লেখ করে

$$I_{io} = I_{B1} - I_{B2}, \text{ যখন } V_o = 0 \quad \ldots(2.1)$$

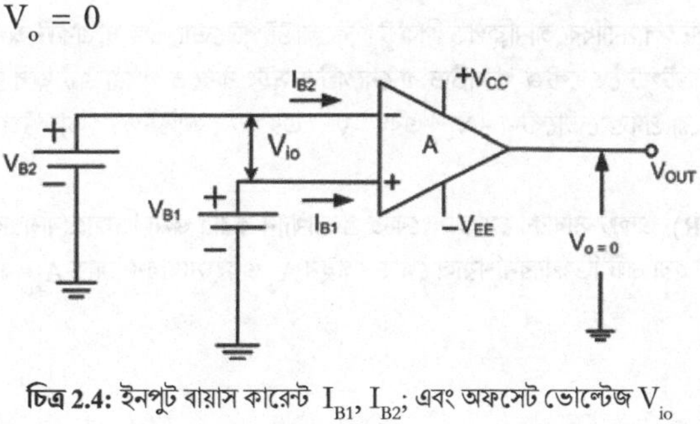

চিত্র 2.4: ইনপুট বায়াস কারেন্ট I_{B1}, I_{B2}; এবং অফসেট ভোল্টেজ V_{io}

ইনপুট বায়াস কারেন্ট (IB): ইনপুট বায়াস কারেন্ট I_B হল ইনপুট টার্মিনালে শূন্য ভোল্টে আউটপুটে প্রবাহিত কারেন্টের গড় মান। চিত্র 2.4 থেকে,

$$I_B = \frac{I_{B1} + I_{B2}}{2}, \text{ যখন } V_o = 0 \quad \ldots(2.2)$$

ইনপুট অফসেট কারেন্ট ড্রিফট: এটি ইনপুট অফসেট কারেন্টের পরিবর্তন ও তাপমাত্রার পরিবর্তনের অনুপাত হিসাবে সংজ্ঞায়িত করা হয়।

ইনপুট অফসেট কারেন্ট ড্রিফট = $$\frac{\Delta I_{io}}{\Delta T} \quad \cdots(2.3)$$

ইনপুট অফসেট ভোল্টেজ (V_{io}): আউটপুট ভোল্টেজ শূন্য পাওয়ার জন্য ইনপুট টার্মিনালগুলির মধ্যে যে ভোল্টেজ প্রয়োগ করতে হবে, কোন ইনপুট সংকেত ছাড়াই।

ইনপুট অফসেট ভোল্টেজ ড্রিফট: এটি ইনপুট অফসেট ভোল্টেজের পরিবর্তন ও তাপমাত্রার পরিবর্তনের অনুপাত হিসাবে সংজ্ঞায়িত করা হয়।

ইনপুট অফসেট ভোল্টেজ ড্রিফট = $$\frac{\Delta V_{io}}{\Delta T} \quad \cdots(2.4)$$

আউটপুট অফসেট ভোল্টেজ: এটি অপ অ্যাম্প এর আউটপুট ভোল্টেজ যখন ইনপুট টার্মিনালগুলিকে গ্রাউন্ড করা হয়। এই প্যারামিটারটি আদর্শ অপ অ্যাম্প জন্য, 0V। ব্যবহারিক অপ অ্যাম্প এর জন্য এই প্যারামিটারের মান খুব কম থাকতে হবে। এটি কমানোর জন্য অফসেট নাল পিন ব্যবহার করা হয়।

সাধারণ মোড পরিসীমা: এটি ইনপুট ভোল্টেজের সর্বাধিক পরিসীমা যা অ্যামপ্লিফায়ার পর্যায়ে কাট-অফ বা স্যাচুরেশন না করে একই সাথে উভয় ইনপুটে প্রয়োগ করা যেতে পারে।

ইনপুট ডিফারেনশিয়াল রেঞ্জ: এটি সর্বাধিক প্রভেদ সংকেত যা অপ অ্যাম্প ইনপুট টার্মিনালে নিরাপদে প্রয়োগ করা যেতে পারে।

আউটপুট ভোল্টেজ পরিসীমা: এটি সর্বাধিক আউটপুট সুইং যা উল্লেখযোগ্য বিকৃতি ছাড়াই পাওয়া যায়।

সম্পূর্ণ পাওয়ার ব্যান্ডউইথ: এটি সর্বাধিক ফ্রিকোয়েন্সি পরিসীমা যার উর্ধ্বে সম্পূর্ণ আউটপুট ভোল্টেজ সুইং পাওয়া যেতে পারে।

পাওয়ার সাপ্লাই রিজেকশন রেশিও (PSRR): পাওয়ার সাপ্লাই রিজেকশন রেশিও হল ইনপুট অফসেট ভোল্টেজের পরিবর্তন ও সংশ্লিষ্ট একটি পাওয়ার সাপ্লাই ভোল্টেজের পরিবর্তনের অনুপাত, অন্য পাওয়ার সাপ্লাই ভোল্টেজগুলোকে ধ্রুবক রেখে।

স্লেও রেট (Sr): এটি আউটপুট ভোল্টেজ পরিবর্তনের সর্বোচ্চ হার। এটি বদ্ধ লুপ অ্যামপ্লিফায়ারের আউটপুট ভোল্টেজ পরিবর্তনের হার হিসাবেও সংজ্ঞায়িত করা হয়। এটি V/μS ইউনিটে প্রকাশ করা হয়। অপ অ্যাম্প এর সর্বাধিক অপারেটিং ফ্রিকোয়েন্সি স্লেও রেটের উপর নির্ভর করে।

$$F_{max} = \text{slew rate}/(2\pi\, V_P) \quad \cdots(2.5)$$

ইউনিটি গেইন ব্যান্ডউইথ: এটি ফ্রিকোয়েন্সি পরিসীমা যা ডাইরেক্ট কারেন্ট 0 Hz থেকে সেই ফ্রিকোয়েন্সি পর্যন্ত হয়, যেখানে ওপেন-লুপ গেইন এক অতিক্রম করে।

ইনপুট ইম্পিডেন্স (Z_i): এটি ইনপুট ভোল্টেজ V_i এবং ইনপুট কারেন্ট I_i এর অনুপাত হিসাবে সংজ্ঞায়িত করা হয়।

ইনপুট ইম্পিডেন্স $$Z_i = \frac{V_i}{I_i} \quad \cdots(2.6)$$

আউটপুট ভোল্টেজ সুইং এসি আউটপুট হল সর্বাধিক আনক্লিপড পিক টু পিক আউটপুট ভোল্টেজ যা একটি অপ অ্যাম্প তৈরি করতে পারে। যেহেতু স্থির আউটপুট আদর্শভাবে শূন্য, এসি আউটপুট ভোল্টেজ পসেটিভ বা নেগেটিভ সুইং করতে পারে। এটি অপ অ্যাম্প - এর পসেটিভ এবং নেগেটিভ স্যাচুরেশন ভোল্টেজের মানও নির্দেশ করে। প্রদত্ত ভোল্টেজ $+V_{CC}$ এবং $-V_{EE}$ এর জন্য আউটপুট ভোল্টেজ কখনই এই সীমা অতিক্রম করে না। 741 IC এর জন্য, এটি ± 13 V।

কমন **মোড** রিজেকশন রেশিও **(CMRR)**: একটি সাধারণ মোড সংকেত প্রত্যাখ্যান করার জন্য ডিফারেনশিয়াল অ্যামপ্লিফায়ারের ক্ষমতা তার কমন মোড রিজেকশন রেশিও দ্বারা প্রকাশ করা হয়। এটি ডিফারেনশিয়াল মোড গেইন A_d এবং সাধারণ মোড A_{cm} এর অনুপাত।এটি সাধারণত ডেসিবেলে (db) প্রকাশ করা হয়।

$$CMRR = A_d / A_{cm} \quad \cdots(2.7)$$

ডিবিতে সিএমআরআর গণনা করতে

$$CMRR \text{ in dB} = 20 \log_{10}(A_d/A_c) \quad \cdots(2.8)$$

ডিফারেনশিয়াল ইনপুট রেসিস্টেন্স (Ri): এটি একটি সমতুল্য রেসিস্টেন্স যেটা পরিমাপ করা হয় ইনপুট টার্মিনালে, অন্য টার্মিনালগুলিকে গ্রাউন্ড কোরে।

2.1.3 আদর্শ অপ অ্যাম্প

Ideal Op Amp

আদর্শ অপ অ্যাম্প - এর নিম্নলিখিত বৈশিষ্ট্য রয়েছে :

1. এর ইনপুট ইম্পিডেন্স অসীম ($Z_i = \infty$)।
2. এর আউটপুট ইম্পিডেন্সক শূন্য ($Z_o = 0$)।
3. এতে অসীম ভোল্টেজ গেইন রয়েছে ($A_V = \infty$)।
4. এর অসীম ব্যান্ডউইথ আছে অর্থাৎ এর ওপেন-লুপ গেইন অসীমতার দিকে ঝুঁকেছে৷ অর্থাৎ এটি সমস্ত ফ্রিকোয়েন্সি রেঞ্জের জন্য একটি ধ্রুবক গেইন প্রদান করে৷
5. কমন মোড রিজেকশন রেশিও (CMRR) হল অসীম৷
6. এটি শূন্য আউটপুট ভোল্টেজ তৈরি করে যখন $V_1 = V_2$।
7. বৈশিষ্ট্যগুলি তাপমাত্রার সাথে ড্রিফট (সুইং) করে না৷

চিত্র 2.5 এ আদর্শ অপারেশনাল অ্যামপ্লিফায়ারের চিত্র দেখানো হয়েছে৷। নেগেটিভ টার্মিনালে (V_2) প্রদর্শিত একটি সংকেত আউটপুটে উল্টে যায় এবং পজেটিভ টার্মিনালে (V_1) প্রদর্শিত একটি সংকেত আউটপুটে উপস্থিত হয় কোন চিহ্ন পরিবর্তন ছারাই৷ অতএব নেগেটিভ টার্মিনালকে "ইনভার্টিং" টার্মিনাল এবং পজিটিভ টার্মিনালকে "নন-ইনভার্টিং" টার্মিনাল বলা হয়৷ সাধারণভাবে, আউটপুট ভোল্টেজ সরাসরি $V_d = V_1 - V_2$ এর সমানুপাতিক৷ আনুপাতিক ধ্রুবক (A_V) কে অ্যাম্প্লিফায়ারের ভোল্টেজ গেইন বলা হয়৷

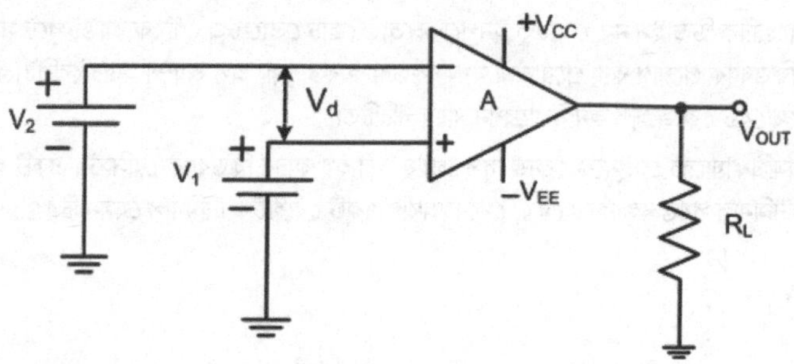

চিত্র 2.5: আদর্শ অপ অ্যাম্প

অনুশীলনে, যখন কিছু নির্দিষ্ট প্রয়োগের জন্য অপ অ্যাম্প নির্বাচন করা হয় তখন তার প্যারামিটার গুলি ডেটাশিট থেকে পরিলক্ষিত হয়৷

সারণী 2.3 আইসি (IC) 741 এর জন্য কিছু প্রয়োজনীয় প্যারামিটারেরে মান দেখায়৷

সারণী 2.3: IC 741 প্যারামিটার

ক্রমিক সংখ্যা	প্যারামিটার	সাধারণ মান (25°C এ)
1	ইনপুট ইম্পিডেন্স	2 MΩ
2	আউটপুট ইম্পিডেন্স	75Ω
3	সিএমআরআর	90 dB
4	সাপ্লাই ভোল্টেজ	+/– 18 V
5	ইনপুট অফসেট ভোল্টেজ	1mV
6	ইনপুট অফসেট কারেন্ট	20mA
7	ইনপুট বায়াস কারেন্ট	80mA
8	ডিফারেনশিয়াল ইনপুট ভোল্টেজ	+/– 15V
9	ব্যান্ডউইথ	1MHz
10	স্লেও রেট	0.5 V /μS

2.1.4 অপ অ্যাম্প কনফিগারেশন

অপ অ্যাম্প দুটি কনফিগারেশনের যেকোন একটিতে পরিচালিত হতে পারে। দুটি কনফিগারেশন হল: ওপেন লুপ কনফিগারেশন এবং ক্লোজ লুপ কনফিগারেশন

2.1.4.1 অপ অ্যাম্প ওপেন লুপ কনফিগারেশন

প্রতিক্রিয়া ছাড়া অপ অ্যাম্প, ওপেন লুপ কনফিগারেশন অপ অ্যাম্প এর নামে পরিচিত।

ওপেন-লুপ গেইন (A_OL): যদি 'V_d' একটি অপ অ্যাম্প এর ডিফারেনশিয়াল ইনপুট ভোল্টেজ হয়, যেটি খুবই ছোট এবং V_o যদি আউটপুট ভোল্টেজ হয়, তাহলে ওপেন-লুপ গেইন কে আউটপুট ভোল্টেজ V_o এবং ডিফারেনশিয়াল ইনপুট ভোল্টেজের V_d অনুপাত হিসাবে সংজ্ঞায়িত করা যেতে পারে। এটিকে ওপেন-লুপ গেইন বলা হয় কারণ এটি আউটপুট এবং ইনপুট টার্মিনালের মধ্যে সম্ভাব্য প্রতিক্রিয়া সংযোগ অনুপস্থিত।

$$\text{ওপেন-লুপ গেইন, } A_{OL} = \frac{V_o}{V_d} \quad \cdots(2.9)$$

ওপেন লুপে প্রতিক্রিয়া অনুপস্থিত, তাই গেইন অসীম হয় এবং এটি নিয়ন্ত্রণযোগ্য নয়। গেইন নিয়ন্ত্রণ এবং প্রয়োজন অনুযায়ী অপ-অ্যাম্প এর পরিচালনায় ফিডব্যাক অপরিহার্য। আউটপুট সংকেতের সম্পূর্ণ বা কিছু অংশ ইনপুট এ ফীড করান কে বলা হয় ফিডব্যাক (প্রতিক্রিয়া)।

2.1.4.2 অপ অ্যাম্প ক্লোজ লুপ কনফিগারেশন

ফিডব্যাক ছাড়া অপ অ্যাম্প খুব বাবহারিক ডিভাইস নয়, যেহেতু ইনপুটে অত্যন্ত ছোট ভোল্টেজ এটিকে আউটপুটে স্যাচুরেশনে নিয়ে যায়। অতএব, সীমিত ভোল্টেজ গেইনের জন্য ফিডব্যাক প্রয়োগ করা প্রয়োজন। যখন ফিডব্যাক করা হয়, অপ অ্যাম্প - এর বৈশিষ্ট্যগুলি মূলত ফিডব্যাক নেটওয়ার্ক দ্বারা নির্ধারিত হয় Amp- এর সাথে যেটি ক্লোজ লুপ কনফিগারেশন নামে পরিচিত।

ক্লোজড-লুপ গেইন (A_{CL}) অ্যামপ্লিফায়ারের গেইনকে ক্লোজ-লুপ গেইন বলা হয় কারণ ফিডব্যাক রেসিস্টর একটি লুপ, অপ অ্যাম্প এর আউটপুট টার্মিনাল থেকে ইনভার্টিং ইনপুট টার্মিনাল পর্যন্ত বন্ধ করে দেয়, থেকে অর্থাৎ একটি নেগেটিভ টার্মিনাল যেমন চিত্র 2.6।

$$\text{ক্লোজ-লুপ গেইন, } A_{CL} = \frac{V_o}{V_i} \quad \cdots(2.10)$$

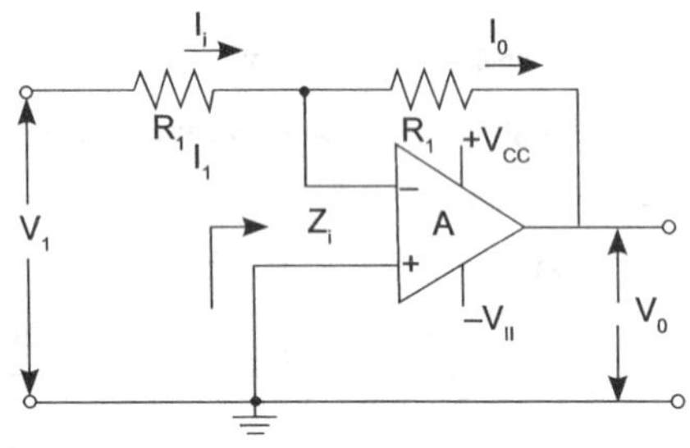

চিত্র 2.6: অপ অ্যাম্প এর ক্লোজ-লুপ কনফিগারেশন

চিত্র 2.6 থেকে এটি পাওয়া গেছে যে অ্যামপ্লিফায়ারের জন্য ক্লোজ-লুপ গেইন যাকে ইনভার্টিং অ্যাম্প্লিফায়ার বলা হয় সেটি $\left(\frac{R_f}{R_1}\right)$ এর সমান।

আউটপুট ইম্পিডেন্স (Z_o): অপ অ্যাম্প - এর ক্লোজ-লুপ আউটপুট ইম্পিডেন্স $Z_{o(CL)}$ কে ওপেন-লুপ আউটপুট ইম্পিডেন্স $Z_{o(OL)}$ এবং লুপ গেইন এর অনুপাত হিসাবে সংজ্ঞায়িত করা হয়।

$$\text{এভাবে,} \quad Z_{o(CL)} = \frac{Z_{o(OL)}}{Loopgain} \quad \cdots(2.11)$$

যেখানে, লুপ গেইন = ওপেন-লুপ গেইন - ক্লোজড-লুপ গেইন।

ভার্চুয়াল গ্রাউন্ড: একটি অপারেশনাল অ্যামপ্লিফায়ারের বৈশিষ্ট্যগুলি ব্যাখ্যা করার জন্য, চিত্র 2.7 এর ফিডব্যাক সার্কিটকে বিবেচনা করা হয় যেখানে ইনপুট এবং আউটপুটের মধ্যে সংযুক্ত R_f দ্বারা নেগেটিভ ভোল্টেজ প্রতিক্রিয়া তৈরি হয়। বিঃদ্রঃ অ্যামপ্লি ফায়ারের মধ্যে প্রতিক্রিয়া নেগেটিভ হয়

অ্যামপ্লিফায়ারের ফেজ বিপরীত হওয়ার কয়ার। অপারেশনাল ফিডব্যাক এর মধ্যে প্রতিক্রিয়া অনুপাত এক থেকে থেকে পরিবর্তিত হতে পারে একটি উচ্চ ইম্পিডেন্স সোর্সের জন্য এবং $\frac{R}{R+R_f}$ হল একটি কম ইম্পিডেন্স সোর্সের জন্য, কেননা ফিডব্যাক ভোল্টেজ ইনপুট সংকেত সোর্সের সাথে সমান্তরালভাবে সংযুক্ত।কির্চফ (Kirchhoff) এর কারেন্ট সূত্রের সাহায্যে অপারেশনাল ফিডব্যাক সার্কিট থেকে ব্রাঞ্চ পয়েন্ট এস পর্যন্ত বিশ্লেষণ করা সুবিধাজনক প্রয়োগ করো।যেহেতু, অ্যামপ্লিফায়ার ইনপুট ইম্পিডেন্স বড়, তাই ব্রাঞ্চ কারেন্ট নগণ্য, যার অর্থ R এর মধ্যে কারেন্ট R_f এর মধ্যে কারেন্ট এর সমান।

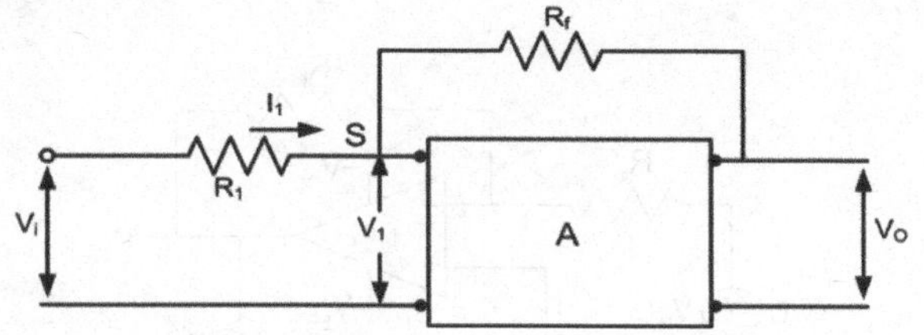

চিত্র 2.7: ফিডব্যাক সহ অপ অ্যাম্প এর ব্লক ডায়াগ্রাম

$$\frac{V_i - V_1}{R} = \frac{V_1 - V_o}{R_f}$$

প্রসঙ্গত $V_1 = \frac{V_o}{A}$ এবং পুনর্বিন্যাস, $V_o\left(1+\frac{1}{A}+\frac{Rf}{A}\right) = -\frac{R_f}{R}\,.\,V_i$

যেহেতু, গেইন অনেক বড়,

$$V_o = -\frac{R_f}{R}V_i \qquad \cdots(2.12)$$

যার মানে হল যে ইনপুট ভোল্টেজকে ধ্রুবক (কন্সটান্ট ফ্যাক্টর) $-\frac{R_f}{R}$ দ্বারা গুণ করা হলে তা আউটপুট ভোল্টেজের সমান হয়।

যদি প্রিসিশন রেসিস্টরকে R_f এবং R- এর জন্য ব্যবহার করা হয়, তাহলে এই মাল্টিপ্লিকেশন অপারেশনের নির্ভুলতা বেশ ভালো হয়। ব্রাঞ্চ পয়েন্ট 'S' এর অপ অ্যাম্প গুলিতে একটি বিশেষ গুরুত্ব রয়েছে। এটি ব্যাখ্যা করা যেতে পারে 'এস' এবং গ্রাউন্ডের মধ্যে কার্যকর ইম্পিডেন্স নির্ধারণ করে, যা V_1 এর সাথে ইনপুট কারেন্ট I_1 এর অনুপাত।

$$Z_s = \frac{V_1}{I_i} = \frac{V_1 R_f}{V_1 V_o} = \frac{R_f}{1\frac{V_o}{V_1}} = \frac{R_f}{1+A} \qquad \cdots(2.13)$$

যেখানে, ইনপুট কারেন্টের জন্য সমীকরণ ডান দিকে লেখা হয়েছে। সমীকরণ 2.13 অনুযায়ী, গেইন যদি বড় হয় তবে S থেকে ভূমিতে ইম্পিডেন্স খুবই কম। সাধারণ মান $R_f = 10^5$ ওহম এবং $A = 10^4$ যাতে ইম্পিডেন্স 10 ওহম হয়। নেগেটিভ ফিডব্যাক ভোল্টেজ থেকে আসে, যা 'S' এ ইনপুট সংকেত বাতিল করে এবং ব্রাঞ্চ পয়েন্টকে গ্রাউন্ড পোটেনশিয়ালে রাখে। এই কারণে, 'S' বিন্দুকে ভার্চুয়াল গ্রাউন্ড বলা হয়। যদিও ফিডব্যাক অ্যাকশন দ্বারা 'S' কে ভার্চুয়াল গ্রাউন্ড রাখা হয়, কিন্তু এই মুহূর্তে কোন গ্রাউন্ড কারেন্ট বিদ্যমান থাকে না।

2.1.5 অপ অ্যাম্প অপারেটিং মোড

আউটপুট থেকে ইনপুট পর্যন্ত প্রতিক্রিয়া প্রদান করে অপ অ্যাম্প লিনিয়ার অ্যাপ্লিকেশনে কার্যকরভাবে ব্যবহার করা যেতে পারে। যদি সংকেত ফিড ব্যাক ইনপুটের ক্ষেত্রে 180° ফেজের বাইরে চলে যায় , তাহলে ফিডব্যাকটিকে নেগেটিভ ফিডব্যাক বা ডিজেনারেটিভ ফিডব্যাক বলা হয়। সাধারণভাবে ব্যবহৃত ক্লোজ লুপ অপারেটিং মোড হল,

ক) ইনভারটিং অ্যামপ্লিফায়ার এবং

খ) নন-ইনভার্টিং অ্যামপ্লিফায়ার।

2.1.5.1 অপ অ্যাম্প ইনভারটিং মোড অ্যামপ্লিফায়ার

ইনভার্টিং অপারেশনাল অ্যাম্প্লিফায়ার কনফিগারেশন হল সবচেয়ে সহজ এবং সর্বাধিক ব্যবহৃত অপ অ্যাম্প অপারেটিং মোড। ইনভার্টিং মোড অ্যামপ্লিফায়ারে ইনপুটের ক্ষেত্রে আউটপুট ঠিক 180° ফেজের বাইরে (অর্থাৎ যদি একটি পজিটিভ ভোল্টেজ প্রয়োগ করা হয়, আউটপুট নেগেটিভ হবে)। আউটপুট হল ইনপুটের একটি ইনভারটেড (ফেজের পরিপ্রেক্ষিতে) অ্যামপ্লিফাইয়েড সংস্করণ। ইনভার্টিং অপারেশনাল অ্যামপ্লিফায়ার কনফিগারেশন হল অপ অ্যাম্প এর একটি ক্লোজড লুপ মোড প্রয়োগ। এটি নেগেটিভ ফিডব্যাক ব্যবহার করে, যার অর্থ হল ফিডব্যাক সংকেত ইনপুট সিগ্নালের বিরোধিতা করা।

$$V_O = -(R_f/R_1) * Vi \qquad \cdots(2.14)$$

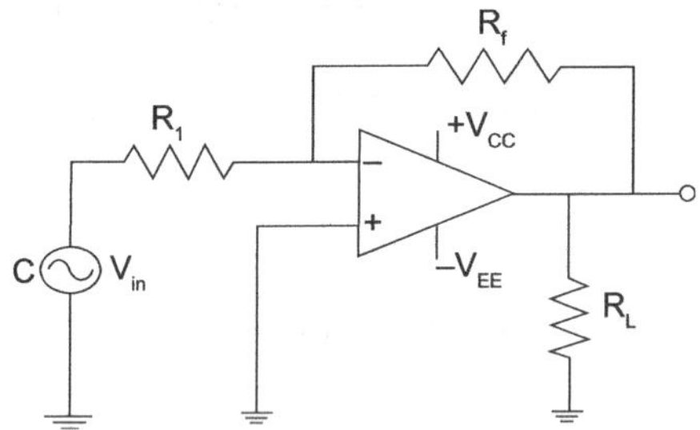

চিত্র 2.8: ইনভার্টিং অ্যাম্প্লিফায়ার

চিত্র 2.8 এর সার্কিট ডায়াগ্রামে দেখানো হয়েছে যে অপারেশনাল অ্যামপ্লিফায়ার ইনভার্টিং মোডে ব্যবহার করা হয়েছে। এই অপারেশন মোডে, অ্যামপ্লিফায়ার এর পসেটিভ ইনপুট টার্মিনাল গ্রাউন্ড করা থাকে এবং ইনপুট সংকেত e_1 রেসিস্টেন্স R_1 এর মাধ্যমে নেগেটিভ ইনপুট টার্মিনালে প্রয়োগ করে। R_f এর মাধ্যমে আউটপুট থেকে ইনপুট টার্মিনালে প্রয়োগ করা ফিডব্যাক হল নেগেটিভ যেটি চিত্র 2.9 এ দেখানো হয়েছে। সার্কিট দ্বারা সঞ্চালিত ইনভার্টিং অপারেশন প্রতিক্রিয়া রেসিস্টর R_f এবং ইনপুট রেসিস্টর R_1 দ্বারা নির্ধারিত হয়।

এটি বিবেচনা করা হয় যে অপ অ্যাম্প হল আদর্শ যার অর্থ এটির গেইন অসীম হয়। অসীম ভোল্টেজ গেইনের সাথে, ইনপুট টার্মিনালের মধ্যে সম্ভাব্য পার্থক্য অবশ্যই শূন্য হতে হবে। সার্কিটে ইনপুট টার্মিনালের মধ্যে ভোল্টেজ এস অ্যামপ্লিফায়ারের চারপাশে নেগেটিভ ফিডব্যাক দ্বারা শূন্য হতে বাধ্য হয়। অ্যামপ্লিফায়ারের ইনপুট ইম্পিডেন্স অসীম হওয়ায় অ্যামপ্লিফায়ারের ইনপুট কারেন্ট শূন্য হয়।

অতএব আদর্শ অপ অ্যাম্প এর জন্য, নিম্নলিখিত দুটি শর্ত পূরণ করতে হবে:

i. অ্যামপ্লিফায়ার টার্মিনালের মধ্যে সম্ভাব্য পার্থক্য শূন্য হয়।
ii. প্রতিটি ইনপুট টার্মিনালে কারেন্ট শূন্য হয়।

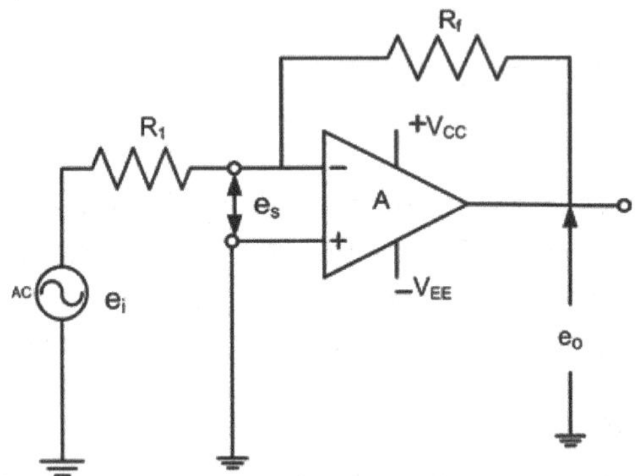

চিত্র 2.9: নেগেটিভ ফিডব্যাক সহ অপ অ্যাম্প

লক্ষ্য করো যে প্রথম শর্তটি এই অনুমান অনুসরণ করবে যে অ্যামপ্লিফায়ার ইনপুট ভোল্টেজ অসীম হয়। সুতরাং শূন্য ইনপুট দ্বারা বিভক্ত সীমাবদ্ধ আউটপুট অসীম গেইন দেয় যা একটি অপ অ্যাম্পএর বৈশিষ্ট্য ছাড়া আর কিছুই নয়। ভোল্টেজ $e_s = 0$ বোঝায় যে টার্মিনাল (1) এর টার্মিনাল (2) এর মতো একই সম্ভাবনা রয়েছে। কিন্তু টার্মিনাল (2) গ্রাউন্ডেড, অতএব টার্মিনাল (1) কার্যত গ্রাউন্ডেড। অতএব, নেগেটিভ টার্মিনালে একটি ভার্চুয়াল গ্রাউন্ড আছে।

এইভাবে, R_1 এর মধ্য দিয়ে প্রবাহিত কারেন্ট 'i_1' R_f এর মধ্য দিয়েও প্রবাহিত হয়৷ যেহেতু ইনপুট কারেন্ট খুবই ছোট, তাই শূন্যের কাছাকাছি হতে পারে৷ ইনভার্টিং ইনপুটে প্রয়োগ করা যেকোন ইনপুট ভোল্টেজের জন্য, ইনপুট ডিফারেনশিয়াল ভোল্টেজ নগণ্য এবং ইনপুট কারেন্ট শূন্য৷ অতএব ইনভার্টিং ইনপুট একটি গ্রাউন্ড বলে মনে হয়৷ ভার্চুয়াল গ্রাউন্ড শব্দটি এমন একটি বিন্দুকে নির্দেশ করে যার ভোল্টেজ গ্রাউন্ড এর সঙ্গে তুলনামুলকভাবে শূন্য হয় এবং অথচ বিন্দুতে কোন কারেন্ট প্রবাহিত হতে পারে না৷

অতএব, $i_1 = i_f$ ···(2.15)

$$\frac{e_1 e_s}{R_1} = \frac{e_s e_o}{R_f}$$

যেহেতু $e_s = 0$,

$$\frac{e_1 0}{R_1} = \frac{0 e_o}{R_f}$$

$$\frac{e_1}{R_1} = \frac{e_o}{R_f}$$

$$\frac{e_o}{e_1} = -\frac{R_f}{R_1} \qquad ...(2.16)$$

$\left(\frac{e_o}{e_1}\right)$ অনুপাতকে ইনভারটিং অ্যামপ্লিফায়ার এর বন্ধ-লুপ(ক্লস লুপ) গেইন A_{CL} বলা হয়৷ এটি একটি নেগেটিভ রাশি কারণ ক্লোজ-লুপ অ্যামপ্লিফায়ার ইনপুট সংকেতের চিহ্ন উল্টে দেয়, অর্থাৎ আউটপুট ইনপুট এর সাথে ফেজের বাইরে থাকে৷গেইন $\frac{R_f}{R_1}$ এর অনুপাতের উপর নির্ভর করে৷

এটি দেখায় যে ইনপুট ইম্পিডেন্স শুধুমাত্র বাহ্যিক রেসিস্টর R_1 এর উপর নির্ভর করে৷ আউটপুট ইম্পিডেন্সকে অপ অ্যাম্প এর আউটপুটে দেখা ইম্পিডেন্স হিসাবে সংজ্ঞায়িত করা হয়, যখন ইনপুট টার্মিনাল শূন্যের সমান সেট করা হয়৷ ফিডব্যাক রেসিস্টেন্স এবং ইনপুট রেসিস্টেন্স এর অনুপাত যে কোন মানে, এমনকি 1 এর কমপর্যন্ত সেট করা যেতে পারে৷ এই বৈশিষ্ট্য গুলির কারনে আধিকাংশ অ্যাপ্লিকেশনে অপ অ্যাম্প জনপ্রিয়৷ ইনভার্টিং অ্যামপ্লিফায়ারের অন্যান্য কিছু মূল বৈশিষ্ট্য যা কিছু প্রয়োগগুলিতে এটি ব্যবহারের জন্য অসুবিধাজনক, নিম্নরূপ:

1. এটি ইনপুট এবং আউটপুটের মধ্যে 180^0এর ফেজ পার্থক্য দেয়।
2. ইনপুট ইম্পিডেন্স কম৷
3. নন-ইনভার্টিং অ্যামপ্লিফায়ারের তুলনায় ছোট ব্যান্ডউইথ৷

2.1.5.2 অপ অ্যাম্প নন-ইনভার্টিং মোড অ্যাম্প্লিফায়ার

নন-ইনভার্টিং অ্যামপ্লিফায়ার কনফিগারেশনটি অপারেশনের সবচেয়ে জনপ্রিয় এবং বহুল ব্যবহৃত ফর্মগুলির মধ্যে একটি অ্যামপ্লিফায়ার সার্কিট৷ অপ অ্যাম্প নন-ইনভার্টিং অ্যামপ্লিফায়ার সার্কিট, একটি অপারেশনাল অ্যামপ্লিফায়ার ব্যবহার করে প্রাপ্ত সমস্ত সুবিধাগুলির সাথে একটি উচ্চ ইনপুট ইম্পিডেন্স প্রদান করে৷ নন-ইনভার্টিং অ্যামপ্লিফায়ার হল এমন একটি অ্যামপ্লিফায়ার যেখানে আউটপুট ইনপুটের ক্ষেত্রে পর্যায়ক্রমে রয়েছে (অর্থাৎ ইনপুট পজিটিভ ভোল্টেজ হলে আউটপুট পজিটিভ হবে)৷ আউটপুট একটি নন ইনভারটিং (ফেজ এর পরিপ্রেক্ষিতে) ইনপুটের বর্ধিত সংস্করণ৷

$$V_o = (1 + (R_f / R_1))*V_i \qquad ...(2.17)$$

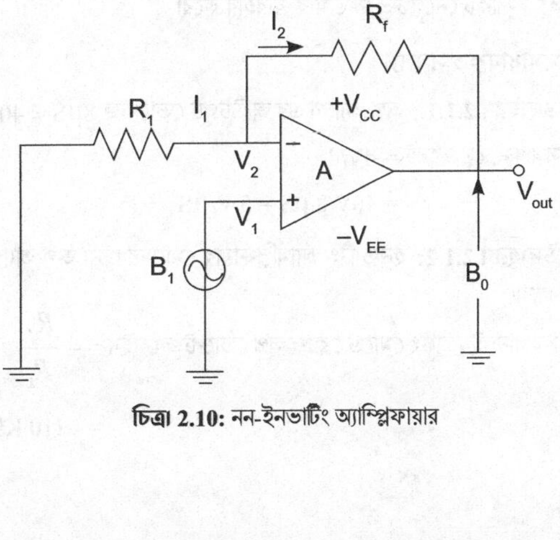

চিত্র৷ 2.10: নন-ইনভার্টিং অ্যাম্প্লিফায়ার

নন-ইনভার্টিং মোডে আদর্শ অপ অ্যাম্প এর সার্কিট ডায়াগ্রামটি চিত্র 2.10 এ দেখানো হয়েছে৷ এই ক্ষেত্রে, ইনপুট সংকেত সরাসরি অ্যাম্প্লিফায়ারের নন

-ইনভার্টিং (পসেটিভ) ইনপুট টার্মিনালে প্রয়োগ করা হয় এবং ফিডব্যাক রেসিস্টর R_f আউটপুট টার্মিনাল এবং নেগেটিভ ইনপুট টার্মিনালের মধ্যে সংযুক্ত থাকে। R_1 ইনভার্টিং টার্মিনাল এবং গ্রাউন্ডের মধ্যে সংযুক্ত, পূর্ববর্তী ক্ষেত্রের অনুরূপ, $e_s = 0$. অতএব, ভোল্টেজ e_1 ইনপুট ভোল্টেজ e_2 এর সমান। মনে রাখবেন যে এই ক্ষেত্রে e_1 শূন্যের সমান নয়, যার মানে হল যে নন-ইনভার্টিং সার্কিটের কোনও ইনপুট টার্মিনালে কোনও ভার্চুয়াল গ্রাউন্ড নেই।

যেহেতু, $e_1 = e_2$

$$e_1 = i_1 R_1 = e_o \frac{R_1}{R_1 + R_f} = e_2$$

এভাবে, $$\frac{e_o}{e_2} = \frac{R_f + R_1}{R_1}$$

অথবা $$\frac{e_o}{e_1} = \frac{R_f + R_1}{R_1}$$

কিন্তু $\frac{e_o}{e_2}$ হল বন্ধ-লুপ গেইন।

এভাবে, $$A_{CL} = \frac{R_f + R_1}{R_1} = \frac{R_f}{R_1} + \frac{R_1}{R_1} = \frac{R_f}{R_1} + 1$$

$$A_{CL} = \frac{e_o}{e_2} = \left(1 + \frac{R_f}{R_1}\right) \qquad \cdots(2.18)$$

সুতরাং, একটি নন-ইনভার্টিং অ্যামপ্লিফায়ারের বন্ধ-লুপ গেইন সর্বদা ইউনিটির চেয়ে বড় বা সমান এবং R_1 এবং R_f দ্বারা নির্ধারিত হয়। যদি $R_f = 0$ এবং $R_1 = \infty$ হয়, তাহলে গেইন হুবহু একের সমান এবং অ্যামপ্লিফায়ার একটি ভোল্টেজ অনুগামী হিসাবে কাজ করে অর্থাৎ আউটপুট ভোল্টেজ ঠিক ইনপুট ভোল্টেজকে অনুসরণ করে। সাধারণভাবে এই ধরনের ভোল্টেজ ফলোয়ার এবং নন-ইনভার্টিং সার্কিটের সুবিধা হল ইম্পিডেন্স বাফারিং। এই ধরনের অ্যামপ্লিফায়ার সার্কিট ব্যাপকভাবে সংকেত সোর্স এবং লোড বিচ্ছিন্নতা প্রদান করতে ব্যবহৃত হয়, অনাকাঙ্ক্ষিত মিথস্ক্রিয়া বা লোডিং প্রভাব রেসিস্টেন্স করে থাকে।

নন-ইনভার্টিং অ্যামপ্লিফায়ারের সুবিধাগুলি নিম্নরূপ:

1. ইনপুট এবং আউটপুটের মধ্যে কোন ফেজ শিফট নেই।
2. ইনপুট ইম্পিডেন্স বিপরীত কনফিগারেশনের চেয়ে বেশি।
3. ইনভার্টিং অ্যামপ্লিফায়ারের তুলনায় বড় ব্যান্ডউইথ।
4. সার্কিট নেগেটিভ ফিডব্যাক ব্যবহার করে।

সমাধানকৃত সমস্যা

উদাহরণ 2.1.1 : অপ অ্যাম্প এর আউটপুট ভোল্টেজ 8µS এ 40 V দ্বারা পরিবর্তিত হয়। অপ অ্যাম্প এর স্লেও রেট গণনা করো।

সমাধান: স্লেও রেট = dV/dt

= 40V/8 µS = 5 V/µS

উদাহরণ 2.1.2: ইনভার্টিং অ্যামপ্লিফায়ার মোডের জন্য অপ অ্যাম্প এর R_f = 10 KΩ এবং R_i = 2 KΩ। ক্লোজ লুপ ভোল্টেজ গেইন A_{CL} গণনা করো।

সমাধান: ইনভার্টিং মোডে ক্লোজ লুপ ভোল্টেজ গেইন $= -\frac{R_f}{R_1}$

= – (10 KΩ /2 KΩ) = – 5

উদাহরণ 2.1.3: নন-ইনভার্টিং অ্যামপ্লিফায়ার মোডের জন্য অপ অ্যাম্প এর $R_f = 10\ K\Omega$ এবং $R_i = 1\ K\Omega$ ।ক্লোজ লুপ ভোল্টেজ গেইন A_{CL} এবং ফিডব্যাক ফ্যাক্টর গণনা করো।

সমাধান: নন-ইনভার্টিং মোডে ক্লোজ লুপ ভোল্টেজ গেইন $= 1 + \dfrac{R_f}{R_1}$

$$= 1 + (10\ K\Omega / 1\ K\Omega) = 11$$

ফিডব্যাক ফ্যাক্টর $\beta = R_1 / (R_1 + R_f) = 1\ K\Omega / (1\ K\Omega + 10\ K\Omega) = 0.09$

উদাহরণ 2.1.4: অপ অ্যাম্প এর সিএমআরআর গণনা করো যার ডিফারেনশিয়াল গেইন হল 300000 এবং সাধারণ মোড গেইন 12.66।

সমাধান: সিএমআরআর হল ডিফারেনশিয়াল মোড গেইনের সাথে সাধারণ মোড গেইনের অনুপাত।

সিএমআরআর $= A_d / A_C$

$= 300000/12.66 = 13850.41$

ডিবি তে সিএমআরআর $= 20 \log_{10} (A_d/A_C)$

$= 82.82$ ডিবি

উদাহরণ 2.1.5: একটি নন-ইনভার্টিং অপ অ্যাম্প অ্যামপ্লিফায়ারের জন্য ফিডব্যাক রেসিস্টরের মান গণনা করো, যদি ইনপুট রেসিস্টেন্স 4 KOhm হয় এবং নির্দিষ্ট প্রয়োগের জন্য প্রয়োজনীয় গেইন 13 হয়।

সমাধান: দেওয়া আছে, অপ অ্যাম্প অপারেটিং মোড হল নন-ইনভার্টিং অ্যামপ্লিফায়ার মোড।

ইনপুট রেসিস্টেন্স এর মান $R_{in} = 4$ KOhm

গেইন $= 13$

গেইন $= 1 + (R_f/R_{in})$

$13 = 1 + (R_f/4KOhm)$

$13 - 1 = R_f/4KOhm$

$12 = R_f/4KOhm$

$R_f = 48$ KOhm

2.2 অপারেশনাল অ্যামপ্লিফায়ারের অ্যাপ্লিকেশন

অপ অ্যাম্প মূলত এনালগ কম্পিউটারের প্রয়োজনে তৈরি করা হয়েছিল। যেহেতু অপ অ্যাম্প বাহ্যিক ভোল্টেজ গেইন নিয়ন্ত্রিত বৈশিষ্ট্য সহ একটি উচ্চ গেইনের সরাসরি মিলিত অ্যামপ্লিফায়ার, এটি সংকেত প্রক্রিয়াকরণ এবং কন্ডিশনার প্রয়োগগুলির অনেকগুলি প্রয়োগ খুঁজে পাওয়া যায়। এটির কম মূল্য,উচ্চ কর্মক্ষমতা এবং বহুমুখী প্রকৃতির কারণে, এটি অনেক অ্যানালগ ইলেকট্রনিক্স সার্কিট ব্যবহার করা হয়।

এটি সর্বদা নেগেটিভ ফিডব্যাক সহ ক্লোজ লুপ মোডে ব্যবহৃত হয় এবং ভোল্টেজ গেইন বাহ্যিক উপাদান দ্বারা নিয়ন্ত্রিত হয় R_i এবং R_f ।যখন কারেন্ট (বিদ্যুৎ) সরবরাহ সংযুক্ত থাকে তখন আউটপুট পওয়া যায়, এমনকি যখন দুটি ইনপুট গ্রাউন্ড করা হয় তখনও, সেই কারণে এটিকে অফসেট বলে। এটি পিন 1 এবং 5 এর মধ্যে 10 KΩ পিওটি (POT) এবং ওয়াইপারকে পিন 4 এর সাথে সংযুক্ত করে শূন্য করা যায়।

2.2.1 একটি অ্যাডার (যোগকারী) হিসাবে অপ অ্যাম্প

অপ অ্যাম্প এ অ্যাডার এবং সাবস্ট্রাক্টার সার্কিট ব্যবহার করে যোগ, বিয়োগ ইত্যাদি গাণিতিক ক্রিয়াকলাপ সম্পাদন করা হয়। অপ অ্যাম্পকে সামিং অ্যামপ্লিফায়ারও বলা হয়। যোগকারী এবং বিয়োগকারী সার্কিটে ইনপুট সংকেত বাহ্যিক রেসিস্টর গুলির জন্য উপযুক্ত মান নির্বাচন করে আকাঙ্ক্ষিত মান যোগ এবং বিয়োগ করা যেতে পারে। এই গাণিতিক ফাংশনগুলি এনালগ সার্কিটে নিযুক্ত। এই সার্কিটটি এসি বা ডিসি সংকেত যোগ করতে ব্যবহার করা যেতে পারে। এই সার্কিটটি দুটি বা ততোধিক ইনপুট ভোল্টেজের বীজগাণিতিক যোগফলের সমানুপাতিক বা সমান একটি আউটপুট ভোল্টেজ প্রদান করে যা প্রতিটি কন্সটান্ট গেইন গুণক দ্বারা গুণিত হয়। একটি অপ অ্যাম্পের ইনভার্টিং কনফিগারেশনের ইনভার্টিং টার্মিনালে যদি একাধিক ইনপুট দেওয়া হয় তাহলে পরিণতি হিসেবে প্রাপ্ত সার্কিটগুলি সামিং অ্যামপ্লিফায়ার বা অ্যাডার হিসাবে কাজ করে যেমন চিত্র 2.11 এ দেখানো হয়েছে।

The Op Amp

$$V_o = -(R_f/R_i)^*(V_1 + V_2) \quad \ldots(2.11)$$

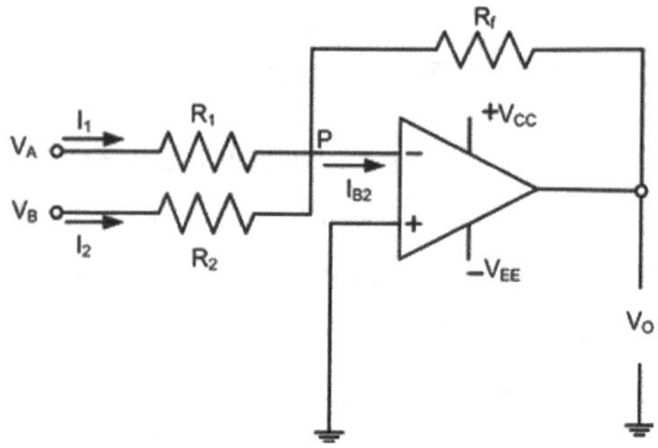

চিত্র 2.11: একটি অ্যাডার হিসাবে অপ অ্যাম্প

এখানে, ভোল্টেজগুলি বাড়ানো হয় এবং তারপর যোগ করা হয়।

ইনভার্টিংইনপুট নোডে KCL প্রয়োগ করা হল,

$$i_1 + i_2 = i_f + IB_2$$

যেহেতু অপ অ্যাম্প হল আদর্শ, $IB_2 = 0$

$$i_1 + i_2 = i_f$$

$$\frac{V_A V_p}{R_1} + \frac{V_B V_p}{R_2} = \frac{V_p V_o}{R_f}$$

ভার্চুয়াল গ্রাউন্ড অবস্থার কারণে, $V_p = 0$.

$$\frac{V_A}{R_1}, + \frac{V_B}{R_2} = -\frac{V_o}{R_f}$$

$$V_o = -R_f\left[\frac{V_A}{R_1} + \frac{V_B}{R_2}\right]$$

$$V_o = -\left[\frac{R_f}{R_1}V_A + \frac{R_f}{R_2}V_B\right]$$

যদি $R_1 = R_2 = R$

$$V_o = -\frac{R_f}{R}[V_A + V_B] \quad \cdots \text{সামিং অ্যাম্প্লিফায়ার } (2.20)$$

যদি $R_1 = R_2 = R_f = R$

$$V_o = -(V_A + V_B)$$

যদি $R_1 = R_2 = 2R_f$ তখন সার্কিটটি একটি গড় সার্কিট হিসাবে আছরন করে, তখন আউটপুট ভোল্টেজ হল

$$V_o = -\frac{(V_1 + V_2)}{2} \quad \cdots \text{গড় সার্কিট } (2.21)$$

2.2.2 ডিফারেনশিয়েটর হিসেবে অপ অ্যাম্প

ডিফারেনশিয়েটর সার্কিটে, রিয়্যাকটেন্স, X_C ইনভার্টিং অ্যামপ্লিফায়ারের ইনপুট টার্মিনালের সাথে সংযুক্ত থাকে যখন রেসিস্টেন্স, R_f আপারেশনাল অ্যামপ্লিফায়ার জুড়ে নেগেটিভ ফিডব্যাক উপাদান গঠন করে। ডিফারেনশিয়েটর সার্কিট বৈষম্যের গাণিতিক ক্রিয়াকলাপ সম্পাদন করে এবং "একটি

আউটপুট ভোল্টেজ তৈরি করে যা সময়ের সাপেক্ষে ইনপুট ভোল্টেজের হারের পরিবর্তনের সঙ্গে সরাসরি সমানুপাতিক"। ইনপুট ভোল্টেজ সিগনালে দ্রুত বা বড় পরিবর্তনে, ইনপুট কারেন্টও বৃদ্ধি পাবে এবং আউটপুট ভোল্টেজের যত বেশী পরিবর্তন হবে ততই আকারে "স্পাইক" হয়ে উঠবে। ডিফারেনশিয়েটর ইনপুট সংকেত ক্যাপাসিটরের উপর প্রয়োগ করা হয়। ক্যাপাসিটর ডিসি কন্টেন্ট ব্লক করে তাই অ্যামপ্লিফায়ারের যোগবিন্দুতে (সামিং পয়েন্ট)কারেন্ট প্রবাহ হয় না। ফলে আউটপুট ভোল্টেজ শূন্য হয়। ক্যাপাসিটর শুধুমাত্র এসি টাইপের ইনপুট ভোল্টেজের পরিবর্তনের মাধ্যমে পরিবর্তিত হওয়ার অনুমতি দেয় এবং যার ফ্রিকোয়েন্সি ইনপুট সংকেত পরিবর্তনের হারের উপর নির্ভর করে।

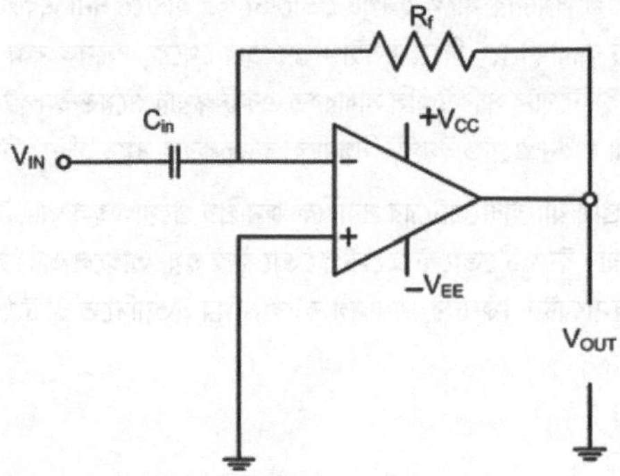

চিত্র 2.12 অপ অ্যাম্প ডিফারেনশিয়েটর সার্কিট

ডিফারেনশিয়েটর সার্কিট ডিফারেন্সিয়েশনের গাণিতিক ক্রিয়াকলাপ সম্পাদন করে অর্থাৎ আউটপুট ওয়েভফর্ম ইনপুট ওয়েভফর্মের ডেরিভেটিভ। ডিফারেনশিয়েটর একটি মৌলিক ইনভার্টিং অ্যামপ্লিফায়ার থেকে নির্মিত হতে পারে যদি একটি ইনপুট রেসিস্টর R_1 একটি ক্যাপাসিটর C_{in} দ্বারা প্রতিস্থাপিত হয়।আউটপুট ভোল্টের অভিব্যক্তি পাওয়া যাবে যদি আউটপুট আউটপুট V_o, R_fC_{in} এর গুণের সমান এবং সময়ের সাথে ইনপুট ভোল্টেজ V_{in} এর পরিবর্তনের নেগেটিভ হার। (-) চিহ্ন ইনপুট সংকেতের সাপেক্ষে আউটপুট ওয়েভফর্ম V_O এর 180° ফেজ শিফট নির্দেশ করে। অতএব ডিফারেনশিয়েটর ইন্টিগ্রেটর ফাংশনেরএর বিপরীত কাজ করে।

$$= -(R_fC_{in})\, dV_{in}/dt \qquad \cdots(2.22)$$

যে সার্কিটে আউটপুট ভোল্টেজ ওয়েভফর্ম ইনপুট ওয়েভফর্ম থেকে ডেরিভেটিভ হয় তাকে ডিফারেনশিয়েটর বলে। আউটপুট ভোল্টেজ সমীকরণ দ্বারা দেওয়া হল।

$$V_O = -R_FC_1 \frac{dVin}{dt} \qquad \cdots(2.23)$$

চিত্র 2.13: বর্গ এবং সাইন ওয়েভ ব্যবহার করে আদর্শ আউটপুটের ওয়েভফর্ম

যদি ইনপুট একটি সাইন ওয়েভ হয় আউটপুট একটি কোসাইন ওয়েভ হবে অথবা যদি ইনপুট একটি স্কয়ার ওয়েভ (বর্গ তরঙ্গ) হয়, আউটপুট পালস ট্রিগার হিসাবে দেখানো হবে।

একটি ইনপুট সিগনালে উচ্চ ফ্রিকোয়েন্সি উপাদানগুলি সনাক্ত করতে ওয়েভ শেপিং সার্কিটগুলিতে এবং এফএম মডুলেটরগুলিতে ডিটেক্টর পরিবর্তনের হার হিসাবে ডিফারেনশিয়েটর ব্যবহার করা হয়। ডিফারেনশিয়েটর হাই পাস ফিল্টার হিসেবে কাজ করে।

2.2.3 একটি ইন্টিগ্রেটার হিসাবে অপ অ্যাম্প

যে সার্কিটে আউটপুট ভোল্টেজ ওয়েভফর্ম ইনপুট ভোল্টেজ ওয়েভফর্মের অবিচ্ছেদ্য অংশ তাকে ইন্টিগ্রেটর অথবা ইন্টিগ্রেশন অ্যামপ্লিফায়ার বলা হয়।মৌলিক ইনভার্টিং অ্যামপ্লিফায়ার ব্যবহার করে ইন্টিগ্রেটর সার্কিট পাওয়া যায়। যদি ফিডব্যাক রেসিস্টর R_F কে একটি ক্যাপাসিটর C_F দ্বারা প্রতিস্থাপিত করা হয়, যেমন চিত্র 2.14 এ দেখানো হয়েছে, তখন সার্কিট ইন্টিগ্রেটর হিসেবে কাজ করে। ইন্টিগ্রেটার সার্কিটে ক্যাপাসিটর এবং রেসিস্টরের অবস্থান বিপরীত হয়,ডিফারেনশিয়েটর সার্কিটের মতো। অপারেশনাল অ্যামপ্লিফায়ারকে এনালগ ইন্টিগ্রেশন হিসাবে প্রস্তুত করা যেতে পারে। একটি ইন্টিগ্রেটিং সার্কিটে, আউটপুট হল সময়ের সাথে ইনপুট ভোল্টেজের ইন্টিগ্রেশন। একটি ইন্টিগ্রেটর সার্কিট যা সক্রিয় ডিভাইস নিয়ে গঠিত তাকে বলা হয় সক্রিয় ইন্টিগ্রেটর। একটি সাধারণ R_C দিয়ে যতটা সম্ভব তার থেকে, অনেক কম আউটপুট রেসিস্টেন্স এবং উচ্চ আউটপুট ভোল্টেজ একটি সক্রিয় ইন্টিগ্রেটর প্রদান করে। ইন্টিগ্রেটর সার্কিটগুলি সাধারণত একটি স্কয়ার ওয়েভ ইনপুট থেকে একটি ট্রায়াঙ্গুলার ওয়েভ (ত্রিভুজাকার তরঙ্গ) আউটপুট তৈরির জন্য ডিজাইন করা হয়। সাইন ওয়েভ ইনপুট সিগনালে কাজ করার সময় ইন্টিগ্রেটিং সার্কিটের ফ্রিকোয়েন্সি সীমাবদ্ধতা থাকে।

ইন্টিগ্রেশন হল ক্রমাগত সংযোজনের একটি প্রক্রিয়া। ইন্টিগ্রেটরের সর্বাধিক জনপ্রিয় প্রয়োগ হল আউটপুট ভোল্টেজের একটি র‍্যাম্প তৈরি করা যা রৈখিকভাবে ভোল্টেজ বৃদ্ধি বা হ্রাস করে। যদি ইনপুট ভোল্টেজ স্টেপ ভোল্টেজ হয়, তাহলে আউটপুট ভোল্টেজ হবে র‍্যাম্প বা রৈখিকভাবে পরিবর্তনশীল ভোল্টেজ। র‍্যাম্প বা সুইপ জেনারেটর, ফিল্টার, এনালগ কম্পিউটার ইত্যাদিতে ইন্টিগ্রেটর ব্যাপকভাবে ব্যবহৃত হয়।

আউটপুট ভোল্টেজ সমীকরণ হল

$$V_O = -\frac{1}{R1CF}\int_0^t Vindt + C \qquad \ldots(2.24)$$

উপরের সমীকরণ থেকে দেখা যায় আউটপুট ভোল্টেজ সরাসরি ইনপুট

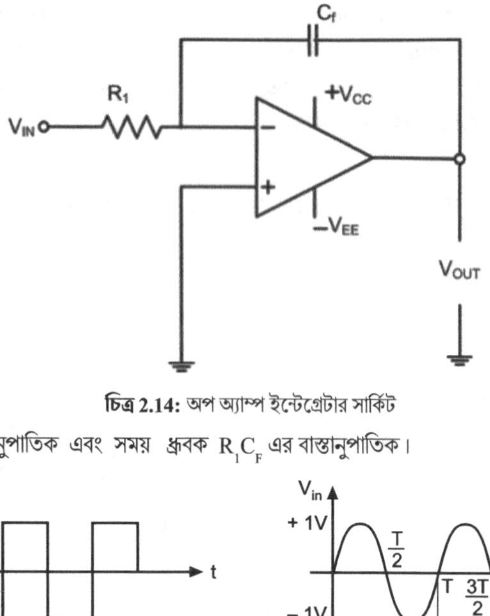

চিত্র 2.14: অপ অ্যাম্প ইন্টেগ্রেটার সার্কিট

ভোল্টেজের নেগেটিভ ইন্টেগ্রালের সমানুপাতিক এবং সময় ধ্রুবক R_1C_F এর বাস্তানুপাতিক।

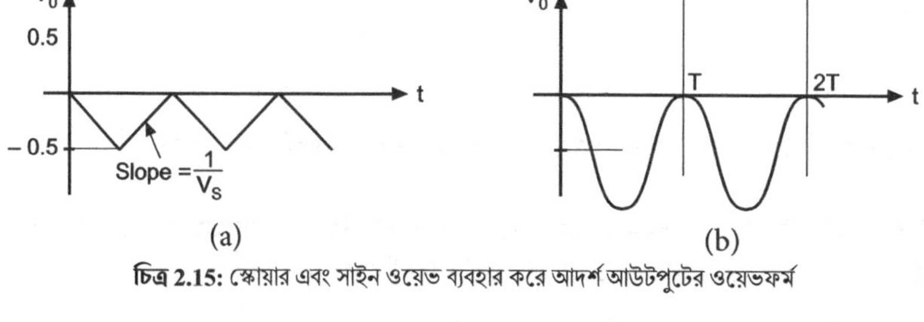

চিত্র 2.15: স্কোয়ার এবং সাইন ওয়েভ ব্যবহার করে আদর্শ আউটপুটের ওয়েভফর্ম

যদি ইনপুট একটি সাইন ওয়েভ হয়, আউটপুট হবে একটি কোসাইন আউটপুটের ওয়েভ অথবা যদি ইনপুটটি একটি স্কোয়ার ওয়েভ হয়, আউটপুট হবে ট্রায়াঙ্গুলার ওয়েভ যেটি $R_1C_f = 1$ এর সাথে দেখানো হয়েছে। যখন $V_{in} = 0$, ইন্টিগ্রেটর একটি ওপেন-লুপ অ্যামপ্লিফায়ার হিসাবে কাজ করে যেমন C_f একটি ওপেন সার্কিট হিসাবে কাজ করে, $C_f = \infty$। ইনপুট অফসেট ভোল্টেজ V_{i0} এবং ইনপুট কারেন্ট চার্জিং ক্যাপাসিটর C_f ইন্টিগ্রেটরের আউটপুটে ত্রুটি ভোল্টেজ তৈরি করে। অতএব, আউটপুটে ত্রুটি ভোল্টেজ কমাতে, একটি রেসিস্টর R_F ফিডব্যাক ক্যাপাসিটর C_F এর আড়াআড়ি সংযুক্ত করা হয়।

ইন্টিগ্রেটর সবচেয়ে বেশি ব্যবহৃত হয় এনালগ কম্পিউটার এবং এনালগ টু ডিজিটাল কনভার্টার (ADC) এবং সংকেত-ওয়েভ শেপিং সার্কিটে। ইন্টিগ্রেটর লো পাস ফিল্টার হিসেবে কাজ করে। কাট অফ ফ্রিকোয়েন্সি ফিডব্যাক কম্পনেন্ট রেসিস্টেন্স R_f এবং ক্যাপাসিটর C_F এর বিপরীতভাবে সমানুপাতিক। ইন্টিগ্রেটরের জন্য কাটঅফ ফ্রিকোয়েন্সি অর্থাৎ লো-পাস ফিল্টার সমীকরণ 2.25 দ্বারা দেওয়া হল।

$$F_1 = 1/(2\pi R_1 C_f) \qquad \cdots(2.25)$$

অ্যাপ্লিকেশন

অপ অ্যাম্প ব্যবহার করে এনালগ সার্কিট তৈরি করা হয়। ডোমেস্টিক এবং শিল্প প্রয়োগ গুলিতে অপ অ্যাম্প এর বিস্তৃত প্রয়োগ রয়েছে। বিভিন্ন অটোমেশনে, বিনোদন যন্ত্রপাতি এনালগ সার্কিট ব্যবহার করা হয়। নিম্নলিখিত প্রকার অপ অ্যাম্প ভিত্তিক এনালগ সার্কিট অনেক ইলেকট্রনিক ডিভাইসে ব্যবহৃত হয়।

- প্রিসিশন রেকটিফায়ার
- লগ এবং অ্যান্টি লগ অ্যামপ্লিফায়ার
- এনালগ মাল্টিপ্লায়ার এবং ডিভাইডার
- জিরো ক্রসিং ডিটেক্টর
- কারেন্ট থেকে ভোল্টেজ কনভার্টার
- ভল্টেজ থেকে কারেন্ট কনভার্টার
- ফ্রিকোয়েন্সি থেকে ভোল্টেজ কনভার্টার
- ভোল্টেজ থেকে ফ্রিকোয়েন্সি কনভার্টার
- লিনিয়ার এবং সুইচিং রেগুলেটর
- সংকেত প্রসেসিং
- জিটাল এনালগ থেকে ডিজিটাল কনভার্টার
- ডিজিটাল থেকে এনালগ কনভার্টার
- সক্রিয় ফিল্টার
- সংকেত কন্ডিশনিং
- বায়োমেডিক্যাল যন্ত্র
- নমুনা এবং হোল্ড সার্কিট
- পিক ডিটেক্টর
- অসিলেটর
- ইন্সট্রুমেন্টেশন অ্যাম্প্লিফায়ার
- কম্পিউটেশনাল বিল্ডিং ব্লক
- এনালগ কম্পিউটার

অনুসন্ধান এবং কৌতূহলের জন্য কার্যকলাপ

ছাত্ররা 5-6 জন ছাত্রদের একটি দল গঠন করবে এবং শিক্ষক/শিক্ষিকার নির্দেশনায় অনুসন্ধান এবং কৌতূহল বিকাশের জন্য কার্যকলাপ (ies) গ্রহণ করবে। একটি নমুনা নিচে দেওয়া হল:

1. অপ অ্যাম্প এর একটি ছোট প্রয়োগ সার্কিট নির্বাচন করো। আপনি প্রয়োগগুলির অধীনে প্রদত্ত সার্কিটগুলির মধ্যে একটি বেছে নিতে পারেন এই ইউনিট থেকে।
2. ডাটা শীটের সাহায্যে একটি উপযুক্ত অপ অ্যাম্প আই সি (IC) নির্বাচন করো।
3. সার্কিটের প্রয়োজনীয়তা অনুযায়ী সঠিক মূল্যের ইলেকট্রনিক উপাদান নির্বাচন করো।
4. আইসি এবং প্রয়োগের জন্য প্রয়োজনীয় অন্যান্য উপাদান পরীক্ষা করো।
5. সার্কিট ডায়াগ্রাম অনুযায়ী ব্রেডবোর্ডে ইলেকট্রনিক উপাদান গঠন করো।
6. প্রদত্ত আবেদনের জন্য সার্কিট পরীক্ষা করো।
7. প্রত্যাশিত আউটপুটের সাথে পর্যবেক্ষণকৃত আউটপুটটির তুলনা করো।

সমাধানকৃত সমস্যা

উদাহরণ 2.2.1: একটি অপ অ্যাম্প এরইন্টেগ্রেটারের যদি কাট অফ ফ্রিকোয়েন্সি 159 Hz, আর হয় মধ্যে = 1 KΩ এবং R চ = 100 KΩ হয়, তাহলে ফিডব্যাক ক্যাপাসিট্যান্সের মান গণনা করো।

সমাধান: দেওয়া আছে $R_{in} = 1K\Omega, R_f = 100K\Omega$ এবং $F_c = 159Hz$

$$F_1 = 1/(2\pi R_f C_f)$$

$$159 = 1/2\pi R_{in} C_f$$

$$159 = 1/2 \times 3.14 \times 100 \times 10^3 \times C_f$$
$$C_f = 1/2 \times 3.14 \times 100 \times 159 \times 10^3$$
$$= 1.0 \times 10^{-8} = 0.01\ \mu F$$

উদাহরণ 2.2.2: একটি ডিফারেনশিয়েটর ফিডব্যাক রেসিস্টরের মান 10 KΩ এবং ইনপুট ক্যাপাসিটরের মান 0.01 μF হলে কাট অফ ফ্রিকোয়েন্সি গণনা করো।

সমাধান: ডিফারেনশিয়েটর সার্কিটের জন্য $R_f = 10\ K\Omega$ এবং ইনপুট ক্যাপাসিটরের $C_{in} = 0.01\ \mu F$

ডিফারেনশিয়েটরের কাট অফ ফ্রিকোয়েন্সি $f_1 = 1/2\pi R_f C_{in}$

$$f_1 = 1/2 \times 3.14 \times 10 \times 10^3 \times 0.01 \times 10^{-6} = 1.59\ KHz$$

উদাহরণ 2.2.3: 4 KΩ এর ফিডব্যাক রেসিস্টর সহ দুটি ইনপুট ইনভার্টিং সামিং অ্যামপ্লিফায়ারের আউটপুট গণনা করো এবং দুটি ইনপুট হল $V_1 = 3$ V এবং $V_2 = 4$ V দুটি ইনপুট রেসিস্টর হল $R_1 = 4K\Omega$ এবং $R_2 = 8\ K\Omega$।

সমাধান: অপ অ্যাম্প অপারেটিং মোড ইনভার্টিং কনফিগারেশন দেওয়া হয়েছে

$$R_f = 4\ K\Omega$$
$$R_1 = 4K\Omega$$
$$R_2 = 8\ K\Omega$$
$$V_1 = 3\ V \text{ এবং } V_2 = 4\ V$$
$$V_o = -\left[\frac{R_f}{R_1}V_A + \frac{R_f}{R_2}V_B\right]$$
$$= -[(4/4) \times 3 + (4/8) \times 4] = -[3 + 2]$$
$$V_o = -5\ V$$

ইউনিট সারসংক্ষেপ

- অপারেশনাল অ্যামপ্লিফায়ার, যা সাধারণত অপ অ্যাম্প হিসাবে পরিচিত, একটি এনালগ সার্কিট।
- অপ অ্যাম্প, এনালগ অথবা অবিচ্ছিন্ন কার্যক্ষেত্রে অনেক গাণিতিক ফাংশন, রৈখিক এবং অ-রৈখিক ক্রিয়াকলাপ সম্পাদন করে।
- অপ অ্যাম্প, এছাড়াও বিভিন্ন ধরনের এনালগ অ্যামপ্লিফায়ার এবং সক্রিয় ফিল্টারে ব্যবহার করা হয়।
- অপ অ্যাম্প ক্লোজ কনফিগারেশনের সাথে নেগেটিভ ফিডব্যাক ইনভার্টিং এবং নন -ইনভার্টিং অ্যামপ্লিফায়ার মোডে ব্যবহার করা যেতে পারে।
- ইনভার্টিং এবং নন -ইনভার্টিং অ্যামপ্লিফায়ার মোডে অ্যামপ্লিফায়ারের ক্লোজ লুপ গেইন, ফিডব্যাক রেসিস্টর এবং ইনপুট রেসিস্টরের উপর নির্ভর করে।
- ইউনিটি গেইনের সাথে নন-ইনভার্টিং অ্যাম্প্লিফায়ার একটি এনালগ বাফার হিসাবে ব্যবহৃত হয়।

অনুশীলনী

A. বস্তুনিষ্ঠ প্রশ্ন

নির্দেশ: অনুগ্রহ করে সবচেয়ে উপযুক্ত উত্তর নির্বাচন করো।

ক্রমিক সংখ্যা	এম সি কিউ	ক্রমিক সংখ্যা	এম সি কিউ
2.1	অপ অ্যাম্প ইন্টিগ্রেটরের ফিডব্যাক পাথ গঠনের জন্য প্রয়োজন হয় a. রেসিস্টর b. ক্যাপাসিটর c. ইন্ডাক্টর d. ডায়োড	2.4	বায়াসিং জন্য, অপ অ্যাম্প IC 741 এর প্রয়োজন a. একক বিদ্যুৎ সরবরাহ b. দুটি পাওয়ার সাপ্লাই c. চারটি পাওয়ার সাপ্লাই d. নেই কোন বিদ্যুৎ সরবরাহ
2.2	যদি ইনপুট সংকেত ক্যাপাসিটরের মাধ্যমে ইনপুট ইনভার্ট করার জন্য পাঠানো হয় এবং ফিডব্যাক পাথ রেসিস্টর দ্বারা গঠিত হয়, তাহলে সেই অপ অ্যাম্প সার্কিটকে বলা হয় a. অ্যাডার সার্কিট b. ইন্টিগ্রেটর সার্কিট c. ডিফারেনশিয়েটর সার্কিট d. নন-ইনভার্টিং অ্যামপ্লিফায়ার	2.5	ডিফারিয়েটর সার্কিটকে হাই পাস ফিল্টার হিসাবে চালানোর জন্য, সার্কিটের সময় ধ্রুবক হতে হবে a. উচ্চ b. ইনপুট সংকেতের সময়কালের তুলনায় খুব বেশি c. ছোট d. ইনপুট সংকেতের সময়কালের তুলনায় খুব ছোট
2.3	অপ অ্যাম্প এর দুটি ইনপুট টার্মিনাল পরিচিত হয় a. হাই এবং লো b. ইনভার্টিং এবং নন-ইনভার্টিং c. ফেজ এবং নিউট্রাল d. ইন্টিগ্রেটর এবং ডিফারেনশিয়েটর	2.6	ইনভারটিং অ্যামপ্লিফায়ার ব্যাবহার করে চারটি ইনপুট সার্কিটের জন্য গড়, a. $R_{in} = R_f / 4$ b. $R_{in} = R_f + 4$ c. $R_{in} = R_f$ d. $R_{in} = R_f \times 4$

B. বিষয়গত প্রশ্ন

1. একটি আদর্শ অপ অ্যাম্প এর ছয়টি বৈশিষ্ট্য তালিকাভুক্ত করো।
2. বিভিন্ন অপারেশনাল অ্যামপ্লিফায়ার পারামিটার গুলি বলুন।
3. পরিচ্ছন্ন সার্কিট ডায়াগ্রাম সহ নন-ইনভার্টিং অপারেশনাল অ্যামপ্লিফায়ার ব্যাখ্যা করো।
4. অপ অ্যাম্প কে বাফার সার্কিট হিসেবে ব্যাখ্যা করো।
5. কমুনিকেশন সার্কিটে স্লেও রেট প্যারামিটারের তাৎপর্য ব্যাখ্যা করো।
6. ব্যবহৃত উপাদান, আউটপুট সমীকরণ, প্রয়োজনীয় সময় ধ্রুবক এবং প্রয়োগের ভিত্তিতে ইন্টিগ্রেটর এবং ডিফারিয়েটার সার্কিটের তুলনা করো।
7. 2 $K\Omega$ এর ফিডব্যাক রেসিস্টরের সাথে তিনটি ইনপুট ইনভার্টিং সামিং অ্যামপ্লিফায়ারের আউটপুট গণনা করো এবং তিনটি ইনপুট হল $V_1 = 2\ V$, $V_2 = 4\ V$ এবং $V_3 = 6\ V$। তিনটি ইনপুট রেসিস্টর হল $R_1 = 2\ K\Omega$, $R_2 = 4\ K\Omega$ এবং $R_3 = 6\ K\Omega$
8. অপ অ্যাম্প - এর ইনভার্টিং কনফিগারেশনের ফিডব্যাক পাথে সংযুক্ত ভেরিয়েবল রেসিস্টরের প্রভাব ব্যাখ্যা করো।

9. অ্যাডার সার্কিট ব্যবহার করে অপ অ্যাম্প ভিত্তিক সাবস্ট্রাক্টর এর নির্মাণ ব্যাখ্যা করো।
10. একটি ডিফারেনসিয়েটারে 20 KΩ এর ফিডব্যাক রেসিস্টর থাকে এবং কাট অফ ফ্রিকোয়েন্সি হল 1.5 KHz, ইনপুট ক্যাপাসিটরের মান গননা করো।

ব্যবহারিক

P23-ES110 অ্যাম্প্লিফায়ার ও ইন্ট্রিগ্রে টার হিসাবে অপারেশনাল অ্যাম্প্লিফায়ার এর পরীক্ষা

P23.1 ব্যবহারিক বিবৃতি

অ্যাম্প্লিফায়ার এবং ইন্টিগ্রেটর হিসাবে অপ অ্যাম্প টেস্ট করো

P23.2 ব্যবহারিক তাৎপর্য

অপ অ্যাম্প আজ সবচেয়ে বহুল ব্যবহৃত ইলেকট্রনিক ডিভাইসগুলির মধ্যে একটি, যা ভোক্তা, শিল্প এবং বৈজ্ঞানিক ডিভাইসের বিস্তৃত পরিসরে ব্যবহৃত হচ্ছে। **অপ অ্যাম্প** উপাদান হিসাবে প্যাকেজ করা যেতে পারে অথবা আরো জটিল ইন্টিগ্রেটেড সার্কিটের উপাদান হিসাবে ব্যবহার করা যেতে পারে। ইনভার্টিং অপারেশনাল এম্প্লিফায়ার কনফিগারেশন হল সহজ এবং সর্বাধিক ব্যবহৃত অপ অ্যাম্প টোপোলজি। নন-ইনভার্টিং এম্প্লিফায়ার কনফিগারেশন অপারেশনাল এম্প্লিফায়ার সার্কিটের অন্যতম জনপ্রিয় এবং বহুল ব্যবহৃত ফর্ম। অপ অ্যাম্প নন-ইনভার্টিং এম্প্লিফায়ার সার্কিট একটি উচ্চ ইনপুট ইম্পিডেন্স সহ একটি অপারেশনাল এম্প্লিফায়ার এর থেকে প্রাপ্ত সমস্ত সুবিধা প্রদান করে।

অপারেশনাল অ্যামপ্লিফায়ার ইন্টিগ্রেশন হিসাবে কনফিগার করা যেতে পারে। একটি ইন্টিগ্রেটিং সার্কিটে, আউটপুট হল সময়ের সাথে ইনপুট ভোল্টেজের ইন্টিগ্রেশন। একটি ইন্টিগ্রেটর সার্কিট যা সক্রিয় ডিভাইস নিয়ে গঠিত তাকে বলা হয় সক্রিয় ইন্টিগ্রেটর। একটি সক্রিয় ইন্টিগ্রেটর একটি সহজ আরসি সার্কিটের চেয়ে অনেক কম আউটপুট রেসিস্টেন্স এবং উচ্চ আউটপুট ভোল্টেজ প্রদান করে। ইন্টিগ্রেটর সার্কিটগুলি সাধারণত একটি স্কয়ার তরঙ্গ ইনপুট থেকে একটি ত্রিভুজাকার তরঙ্গ আউটপুট তৈরির জন্য ডিজাইন করা হয়। সাইন ওয়েভ ইনপুট সিগন্যালে কাজ করার সময় ইন্টিগ্রেটিং সার্কিটের ফ্রিকোয়েন্সি সীমাবদ্ধতা থাকে। এই প্রাকটিক্যালটি শিক্ষার্থীকে আইসি 741 ব্যবহার করে স্কয়ার তরঙ্গকে ত্রিভুজাকার তরঙ্গে রূপান্তর করতে সক্ষম করবে। এই প্রাকটিক্যালটি শিক্ষার্থীকে ইনভার্টিং অ্যাম্প্লিফায়ার, নন-ইনভার্টিং এম্প্লিফায়ার এবং ইন্টিগ্রেটর হিসাবে অপ অ্যাম্প ব্যবহার করতে সক্ষম করবে।

P23.3 প্রাসঙ্গিক তত্ত্ব

অপ অ্যাম্প এর জন্য একটি অ্যামপ্লিফায়ার হিসাবে 2.1.5 বিষয় এবং একটি ইন্টিগ্রেটর হিসাবে অপ অ্যাম্প এর জন্য এই বইয়ের অধ্যায় 2 এর বিষয় 2.2.3 দেখুন।

P23.4 ব্যবহারিক ফলাফল (PrO)

PrO1: অপারেশনাল পরিবর্ধকের গেন নির্ধারণের জন্য প্রাসঙ্গিক যন্ত্র ব্যবহার করো

PrO2: বিল্ড এবং টেস্ট ইন্টিগ্রেটর সার্কিট IC741 নিয়ে গঠিত।

P23.5 ব্যবহারিক সেটআপ (সার্কিট ডায়াগ্রাম)

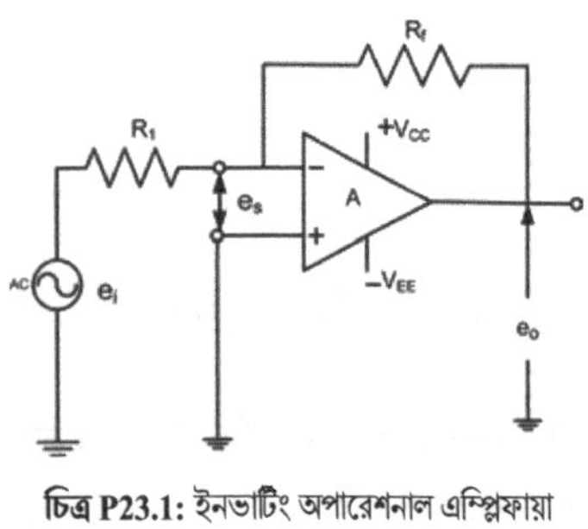

চিত্র P23.1: ইনভার্টিং অপারেশনাল এম্প্লিফায়া

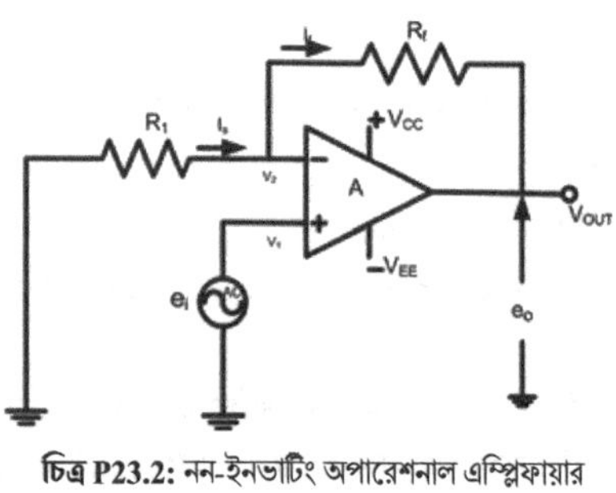

চিত্র P23.2: নন-ইনভার্টিং অপারেশনাল এম্প্লিফায়ার

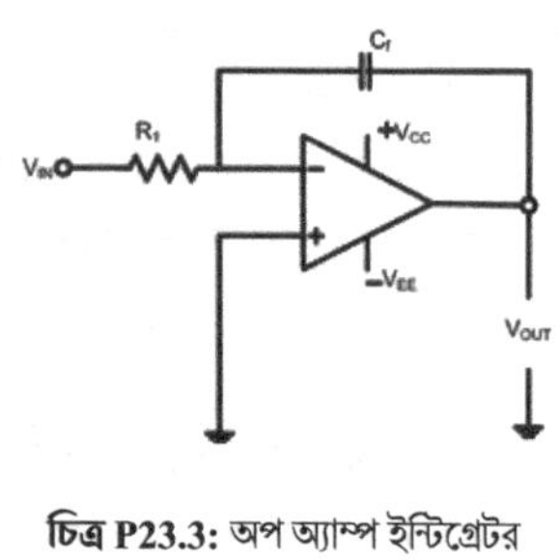

চিত্র P23.3: অপ অ্যাম্প ইন্টিগ্রেটর

P23.6 প্রয়োজনীয় সামগ্রী

ক্রমিক নং	গুরুত্বপূর্ণ স্পেসিফিকেশন সহ প্রস্তাবিত প্রয়োজনীয় সামগ্রী	মোট সংখ্যা	বিস্তৃত স্পেসিফিকেশন সহ প্রকৃত প্রয়োজনীয় সামগ্রী (ছাত্র ছাত্রী দ্বারা পূরণ করা হবে)	মন্তব্য (যদি থাকে)
1.	দ্বৈত বিদ্যুৎ সরবরাহ 0- 30V, 2A	1 No.		
2.	আই সি - 741C	1 No.		
3.	রেসিস্টর R1 1KΩ	2 No.		
4.	রেসিস্টর R_f 10KΩ	2 No.		
5.	ক্যাপাসিটর CF 0.01μF	1 No.		
6.	ফাংশন জেনারেটর 20MHz	2 No.		
7.	এনালগ আইসি পরীক্ষক এনালগ আইসি পরীক্ষা করার জন্য উপযুক্ত	1 No.		
8.	সিআরও 20MHz ডুয়াল ট্রেস অসিলোস্কোপ	2 No.		
9.	ব্রেডবোর্ড 5.5 সেমি এক্স 17 সেমি	2 No.		
10.	সংযোগ তার: সিঙ্গেল স্ট্র্যান্ড টেফলন আবৃত (0.6 মিমি ব্যাস)	LS		

P23.7 সতর্কতা

1. ব্রেডবোর্ডে আইসি 741 এবং রেসিস্টেন্স এর সঠিক মাউন্ট নিশ্চিত করো।
2. সার্কিটের সঠিক সংযোগ নিশ্চিত করো।
3. সার্কিটে সঠিক ইনপুট ভোল্টেজ এবং সরবরাহ ভোল্টেজ নিশ্চিত করো।

P23.8 প্রস্তাবিত পদ্ধতি

ইনভার্টিং অ্যামপ্লিফায়ার

1. এনালগ আইসি পরীক্ষক দিয়ে IC741 পরীক্ষা করো।
2. ব্রেডবোর্ডে সাপ্লাই ভোল্টেজ +15V, -15V এবং গ্রাউন্ডের বিন্দু তৈরি করো।
3. পিন নং 7 থেকে +15V এবং পিন নং 4 থেকে -15V এবং পিন নং 3 গ্রাউন্ডে সংযুক্ত করো।
4. R_I এবং R_f সংযুক্ত করো যেমন চিত্র P23.1 এ দেখানো হয়েছে।
5. ফাংশন জেনারেটর থেকে (1V, 500 Hz) এর সাইন ওয়েভ V_{In} নির্বাচন করো, সিআরও তে ওয়েভ চেক করো।
6. নির্বাচিত সাইন ওয়েভ ইনপুট পিন নং 2 এ প্রয়োগ করো।
7. প্রশস্ততা ধ্রুবক রাখুন এবং ইনপুট ফ্রিকোয়েন্সি 100Hz থেকে 1MHz এ পরিবর্তন করো।
8. পিন নং 6 থেকে সিআরও তে V_{Out} পরিমাপ করো এবং রিডিংটি নোট করো।
9. সেমি লগ কাগজে ফ্রিকোয়েন্সি বনাম গেন প্লট করো।
10. ব্যান্ডউইথ বের করো এবং সেমি লগ থেকে ফ্রিকোয়েন্সি কেটে দিন।

নন-ইনভার্টিং অ্যামপ্লিফায়ার

1. এনালগ আইসি পরীক্ষক দিয়ে IC741 পরীক্ষা করো।
2. ব্রেডবোর্ডে সাপ্লাই ভোল্টেজ +15V, -15V এবং গ্রাউন্ডের বিন্দু তৈরি করো।
3. পিন নং 7 থেকে +15V এবং পিন নং 4 থেকে -15V এবং পিন নং 3 গ্রাউন্ডে সংযুক্ত করো।
4. R_I এবং R_f সংযুক্ত করো যেমন চিত্র P23.2 এ দেখানো হয়েছে।

5. ফাংশন জেনারেটর থেকে (1V, 500 Hz) এর সাইন ওয়েভ V_{in} নির্বাচন করো, সিআরও তে ওয়েভ চেক করো।
6. নির্বাচিত সাইন ওয়েভ ইনপুট পিন নং 2 এ প্রয়োগ করো।
7. প্রশস্ততা ধ্রুবক রাখুন এবং ইনপুট ফ্রিকোয়েন্সি 100Hz থেকে 1MHz এ পরিবর্তন করো।
8. পিন নং 6 থেকে সিআরও তে V_{Out} পরিমাপ করো এবং রিডিংটি নোট করো।
9. সেমি লগ কাগজে ফ্রিকোয়েন্সি বনাম গেন প্লট করো।
10. ব্যান্ডউইথ বের করো এবং সেমি লগ থেকে ফ্রিকোয়েন্সি কেটে দিন।

ইন্টিগ্রেটর সার্কিট

1. সার্কিট ডায়াগ্রাম অনুযায়ী ব্রেডবোর্ডে সার্কিট একত্রিত করো।
2. IC 741 এর পিন নং 7 ($+V_{CC}$) এবং পিন নং 4 ($-V_{EE}$) এর সাথে দ্বৈত বিদ্যুৎ সরবরাহ সংযুক্ত করো।
3. ফাংশন জেনারেটর সেট করো 1 KHz এ 1V পিপি প্রশস্ততার একটি সাইন ওয়েভফর্ম তৈরি করতে 2 নং পিনে।
4. ইনপুট হিসাবে প্রয়োগ করার আগে সিআরও তে তরঙ্গাকৃতি পরীক্ষা করো।
5. 1 KHz ফ্রিকোয়েন্সি জন্য CRO তে ইনপুট এবং আউটপুট (পিন নং 6) তরঙ্গাকৃতি পর্যবেক্ষণ করো এবং ফাংশন জেনারেটর এবং CRO থেকে প্রদত্ত ইনপুটের জন্য ফেজ শিফট পরীক্ষা করো।
6. ইনপুট ফ্রিকোয়েন্সি পরিবর্তন করো 100 Hz থেকে 10 KHz ইনপুট ভোল্টেজ 1V রেখে।
7. প্রতিটি ফ্রিকোয়েন্সি জন্য আউটপুট ভোল্টেজ পরিমাপ এবং পর্যবেক্ষণ টেবিলে আউটপুট ভোল্টেজ নোট করো।
8. সেমি লগ কাগজে ফ্রিকোয়েন্সি বনাম গেন প্লট করো ও ডেসিবেলে বিভিন্ন ইনপুট ফ্রিকোয়েন্সি গেনের হিসাব করো।

P23.9 পর্যবেক্ষণ ও গণনা

সারণী P23.1: ইনভার্টিং অ্যামপ্লিফায়ারের জন্য পর্যবেক্ষণ সারণী (V_i = 1V pp.)

ক্রমিক নং	ইনপুট ফ্রিকোয়েন্সি (Hz)	আউটপুট ভোল্টেজ, V_o (ভোল্ট)	ভোল্টেজ গেন ($A = V_o/V_i$)	ডিবি তে গেন 20 log (V_o/V_i)
1.	100Hz			
2.	500Hz			
3.	1KHz			

সারণী P23.2: ইন্টিগ্রেটর ইনপুট ভোল্টেজের জন্য পর্যবেক্ষণ সারণী (V_i = 1V pp.)

ক্রমিক নং	ইনপুট ফ্রিকোয়েন্সি (Hz)	আউটপুট ভোল্টেজ, V_o (ভোল্ট)	ডিবি তে গেন 20 log (V_o/V_i)
1.	100 Hz		
2.	200 Hz		

গণনা

1. ভোল্টেজ গেন: V_o/V_i = ...
2. ডিবিতে ভোল্টেজ গেন: 20 log (V_o/V_i) = ...

P23.10 ফলাফল এবং ব্যাখ্যা

1. .... 2. ....

P23.11 উপসংহার এবং/অথবা বৈধতা

....

....

P23.12 ব্যবহারিক সম্পর্কিত প্রশ্ন

(উত্তরের জন্য আলাদা শীট ব্যবহার করো)

দ্রষ্টব্য: রেফারেন্সের জন্য নীচে কয়েকটি নমুনা প্রশ্ন দেওয়া হল। পূর্বনির্ধারিত কোর্সের ফলাফল অর্জন নিশ্চিত করার জন্য শিক্ষকদের এই ধরনের আরো প্রশ্ন তৈরি করতে হবে।

1. ইনভার্টিং অ্যামপ্লিফায়ার এর নেগাটিভ প্রতিক্রিয়া প্রভাব বলুন।
2. লিনিয়ার ক্রিয়াকলাপের জন্য পরীক্ষামূলক সার্কিটে প্রয়োগ করা যেতে পারে এমন সর্বাধিক ইনপুট সংকেত এর ভোল্টেজ উল্লেখ করো।
3. ইন্টিগ্রেটর কি লো-পাস ফিল্টার হিসেবে কাজ করতে পারে? ফ্রিকোয়েন্সি রেসপন্সের সাহায্যে আপনার উত্তরকে ন্যায্যতা দিন।

P23.13 প্রস্তাবিত শেখার উৎস

Experimet: To study op-amp

আরো জানো

মাইক্রো প্রকল্প এবং কার্যক্রম

অনুষদের নির্দেশনায় 5-6 জন শিক্ষার্থীর একটি দল একটি বা দুটি মাইক্রো প্রকল্প (গুলি) /ক্রিয়াকলাপ গ্রহণ করো এবং ব্যক্তিগত অংশগ্রহণের সাথে এটিকে গোষ্ঠী হিসাবে উপস্থাপন করো। দুটি ক্ষুদ্র প্রকল্প সমস্যার একটি নমুনা তালিকা এবং দুটি কার্যক্রম নিচে দেওয়া হল:

সমস্যা

1. IC741 নিয়ে গঠিত অ্যাডার এবং সাবস্ট্রাক্টর সার্কিট নির্মাণ এবং পরীক্ষা।
2. IC741 নিয়ে গঠিত ডিফারেনশিয়েটর সার্কিট নির্মাণ এবং পরীক্ষা।

কার্যক্রম

1. লাইব্রেরি/ ইন্টারনেটের মাধ্যমে অপ অ্যাম্প ভিত্তিক লিনিয়ার সার্কিট এবং তাদের প্রয়োগগুলির নিরীক্ষা করো।
2. বিভিন্ন অপ অ্যাম্প ভিত্তিক সার্কিটের আচরণ বোঝার জন্য পাওয়ার পয়েন্ট উপস্থাপনা বা অ্যানিমেশন প্রস্তুত করো।

ভিডিও সম্পদ

Integrated Circuits, MOSFETS, Op Amps and their Applications

রেফারেন্স এবং প্রস্তাবিত পড়া

1. Ramakant A. Gayakwad, Op-Amps and Linear Integrated Circuits, New Delhi: PHI Learning, 2011.
2. David A. Bell, Operational Amplifiers and Linear ICs, New Delhi: Oxford University Press, 2011.
3. Willam D Stanley, Operation Amplifier with Linear Integrated Circuit, New Delhi: Pearson Education, 2002.
4. Senthil M. Sivakumar, Linear Integrated Circuits, New Delhi: S. Chand Publishing, New Delhi, 2014.
5. S. Salivahanan, Linear Integrated Circuits, McGraw Hill, New Delhi, 2008.

3 ডিজিটাল ইলেকট্রনিক্সের পর্যালোচনা

ইউনিট বিশেষ

এই ইউনিটে নিম্নলিখিত বিষয়গুলি নিয়ে আলোচনা করা হয়েছে:

- সংখ্যা পদ্ধতি এবং রূপান্তর
- বুলিয়ান সূত্র এবং উপপাদ্য
- লজিক গেট
- ফ্লিপ ফ্লপ এবং তার প্রকার
- কাউন্টার হিসাবে ফ্লিপ ফ্লপের ব্যবহার
- ইন্টিগ্রেটেড সার্কিটের ভূমিকা

সমস্যা সমাধানের উদাহরণ এবং আইসিটি রেফারেন্স সহ প্রতিটি বিষয়ের শেষে শিক্ষার্থীদের স্ব-শিক্ষার ক্রিয়াকলাপগুলি আরও কৌতূহল এবং সৃজনশীলতা সৃষ্টির পাশাপাশি সমস্যা সমাধানের ক্ষমতা উন্নত করার জন্য তৈরি করা হয়েছে।

ব্লুমের শ্রেণীবিন্যাসের বর্ধিত স্তরের পরে একাধিক পছন্দের প্রশ্ন এবং বিষয়ভিত্তিক প্রশ্ন, রেফারেন্সের অধীনে তালিকাভুক্ত বইগুলিতে প্রদত্ত বেশ কয়েকটি সমস্যার মধ্য দিয়ে নিয়োগ এবং প্রস্তাবিত রিডিংগুলি ইউনিটে দেওয়া হয়েছে যাতে কেউ তাদের মাধ্যমে অনুশীলন করতে পারে।

সম্পর্কিত ব্যবহারিকগুলি "আরও জানো " বিভাগ দ্বারা দেওয়া হয়েছে যাতে প্রদত্ত সম্পূরক তথ্য বইটির ব্যবহারকারীদের জন্য উপকারী হয়। ইউনিটের বিষয়বস্তুর উপর ভিত্তি করে এই বিভাগে, " ক্ষুদ্র প্রকল্প " কার্যকলাপ এবং ভিডিও রিসোর্সের QR কোড প্রদান করা হয়েছে কিছু উপ-বিষয়গুলি সম্পর্কে আরও জানতে।

যুক্তি

ডিজিটাল সিস্টেমগুলি গণনা, ডেটা প্রক্রিয়াকরণ, যোগাযোগ, পরিমাপ এবং নিয়ন্ত্রণের জন্য ব্যাপকভাবে ব্যবহৃত হয়। সিস্টেমগুলি ডিজিটাল হওয়ার প্রধান কারণ হল, এগুলি আরও নির্ভরযোগ্য, শব্দ দ্বারা কম প্রভাবিত, নকশা করা সহজ এবং আইসি চিপে গড়া। অধ্যায়টি ডিজিটাল সিস্টেমের মৌলিক ধারণা এবং তাদের ডিজিটাল ডিভাইস এবং ইন্টিগ্রেটেড সার্কিটে প্রয়োগ বুঝতে সাহায্য করবে।

পূর্ব-প্রয়োজনীয়

1. গণিত: সেট, আসল সংখ্যা, গণিতে প্রমাণ (দশম শ্রেণী)

ইউনিট ফলাফল

এই ইউনিট সমাপ্ত হলে, শিক্ষার্থী সক্ষম হবে:

U3-O1: বুলিয়ান সূত্র এবং উপপাদ্য ব্যবহার করে প্রদত্ত অভিব্যক্তি সরল করো।

U3-O2: বিভিন্ন ধরনের লজিক গেট ব্যাখ্যা করো।

U3-O3: নির্দিষ্ট ধরনের কাউন্টার নির্মাণের জন্য প্রদত্ত ফ্লিপ -ফ্লপ ব্যবহার করো।

U3-O4: গেটের জন্য উপযুক্ত TTL ডিজিটাল IC সাজেস্ট করো।

ইউনিট-3 ফলাফল	কোর্স আউটকোমের সাথে প্রত্যাশিত ম্যাপিং (1-দুর্বল সম্পর্ক; 2- মাঝারি সম্পর্ক; 3- শক্তিশালী সম্পর্ক)					
	সিও-1	সিও-2	সিও-3	সিও-4	সিও-5	সিও-6
U3-O1	-	-	3	-	-	-
U3-O2	2	-	3	-	-	-
U3-O3	2	-	3	-	-	-
U3-O4	3	-	3	-	-	-

জর্জ বুল (1864-1815)

বুলিয়ান বীজগণিত চালু করেছিলেন জর্জ বুল, গণিত বিভাগের অধ্যাপক ইউনিভার্সিটি কলেজ, কর্ক, আয়ারল্যান্ড তার প্রথম বই দ্য ম্যাথমেটিক্যাল এনালাইসিস অফ লজিক' 1847 সালে। বুলিয়ান বীজগণিত হল বীজগণিতের শাখা যেখানে মান ভেরিয়েবল হল TRUTH মান 'TRUE' এবং 'FALSE', সাধারণত যথাক্রমে '1' এবং '0' হিসাবে চিহ্নিত করা হয়।প্রাথমিক বীজগণিত, যেখানে ভেরিয়েবলের মান সংখ্যা এবং প্রাইম অপারেশন হল যোগ এবং গুণ, প্রধান বুলিয়ান বীজগণিতের অপারেশন হল AND, OR এবং NOT। বুলিয়ান লজিক হল সমস্ত আধুনিক ইলেকট্রনিক ডিজিটাল কম্পিউটারের ভিত্তি স্থাপনের কৃতিত্ব।

3.1 বুলিয়ান অপারেশন এবং বুলিয়ান অ্যালজেব্রা

3.1.1 ভূমিকা

ইলেকট্রনিক সার্কিট এবং সিস্টেম দুই প্রকার, এনালগ এবং ডিজিটাল। এনালগ সার্কিট হল সেগুলো যার মধ্যে ভোল্টেজ এবং কারেন্ট সর্বাধিক এবং সর্বনিম্ন মানের মধ্যে ক্রমাগত পরিবর্তিত হয়। ডিজিটাল সার্কিট হচ্ছে সেগুলো যেখানে ভোল্টেজ স্তরের একটি সীমিত মান অনুমান করা হয়। সমস্ত আধুনিক ডিজিটাল সিস্টেমে, মাত্র দুটি স্বতন্ত্র ভোল্টেজ স্তর রয়েছে। তবে প্রতিটি ভোল্টেজ স্তর সসীম ভোল্টেজ মানের একটি সংকীর্ণ ব্যান্ড। ডিজিটাল সিস্টেমগুলি বাইনারি সিস্টেম ব্যবহার করে, যেখানে বাইনারি ডিজিট 1 একটি উচ্চ ভোল্টেজ স্তর এবং বাইনারি ডিজিট 0 নিম্ন ভোল্টেজ স্তর প্রতিনিধিত্ব করতে ব্যবহৃত হয়। ডিজিটাল সিস্টেমকেএকটি ইতিবাচক যুক্তি ব্যবস্থা বলা হয়। ডিজিটাল সিস্টেমগুলিকে সুইচিং সার্কিট বা লজিক সার্কিটও বলা হয়। সার্কিটগুলি বুলিয়ান অ্যালজেব্রা ব্যবহার করে। বুলিয়ান অ্যালজেব্রা হল গাণিতিক যুক্তির একটি সিস্টেম যা উপাদানগুলির একটি সেট এবং লজিক সার্কিট বিশ্লেষণ এবং সংশ্লেষণের অপারেটর। এই অ্যালজেব্রা, দশমিক এবং বাইনারি নাম্বার সিস্টেম অ্যালজেব্রা উভয় থেকে আলাদা এবং এটি নিয়ম এবং আইনের একটি সেট দ্বারা মূল্যায়ন করা হয়।

3.1.2 সংখ্যা সিস্টেম এবং রূপান্তর

সংখ্যা পদ্ধতি পরিমাণ এবং প্রতীক সম্পর্কিত। সংখ্যা পদ্ধতি একটি প্রদত্ত সংখ্যার মান তার প্রদত্ত বেশের প্রেক্ষিতে উপস্থাপন করে।মানুষ তাদের দৈনন্দিন কাজকর্মে, দশমিক সংখ্যা পদ্ধতি, গণনা অথবা মাপার জন্যব্যবহার করে। ডিজিটাল পদ্ধতিতে বাইনারি নাম্বার সিস্টেম ব্যবহার করা হয়। প্রদত্ত সংখ্যার বেস মান তার অনন্যতা নির্ধারণ করে, তাই ভিন্ন সংখ্যা ব্যবস্থায় একই সংখ্যার ভিন্ন ভিন্ন উপস্থাপনা রয়েছে।

3.1.2.1 দশমিক সংখ্যা পদ্ধতি

দশমিক সংখ্যা ব্যবস্থার বেস 10 রয়েছে কারণ এটি দশমিক পদ্ধতিতে একটি সংখ্যা উপস্থাপন করতে দশটি স্বতন্ত্র প্রতীক ব্যবহার করে যেগুলি হল 0, 1, 2, 3, 4, 5, 6, 7, 8, 9। উদাহরণস্বরূপ, 10 নম্বরটি 0 এবং 1 চিহ্ন দ্বারা প্রতিনিধিত্ব করা হয়, যেখানে প্রতীক 0 হল সর্বনিম্ন তাৎপর্যপূর্ণ অঙ্ক (ডান দিকের সর্বাধিক অঙ্ক) এবং প্রতীক 1 হল সবচেয়ে উল্লেখযোগ্য অঙ্ক (বাম সর্বাধিক অঙ্ক)। দশমিক পদ্ধতিতে প্রতিটি অঙ্কের অবস্থান বেস 10 এর একটি নির্দিষ্ট শক্তির প্রতিনিধিত্ব করে। উদাহরণস্বরূপ, দশমিক সংখ্যা

$$(3456)_{10} = 3 * 10^3 + 4 * 10^2 + 5 * 10^1 + 6 * 10^0$$

সবচেয়ে ডান দিকের সংখ্যাটি 10^0 ক্রমের, দ্বিতীয় ডান দিকের সংখ্যা 10^1(দশ) ক্রমের, তৃতীয় সবচেয়ে ডান বিটটি 10^2(শত) ক্রম, চতুর্থ সবচেয়ে ডান বিট (হাজার) ইত্যাদি। সাধারণভাবে, একটি দশমিক সংখ্যা পদ্ধতি দশমিক বিন্দু সহ নিম্নলিখিত ভাবে উপস্থাপিত করা যেতে পারে

$$D_3D_2D_1D_0.D_{-1}D_{-2}$$

D_k সহগ দ্বারা উপস্থাপিত দশমিক সংখ্যা 0 থেকে 9 এর যে কোনোটিকে উপস্থাপিত করে এবং সাবস্ক্রিপ্ট k অবস্থানের মান নির্দেশ করে, অতএব বেসের শক্তি অর্থাৎ বেস 10 যার সাথে সহগ প্রয়োগ করতে হবে। উপরে দেখানো দশমিক সংখ্যার জন্য, এটি নিম্নরূপ হবে

$$D_3 \times 10^3 + D_2 \times 10^2 + D_1 \times 10^1 + D_0 \times 10^0 + D_{-1} \times 10^{-1} + D_{-2} \times 10^{-2}$$

3.1.2.2 বাইনারি সংখ্যা পদ্ধতি

বাইনারি সিস্টেমে দুটি স্বাধীন চিহ্ন আছে যথা 0 এবং 1। এই সংখ্যা পদ্ধতির বেস 2। বাইনারি পদ্ধতিতে দশমিক সংখ্যা $(2)_{10}$ কে $(10)_2$ হিসাবে উপস্থাপন করা হয়। একটি বাইনারি ডিজিটকে বিট বলা হয়। দশমিক সংখ্যা পদ্ধতির মতো বাইনারি সিস্টেম একটি অবস্থানগত ওজন সিস্টেম, যেখানে প্রতিটি বিট, বেস 2-এর একটি নির্দিষ্ট শক্তির প্রতিনিধিত্ব করে। একটি বাইনারি সিস্টেমের সবচেয়ে ডান দিকের বিটকে বলা হয় লিস্ট সিগনিফিকেন্ট বিট (LSB) এবং সবচেয়ে বাম দিকের বিটকে বলা হয় মোস্ট সিগনিফিকেন্ট বিট (MSB)। সাধারণভাবে, বাইনারি পয়েন্ট সহ একটি বাইনারি সংখ্যা পদ্ধতিকে নিম্নলিখিত ভাবে উপস্থাপিত করা হয়

$$b_3\, b_2\, b_1 b_0 . b_{-1} b_{-2}$$

b_k সহগ দ্বারা উপস্থাপিত বাইনারি বিট হয় বিট 0 অথবা বিট 1-কে উপস্থাপিত করে এবং সাবস্ক্রিপ্ট k অবস্থানের মান নির্দেশ করে, অতএব বেসের শক্তি অর্থাৎ বেস 2 যার সাথে সহগ প্রয়োগ করতে হবে। উপরে দেখানো বাইনারি সংখ্যার জন্য, এটি নিম্নরূপ হবে

$$b_3 \times 2^3 + b_2 \times 2^2 + b_1 \times 2^1 + b_0 \times 2^0 + b_{-1} \times 2^{-1} + b_{-2} \times 2^{-2}$$

3.1.2.3 অক্টাল এবং হেক্সাডেসিমাল সংখ্যা পদ্ধতি

অক্টাল সংখ্যা পদ্ধতি

অক্টাল সংখ্যা পদ্ধতিটি প্রাথমিক মাইক্রোকম্পিউটার দ্বারা ব্যবহৃত হত। অক্টাল সংখ্যা পদ্ধতিতে আটটি স্বাধীন প্রতীক আছে, যেগুলি হল 0, 1, 2, 3, 4, 5, 6 এবং 7। অতএব বেস হল 8। অক্টাল সংখ্যা ব্যবস্থা একটি অবস্থানগত সংখ্যা পদ্ধতিও, যেখানে অক্টাল সিস্টেমের প্রতিটি অঙ্ক বেস 8 এর একটি নির্দিষ্ট শক্তিকে প্রতিনিধিত্ব করে।

হেক্সাডেসিমাল সংখ্যা পদ্ধতি

ডিজিটাল কম্পিউটার সিস্টেম বাইনারি নম্বর সিস্টেম ব্যবহার করে। যদিও মেশিনের জন্য বাইনারি সিস্টেমে ডেটা প্রসেস করা সহজ, বাইনারি সংখ্যাগুলি মানুষের দ্বারা পরিচালনা করার জন্য খুব দীর্ঘ। এই সমস্যা কাটিয়ে উঠতে, হেক্সাডেসিমাল সংখ্যা পদ্ধতি তৈরি করা হয়েছিল এবং এটি ডেটা প্রক্রিয়াকরণ করার জন্য ডিজিটাল সিস্টেমে সবচেয়ে জনপ্রিয় সংখ্যা পদ্ধতিতে পরিণত হয়েছে। এতে ব্যবহৃত স্বতন্ত্র চিহ্নগুলি হল 0, 1, 2, 3, 4, 5, 6, 7, 8, 9, A, B, C, D, E এবং F। অতএব, বেস হল 16. এটি একটি পজিশনাল নাম্বার সিস্টেমও।

3.1.3 সংখ্যা রূপান্তর

3.1.3.1 বাইনারি থেকে দশমিকে রূপান্তর

Number System Conversions

বাইনারি সংখ্যাগুলি তাদের অবস্থানগত ওজন সিস্টেম দ্বারা দশমিক সংখ্যায় রূপান্তরিত হয়। এই পদ্ধতিতে প্রতিটি বাইনারি বিট সংশ্লিষ্ট অবস্থানের ওজন দ্বারা গুণিত হয় এবং তারপরে দশমিক সংখ্যা প্রাপ্তির জন্য প্রতিটি গুনফল যোগ করা হয়। উদাহরণস্বরূপ 1101.11_2 কে দশমিকে রূপান্তর করো

$$1101.11 = 1 \times 2^3 + 1 \times 2^2 + 0 \times 2^1 + 1 \times 2^0 + 1 \times 2^{-1} + 1 \times 2^{-2}$$

$$= 8 + 4 + 0 + 1 + 0.5 + 0.25 = 13.75_{10}$$

3.1.3.2 দশমিক থেকে বাইনারিতে রূপান্তর

বাইনারি পূর্ণসংখ্যা পেতে, দশমিক সংখ্যা পদ্ধতির পূর্ণসংখ্যা অংশটি ক্রমাগত 2 দ্বারা ভাগ করা হয় যতক্ষণ না ভাগফল শূন্য হয়।শেষ অনুস্মারকটি হল MSB। একইভাবে, ভগ্নাংশ অংশটি ক্রমাগত 2 দ্বারা গুণিত হয় যতক্ষণ না ভগ্নাংশ অংশটি শূন্য হয় বা যতক্ষণ না কাঙ্ক্ষিত নির্ভুলতা পাওয়া যায়। উদাহরণস্বরূপ 35.875_{10} কে বাইনারি রূপান্তর করো। পূর্ণসংখ্যা অংশটি প্রথম ক্রমাগত 2 দ্বারা ভাগ করা হয়

উত্তরটি তীর দ্বারা দেখানো হিসাবে নীচে থেকে উপরের দিকে অনুস্মারকগুলি পড়ে 100011 পেয়েছে। এখন ভগ্নাংশ অংশটি ক্রমাগত 2 দ্বারা গুণ করে এবং পূর্ণসংখ্যা অংশটি লক্ষ্য করে রূপান্তর করো।

0.875*2 = 1.75, পূর্ণসংখ্যা = 1

0.750*2 = 1.50, পূর্ণসংখ্যা = 1

0.500*2 = 1.00, পূর্ণসংখ্যা = 1

এখন সামনের দিকের পূর্ণসংখ্যা পড়ে ফলাফল হল (.111)। পূর্ণসংখ্যা এবং ভগ্নাংশ অংশ একত্রিত করে, বাইনারি এর সমতুল্য হল

$38.875_{10} = 100011.111_2$ ।

2	35	Reminder
2	17	1
	8	1
2	4	0
2	2	0
2	1	0
	0	1 (**MSB**)

3.1.4 বাইনারি পাটিগণিত

3.1.4.1 বাইনারি সংযোজন

দুটি বাইনারি বিটের সংযোজন নিম্নলিখিত নিয়ম অনুসরণ করে

0 + 0 = 0; 0 + 1 = 1; 1 + 0 = 0; 1 + 1 = 0 এবং বহন 1

নিম্নলিখিত বাইনারি সংখ্যা 1011.011 এবং 111.010 যোগ করো

```
 1011.011
+111.010

10010.101
```

ক্যারি ফরওয়ার্ডের যোগ করা হয় দশমিক সংযোজনের অনুরূপ পদ্ধতিতে

3.1.4.2 বাইনারি বিয়োগ

বাইনারি বিয়োগ নিম্নলিখিত নিয়ম অনুসরণ করে

0 - 0 = 0; 1 - 0 = 1; 1 - 1 = 0; 0 - 1 = 1, 1 ধার নিয়ে অর্থাৎ 10 - 1 এর সমতুল্য

1010.010 থেকে বাইনারি সংখ্যা 111.111 বিয়োগ করো

```
1010.010
-111.110

0010.011
```

ডিজিটাল কম্পিউটারে সরলীকরণের জন্য বিয়োগ অপারেশন পরিপূরক ব্যবহার করা হয়। প্রতিটি সংখ্যা পদ্ধতির দুই ধরনের পরিপূরক আছে। একটি বেস b সিস্টেমের জন্য পরিপূরক সমূহ (b – 1)'s পরিপূরক ও b's পরিপূরক। বাইনারি সংখ্যা পদ্ধতির জন্য, দুটি প্রকার হল 1's এবং 2's পরিপূরক (Complement)।

3.1.5 বুলিয়ান সূত্র এবং উপপাদ্য

3.1.5.1 বুলিয়ান বীজগণিত

বুলিয়ান বীজগণিত হল একটি বীজগণিত পদ্ধতি যা লজিকের পদ্ধতিগত ব্যবহারের জন্য তৈরি করা হয়েছে। এটিকে একটি উপাদানের সেট দিয়ে সংজ্ঞায়িত করা হয় যেমন অপারেটরদের একটি সেট এবং বেশ কয়েকটি পোস্টুলেট। সাধারণ বীজগণিতের থেকে অসাদৃশ ভাবে এখানে ঋণাত্মক সংখ্যা এবং ভগ্নাংশের অস্তিত্ব নেই। বুলিয়ান বীজগণিতে কোন বিয়োগ বা বিভাজন অপারেশন নেই। বুলিয়ান বীজগণিতের মৌলিক সূত্রগুলো হল

ক্রমবর্ধমান সূত্র: একটি সেট S-এ একটি বাইনারি অপারেটর প্লাস (+) বা ডট (.) কে ক্রমবর্ধমান বলা হবে যদি

1. A + B = B + A
2. A.B = B.A

যেখানে A এবং B হল S এর উপাদান।

এসোসিয়েটিভ সূত্র: একটি সেট S-এ একটি বাইনারি অপারেটর প্লাস (+) বা ডট (.) কে এসোসিয়েটিভ বলা হবে যদি

1. (A + B) + C = A + (B + C)

2. (A . B) . C = A . (B . C)

যেখানে A, B এবং C হল S এর উপাদান।

বিতরণ সূত্র:

1. (A + B) . C = A . B + B . C
2. A + (B . C) = (A + B) . (A + C)

অ্যান্ড, অর এবং নট সূত্র: সারণী 3.1 এ মৌলিক বুলিয়ান সূত্র দেখানো হয়েছে

সারণী 3.1: বুলিয়ান সূত্র

ক্রমিক নং	OR law	AND law	NOT (Complement) law
1.	A + 0 = A	A . 0 = 0	A” = A
2.	A + 1 = 1	A . 1 = A	If A = 0, then A’ = 1
3.	A + A = A	A . A = A	If A = 1, then A’ = 0
4.	A + A’ = 1	A . A’ = 0	

যেখানে A = {0, 1} এবং A এর পরিপূরককে A’ দিয়ে উপস্থাপিত করা হয়।

ডি মরগানের উপপাদ্য:

উপপাদ্যটি দুটি আইনের প্রতিনিধিত্ব করে

সূত্র 1: (A + B)’ = A’ . B’

আইনে বলা হয়েছে যে দুটি ভেরিয়েবলের সমষ্টির পরিপূরক পৃথক পরিপূরকের গুনফলের সমান।

সূত্র 2: (A . B)’ = A’ + B’

সুত্রে বলা হয়েছে যে দুটি ভেরিয়েবলের গুনফলের পরিপূরক স্বতন্ত্র পরিপূরকের যোগফলের সমান।

কার্যক্রম

ডিজিটাল সার্কিট দ্বারা তথ্য প্রক্রিয়াকরণের জন্য ব্যবহৃত ডিজিটাল কোডগুলির উপর একটি উপস্থাপনা প্রস্তুত করো।

সমাধানকৃত সমস্যা

উদাহরণ 3.1.1: নিম্নলিখিত দশমিক সংখ্যা 452_{10} কে বাইনারিতে রূপান্তর করো।

2	450	மீதம்
2	225	0
2	112	1
2	56	0
2	28	0
2	14	0
2	7	0
2	3	1
2	1	1
	0	1

$452_{10} = (\mathbf{11100010})_2$

উদাহরণ 3.1.2: প্রথম দশ দশমিক সংখ্যাকে বেস 3-এ লেখ।

সমাধান: একটি বেস 3 সিস্টেমের জন্য চিহ্নগুলি 0, 1 এবং 2. দশমিক সংখ্যাকে ধারাবাহিকভাবে বেস 3 দিয়ে ভাগ করলে অবশিষ্ট দশমিক সংখ্যাগুলি প্রাপ্ত হয়।

দশমিক সংখ্যা 3 কে 10_3 এবং একইভাবে দশমিক সংখ্যা 4 থেকে 9 নিম্নলিখিত ভাবে লেখা হয়

Decimal number	Equivalent in base 3	Decimal number	Equivalent in base 3	Decimal number	Equivalent in base 3
4	11	5	12	6	20
7	21	8	22	9	23

3.2 লজিক গেটস

একটি বুলিয়ান ফাংশন হল বাইনারি ভেরিয়েবল দিয়ে তৈরি একটি অভিব্যক্তি যা বাইনারি অপারেটর অ্যান্ড, অর এবং নট, বন্ধনী এবং সমান চিহ্ন-দের ব্যবহার করে। একটি বাইনারি ভেরিয়েবল 0 বা 1 মান নিতে পারে। উদাহরণস্বরূপ একটি বুলিয়ান ফাংশন $F = x + y = 1$ যদি ভেরিয়েবেল x, y অথবা উভয়ই 1 এর সমান হয়, অন্যথায় $F = 0$. একটি বুলিয়ান ফাংশন একটি ট্রুথ সারণী দ্বারা উপস্থাপন করা যেতে পারে। একটি n ভেরিয়েবল বুলিয়ান ফাংশন F এর সারণিতে 2^n তালিকাভুক্ত একটি কলাম রয়েছে এবং প্রতিটি 2^n সংমিশ্রণের জন্য F এর মান হয় 0 নয়তো 1 একটি কলামে দেখানো হয়।

3.2.1 ইতিবাচক এবং নেতিবাচক লজিক

Logic Gate Simulator

ভোল্টেজ স্তর যা লজিক -1 বা লজিক -0 এর সমান একটি বাইনারি ভেরিয়েবল উপস্থাপন করে। যখন উচ্চ ভোল্টেজ প্রতিনিধিত্ব করে লজিক -1 এবং কম ভোল্টেজ লজিক -0, তারপর লজিক সিস্টেমকে পজিটিভ লজিক বলা হয়। উদাহরণস্বরূপ, একটি ডিজিটাল সিস্টেমের ভেরিয়েবল ভোল্টেজ লেভেল তার যদি নামমাত্র মান + 5.0 V-এর সমান হয়, তবে তাকে লজিক-1 সংজ্ঞায়িত করা যেতে পারে। একইভাবে, ভেরিয়েবল ভোল্টেজ লেভেল তার যদি নামমাত্র মান 0 V-এর সমান হয়, তবে তাকে লজিক-0 সংজ্ঞায়িত করা যেতে পারে। অন্যদিকে, লজিক সিস্টেমকে ঋণাত্মক লজিক বলা হয়, যখন উচ্চ ভোল্টেজ অর্থাৎ + 5 V, লজিক -0 এবং নিম্ন ভোল্টেজ অর্থাৎ 0 V, লজিক -1-কে উপস্থাপিত করে। সাধারণভাবে, সমস্ত ডিজিটাল সার্কিটগুলি গ্রহণযোগ্য সহনশীলতার স্তরের সাথে বাইনারি সংকেত গ্রহণ করে। 0V এবং 0.8 V এর মধ্যে একটি ভোল্টেজ লজিক-0-কে উপস্থাপন করে এবং 3V এবং 5 V এর মধ্যে একটি ভোল্টেজ লজিক-1-কে উপস্থাপন করে।

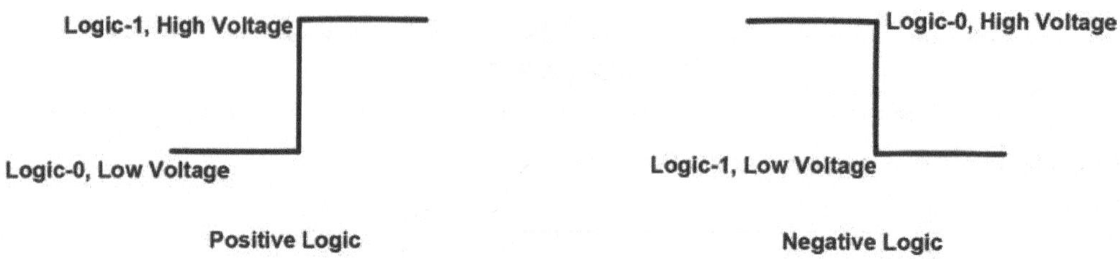

চিত্র 3.1: লজিক সংকেত

3.2.2 লজিক গেটের প্রকারভেদ

Boolean Expressions using Logic

যেকোনো ডিজিটাল সিস্টেমের মৌলিক বিল্ডিং ব্লক হল লজিক গেট। লজিক গেটের নামকরণ থেকে বোঝা যায় যে বর্তমান ইনপুট অনুযায়ী, সিদ্ধান্ত নেওয়ার জন্য ডিভাইসের ক্ষমতার উপরএর আউটপুটের ভিত্তি। তিন প্রকার মৌলিক গেট হল AND, OR এবং NOT। লজিক গেটগুলির ইনপুট এবং আউটপুট শুধুমাত্র দুটি স্তরে ঘটতে পারে। এই দুটি স্তর হল লজিক -1, যাকে HIGH/TRUE এবং লজিক -0, যাকে LOW/FALSE বলা হয়।

3.2.2.1 অ্যান্ড গেট

AND গেট হল একটি লজিক সার্কিট যার আউটপুট লজিক -1 অনুমান করে যখন এর প্রতিটি ইনপুট লজিক -1-এ থাকে। লজিক -0 এ একটা ইনপুট হলেও, আউটপুট লজিক -0 অনুমান করে। AND গেটে দুই বা ততোধিক ইনপুট আছে, কিন্তু শুধুমাত্র একটি আউটপুট। AND গেটের লজিক সিম্বল, বুলিয়ান এক্সপ্রেশন এবং ট্রুথ সারণী চিত্র 3.2 এ দেখানো হয়েছে।

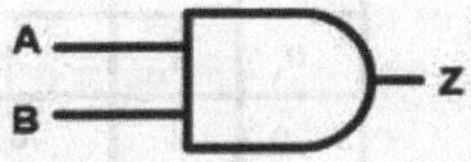

Logic Symbol

Z = A . B

Boolean Expression

A	B	Z
0	0	0
0	1	0
1	0	0
1	1	1

Truth table

চিত্র 3.2: AND গেট

3.2.2.2 অর গেট

একটি OR গেট হল একটি লজিক সার্কিট যেখানে গেট আউটপুট লজিক -0 ধরে নেয় যখন তার প্রতিটি ইনপুট লজিক -0 এ থাকে৷ এমন কি যদি ইনপুটগুলির মধ্যে একটি লজিক -1-এ থাকে, আউটপুট লজিক -1 ধরে নেয়৷ OR গেটে দুই বা ততোধিক ইনপুট আছে, কিন্তু শুধুমাত্র একটি আউটপুট৷ লজিক সিম্বল, বুলিয়ান এক্সপ্রেশন এবং একটি OR গেটের ট্রুথ সারণী চিত্র, 3.3 দেখানো হয়েছে৷

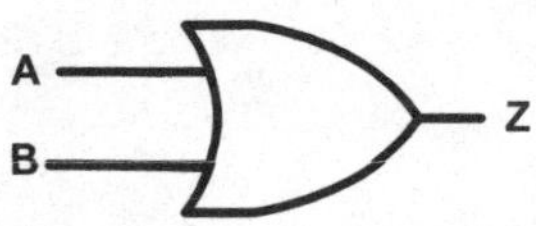

Logic Symbol

Z = A + B

Boolean Expression

A	B	Z
0	0	0
0	1	1
1	0	1
1	1	1

Truth table

চিত্র 3.3: OR গেট

3.2.2.3 নট গেট

NOT গেট, যা INVERTER গেট নামেও পরিচিত, শুধুমাত্র একটি ইনপুট এবং একটি আউটপুট আছে৷ একটি NOT গেটের আউটপুট সর্বদা তার ইনপুটের পরিপূরক হবে৷ লজিক সিম্বল, বুলিয়ান এক্সপ্রেশন এবং NOT গেটের ট্রুথ সারণী চিত্র 3.4-এ দেখানো হয়েছে৷

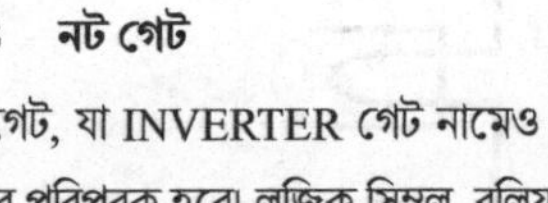

Logic Symbol

Z = A’

Boolean Expression

A	Z
0	1
1	0

Truth table

চিত্র 3.4: NOT গেট

3.2.2.4 ইউনিভার্সাল গেটস

NAND এবং NOR গেট তিনটি মৌলিক গেট অর্থাৎ AND, OR এবং NOT এর লজিক ফাংশন বুঝতে পারে৷ অতএব, এই গেটগুলিকে ইউনিভার্সাল গেট বলা হয়৷ লজিক সিম্বল, বুলিয়ান এক্সপ্রেশন এবং ট্রুথ সারণী চিত্র 3.5 এ দেখানো হয়েছে৷

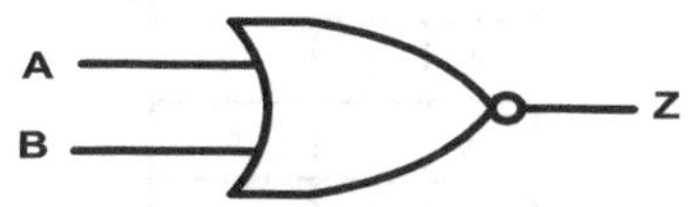

Logic Symbol

Z = (A + B)’

Boolean Expression

A	B	Z
0	0	1
0	1	0
1	0	0
1	1	0

Truth table

NOR Gate

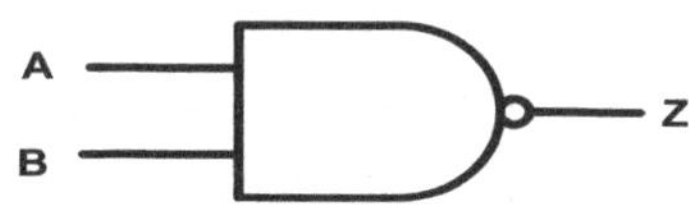

Logic Symbol

Z = (A . B)’

Boolean Expression

A	B	Z
0	0	1
0	1	1
1	0	1
1	1	0

Truth table

NAND Gate

চিত্র 3.5: NOR এবং NAND গেট

কার্যক্রম

লজিক গেট ব্যবহার করে নিচে দেখানো সার্কিটটি বাস্তবায়ন করো।

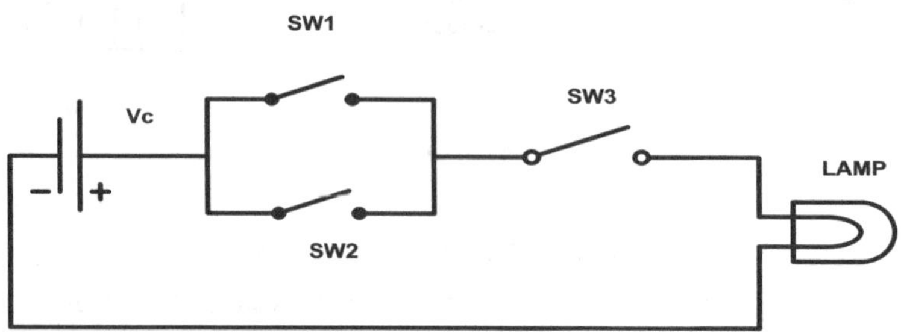

সমাধানকৃত সমস্যা

উদাহরণ 3.2.1: Z = (A' + B')' অভিব্যক্তি উপস্থাপন করার জন্য লজিক গেট চিহ্নিত করো।

সমাধান: ডি মর্গানস উপপাদ্যর প্রথম সূত্র ব্যবহার করে উপরের অভিব্যক্তি হল (A' + B')' = A' B'' = A . B

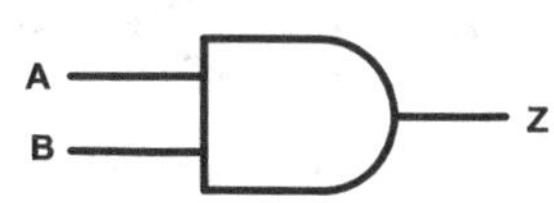

উপরের বুলিয়ান অভিব্যক্তিটি AND গেট ব্যবহার করে প্রয়োগ করা যেতে পারে।

উদাহরণ 3.2.2: OR গেট ব্যবহার করে বুলিয়ান এক্সপ্রেশন Z = A + A'B প্রয়োগ করো।

সমাধান: বিতরণ সূত্র প্রয়োগ করে, বুলিয়ান এক্সপ্রেশন Z –কে পুনরায় লেখা যেতে পারে

Z = (A + A') . (A + B), OR সূত্র অনুযায়ী, A + A = 1

অতএব, Z = 1 . (A + B) = A + B

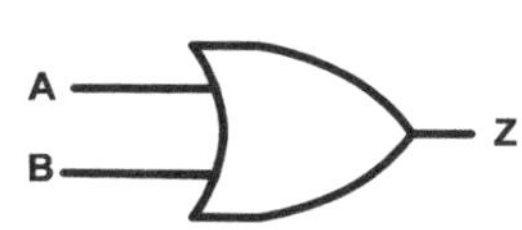

3.3 ফ্লিপ ফ্লপ এবং কাউন্টার

ডিজিটাল সার্কিটগুলিকে বিস্তারিতভাবে কম্বিনেশনাল সার্কিট এবং সিকোয়েন্সিয়াল সার্কিট হিসাবে শ্রেণীবদ্ধ করা হয়। কম্বিনেশনাল সার্কিটে যে কোন মুহূর্তের আউটপুট সেই সময়ে উপস্থিত ইনপুটের উপর নির্ভর করে। কম্বিনেশনাল সার্কিটের উদাহরণ হল সংযোজনকারী, বিয়োগকারী, এনকোডার, ডিকোডার, তুলনাকারী, মাল্টিপ্লেক্সার ইত্যাদি। সিকোয়েন্সিয়াল সার্কিটে আউটপুট কেবল বর্তমান ইনপুট উপর নির্ভর করে না,মেমরি উপাদানে সঞ্চিত অতীত অবস্থা উপরও নির্ভর করে। উদাহরণ হল ফ্লিপ ফ্লপ, রেসিস্টার, কাউন্টার ইত্যাদি।

সিকোয়েন্সিয়াল সার্কিট দুই ধরনের, সিঙ্ক্রোনাস এবং অ্যাসিঙ্ক্রোনাস৷ সিঙ্ক্রোনাস সিকোয়েন্সিয়াল সার্কিটে, সময়ের বিচ্ছিন্ন মুহূর্তে সার্কিটের আচরণ সংকেতগুলির জ্ঞান থেকে সংজ্ঞায়িত করা যেতে পারে৷ সময়ের বিচ্ছিন্ন তাত্ক্ষণিকতা ঘড়ির সংকেত দ্বারা সংজ্ঞায়িত করা হয়৷ অ্যাসিঙ্ক্রোনাস সিকোয়েন্সিয়াল সার্কিটে, সার্কিট আচরণ ইনপুট সংকেতের লজিক লেভেলে কোন ক্রমে পরিবর্তন হয় তার উপর নির্ভর করে৷ সারণী 3.2 একটি সিঙ্ক্রোনাস এবং অ্যাসিঙ্ক্রোনাস ক্রমিক সার্কিটের মধ্যে তুলনা দেখায়৷

সারণী 3.2: সিঙ্ক্রোনাস এবং অ্যাসিঙ্ক্রোনাস ক্রমিক সার্কিটের মধ্যে তুলনা

ক্রমিক সংখ্যা	অ্যাসিঙ্ক্রোনাস সিকোয়েন্সিয়াল সার্কিট	সিঙ্ক্রোনাস সিকোয়েন্সিয়াল সার্কিট
1.	স্মৃতি উপাদানগুলি আনক্লক ফ্লিপ-ফ্লপ	স্মৃতি উপাদানগুলি ক্লকড ফ্লিপ-ফ্লপ
2.	ইনপুট সংকেত পরিবর্তন মেমরি উপাদানকে যে কোনো মুহূর্তে প্রভাবিত করতে পারে	ইনপুট সংকেত পরিবর্তন মেমরি উপাদানগুলিকে প্রভাবিত করতে পারে কেবল তখনই যখন ক্লক সংকেত উপস্থিত থাকে
3.	ক্লক সংকেতের অনুপস্থিতি অ্যাসিঙ্ক্রোনাস সার্কিট অপারেশন দ্রুত করে তোলে	অপারেটিং গতি ক্লক সংকেতের ফ্রিকোয়েন্সি উপর নির্ভর করে

3.3.1 ফ্লিপ-ফ্লপের প্রকারভেদ

একটি সিকোয়েন্সিয়াল সার্কিটের সর্বাধিক গুরুত্বপূর্ণ মেমরি উপাদান এবং মৌলিক বিল্ডিং ব্লক হল ফ্লিপ-ফ্লপ৷ একটি ফ্লিপ-ফ্লপ দুটি স্থিতিশীল অবস্থায় থাকতে পারে এবং অনির্দিষ্টকালের জন্য সেই অবস্থায় থাকতে পারে৷ যথাযথ ইনপুট সংকেত প্রয়োগ করেই এর অবস্থা পরিবর্তন করা যায়৷ ফ্লিপ-ফ্লপকে এক-বিট মেমরি উপাদানও বলা হয়৷

ফ্লিপ ফ্লপ দুটি ক্রস কাপল্ড NAND বা NOR গেট ব্যবহার করে তৈরি করা হয়৷ ফ্লিপ-ফ্লপ তৈরির জন্য বেশ কিছু ভিন্ন ব্যবস্থা আছে৷ প্রতিটি ধরণের ফ্লিপ-ফ্লপের আলাদা বৈশিষ্ট্য রয়েছে যাতে একটি নির্দিষ্ট প্রয়োগ প্রয়োগ করা যায়৷

3.3.1.1 মৌলিক ফ্লিপ-ফ্লপ (S-R Latch)

সবচেয়ে সহজ ধরনের ফ্লিপ-ফ্লপকে বলা হয় এসআর ল্যাচ৷ এটিতে দুটি ইনপুট রয়েছে যা S (SET) এবং R (RESET) এবং দুটি আউটপুট Q এবং এর পরিপূরক Q৷ ল্যাচের অবস্থা Q এর মান 1 বা 0-এর সাথে মিলে যায়৷ NAND গেট ব্যবহার করে S-R ল্যাচ এর বিশ্লেষণ সংক্ষেপে নিম্নরূপভাবে বলা যেতে পারে চিত্র 3.6-এ যেমন দেখানো হয়েছে৷

যখন ইনপুট S = 0 এবং ইনপুট R = 1, এটি ফ্লিপ-ফ্লপ অর্থাৎ Q = 1 সেট করবে এবং S শূন্যে ফিরে আসার পরেও SET অবস্থায় থাকবে৷

যখন ইনপুট R = 0 এবং S = 1, এটি ফ্লিপ-ফ্লপ রিসেট করবে অর্থাৎ Q = 0 এবং R শূন্যে ফিরে আসার পরেও রিসেট অবস্থায় থাকবে৷

যখন ইনপুট S = 1 এবং R = 1, ফ্লিপ-ফ্লপ অবস্থা যেমন আছে তেমনই থাকবে অর্থাৎ Q = 1 হলে, এটি Q = 1 (SET শর্ত) এবং যদি Q = 0 থাকে তবে এটি Q = 0 (RESET শর্ত) হিসাবে থাকবে৷

যখন ইনপুট S = 0 এবং R = 0, আউটপুট অবস্থা Q এবং এর পরিপূরক উভয় অনির্ধারিত হয়ে যায় অর্থাৎ Q = Q =1৷ এই ইনপুট শর্তটি অবৈধ এবং এটি ব্যবহার করা উচিত নয়৷

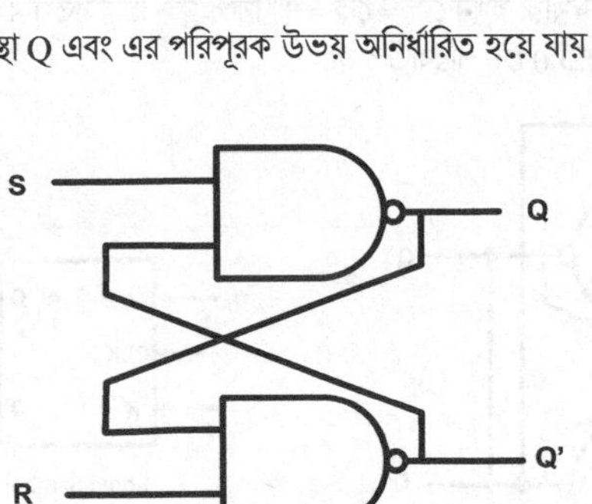

চিত্র 3.6: NAND গেট ব্যবহার করে S-R ল্যাচ

3.3.1.2 ক্লকড এসআর ফ্লিপ ফ্লপ

উপরে আলোচিত মৌলিক এসআর ল্যাচকে অসিঙ্ক্রোনাস এসআর ফ্লিপ-ফ্লপও বলা হয়, কারণ ইনপুট সংকেতের অবস্থা পরিবর্তিত হলে আউটপুট স্টেট যে কোন সময় পরিবর্তন হয়৷ একটি ক্লকড ফ্লিপ-ফ্লপের জন্য ঘড়ি সংকেত প্রয়োজন এবং এটি ফ্লিপ-ফ্লপের অবস্থা তখনই পরিবর্তন করবে যখন ক্লকড

সংকেতটি HIGH (লজিক -1) হবে। এই ধরণের ফ্লিপ ফ্লপগুলিকে লেভেল ট্রিগার বলা হয়।একটি ক্লকড ফ্লিপ-ফ্লপকে সিঙ্ক্রোনাস সিকুয়েন্সিয়াল সার্কিটও বলা হয়। NAND গেট ব্যবহার করে ক্লকড এসআর ফ্লিপ-ফ্লপের লজিক সিম্বল, লজিক চিত্র এবং ট্রুথ সারণী চিত্র 3.7-এ দেখানো হয়েছে। দেখানো লজিক চিত্র থেকে, এটি দেখা যায় যখন ঘড়ির সংকেত LOW হয় (লজিক -0), উভয় ইনপুট NAND গেটগুলির আউটপুট HIGH হয়। এই ক্ষেত্রে, ফ্লিপ-ফ্লপ অবস্থা অপরিবর্তিত থাকবে। যখন ঘড়ির সংকেত HIGH (লজিক -1) হয়ে যায়, তখন S এবং R ইনপুট NAND গেট দিয়ে পাস হয় এবং ফ্লিপ-ফ্লপ Q এর চূড়ান্ত আউটপুট এস এবং আর-এর ইনপুট সংকেত অনুযায়ী পরিবর্ততিত হবে।

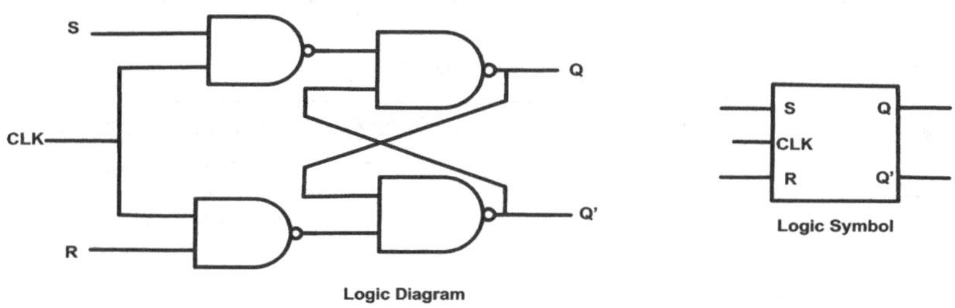

CLK	S	R	Q_t	Q_{t+1}	State
1	0	0	0	0	No Change
	0	0	1	1	
	0	1	0	1	RESET
	0	1	1	1	
	1	0	0	0	SET
	1	0	1	0	
	1	1	0	X	Undefined
	1	1	1	X	

Truth table

চিত্র 3.7: ক্লকড S-R ফ্লিপ-ফ্লপ

3.3.1.3 ডি ফ্লিপ ফ্লপ

ট্রুথ সারণী থেকে দেখা যায় যে যখন ইনপুট S এবং R = 1, আউটপুট অবস্থা অনির্ধারিত। এই অবস্থা এড়ানোর জন্য একক ইনপুট ক্লকড ফ্লিপ-ফ্লপ যেখানে R ইনপুট S ইনপুট পরিপূরক করে প্রাপ্ত হয় যেমন চিএ 3.8-এ দেখানো হয়েছে। এই একক ইনপুট ফ্লিপ-ফ্লপকে ডি ফ্লিপ ফ্লপ বা বিলম্ব/ডেটা ফ্লিপ-ফ্লপ বলা হয়। যখন D = 1, S = 1 এবং R = 0, ক্লক সংকেত হাই দিয়ে ফ্লিপ ফ্লপ SET হয়। একইভাবে, যখন D = 0, S = 0 এবং R = 1, ফ্লিপ-ফ্লপকে পুনরায় রিসেট করে।

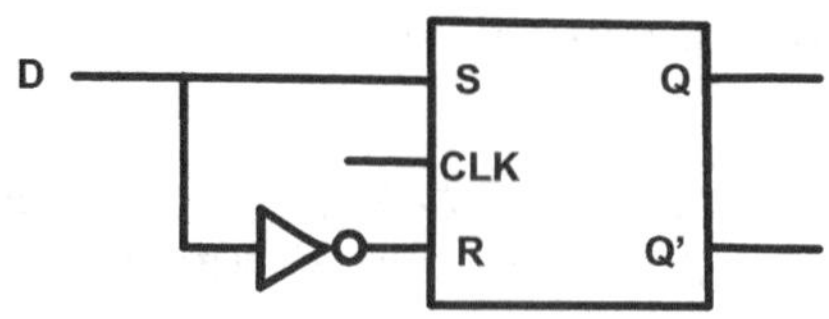

চিত্র 3.8: D - ফ্লিপ ফ্লপ

3.3.1.4 জে কে ফ্লিপ-ফ্লপ

ডিজিটাল লজিক সার্কিটে সবচেয়ে জনপ্রিয় এবং বহুল ব্যবহৃত ফ্লিপ-ফ্লপ। জে কে ফ্লিপ-ফ্লপের কাজ ক্লকড এসআর- ফ্লিপ ফ্লপ-এর মতো চিত্র 3.7-এ যেমন দেখানো হয়েছে। একমাত্র পার্থক্য হল যে এটির এসআর ফ্লিপ-ফ্লপের মতো কোনও অনির্ধারিত অবস্থা নেই। চিত্র 3.8 একটি জে কে ফ্লিপ-ফ্লপের লজিক ডায়াগ্রাম, লজিক সিম্বল এবং ট্রুথ সারণী দেখায়। যখন জে = কে = 1, ফ্লিপ-ফ্লপ তার বর্তমান অবস্থা পরিবর্তন করে অর্থাৎ যদি Q = 1 এটি 0 তে পরিবর্তিত হয় এবং যদি Q = 1 হয় তাহলে অবস্থাটি 0 তে পরিবর্তিত হবে।

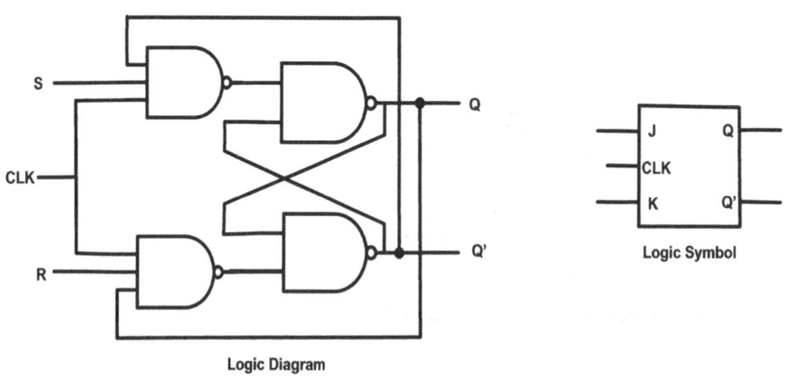

CLK	J	K	Q_t	Q_{t+1}	State
1	0	0	0	0	No Change
	0	0	1	1	
	0	1	0	1	RESET
	0	1	1	1	
	1	0	0	0	SET
	1	0	1	0	
	1	1	0	1	Toggle
	1	1	1	0	

Truth table

চিত্র 3.9: J-K ফ্লিপ ফ্লপ

3.3.1.5 টি ফ্লিপ-ফ্লপ

যখন J-K- এর উভয় ইনপুট একসাথে সংযুক্ত হয় এবং সাধারণ টার্মিনালকে টি দিয়ে লেবেল করা হয়, সেই.ফ্লিপ-ফ্লপটি টি ফ্লিপ-ফ্লপ নামে পরিচিত, যেমন চিত্র 3.10 এ দেখানো হয়েছে৷ যখন $T = 0$, উভয় $J = K = 0$ এবং ফ্লিপ ফ্লপ-এর অবস্থা অপরিবর্তিত থাকে৷ যখন $T = 1$, উভয় $J = K = 1$ এবং ফ্লিপ-ফ্লপ তার অবস্থা বদল করে৷ টি ফ্লিপ ফ্লপ টগল ফ্লিপ-ফ্লপ নামেও পরিচিত৷

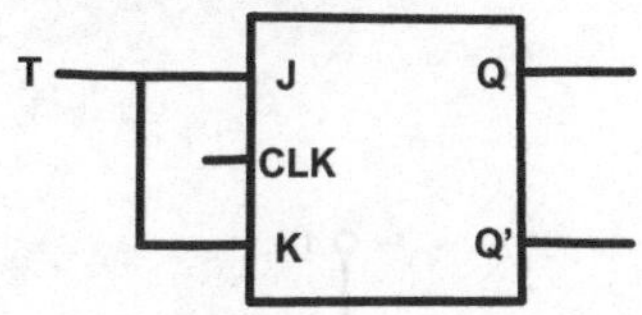

Logic Symbol

চিত্র 3.10: T- ফ্লিপ ফ্লপ

3.3.2 কাউন্টার

কাউন্টার হল একটি সিকুয়েন্সিয়াল সার্কিট যা ঘড়ির পালস গণনা করতে ব্যবহৃত হয়৷ একটি ডিজিটাল কাউন্টার ফ্লিপ-ফ্লপের একটি সেট নিয়ে গঠিত যার অবস্থা কাউন্টারের ইনপুটে প্রয়োগ করা ঘড়ির পালসের প্রতিক্রিয়ার সাথে পরিবর্তিত হয়৷ একটি কাউন্টারের প্রতিটি গণনাকে স্টেট বলা হয়৷ স্টেটের সংখ্যা কাউন্টারের জন্য ব্যবহৃত ফ্লিপ-ফ্লপের সংখ্যার উপর নির্ভর করে এবং স্টেটের ক্রম ফ্লিপ-ফ্লপের মধ্যে আন্তসংযোগের উপর নির্ভর করে৷ উদাহরণস্বরূপ, একটি 2-বিট কাউন্টারের দুটি ফ্লিপ-ফ্লপ এবং 4 স্টেট সংখ্যা প্রয়োজন৷ একটি আপ-কাউন্টার এবং ডাউন-কাউন্টারের জন্য স্টেটের ক্রম যথাক্রমে চিএ 3.11 (a) এবং (b)-এ দেখানো হয়েছে৷ একটি 2-বিট কাউন্টারকে একটি মডুলাস বা মড -4 কাউন্টারও বলা হয় যার স্টেটের সংখ্যা মূল অবস্থায় পৌঁছানোর আগে কাউন্টারটি পাস করে তাকে কাউন্টারের মডুলাসও বলা হয়৷ একটি N বিট কাউন্টারের মডুলাস হল 2^N৷

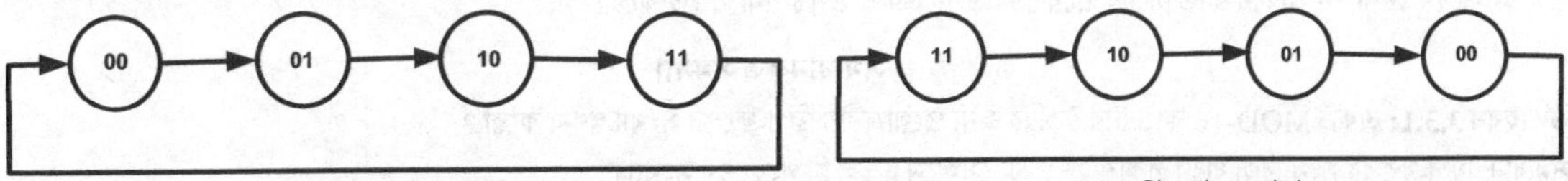

(a) 2-বিট আপ কাউন্টার

(b) 2-বিট ডাউন কাউন্টার

চিত্র 3.11: স্টেট ডায়াগ্রাম

কাউন্টারগুলি অসিঙ্ক্রোনাস কাউন্টার এবং সিঙ্ক্রোনাস কাউন্টারে বিভক্ত৷

1. অ্যাসিঙ্ক্রোনাস কাউন্টারগুলিতে যা রিপল কাউন্টার হিসাবেও পরিচিত, ফ্লিপ-ফ্লপগুলি এমনভাবে সংযুক্ত থাকে যে প্রথম FF এর আউটপুট দ্বিতীয় FF এর জন্য ক্লক পালস হয়ে যায় এবং তাই৷ এই কাউন্টারগুলির মূল ত্রুটি তাদের কম গতি৷
2. সিঙ্ক্রোনাস কাউন্টারে সমস্ত ফ্লিপ-ফ্লপ একই ক্লক পালস দ্বারা একসাথে ক্লক করা হয়৷ সিঙ্ক্রোনাস কাউন্টার যা সমান্তরাল কাউন্টার নামেও পরিচিত তারা অ্যাসিঙ্ক্রোনাস কাউন্টারগুলির চেয়ে দ্রুত৷

3.3.2.1 অ্যাসিঙ্ক্রোনাস কাউন্টার

একটি 2-বিট আপ কাউন্টার চিত্র 3.12 এ দেখানো হয়েছে৷ সেখানে দুটি J-K ফ্লিপ ফ্লপ দেখানো হয়েছে তাদের ইনপুট $J = K = 1$৷ চিএ 3.9-এর ট্রুথ সারণী থেকে দেখা যায়, যখনি তাদের ক্লক পালস HIGH অর্থাৎ লজিক -1 হয়, ফ্লিপ ফ্লপটি তার বর্তমান অবস্থা বদল করে৷ কাউন্টারটি 00 (স্টেট 0) থেকে 11 (স্টেট 3) গণনা শুরু করে যেমন স্টেট চিএ 3.11 (a)-এ দেখানো হয়েছে৷ আউটপুট Q_1 MSB এবং Q_0 LSB কে উপস্থাপন করে৷ চিত্র 3.13 একটি 2-বিট ডাউন কাউন্টার দেখায়৷

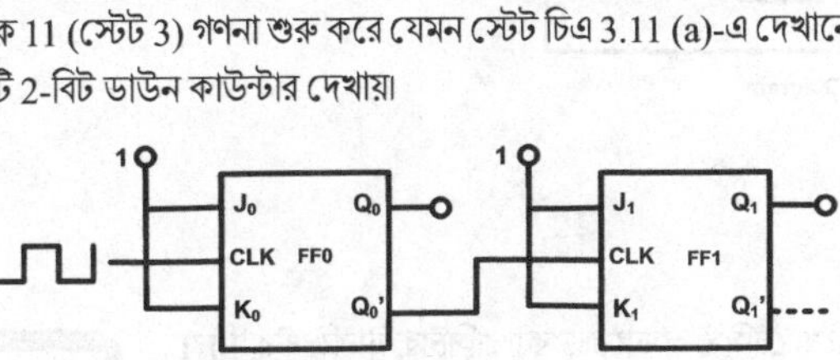

চিত্র 3.12: 2-বিট আপ অ্যাসিঙ্ক্রোনাস কাউন্টার

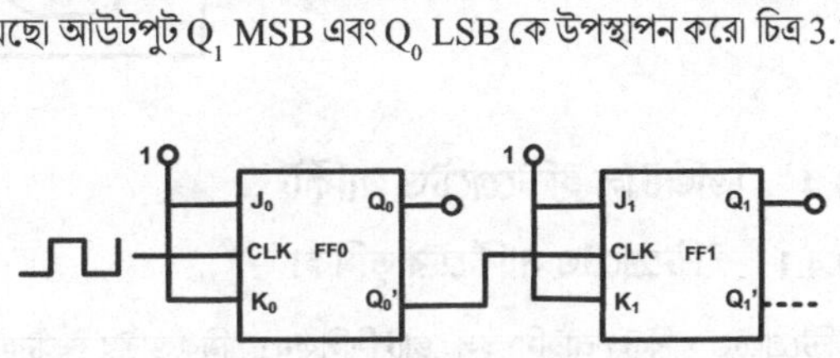

চিত্র 3.13: 2-বিট ডাউন অ্যাসিঙ্ক্রোনাস কাউন্টার

3.3.2.2 Mod-10 অ্যাসিঙ্ক্রোনাস কাউন্টার

মোড -10 কাউন্টারকে ডিকেড কাউন্টার বলা হয়৷ ফ্লিপ ফ্লপের সংখ্যা প্রয়োজন 4৷ 4 টি ফ্লিপ-ফ্লপের ষোলটি অবস্থা আছে যার গণনার মান ক্রম $(0000)_2$ থেকে শুরু করে $(1111)_2$ পর্যন্ত৷ এক দশকের কাউন্টারে মাত্র 10 টি বৈধ অবস্থা রয়েছে অর্থাৎ গণনা মান $(0000)_2$ থেকে $(1001)_2$ –এর৷ অবশিষ্ট অবস্থা অবৈধ অর্থাৎ গণনা মান $(1010)_2$ থেকে $(1111)_2$৷ এর জন্য একটি প্রতিক্রিয়া যুক্তি সার্কিট প্রদান করতে হবে যা সমস্ত ফ্লিপ ফ্লপগুলিকে সেট বা রিসেট করবে গণনা মান যত তাড়াতাড়ি $(1010)_2$ পৌঁছোবে৷ চিএ 3.14 একটি ডিকেড কাউন্টার দেখায়, যেখানে আউটপুট Q_3, MSB এবং Q_0, LSB হয়৷

Resisters and Counters

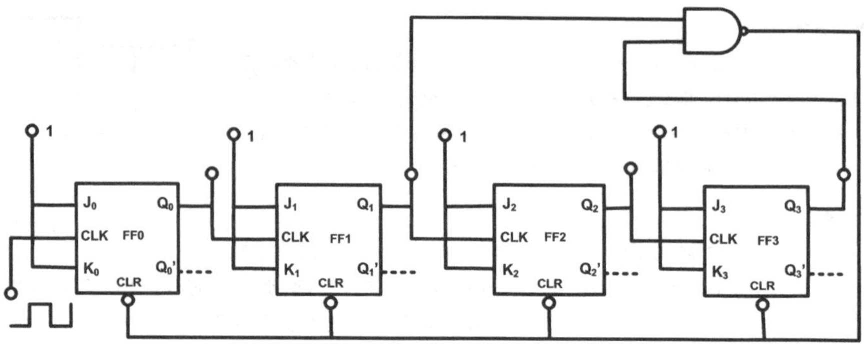

চিত্র 3.14: 4-বিট ডিকেড কাউন্টার

কার্যক্রম

1. ডি এবং টি ফ্লিপ-ফ্লপের প্রয়োগগুলি সন্ধান করো৷
2. আমাদের দৈনন্দিন জীবনে কাউন্টারের প্রয়োগের উপর একটি উপস্থাপনা প্রস্তুত করো৷

সমাধানকৃত সমস্যা

উদাহরণ 3.3.1: একটি MOD-16 কাউন্টার তৈরির জন্য প্রয়োজনীয় ফ্লিপ-ফ্লপের সংখ্যা গণনা করো ?

সমাধান: ফ্লিপ-ফ্লপের সংখ্যার সাধারণ প্রকাশ $2^n = N$, যেখানে n হল ফ্লিপ-ফ্লপের সংখ্যা

প্রদত্ত গণনাটি উপলব্ধি করতে ব্যবহৃত হয় এবং N হল অবস্থার সংখ্যা বা মডুলাস, N = 16 দেওয়া আছে৷

$2^n = 16$ অথবা n = 4৷ ফ্লিপ-ফ্লপের সংখ্যা দরকার = 4

উদাহরণ 3.3.2: NOR গেট ব্যবহার করে J-K ফ্লিপ-ফ্লপের লজিক ডায়াগ্রাম আঁকুন৷

সমাধান:

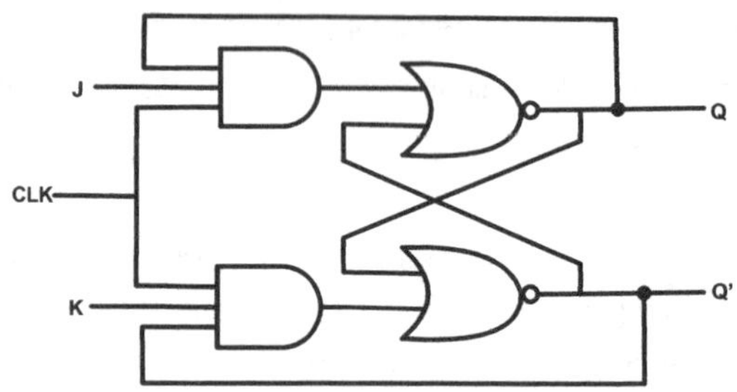

Logic Diagram

3.4 ডিজিটাল ইন্টিগ্রেটেড সার্কিট

3.4.1 ইন্টিগ্রেটেড সার্কিটের ভূমিকা

ইন্টিগ্রেটেড সার্কিট (আইসি) হল ছোট সিলিকন সেমিকন্ডাক্টর স্ফটিক যার মধ্যে রেসিস্টর, ডায়োড,ক্যাপাসিটার, ট্রানজিস্টর, FET থাকে৷ ইলেকট্রনিক সার্কিট গঠনের জন্য উপাদানগুলো পরস্পর সংযুক্ত থাকে৷ একটি অর্ধপরিবাহী স্ফটিক যাকে চিপ বলে, সেটি একটি ধাতু, প্লাস্টিক বা সিরামিক প্যাকেজ-এর উপর মাউন্ট করা থাকে এবং আইসি গঠনের জন্য ইলেকট্রনিক সার্কিটের টার্মিনাল পয়েন্টগুলি, বাহ্যিক পিনের জন্য সহজলভ্য করা হয়৷ আইসির প্রধান সুবিধা হল এর ছোট আকার, কম শক্তি খরচ, উচ্চ নির্ভরযোগ্যতা, অপারেশনের উচ্চ গতি এবং সবচেয়ে গুরুত্বপূর্ণ কম খরচ৷ ইন্টিগ্রেটেড সার্কিট দুই ধরনের প্যাকেজ, ফ্ল্যাট পিন এবং ডুয়েল ইন লাইন (ডিআইপি) প্যাকেজে আসে৷ ইন্টিগ্রেটেড সার্কিটগুলিকে লিনিয়ার এবং ডিজিটাল হিসাবে শ্রেণীবদ্ধ করা হয়৷ লিনিয়ার আইসি ক্রমাগত সংকেত দিয়ে কাজ করে এবং ব্যাপকভাবে হয় পরিবর্ধক, ফিল্টার, তুলনাকারী এবং রূপান্তরকারী ইত্যাদি হিসাবে ব্যবহৃত হয়৷ ডিজিটাল আইসি বাইনারি সংকেত দিয়ে কাজ করে এবং পরস্পর সংযুক্ত ডিজিটাল গেট দিয়ে তৈরি হয়৷ ডিজিটাল আইসিগুলি কেবল তাদের লজিক অপারেশন দ্বারা নয়, লজিক সার্কিট দ্বারা শ্রেণীবদ্ধ করা হয় যার সাথে পরিবার সম্পর্কিত৷ আইসি এর মধ্যে রয়েছে ফ্লিপ-ফ্লপ, লজিক গেট, কাউন্টার, মেমরি চিপ,

Integrated circuits

মাইক্রোকন্ট্রোলার ইত্যাদি।

ডিজিটাল আইসি এর বিভিন্ন লজিক সার্কিট পরিবার

- ট্রানজিস্টর-ট্রানজিস্টর লজিক (TTL)
- ডায়োড ট্রানজিস্টর লজিক (DTL)
- রেসিস্টর ট্রানজিস্টর লজিক (RTL)
- এমিটার যুক্ত লজিক (ECL)
- মেটাল অক্সাইড সেমিকন্ডাক্টর (MOS)
- কমপ্লিমেন্টারি মেটাল অক্সাইড সেমিকন্ডাক্টর (CMOS)
- ইন্টিগ্রেটেড ইনজেকশন লজিক (I^2L)

3.4.2 ডিজিটাল আইসি স্পেসিফিকেশন পরিভাষা

একটি ডিজিটাল আইসি এর সবচেয়ে দরকারী স্পেসিফিকেশন টার্ম নিম্নরূপ:

থ্রেশহোল্ড ভোল্টেজ: লজিক গেটের ইনপুটে ভোল্টেজ লেভেল যা আউটপুট ভোল্টেজ লেভেলের পরিবর্তন ঘটায় অর্থাৎ একটি লজিক লেভেল থেকে অন্য লজিক।

বিদ্যুৎ অপচয়: একটি নির্দিষ্ট ফ্রিকোয়েন্সিতে কাজ করার জন্য গেটের প্রয়োজনীয় শক্তি এবং মিলিওয়াটে দেওয়া হয়।

প্রসারণ বিলম্ব: গেট ইনপুট থেকে আউটপুট পর্যন্ত প্রচারের জন্য ইনপুট সংকেত দ্বারা নেওয়া সময়।

ফ্যান-ইন: এটি ইনপুটগুলির সংখ্যা হিসাবে সংজ্ঞায়িত করা হয় যা গেটটি পরিচালনা করার জন্য ডিজাইন করা হয়েছে।

ফ্যান-আউট: এটি সর্বাধিক সংখ্যক লোড (অন্যান্য গেটের ইনপুট) হিসাবে সংজ্ঞায়িত করা হয়েছে যা একটি গেটের আউটপুট এটি ওভারলোড না করেই পরিচালনা করতে পারে।

নয়েজ মার্জিন: লজিক সার্কিটের ইনপুট টার্মিনালে শব্দ ভোল্টেজ সহ্য করার ক্ষমতা এবং এইভাবে সার্কিটের ত্রুটি এড়ানো শব্দ প্রতিরোধ ক্ষমতা হিসাবে পরিচিত। ভোল্টেজ স্তরের পরিপ্রেক্ষিতে শব্দ প্রতিরোধ ক্ষমতা পরিমাপকে নয়েজ মার্জিন বলে।

অপারেটিং তাপমাত্রা: আইসিতে ইলেকট্রনিক উপাদান থাকে এবং তাপমাত্রা সংবেদনশীল। তাপমাত্রা পরিসীমা নির্দিষ্ট করা হয়েছে যার মধ্যে IC সন্তোষজনকভাবে কাজ করে। একটি বাণিজ্যিক ডিজিটাল আইসির জন্য, এটি 0 থেকে 70°C এর মধ্যে থাকে।

3.4.3 ট্রানজিস্টর ট্রানজিস্টর লজিক (টিটিএল)

লজিক পরিবারের মধ্যে সবচেয়ে জনপ্রিয় হল টিটিএল লজিক। টিটিএল পরিবারে মৌলিক লজিক অপারেশন ট্রানজিস্টর দ্বারা সঞ্চালিত হয়।টিটিএল কাট অফ অঞ্চলে বা স্যাচুরেশন অঞ্চলে ট্রানজিস্টর ব্যবহার করে। টিটিএল লজিক পরিবারের সুবিধাগুলি হল তার কম খরচ এবং ভাল গতি। প্রধান অসুবিধাগুলি হল উচ্চ শক্তি অপচয় এবং কম শব্দ প্রতিরোধ ক্ষমতা। মৌলিক TTL লজিক সার্কিট হল NAND গেট। চিত্র 3.15 দুটি ইনপুট NAND গেটের সার্কিট ডায়াগ্রাম দেখায়।

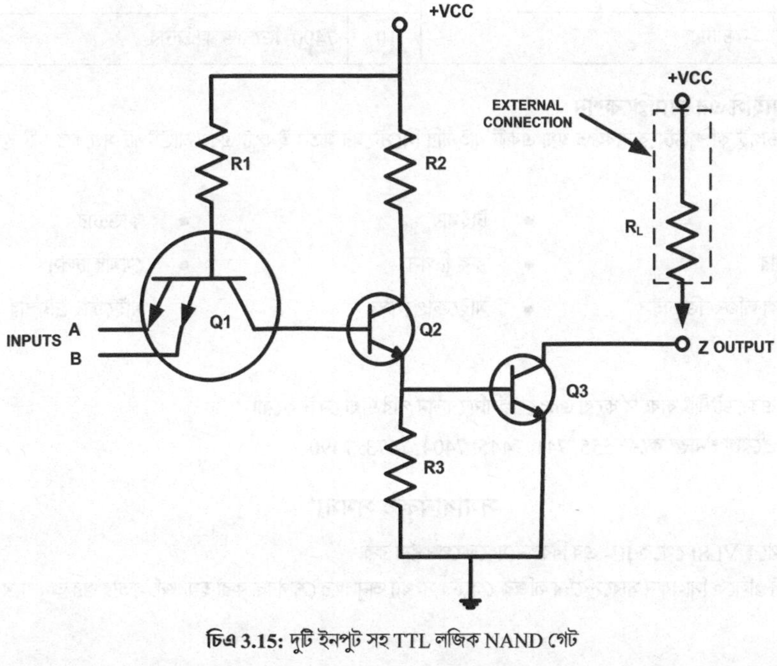

চিত্র 3.15: দুটি ইনপুট সহ TTL লজিক NAND গেট

3.4.4 টিটিএল উপ পরিবার

টিটিএল উপ -পরিবারগুলিকে শ্রেণীবদ্ধ করা হয় 1. স্ট্যান্ডার্ড টিটিএল, 74 সিরিজ, 2. লো পাওয়ার টিটিএল, 74L সিরিজ, 3. হাই স্পিড TTL, 74H সিরিজ, 4. Schottky TTL, 74S সিরিজ, 5. লো পাওয়ার Schottky TTL, 74LS সিরিজ, 6. ফাস্ট TTL, 74F সিরিজ। সারণী 3.3 আইসি পারফরম্যান্স স্পেসিফিকেশনের ক্ষেত্রে উপ -পরিবারের তুলনা দেখায়। সারণী 3.4 মৌলিক ডিজিটাল সার্কিটগুলি উপলব্ধি করার জন্য টিটিএল উপ -পরিবারের অধীনে সর্বাধিক ব্যবহৃত কিছু আইসি দেখায়।

Characterization of digital logic families

সারণী 3.3: টিটিএল উপ -পরিবারের তুলনা

ক্রমিক সংখ্যা	কর্মক্ষমতা স্পেসিফিকেশন	74	74L	74H	74S	74LS	74 F
1.	প্রসারণ বিলম্ব (ns)	9	33	6	3	9.5	4
2.	পাওয়ার ডিসিপেশন (milliWatt)	10	1	23	20	2	1.2
3.	সর্বাধিক ক্লক ফ্রিকোয়েন্সি (MHz)	35	3	50	125	45	70
4.	Fan out ফ্যান আউট	10	20	10	20	20	20
5.	নয়েজ মার্জিন (V)	0.4	0.4	0.4	0.7	0.5	0.5

সারণী 3.4: জনপ্রিয় ডিজিটাল টিটিএল আইসি

Sl. No	আইসি বর্ণনা	Sl. No	আইসি বর্ণনা
1.	7402 Quad 2-ইনপুট NOR গেট	6.	74LS83, 4-বিট ফুল অ্যাডার
2.	74F00 Quad 2-ইনপুট NAND গেট	7.	74LS138, 3-8-বিট বাইনারি ডিকোডার
3.	74LS08 Quad 2-ইনপুট AND গেট	8.	74F74, D টাইপ ফ্লিপ-ফ্লপ
4.	74LS32 Quad 2-ইনপুট OR গেট	9.	7473, ডুয়াল J-K ফ্লিপ-ফ্লপ
5.	7404 হেক্স ইনভার্টার	10.	7490, ডিকেড কাউন্টার

3.4.5 ডিজিটাল আইসি এর অ্যাপ্লিকেশন

ডিজিটাল আইসি বেশিরভাগই কম্পিউটারে ব্যবহৃত হয়। একটি বাইনারি সিস্টেমের মতন ইনপুট এবং আউটপুট সংকেত দুটি স্তরে ঠিক করা হয়েছে। সেগুলি হল

- ফ্লিপ ফ্লপ
- টাইমার
- কাউন্টার
- মাল্টিপ্লেক্সার
- ক্লক চিপস
- মেমরি চিপস
- প্রোগ্রামেবল লজিক ডিভাইস
- মাইক্রোপ্রসেসর
- মাইক্রোকন্ট্রোলার

কার্যক্রম

1. লজিক গেট আইসি এর ডেটশীট ব্যবহার করো এবং স্পেসিফিকেশন পরিভাষা নোট করো।
2. নিম্নোক্ত আইসি -র প্রয়োগ শনাক্ত করো: 555, 741, 7445, 7404, 7473, 7490

সমাধানকৃত সমস্যা

উদাহরণ 3.4.1: SSI থেকে VLSI থেকে IC- এর বিবর্তন সংক্ষেপে বর্ণনা কর।

সমাধান: ডিজিটাল আইসিগুলিকে সিলিকন সাবস্ট্রেটের লজিক গেটের সংখ্যা অনুসারে শ্রেণিবদ্ধ করা হয়। জটিলতার স্তর অনুসারে তাদের শ্রেণীবদ্ধ করা হয়।

স্মল স্কেল ইন্টিগ্রেশন (SSI) - 12 টিরও কম গেট সার্কিট সহ আইসি। উদাহরণ হল ফ্লিপ-ফ্লপ।

মিডিয়াম স্কেল ইন্টিগ্রেশন (MSI) - 12 থেকে 100 এর মধ্যে লজিক গেট সার্কিট সহ আইসি। উদাহরণ হল কাউন্টার, রেসিস্টার ইত্যাদি।

লার্জ স্কেল ইন্টিগ্রেশন (LSI) - একক ক্রিস্টালে 100 থেকে 9999 এর মধ্যে গেট সার্কিট সহ IC। উদাহরণ হল RAM, ROM ইত্যাদি মেমোরি।

ভেরি লার্জ স্কেল ইন্টিগ্রেশন (VLSI) - একক ক্রিস্টালে 10,000 থেকে 99,999 এর মধ্যে গেট সার্কিট সহ আইসি। উদাহরণ হল মাইক্রোপ্রসেসর।

ইউনিট সারসংক্ষেপ

- ডিজিটাল সিস্টেমগুলি আরো নির্ভরযোগ্য, কম শব্দ দ্বারা প্রভাবিত, নকশা করা সহজ এবং আইসি চিপে গড়া।
- ডিজিটাল সিস্টেম বাইনারি সংখ্যা পদ্ধতি ব্যবহার করে।
- বুলিয়ান বীজগণিত হল একটি বীজগণিতিক পদ্ধতি যা যুক্তিবিজ্ঞানের পদ্ধতিগত চিকিৎসার জন্য তৈরি করা উপাদান, অপারেটরদের একটি সেট এবং বেশ কয়েকটি পোস্টুলেট।
- যে কোন ডিজিটাল সিস্টেমের মৌলিক বিল্ডিং ব্লক হল লজিক গেট।
- তিন ধরনের মৌলিক লজিক গেট হল AND, OR এবং NOT।
- লজিক গেটগুলির ইনপুট এবং আউটপুট দুটি স্তরে ঘটে, লজিক -1, যাকে HIGH/TRUE এবং যুক্তি -0 LOW/FALSE হিসাবে অভিহিত করা হয়।
- NAND এবং NOR গেটগুলিকে ইউনিভার্সাল গেট বলা হয় কারণ তারা তিনটি মৌলিক গেট অর্থাৎ AND, OR এবং NOT-এর লজিক ফাংশন বুঝতে পারে।
- ডিজিটাল সার্কিটগুলি ব্যাপকভাবে কম্বিনেশনাল সার্কিট এবং সিকুয়েন্সিয়াল সার্কিট হিসাবে শ্রেণীবদ্ধ করা হয়।
- কম্বিনেশনাল সার্কিটগুলিতে, যেকোনো মুহূর্তে আউটপুট সেই তাত্ক্ষণিকসময় t -তে উপস্থিত ইনপুটের উপর নির্ভর করে।
- সিকুয়েন্সিয়াল সার্কিট দুটি ধরনের, সিঙ্ক্রোনাস এবং অ্যাসিঙ্ক্রোনাস।
- একটি সিকুয়েন্সিয়াল সার্কিটের মৌলিক বিল্ডিং ব্লক হল ফ্লিপ-ফ্লপ, যাকে এক-বিট মেমরি উপাদানও বলা হয়।
- একটি ফ্লিপ-ফ্লপ দুটি স্থিতিশীল অবস্থা পেয়েছে এবং অনির্দিষ্টকালের জন্য সেই অবস্থায় থাকতে পারে। এর অবস্থা শুধুমাত্র সঠিক ইনপুট সংকেত প্রয়োগ করে পরিবর্তন করা যেতে পারে।
- সবচেয়ে সহজ ধরনের ফ্লিপ-ফ্লপকে এসআর ল্যাচ বলা হয়, যার দুটি ইনপুট আছে যা S (SET) এবং R (RESET) এবং দুটি আউটপুট Q এবং এর পরিপূরক Q'।
- একটি ডিজিটাল কাউন্টার হল একটি সিকোয়েন্সিয়াল সার্কিট, যা ফ্লিপ-ফ্লপ নিয়ে গঠিত যার অবস্থা কাউন্টারের ইনপুটে ক্লক পালস প্রয়োগের সাথে পরিবর্তিত হয়।
- ক্লক পালস গণনা করতে ব্যবহৃত কাউন্টারগুলি অ্যাসিঙ্ক্রোনাস কাউন্টার এবং সিঙ্ক্রোনাসে বিভক্ত।
- অ্যাসিঙ্ক্রোনাস কাউন্টার যা রিপল কাউন্টার নামেও পরিচিত, ফ্লিপ-ফ্লপগুলি এমনভাবে সংযুক্ত থাকে যে প্রথম FF এর আউটপুট দ্বিতীয় FF এর জন্য ক্লক পালস হয়ে যায় এবং চলতে থাকে।
- সিঙ্ক্রোনাস কাউন্টার, যা সমান্তরাল কাউন্টার হিসাবেও পরিচিত, সমস্ত ফ্লিপ-ফ্লপ একই ক্লক পালস দ্বারা ক্লকড হয়।
- ডিজিটাল আইসি বাইনারি সংকেত দিয়ে কাজ করে এবং একে অপরের সাথে সংযুক্ত ডিজিটাল গেট দিয়ে গঠিত।
- ট্রানজিস্টার ট্রানজিস্টার লজিক (TTL এর) যা মৌলিক লজিক অপারেশন ট্রানজিস্টর দ্বারা সঞ্চালিত হয় এবং এটি লজিক পরিবারের মধ্যে সবচেয়ে জনপ্রিয়।

অনুশীলনী

A. বস্তুনিষ্ঠ প্রশ্ন

নির্দেশ: অনুগ্রহ করে সবচেয়ে উপযুক্ত উত্তর নির্বাচন করো।

ক্রমিক সংখ্যা	এমসিকিউ	ক্রমিক সংখ্যা	এমসিকিউ
3.1	নিম্নলিখিতগুলির মধ্যে দীর্ঘতম হল a. বাইট b. নিবল c. শব্দ d. বিট	3.4	এসআর ফ্লিপ-ফ্লপ নিম্নলিখিত ইনপুট গ্রহণ করতে পারে না: a. S = R = 0 b. এস = 1, আর = 0 c. এস = আর = 1 d. এস = 0, আর = 1
3.2	যদি ইনপুট সংকেত ক্যাপাসিটরের মাধ্যমে ইনপুট ইনভার্ট করার জন্য খাওয়ানো হয় এবং ফিডব্যাক পাথে রেসিস্টর থাকে, তাহলে সেই অপ এমপ সার্কিটকে বলা হয় a. অ্যাডার সার্কিট b. ইন্টিগ্রেটর সার্কিট c. ডিফারেনশিয়েটার সার্কিট d. নন-ইনভার্টিং এম্প্লিফায়ার	3.5	সংখ্যা গণনা করতে কাউন্টার ব্যবহার করা হয় a. ফ্লিপ ফ্লপ b. রেসিস্টর c. বিট d. পালস্
3.3	সেই গেটটি চিহ্নিত করো যার জন্য "Z শুধুমাত্র FALSE যদি 'A' TRUE হয় এবং 'B' TRUE" প্রযোজ্য হয় a. ন্যান্ড b. NOR c. এবং d. অথবা	3.6	চারটি 4 টি ইনপুট গড় সার্কিটের জন্য, a. $R_{in} = R_f/4$ b. $R_{in} = R_f + 4$ c. $R_{in} = R_f$ d. $R_{in} = R_f X4$

B. বিষয়গত প্রশ্ন

1. ডিজিটাল সিস্টেমে ব্যবহৃত বাইনারি সংখ্যা পদ্ধতির প্রয়োজনীয়তা বর্ণনা করো।
2. একটি দশমিক সংখ্যাকে এমন একটি সংখ্যায় রূপান্তরিত করার পদ্ধতিগুলি তালিকাভুক্ত করো যার সংখ্যা পদ্ধতির ভিত্তি b।
3. নীচের বাইনারি সংখ্যায় গাণিতিক ক্রিয়াকলাপ সম্পাদন করো :

   (a) 10111.101 + 110111.01 (b) 10001.01 – 1111.11
4. ট্রুথ সারণী দ্বারা বুলিয়ান অভিব্যক্তি যাচাই করো: A + A'B + AB = A + B
5. ট্রুথ সারণী দ্বারা নিম্নলিখিত বুলিয়ান আইনের বৈধতা প্রদর্শন করো

   (a) সহযোগী সূত্র (b) বিতরণ সূত্র
6. ডিজিটাল সার্কিটে পজিটিভ লজিক এবং নেগেটিভ লজিক ব্যাখ্যা কর।
7. ট্রুথ সারণী দ্বারা যাচাই করো যে চিত্রে দেখানো গেটগুলির আউটপুট (a) এবং (b) একই।

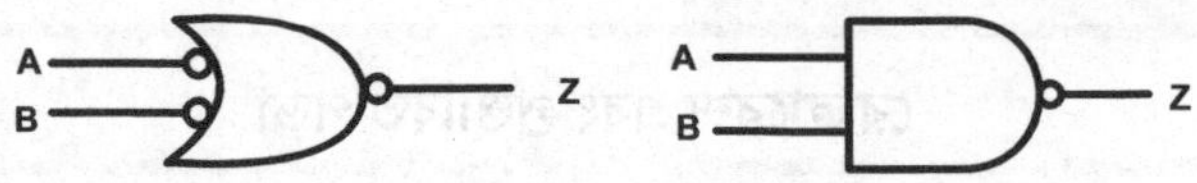

(a) (b)

8. ডি এবং টি টাইপ ফ্লিপ-ফ্লপের জন্য লজিক ডায়াগ্রাম এবং ট্রুথ সারণী আঁকুন।
9. টি ফ্লিপ ফ্লপ ব্যবহার করে 3-বিট রিপল কাউন্টারের জন্য সার্কিট ডায়াগ্রাম আঁকুন।
10. একটি রৈখিক আইসি এবং ডিজিটাল আইসি এর মধ্যে পার্থক্যগুলি বলুন।

আরো জানো

ক্ষুদ্র প্রকল্প

অনুষদের নির্দেশনায় 5-6 জন শিক্ষার্থীর একটি দলে একটি বা দুটি মাইক্রো প্রকল্প (গুলি) /কার্যকলাপ (গুলি) গ্রহণ করো এবং ব্যক্তিগত অংশগ্রহণের সাথে এটিকে গ্রুপ হিসাবে উপস্থাপন করো।

একটি নমুনা ক্ষুদ্র প্রকল্প সমস্যা নিচে দেওয়া হল :

a. একটি কুলিং ইউনিট তিনটি ভেরিয়েবল দ্বারা নিয়ন্ত্রিত হয়: তাপমাত্রা (T), আর্দ্রতা (H) এবং দিনের সময় (T)। কুলিং ইউনিট নিম্নলিখিত অবস্থার অধীনে চালু করা হয় :
    i. তাপমাত্রা 78 ডিগ্রি ফারেনহাইট অতিক্রম করে এবং দিনের সময় সকাল 8.00 থেকে বিকেল 5.00 এর মধ্যে।
    ii. আর্দ্রতা 85%ছাড়িয়ে যায়, তাপমাত্রা 78ডিগ্রি ফারেনহাইট ছাড়িয়ে যায় এবং দিনের সময় সকাল 8.00 এবং বিকাল 5.00 এর মধ্যে।
    iii. আর্দ্রতা 85% ছাড়িয়ে গেছে এবং দিনের সময় সকাল 8.00 থেকে বিকেল 5.00 এর মধ্যে।
b. কুলিং ইউনিট চালু করতে ডিজিটাল আইসি ব্যবহার করে লজিক গেট ব্যবহার করে একটি সার্কিট তৈরি করো।

দ্রষ্টব্য: কুলিং ইউনিটকে একটি ভাস্বর বাতির সুইচিং 'অন' হিসাবে বিবেচনা করা হল।

ভিডিও উৎস

Digital Electronics Circuits

Digital Circuits

আইসিটির ব্যাবহার

Course on Electronics and Communication Engineering

রেফারেন্স এবং প্রস্তাবিত পড়া

1. Anand A. Kumar, *Fundamentals of Digital Electronics*, PHI Publisher, 2016.
2. R. P. Jain, *Modern Digital Electronics*, New Delhi: Tata McGraw Hill Publishing Company Limited, 2012.
3. S. Salivahnan and S. Pravin Kumar, *Digital Electronics*, Noida: Vikas Publishing House Pvt. Ltd., 2011.
4. A.P. Malvino, D.P. Leach and G. Saha, *Digital Principles and Applications,* Mcgraw Hill Educations, 2017.

4 বৈদ্যুতিক এবং চৌম্বকীয় সার্কিট

ইউনিট বিশেষ

এই ইউনিটে নিম্নলিখিত বিষয়গুলি নিয়ে আলোচনা করা হয়েছে:

- কারেন্ট, ভোল্টেজ, শক্তিএবং খমতার সংজ্ঞা
- বৈদ্যুতিক সার্কিট পরামিতি এবং সূত্র
- একটি চৌম্বকীয় সার্কিটের পরামিতি
- বৈদ্যুতিক এবং চৌম্বকীয় সার্কিটের মধ্যে তুলনা

সমস্যা সমাধানের উদাহরণ এবং আইসিটি রেফারেন্স সহ প্রতিটি বিষয়ের শেষে শিক্ষার্থীদের স্ব-শিক্ষার ক্রিয়াকলাপগুলি আরও কৌতূহল এবং সৃজনশীলতা সৃষ্টির পাশাপাশি সমস্যা সমাধানের ক্ষমতা উন্নত করার জন্য তৈরি করা হয়েছে। ব্লুমের শ্রেণীবিন্যাসের বর্ধিত স্তরের পরে একাধিক পছন্দের প্রশ্ন এবং বিষয়ভিত্তিক প্রশ্ন, রেফারেন্সের অধীনে তালিকাভুক্ত বইগুলিতে প্রদত্ত বেশ কয়েকটি সমস্যার মধ্য দিয়ে নিয়োগ এবং প্রস্তাবিত রিডিংগুলি ইউনিটে দেওয়া হয়েছে যাতে কেউ তাদের মাধ্যমে অনুশীলন করতে পারে।

ক্ষুদ্র প্রকল্প এবং ক্রিয়াকলাপ সম্বলিত একটি " আরো জানো" বিভাগ দ্বারা সংশ্লিষ্ট ব্যবহারিক অনুসরণ করা হয়েছে, আইসিটি লিঙ্ক সহ ভিডিও রিসোর্সের জন্য কিউআর কোড দেওয়া হয়। ইউনিটটিতে রেফারেন্স এবং প্রস্তাবিত রিডিংগুলির একটি তালিকা দেওয়া হয়েছে যাতে কেউ তাদের আরও অনুশীলন এবং শেখার উন্নতির জন্য তাদের মাধ্যমে যেতে পারে।

যুক্তি

বিদ্যুৎ এবং চৌম্বকত্বের ঘটনা পরস্পর সংযুক্ত। বৈজ্ঞানিক পরীক্ষাগুলি প্রমাণ করেছে যে বৈদ্যুতিক ক্ষেত্র চৌম্বকীয় প্রভাব সৃষ্টি করে এবং তদ্বিপরীত চৌম্বক ক্ষেত্র বৈদ্যুতিক ক্ষেত্র তৈরি করতে পারে। চৌম্বক ক্ষেত্র বৈদ্যুতিক এবং যান্ত্রিক শক্তির মধ্যে একটি প্রয়োজনীয় সংযোগ গঠন করে। সমস্ত ইলেক্ট্রোমেকানিক্যাল ডিভাইসগুলি বৈদ্যুতিক এবং যান্ত্রিক ডিভাইসের মধ্যে উভয় দিকের শক্তির বিনিময়ের জন্য চৌম্বক ক্ষেত্রের উপর নির্ভর করে। এই অধ্যায়ে চৌম্বকীয় ক্ষেত্র, চৌম্বকীকরণের বৈশিষ্ট্য, ইএমএফ আবেশন এবং সাধারণ চৌম্বক এবং বৈদ্যুতিক সার্কিটের মধ্যে পারস্পরিক সম্পর্ক নিয়ন্ত্রণকারী সূত্র নিয়ে বর্ণনা করা হয়েছে।

পূর্ব-প্রয়োজনীয়

1. **বিজ্ঞান:** বিদ্যুৎ, বৈদ্যুতিক কারেন্টের চৌম্বকীয় প্রভাব (দশম শ্রেণি)
2. **গণিত:** দুটি ভেরিয়েবলে রৈখিক সমীকরণের জোড়া, চতুর্ভুজ সমীকরণ (দশম শ্রেণি)

ইউনিট ফলাফল

এই ইউনিট সমাপ্ত হলে, শিক্ষার্থী সক্ষম হবে:

U4-O1: বৈদ্যুতিক সার্কিটের মৌলিক পরামিতি ব্যাখ্যা করো।

U4-O2: একটি চৌম্বকীয় সার্কিটের মৌলিক পরামিতি বর্ণনা করো।

U4-O3: ইলেক্ট্রোম্যাগনেটিক ইন্ডাকশনের সূত্র ব্যাখ্যা করো।

U4-O4: বৈদ্যুতিক এবং চৌম্বকীয় সার্কিট ব্যাখ্যা করো।

ইউনিট-4 ফলাফল	কোর্স আউটকোমের সাথে প্রত্যাশিত ম্যাপিং (1-দুর্বল সম্পর্ক; 2- মাঝারি সম্পর্ক; 3- শক্তিশালী সম্পর্ক)					
	সিও-1	সিও-2	সিও-3	সিও-4	সিও-5	সিও-6
U4-O1	2	-	-	3	2	2
U4-O2	1	-	-	3	1	2
U4-O3	1	-	-	3	1	3
U4-O4	1	-	-	3	1	1

মাইকেল ফ্যারাডে (1791-1867)

ইতিহাসের সবচেয়ে প্রভাবশালী বিজ্ঞানী ইলেক্ট্রোম্যাগনেটিজম এবং তড়িৎ রসায়নের গবেষণায় অবদান রেখেছেন। তিনি খুব কম আনুষ্ঠানিক শিক্ষা পেয়েছিলেন, কিন্তু তিনি ছিলেন চমৎকার পরীক্ষক এবং চৌম্বক ক্ষেত্রের উপর একটি পরিবাহকের চারপাশে ডিসি কারেন্ট নিয়ে তার গবেষণা বিদ্যুৎচৌম্বকীয় ক্ষেত্রের ধারণার ভিত্তি স্থাপন করে। তাঁর সাফল্য আসে যখন ফ্যারাডে তার পরীক্ষা -নিরীক্ষা থেকে দেখেছিলেন যে একটি পরিবর্তন চৌম্বক ক্ষেত্র একটি বৈদ্যুতিক ক্ষেত্র তৈরি করে। এই সম্পর্কটি পরে গাণিতিকভাবে জেমস ম্যাক্সওয়েল দ্বারা মডেল করা হয়েছিল এবং ফ্যারাডে সূত্র নামে পরিচিত। উপরের প্রিন্সিপালের ব্যবহার ফ্যারাডেকে বৈদ্যুতিক ডায়নামো আবিষ্কারের দিকে নিয়ে যায়। ক্যাপাসিট্যান্সের এসআই ইউনিট তার সম্মানে ফ্যারাড নামকরণ করা হয়েছে।

4.1 একটি বৈদ্যুতিক সার্কিটের স্থিতিমাপ

4.1.1 ভূমিকা

বিভিন্ন নিষ্ক্রিয়সার্কিট এলিমেন্ট, সক্রিয় এলিমেন্ট, তাদের ধরন অর্থাৎ স্বাধীন এবং নির্ভরশীল ভোল্টেজ/কারেন্ট সোর্স এবং সংকেতের ধরনের মৌলিক বিষয় 1 অধ্যায়ে চালু করা হয়েছে। এই প্রসঙ্গটি বৈদ্যুতিক চার্জ, কারেন্ট, ভোল্টেজ-এর ধারণা এবং বিভিন্ন বৈদ্যুতিক সার্কিট পরিভাষা এবং বৈদ্যুতিক সার্কিট-এর মৌলিক বিশ্লেষণের জন্য সূত্র-এর সাথে সম্পর্কিত।

4.1.2 সংকেত পরামিতি

কারেন্ট

চার্জ হল মৌলিক বৈদ্যুতিক পরিমাণ। এর ইউনিট হল কুলম্ব। যে ক্ষুদ্রতম চার্জ বিদ্যমান, তা হল একটি ইলেকট্রন দ্বারা বহন করা নেতিবাচক চার্জ যা -1.602×10^{-19} C. –এর সমান। একটি পরমাণুর অন্য আর একটি চার্জ বহনকারী কণা হল প্রোটন যা ধনাত্মক চার্জযুক্ত এবং ইলেকট্রনের আকারের সমান। একটি প্রোটন-এর চার্জ $+1.602 \times 10^{-19}$ C। বৈদ্যুতিক কারেন্ট অনেক চার্জ যুক্ত কণার প্রবাহ নিয়ে গঠিত। বৈদ্যুতিক কারেন্টকে একটি পূর্বনির্ধারিত এলাকায় প্রবাহিত চার্জযুক্ত কণার সময়ের সাপেক্ষে পরিবর্তনের হার হিসাবে সংজ্ঞায়িত করা হয়। গাণিতিক আকারে, কারেন্ট

$$i = \frac{\Delta Q}{\Delta t}$$

যেখানে ΔQ হল চার্জের একক যা পূর্ব নির্ধারিত ক্রস বিভাগীয় এলাকার মধ্য দিয়ে Δt সময়ে প্রবাহিত হয়। কারেন্ট –এর ইউনিটকে অ্যাম্পিয়ার (Ampere) বলা হয়, যেখানে 1Ampere (A) = 1 Coulomb/1 sec.

ভোল্টেজ

বৈদ্যুতিক সার্কিটে চলমান চার্জ কারেন্টের জন্ম দেয়। একটি সার্কিটে একটি চার্জকে a বিন্দু থেকে b বিন্দুতে সরানোর জন্য কিছু কাজ বা শক্তির ব্যয় করতে হবে। একটি ইউনিট চার্জকে a বিন্দু থেকে b বিন্দুতে সরানোর জন্য যে কাজ সম্পন্ন করতে হয়, তাকে ভোল্টেজ বা সম্ভাব্য পার্থক্য বলে। ভোল্টেজের একককে ভোল্ট (Volt) বলা হয়, যেখানে 1 volt (V) = 1 Joule/1 Coulomb। মহাকর্ষীয় ক্ষেত্রে দুটি বিন্দুর মধ্যে বিভব পার্থক্য নির্বাচিত পথ থেকে স্বাধীন। চিত্র 4.1(a) তে যেমন দেখানো হয়েছে, যদি a বিন্দুর ভোল্টেজ b বিন্দুর থেকে বেশি হয়,তাহলে চার্জটিকে b বিন্দু থেকে a বিন্দুতে সরানোর জন্য Vab দ্বারা জ্ঞাপিত কাজটি অবশ্যই সম্পন্ন করতে হবে, অর্থাৎ চার্জের জন্য শক্তি ইনপুট। অনুরূপভাবে যদি চার্জটি a বিন্দু থেকে b বিন্দুতে পিছিয়ে যেতে চায়, শক্তি হল আউটপুট $V_{ab} = -V_{ab}$, অর্থাৎ a থেকে b এ যাওয়ার ভোল্টেজ ড্রপ। চিত্র 4.1 (b) ভোল্টেজ পার্থক্যের বিকল্প উপস্থাপন করে।

চিত্র 4.1: (a) ভোল্টেজ পার্থক্যের উপস্থাপনা (b) ভোল্টেজ পার্থক্যের বিকল্প উপস্থাপনা

শক্তিএবং ক্ষমতা

শক্তিকে প্রতি ইউনিট সময়ে সম্পন্ন কাজ হিসাবে সংজ্ঞায়িত করা হয়। একটি নিষ্ক্রিয় উপাদান দ্বারা শক্তি উৎপন্ন বা অপচয় হয় যেটিকে নিম্নলিখিত সমীকরণ দ্বারা উপস্থাপন করা যেতে পারে।

$$\text{Power} = \frac{Work}{time} = \frac{Work}{charge} \times \frac{charge}{time} = \text{voltage} \times \text{current} \quad \text{or } P = VI$$

শক্তির একক হল জুল/ সেকেন্ড বা ওয়াট। যদি সময়ের সাথে ভোল্টেজ এবং কারেন্ট উভয়ই স্থির থাকে, শক্তি E স্থানান্তরিত হয় $V \times I \times t$ joules। শক্তিহল ভোল্টেজ এবং কারেন্টের মত একটি স্বাক্ষরিত পরিমাণ। যদি একটি উপাদান-এর V এর ধনাত্মক টার্মিনালের মধ্যে কারেন্ট প্রবাহিত হয় তাহলে শক্তিপ্রবেশ করে যেমন চিত্র 4.2 (a) এ দেখানো হয়েছে। নিষ্ক্রিয়সাইন কনভেনশন অনুযায়ী যে শক্তি অপচয় হয় সেটি ধনাত্মক বা অন্য কথায় উপাদান শক্তি শোষণ করে। যদি একটি উপাদান-এর V এর ধনাত্মক টার্মিনাল থেকে কারেন্ট নির্গত হয় তাহলে শক্তিপ্রস্থান করে যেমন চিত্র 4.2 (b) এ দেখানো হয়েছে, তাহলে কনভেনশন অনুযায়ী যে শক্তি অপচয় হয় সেটি ঋণাত্মক অর্থাৎ উপাদান শক্তি সরবরাহ করে।

চিত্র 4.2: (a) শক্তিশোষনের নিষ্ক্রিয়সাইন কনভেনশন (b) শক্তিউৎপাদনের নিষ্ক্রিয়সাইন কনভেনশন

4.1.3 বৈদ্যুতিক সার্কিট পরিভাষা

সার্কিট উপাদানের আন্তসংযোগ বৈদ্যুতিক সার্কিট নামে পরিচিত। নিম্নলিখিত সংজ্ঞাগুলি একটি বৈদ্যুতিক সার্কিটের কিছু গুরুত্বপূর্ণ পরামিতি পরিচয় করিয়ে দেয়।

শাখা (Branch)

একটি শাখা হল একটি সার্কিটের যেকোনো অংশ যার সাথে দুটি টার্মিনাল সংযুক্ত থাকে। একটি শাখাতে একাধিক সার্কিট উপাদান থাকতে পারে।

নোড (Node)

নোড হচ্ছে দুই বা ততোধিক শাখার সংযোগস্থল। সাধারণত দুটি শাখা টার্মিনালের একসঙ্গে সংযোগ একটি নোড গঠন করে। সার্কিট বিশ্লেষণের জন্য নোড খুবই গুরুত্বপূর্ণ স্থিতিমাপ। চিত্র 4.3 একটি শাখা এবং একটি নোড গঠনের জন্য শাখা টার্মিনালের আন্তসংযোগ দেখায়।

লুপ এবং মেশেস

একটি লুপ শাখাগুলির একটি বন্ধ সংযোগ। একটি মেশ একটি লুপ যা এর সাথে অন্য কোন লুপ ধারণ করে না যেমন চিত্র 4.4 এ দেখানো হয়েছে। বৈদ্যুতিক সার্কিট বিশ্লেষণের জন্য মেশ একটি গুরুত্বপূর্ণ সহায়ক।

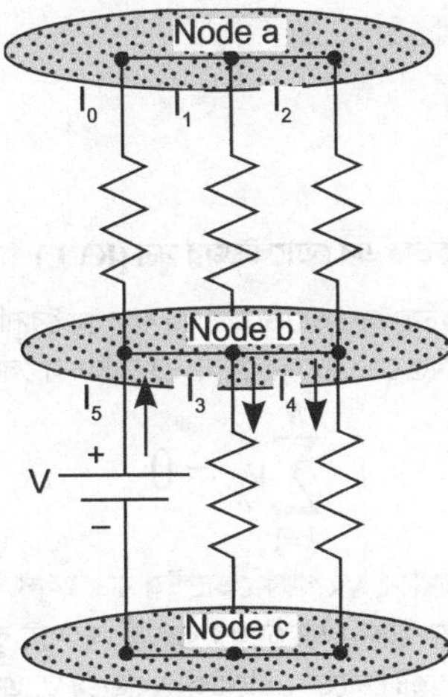

চিত্র 4.3: নোড

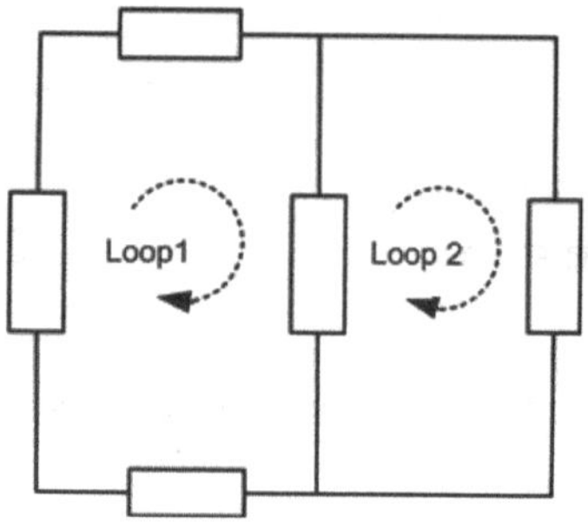

চিত্র 4.4: মেস

4.1.4 সার্কিট বিশ্লেষণ

একটি বৈদ্যুতিক সার্কিট বিশ্লেষণ অজানা শাখা কারেন্ট এবং নোড ভোল্টেজ নির্ধারণ নিয়ে গঠিত। এর জন্য ভেরিয়েবলের একটি সেট চিহ্নিত করতে হবে এবং তারপরে এই ভেরিয়েবল ব্যবহার করে সমীকরণের একটি সেট গঠন করতে হবে। সার্কিট বিশ্লেষণের দুটি গুরুত্বপূর্ণ মৌলিক সূত্র ব্যবহার করে সমীকরণের সেট তৈরি করা হয় যথা কিরচফের কারেন্ট সূত্র এবং কিরচফের ভোল্টেজ সূত্র।

কির্চফ এর কারেন্টের সূত্র (KCL)

কির্চফ এর কারেন্টের সূত্র বলে যে যেহেতু চার্জ তৈরি করা যায় না কিন্তু সংরক্ষণ করা আবশ্যক, কারেন্ট –এর সমষ্টি একটি নোডে শূন্য হতে হবে।

$$\sum_{k=1}^{k=N} i_k = 0 \qquad ...(4.1)$$

যেখানে, i_k পৃথক কারেন্ট যা শাখাগুলির মধ্য দিয়ে প্রবাহিত হয়। চিত্র 4.5 এ দেখানো নোডটির কারেন্ট দিকনির্দেশ বিবেচনা করো। একটি নোডে প্রবেশ করা কারেন্টটি ঋণাত্মক এবং **প্রস্থান** করা কারেন্টটি ধনাত্মক। কেসিএল সূত্র প্রোজজ্য করে, নোড A এর চূড়ান্ত সমীকরণটি হল

$$i_1 + i_2 + (-i_3) + (-i_4) = 0 \qquad ...(4.2)$$

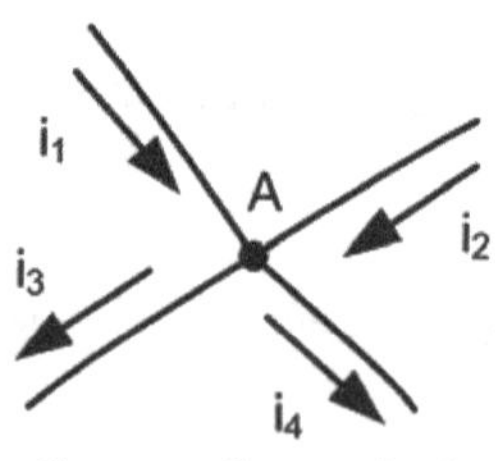

চিত্র 4.5: কেসিএল এর নিদর্শন

কির্চফ এর ভোল্টেজের সূত্র (KVL)

কির্চফ এর ভোল্টেজের সূত্র বলে যে বৈদ্যুতিক সার্কিটে কোন শক্তি হারিয়ে যায় না বা তৈরি হয় না। অথবা অন্য কথায়, একটি বদ্ধ সার্কিটের সাথে যুক্ত সমস্ত ভোল্টেজের সোর্স-এর যোগফল লোড ভোল্টেজের যোগফল-এর সমান হওয়া আবশ্যক, যাতে সার্কিটের চারপাশে মোট ভোল্টেজ শূন্য হয়।

$$\sum_{k=1}^{N} v_k = 0 \qquad ...(4.3)$$

যেখানে, Vk পৃথক ভোল্টেজ যা বন্ধ লুপ সার্কিটের নিক্রিয় এবং সক্রিয় উপাদান জুড়ে রয়েছে। কেভিএল সূত্রটি আরও বুঝতে গেলে, রেফারেন্স ভোল্টেজের ধারণাটি অবশ্যই বুঝতে হবে। চিত্র 4.6 একটি সার্কিট দেখায় 1 এবং 2 হিসাবে চিহ্নিত নোডগুলির সাথে। সংশ্লিষ্ট নোডের ভোল্টেজ যথাক্রমে V_1 এবং V_2। যেকোন একটি নোড 1 বা 2 কে রেফারেন্স নোড এবং সংশ্লিষ্ট নোড ভোল্টেজকে রেফারেন্স ভোল্টেজ হিসাবে বেছে নেওয়া যেতে পারে। উদাহরণস্বরূপ উল্লেখিত চিত্রে, যদি নোড 2 রেফারেন্স নোড হিসাবে নির্বাচিত হয়, যা ভোল্টেজ সোর্স-এর নেগেটিভ টার্মিনালের সাথে সংযুক্ত, তাহলে node1 ভোল্টেজ V_1 হল Vs যা রেফারেন্স নোড ভোল্টেজ V_2–এর উপরে। সাধারণত গণনার স্বাচ্ছন্দ্যের জন্য রেফারেন্স ভোল্টেজ শূন্য ভোল্ট নির্ধারিত হয়

Introduction: KVL, KCL and Power Balance

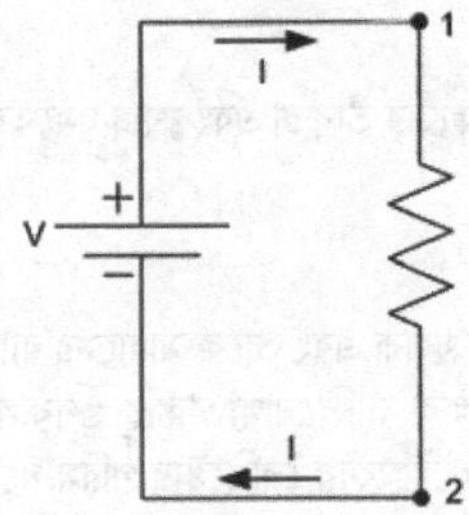

চিত্র 4.6: রেফারেন্স নোডের নিদর্শন

কার্যক্রম

ভোল্টেজের সোর্স হিসেবে কাজ করা প্রদত্ত কোষের সমান্তরালে দুটি বাল্ব সংযুক্ত করে একটি সার্কিট প্রস্তুত করো৷ ভোল্টেজ সোর্স থেকে টানা কারেন্ট এবং দুটি ল্যাম্প দ্বারা টানা কারেন্ট i_1 এবং i_2 পরিমাপ করো৷ কেসিএল যাচাই করো৷

সমাধানকৃত সমস্যা

উদাহরণ 4.1.1: দেখানো সার্কিটের জন্য রেসিস্টর R দ্বারা শোষিত শক্তিএবং কারেন্ট সোর্স দ্বারা বিতরিত শক্তিনির্ধারণ করো৷

সমাধান: মেশ -1 এ KVL প্রয়োগ করলে KVL সমীকরণ হয়

$$5 - 3 - V_2 = 0,$$

$$V_2 = 2\text{ V}$$

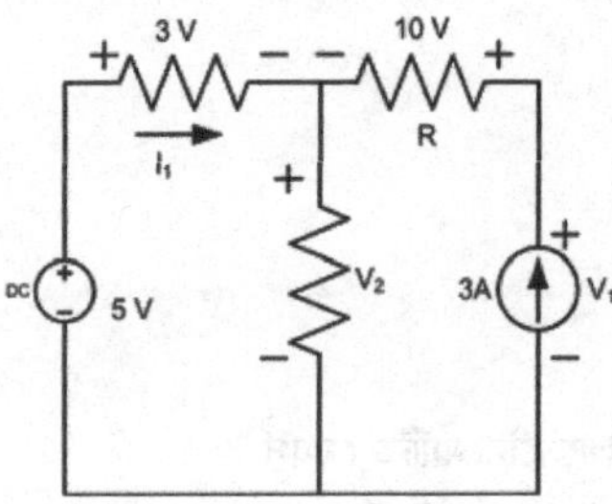

মেশ -2 এ KVL প্রয়োগ করলে KVL সমীকরণ হয়

$$V_2 + 10 - V_1 = 0.$$

V_2 এর মান বসিয়ে, 3A কারেন্ট সোর্স জুড়ে ভোল্টেজ $V_1 = 12$ V

নিষ্ক্রিয়পাওয়ার সাইন কনভেনশন অনুযায়ী, কারেন্ট সোর্স দ্বারা বিতরিত পাওয়ার = 12 × 3 = 36 ওয়াট

রেসিস্টর R দ্বারা শোষিত বা অপসারিত পাওয়ার = R জুড়ে ভোল্টেজ ড্রপ× R-এর মধ্য দিয়ে প্রবাহিত কারেন্ট = 10 × 3 = 30 ওয়াট৷

4.2 ম্যাগনেটিক সার্কিটের প্যারামিটার

4.2.1 বৈদ্যুতিক কারেন্ট-এর চৌম্বকীয় প্রভাব

একটি কারেন্ট বহনকারী কন্ডাক্টর দ্বারা তৈরি চৌম্বক ক্ষেত্র বুঝতে, চিত্র 4.7 এ দেখানো একটি দীর্ঘ সোজা কারেন্ট বহনকারী কন্ডাক্টর বিবেচনা করো৷ গাঢ় তির দেখায় যে কাগজ –এর সমতল থেকে কারেন্ট প্রবাহিত হচ্ছে৷ কারেন্ট কন্ডাক্টরের আশেপাশের স্থানে একটি চৌম্বক ক্ষেত্র স্থাপন করে৷ চৌম্বকীয় ক্ষেত্রের যেকোনো স্থানে উত্তর মেরুতে চৌম্বকীয় ক্ষেত্র বল অনুভব করা যায়৷ কন্ডাক্টর –এর চারপাশে বৃত্তাকার বন্ধ পথকে ফ্লাক্স-এর রেখা বলা হয় এবং চৌম্বকীয় বলটি রেখার চারপাশের সমস্ত বিন্দুতে স্পর্শকাতর৷ প্রবাহের দিকনির্দেশ ডান হাতের নিয়ম দ্বারা দেওয়া হয় যা বলে যে যদি কন্ডাক্টরটি ডান হাত দ্বারা ধরা হয় কারেন্ট-এর দিকে থাম্ব পয়েন্টের সাথে, ফ্লাক্সের দিকটি অন্য চারটি আঙ্গুলের দিকে ঘেরাও করবে৷ ফ্লাক্স লাইনগুলি কন্ডাক্টরের কাছে ঘন হয় এবং আমরা এটি থেকে দূরে সরে গেলে কম ঘন হয়ে যায়৷

চিত্র 4.7: একক কন্ডাক্টর দ্বারা উত্পাদিত ফ্লাক্স লাইন

চৌম্বকীকরণ শক্তি

চৌম্বকীয় শক্তি বা চৌম্বক ক্ষেত্রের তীব্রতা H কে কন্ডাক্টরকে ঘিরে ফ্লাক্স লাইনের একক দৈর্ঘ্য-এ প্রবাহিত কারেন্ট হিসাবে সংজ্ঞায়িত করা হয়৷ r ব্যাসার্ধের একটি বৃত্তাকার ফ্লাক্স লাইনের জন্য চৌম্বক ক্ষেত্রের তীব্রতা

$$H = \frac{i}{2\pi r} \frac{A}{m} \quad \cdots (4.4)$$

সমীকরণ থেকে দেখা যায় যে চৌম্বক ক্ষেত্রের তীব্রতা পরিবাহীর চারপাশের উপাদান দ্বারা প্রভাবিত হয় না অথবা অন্য কথায় এটি চৌম্বক সার্কিট নির্মাণে নিযুক্ত উপকরণের বৈশিষ্ট্য থেকে স্বাধীন৷

ফ্লাক্স ঘনত্ব

ফ্লাক্স ঘনত্ব উপাদানের বৈশিষ্ট্যের উপর নির্ভর করে। চৌম্বক ক্ষেত্রের তীব্রতা এবং ফ্লাক্স ঘনত্বের মধ্যে সম্পর্ক হল

$$B = \mu_0 \mu_r H \quad \frac{Wb}{m^2} \quad \text{or Tesla} \qquad \cdots(4.5)$$

প্যারামিটার μ একটি নির্দিষ্ট ভৌত মাধ্যমের জন্য একটি স্কেলার ধ্রুবক এবং তাকে মাধ্যমের ব্যাপ্তিযোগ্যতা (Permeability) বলা হয়। একটি উপাদানের ব্যাপ্তিযোগ্যতা হল মুক্ত স্থানের ব্যাপ্তিযোগ্যতা μ_0 এবং আপেক্ষিক ব্যাপ্তিযোগ্যতার μ_r গুণফল। মুক্ত স্থানের ব্যাপ্তিযোগ্যতা = $4\pi \times 10^{-7}$। আপেক্ষিক ব্যাপ্তিযোগ্যতা মাধ্যমের উপর নির্ভর করে এবং এর মাত্রা বস্তুর চৌম্বকীয় বৈশিষ্ট্যের পরিমাপকে প্রতিনিধিত্ব করে। ব্যাপ্তিযোগ্যতার মান যত বড়, একটি তড়িৎচৌম্বকীয় কাঠামোতে একটি বৃহৎ ফ্লাক্স ঘনত্ব উৎপাদনের জন্য কারেন্টের প্রয়োজন তত ছোট। ব্যাপ্তিযোগ্যতার একক হল $\frac{Wb}{A-m}$। চিত্র 4.8 বিভিন্ন ধরনের চৌম্বকীয় পদার্থের ব্যাপ্তিযোগ্যতা দেখায়। নিম্নলিখিতোটি দেখায় যে উপাদানটি ফেরোম্যাগনেটিক, প্যারাম্যাগনেটিক, ফ্রি স্পেস বা ডায়াম্যাগনেটিক।

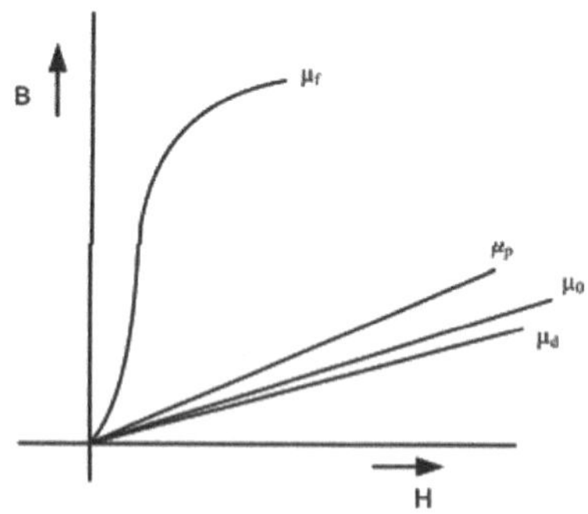

চিত্র 4.8: বিভিন্ন ধরনের চৌম্বকীয় উপাদানের B-H কার্ভ

Magnetic Circuits

ম্যাগনেটোমোটিভ ফোর্স

একটি একক পরিবাহী তারের দ্বারা উৎপন্ন চৌম্বক ক্ষেত্র খুব বেশি শক্তিশালী নয়। একটি কন্ডাক্টরকে N পাকের শক্তভাবে উনড্ কুণ্ডলী আকৃতি দিয়ে ক্ষেত্রের তীব্রতা বৃদ্ধি করা যেতে পারে। এই ব্যাবস্থাপনা ফ্লাক্স লাইন N ভাঁজ দ্বারা সংযুক্ত কারেন্টকে কার্যকরভাবে বৃদ্ধি করে। N.I কে ম্যাগনেটো মোটিভ ফোর্স F বলে এবং এর একক হল Ampere-turns (A-T)। চিত্র 4.9 দেখায় একটি ফেরোম্যাগনেটিক রিং আকৃতির বৃত্তাকার ক্রস বিভাগ যুক্ত উপাদান, একটি N পাকের কুণ্ডলী দ্বারা উত্তেজিত হয় এবং কারেন্ট I বহন করে। চৌম্বকীয় কোরে স্থাপিত ফ্লাক্সটি বৃত্তাকার আকৃতির ও উচ্চ ব্যাপ্তিযোগ্যতার কারণে ফ্লাক্স লাইনের প্রধান অংশটি এর মূলের মধ্য দিয়ে যায়। ফ্লাক্স লাইনের ছোট অংশ যা বায়ু দিয়ে যায় সেটি লিকেজ ফ্লাক্স হিসাবে পরিচিত।

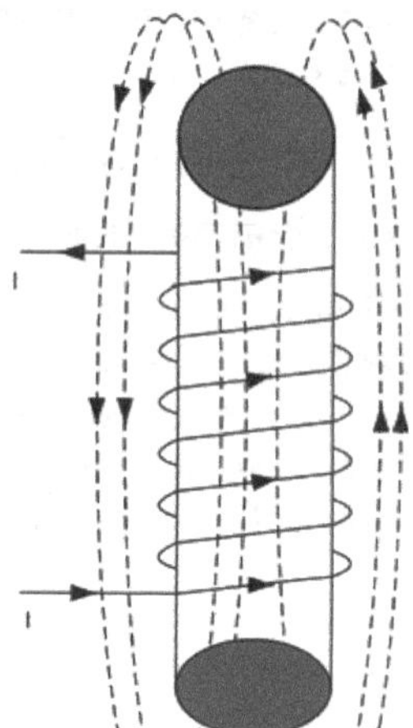

চিত্র 4.9: ফ্লাক্স

4.2.2 ম্যাগনেটিক সার্কিট

গোলাকার ক্রস সেকশন এলাকা সহ একটি ইলেক্ট্রোম্যাগনেটিক কোর স্ট্রাকচার যা চিত্র 4.10 এ দেখানো হয়েছে তা সমতুল্য চৌম্বকীয় সার্কিটের মাধ্যম দ্বারা বিশ্লেষণ করা যেতে পারে। এই সার্কিটের ফ্লাক্স ডেনসিটির সমীকরণ হল

$$B = \frac{\mu NI}{l} \qquad ...(4.6)$$

যেখানে l হল প্রবাহের গড় পথের দৈর্ঘ্য। একইভাবে, প্রবাহের ঘনত্বকেও উপস্থাপন করা যেতে পারে

$$B = \frac{\varphi}{A} \qquad ...(4.7)$$

যেখানে A ইলেক্ট্রোম্যাগনেটিক স্ট্রাকচারের ক্রস সেকশনাল এরিয়া এবং ফ্লাক্সের লাইন দিকের সাথে লম্ব

ফ্লাক্স ডেনসিটির সমীকরণ (4.6) এবং (4.7) সমান করে পাই

$$NI = \varphi \frac{l}{\mu A} \quad ...(4.8)$$

$\frac{l}{\mu A}$ এটি চৌম্বকীয় সার্কিটের রিলাকটেন্স হিসাবে পরিচিত এবং এটি R প্রতীক দিয়ে চিহ্নিত করা হয়।

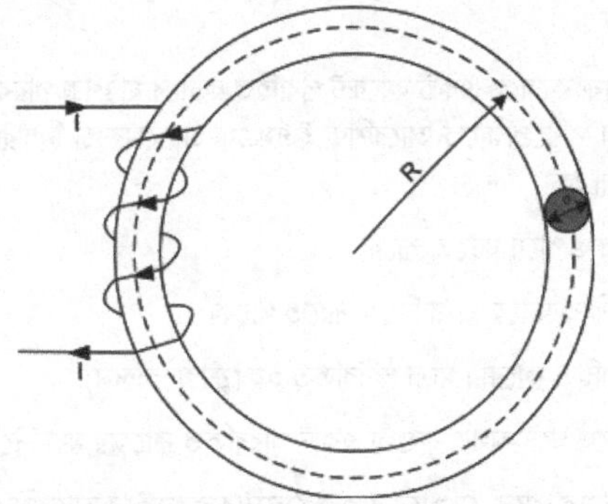

চিত্র 4.10: উত্তেজনাপূর্ণ কুণ্ডলী সহ ফেরোম্যাগনেটিক উপাদানের রিং

কার্যক্রম (Activity)

একটি একক স্ট্র্যান্ড বেয়ার তামা কন্ডাকটর ব্যবহার করে একটি মাল্টি টার্ন কয়েল প্রস্তুত করো। কয়েলের দুই প্রান্তকে টার্মিনাল 1 এবং 2 হিসেবে চিহ্নিত করো। টার্মিনাল 1 এর পজিটিভ পোলারিটিরসাথে একটি 9V সেল একটি স্লাইডার সুইচের মাধ্যমে সিরিজে সংযুক্ত করো এবং টার্মিনাল 2 কোষের ঋণাত্মক মেরুর সাথে সংযুক্ত করো। কুণ্ডলীর কাছাকাছি একটি চৌম্বকীয় কম্পাস আনুন এবং স্লাইডারটি চালু করো। সুইচ কম্পাসে N-S মেরু সুইয়ের অবস্থান পর্যবেক্ষণ করো। এখন টার্মিনালের মেরুতা বিপরীত করো এবং N-S মেরু কম্পাস সুই এর অবস্থান পর্যবেক্ষণ করো। করা পর্যবেক্ষণ সম্পর্কে মন্তব্য করো।

সমাধানকৃত সমস্যা

উদাহরণ 4.2.1: দেখানো চৌম্বকীয় কাঠামোর জন্য ফ্লাক্স এবং ফ্লাক্স ডেনসিটি গণনা করো। ক্রস সেকশন এরিয়া A = 0.0001 m^2, N = 500 turns, $\mu_r = 1000$

সমাধান: চৌম্বকীয় মোটিভ বল F = mmf = Ni = 500 × 0.1 = 50 AT

চৌম্বকীয় কোরের গড় দৈর্ঘ্য $l_c = 4 \times 0.1 = 0.4$ মিটার

রিলাকটেন্স $R = \frac{l_c}{\mu_0 \mu_r A} = \frac{0.4}{1000 \times 0.0001 \times 4\pi \times 10^{-7}} = 2.865 \times 10^6$ AT/Wb

ফ্লাক্স $\varphi = \frac{F}{R} = \frac{50}{2.865 \times 10^6} = 1.75 \times 10^{-5}$ Wb

ফ্লাক্স ডেনসিটি B = $\frac{\varphi}{A} = 0.175 Wb/m^2$

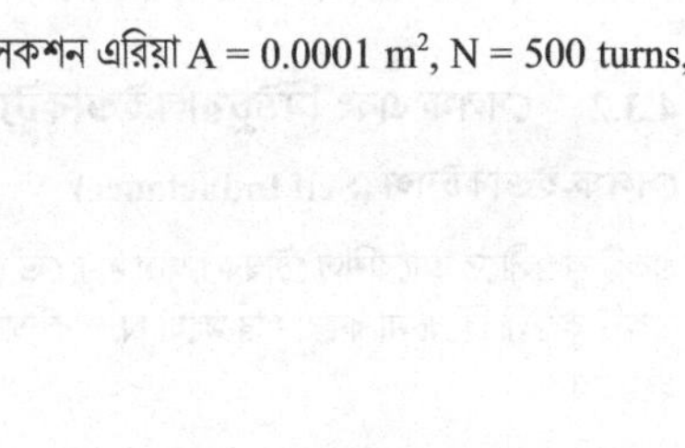

4.3 ইলেক্ট্রোম্যাগনেটিক ইন্ডাকশন

4.3.1 ফ্যারাডে সূত্র (Faradays law)

যখন চৌম্বকীয় ফ্লাক্স φ একটি পৃষ্ঠের মধ্য দিয়ে প্রবাহিত হয় এবং মাত্রার পরিবরতন করে, তখন পৃষ্ঠের রূপরেখা বরাবর একটি বৈদ্যুতিক ক্ষেত্র আবেশিত হয়।ফ্যারাডে সূত্র বলে যে একটি সময়ের সাথে পরিবর্তিত ফ্লাক্স একটি ইলেক্ট্রোমোটিভ বল বা ইএমএফ-এর আবেশ ঘটায়।

$$e = -\frac{d\varphi}{dt} \quad ...(4.9)$$

অথবা অন্য কথায় যদি একটি পাতলা N টার্ন কয়েল পৃষ্ঠের কনট্যুর বরাবর স্থাপন করা হয় তবে এটিতে একটি ইএমএফ আবেশিত হয়।

$$e = -N\frac{d\varphi}{dt} = -\frac{d\lambda}{dt} \quad ...(4.10)$$

যেখানে $\lambda = N\varphi$ = কুণ্ডলীর ফ্লাক্স লিংকেজ

নেগেটিভ চিহ্নের অর্থ হল যে আবেশিত ইএমএফ কয়েলে একটি কারেন্ট প্রবাহিত করাবে যা ফ্লাক্স পরিবর্তনের বিরোধিতা করবে। এই সূত্রটি লেনজের সূত্র (Lenz's Law) নামে পরিচিত। ভৌত অবস্থার পরিপ্রেক্ষিতে আবেশিত ইএমএফ এর মেরুতা নির্ধারণ করা যেতে পারে এবং তাই নেগেটিভ চিহ্নটি আবেশিত ইএমএফ সমীকরণ থেকে বাদ দেওয়া হয়।

Mutual induction & inductance

একটি কুণ্ডলীর ফ্লাক্স সংযোগের পরিবর্তন বিভিন্ন উপায়ে ঘটতে পারে

কেস-I: ফ্লাক্স মান ধ্রুবক এবং কয়েলটি আপেক্ষিক ভাবে এটির দিকে সরতে থাকে।

কেস-II: কুণ্ডলী স্থির থাকে এবং এর মধ্যে প্রবাহিত ফ্লাক্সের মাত্রা পরিবর্তিত হয় (ফ্লাক্স স্পন্দন)।

কেস-III: ফ্লাক্স এবং কুণ্ডলীর পরিবর্তন একসাথে ঘটে অর্থাৎ কুণ্ডলী একটি পরিবর্তিত ফ্লাক্সের মধ্য দিয়ে চলাচল করে।

কেস -1-এ, ফ্লাক্স কাটার নিয়ম প্রয়োগ করা যেতে পারে, যেখানে একক দৈর্ঘ্যের কন্ডাক্টরে আবেশিত ইএমএফ বেগ V সহ চলাচল করে এবং ফ্লাক্স ডেনসিটি B দিয়ে একটি স্থির চৌম্বক ক্ষেত্রকে কাটা হলে

$$e = Blv \, volts \quad ...(4.11)$$

যেখানে l মিটারে, v মিটারে/সেকেন্ডে এবং B প্রতি বর্গমিটারে ওয়েবারের সমান। আবেশিত ইএমএফ গতিশীলভাবে আবেশিত ইএমএফ বা গতিশীল ইএমএফ বলে পরিচিত। গতিশীল ইএমএফ সর্বদা ইলেক্ট্রোমেকানিক্যাল শক্তির রূপান্তর-এর সাথে যুক্ত থাকে। ফ্লেমিংয়ের ডান হাতের নিয়ম দ্বারা ইএমএফ দিকনির্দেশনা দেওয়া হয়।

কেস-II এ, সময়ের সাথে পরিবর্তিত চৌম্বক ক্ষেত্রের কারণে একটি স্থির কুণ্ডলীতে ইএমএফ আবেশিত হয়। কোন গতি জড়িত নয় এবং কোন শক্তির রূপান্তর নেই। আবেশিত ইএমএফ, স্ট্যাটিক্যালি আবেশিত ইএমএফ বা ট্রান্সফরমার ইএমএফ নামে পরিচিত এবং সমীকরণ নং 4.9 এর মতই।

কেস-III এ, উভয় ইএমএফ অর্থাৎ মোশনাল ইএমএফ এবং ট্রান্সফরমার ইএমএফ কুণ্ডলীতে আবেশিত হয়।

4.3.2 সেলফ এবং মিউচুয়াল ইন্ডাকট্যান্স (Self and Mutual Inductance)

সেলফ-ইন্ডাকট্যান্স (Self Inductance)

একটি কুণ্ডলীতে আবেশিত চৌম্বক ক্ষেত্র দ্বারা ভোল্টেজ পরিমাপ করে যা একটি প্রবাহিত কারেন্ট দ্বারা তৈরি হয়। একটি কুণ্ডলী বিবেচনা করো যার মধ্যে N পাক আছে এবং একটি কারেন্ট i বহন করে যা চিত্র 4.11 এ দেখানো হয়েছে।

কুণ্ডলী একটি ফ্লাক্স Ø তৈরি করে, কুণ্ডলীর বাঁকগুলিকে সংযুক্ত করে। তারপর ফ্যারাডে সূত্র অনুসারে কয়েলে ইএমএফ আবেশিত হয়, যেটি হল

$$e = N\frac{d\varphi}{dt} \text{ volts}$$

$$= N\frac{d\varphi}{di}\frac{di}{dt} = L\frac{di}{dt} \quad ...(4.12)$$

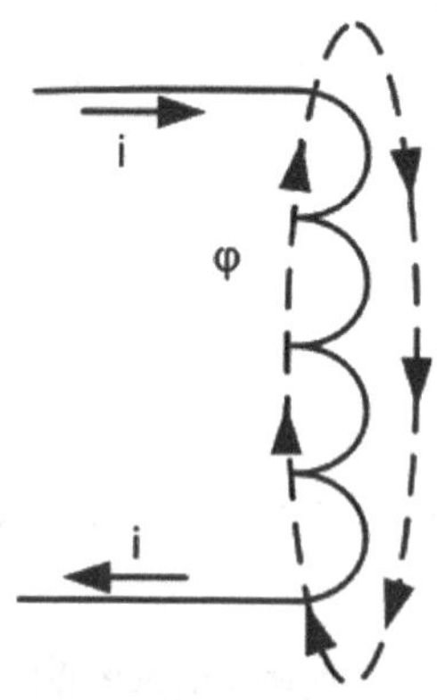

চিত্র 4.11: সেলফ- ইন্ডাকট্যান্স

যেখানে $L = N\frac{d\varphi}{di}$

L কে কুণ্ডলীর সেলফ- ইন্ডাকট্যান্স বলা হয় এবং এর একক হল H (হেনরি)।

একটি ফেরোম্যাগনেটিক উপাদানের জন্য B-H কার্ভ-এর চিত্র 4.8 এ দেখানো হয়েছে, কার্ভটি অরৈখিক, সেলফ- ইন্ডাকট্যান্স একটি বর্ধিত মানের সাথে

মিলে যায় যেটি কার্ভ এর একটি অপারেটিং পয়েন্টের কাছাকাছি ক্রমবর্ধমান পরিবর্তনের অনুরূপ।

রৈখিক B-H কার্ভ যুক্ত চৌম্বকীয় উপাদানের, সেলফ- ইন্ডাকট্যান্স প্রকাশ করা যেতে পারে

$$L = \frac{N\varphi}{i} = \frac{\lambda}{i} \ \text{H}$$

কোন ফ্লাক্স লিকেজ নেই ধরে নিলে, লব এবং হরকে N দিয়ে গুণ করে উপরের সমীকরণটি পুনরায় লেখা যেতে পারে

$$L = \frac{N^2\varphi}{Ni}$$

ফ্লাক্স φ -এর মানকে সমীকরণ থেকে প্রতিস্থাপন করলে, উপরের সমীকরণটি আবার লেখা যেতে পারে

$$L = N^2 \mu \frac{A}{l} = \frac{N^2}{R} \qquad ...(4.13)$$

সেলফ- ইন্ডাকট্যান্স –এর একক হেনরি এবং একটি কুণ্ডলীর সেলফ- ইন্ডাকট্যান্স শুধুমাত্র চৌম্বকীয় উপাদানের জ্যামিতি, ব্যাপ্তিযোগ্যতা এবং কুণ্ডলীর পাক সংখ্যার উপর নির্ভর করে।

মিউচুয়াল ইন্ডাকট্যান্স

যখন দুটি কুণ্ডলী একটি সাধারণ কোরে উন্ড করা হয় বা একে অপরের কাছাকাছি রাখা হয়, তখন উৎপাদিত ফ্লাক্সের একটি অংশ অন্য কুণ্ডলীতেও সংযুক্ত হয় যেমন চিত্র 4.12 -এ দেখানো হয়েছে। উভয় পাশাপাশি কুণ্ডলীর মধ্যে একটি চৌম্বকীয় সংযোগ রয়েছেএবং এটি মিউচুয়াল ইন্ডাকট্যান্স-এর ধারণাকে পরিচালিত করে।

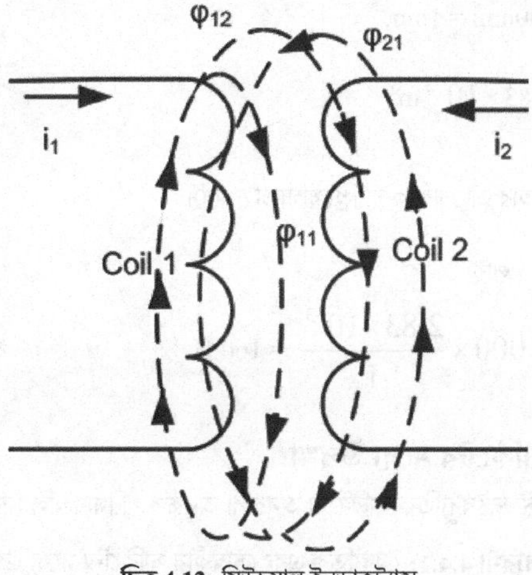

চিত্র 4.12: মিউচুয়াল ইনডাকট্যান্স

N সংখ্যক পাকযুক্ত কুণ্ডলী 1 এবং 2-এর মধ্য দিয়ে প্রবাহিত কারেন্ট হল যথাক্রমে i_1 এবং i_2। কুণ্ডলী 1-এ কারেন্ট i_1 দ্বারা উত্পন্ন মোট ফ্লাক্স হল $Ø_1$। ফ্লাক্স $Ø_1$ –এর একটি অংশ কুণ্ডলী 2 –কে সংযুক্ত করে যেটি হল $Ø_{12}$ এবং একইভাবে কারেন্ট i_2 -এর কারণে কুণ্ডলী 2-এ উৎপন্ন মোট ফ্লাক্স $Ø_2$ – এর একটি অংশ কুণ্ডলী 1- কে সংযুক্ত করে যেটি হল $Ø_{21}$। তাহলে কুণ্ডলীর মিউচুয়াল ইন্ডাকট্যান্স হল

$$M_{12} = N\frac{d\varphi_{12}}{dt} = \frac{\lambda_{12}}{i_1} \ \text{H} \qquad \cdots(4.14)$$

$$M_{21} = N\frac{d\varphi_{21}}{dt} = \frac{\lambda_{21}}{i_2} \ \text{H} \qquad \cdots(4.15)$$

একটি শক্তভাবে মিলিত কুণ্ডলীর কোনো লিকেজ ফ্লাক্স থাকে না, তাই $M_{12} = M_{21} = M$। মিউচুয়াল ইন্ডাকট্যান্স – এর একক হল হেনরি।

কার্যক্রম

একটি এয়ার কোরেড N পাকযুক্ত কুণ্ডলী দেওয়া দৈর্ঘ্য এবং ব্যাসের একটি খালি কঠিন কন্ডাক্টর থেকে তৈরি করা হয়। এলসিআর মিটার ব্যবহার করে সেলফ- ইন্ডাকট্যান্স পরিমাপ করো। 2N এ পাক সংখ্যা বাড়ান, আবার সেলফ- ইন্ডাকট্যান্স পরিমাপ করো। পরিমাপ করা ইন্ডাকট্যান্স-এর মান তুলনা করো এবং উপসংহার লিখুন।

সমাধানকৃত সমস্যা

উদাহরণ 4.3.1: একটি দীর্ঘ বার চৌম্বকের শেষে মোট ফ্লাক্স 500×10^{-6} Wb। বার চৌম্বকের শেষ একটি 1000 urn কুণ্ডলী 1/10 সেকেন্ডের মাধ্যমে প্রত্যাহার করা হয়েছে। কয়েলের টার্মিনাল জুড়ে উৎপন্ন ইএমএফ খুঁজুন।

সমাধান: ফ্যারাডে সূত্র থেকে ইএমএফ সমীকরণ, $e = N\dfrac{d\varphi}{dt}$,

দেওয়া আছে, N = 1000 and $\dfrac{d\varphi}{dt} = \dfrac{500\times10^{-6}}{\dfrac{1}{10}} = 5000\times10^{-6}$

$$e = 1000\times5000\times10^{-6} = 5\text{ V}$$

উদাহরণ 4.3.2: একটি 1000 mm লম্বা সলিনয়েড, 60 mm ব্যাসের একটি নলাকার লোহার নলে 3000 পাক দিয়ে অভিন্নভাবে উন্ড করা আছে। এর ইন্ডাকট্যান্স খুঁজুন।

সমাধান: দেওয়া আছে, N = 3000, l = 1000mm = 1mtr,

ক্রস বিভাগীয় এলাকা = $\pi\dfrac{0.060^2}{4} = 2.83\times10^{-3}\text{ m}^2$

সেলফ- ইন্ডাকট্যান্স, $L = N^2\mu\dfrac{A}{l}$ লোহার আপেক্ষিক ব্যাপ্তিযোগ্যতা 5000।

সেলফ- ইন্ডাকট্যান্স-এর মান প্রতিস্থাপিত করে পাই,

$$L = 3000\times3000\times4\pi\times10^{-7}\times5000\times\frac{2.83\times10^{-3}}{1} = 160\text{ H.}$$

Magnetic and electric circuit

4.4 বৈদ্যুতিক এবং চৌম্বকীয় সার্কিটের মধ্যে উপমা

একটি চৌম্বকীয় সার্কিট বিশ্লেষণ একটি রেসিস্টিভ বৈদ্যুতিক সার্কিটের অনুরূপ। অনুরূপ পরিমাণগুলি সারণী 4.4.1-এ তালিকাভুক্ত।

সারণী 4.4.1: বৈদ্যুতিক এবং চৌম্বকীয় সার্কিটের মধ্যে উপমা

বৈদ্যুতিক পরিমাণ	চৌম্বকীয় পরিমাণ
বৈদ্যুতিক ক্ষেত্রের তীব্রতা E, V/m	চৌম্বক ক্ষেত্রের তীব্রতা H, A- turn/m
ভোল্টেজ V, Volts	ম্যাগনেটো মোটিভ ফোর্স F, A-turns
কারেন্ট i, Amp	চৌম্বক প্রবাহ φ Wb
কারেন্ট ঘনত্ব, J A/m^2	চৌম্বকীয় ফ্লাক্স ঘনত্ব B Wb/m^2
রেসিস্টেন্স R, Ω	রিলাকটেন্স R, A-turns/Wb

বৈদ্যুতিক সার্কিটের জন্য কিরচফের সূত্র চৌম্বকীয় সার্কিটের জন্য সমানভাবে প্রযোজ্য। কেভিএলকে মেশ-এর ম্যাগনেটো মোটিভ ফোস হিসাবে ব্যাখ্যা করা হয়। একটি মেশের ম্যাগনেটো মোটিভ ফোস মেশের বিভিন্ন অংশে ব্যয় করা এমএমএফ এর সমান। কেসিএল সুত্রকে ব্যাখ্যা করা হয়েছে যে, ইনকামিং এবং আউটগোয়িং ফ্লাক্স চৌম্বকীয় উপাদানের সংযোগস্থলে সমান। চিত্র 4.13 (a) এ দেখানো একটি চৌম্বকীয় সার্কিটকে একটি সিরিজের চৌম্বকীয় সার্কিট হিসাবে বিশ্লেষণ করা যায় যার সাথে ফ্লাক্স ডেনসিটি ম্যাগনেটিক কোরে এবং বায়ু ফাঁকে একই। চৌম্বকীয় সার্কিটের বৈদ্যুতিক সাদৃশ্য চিত্র

4.13 (b) এ দেখানো হয়েছে যার মধ্যে দুটি চৌম্বকীয় উপাদান রয়েছে যা সিরিজের সাথে সংযুক্ত এবং রিলাকটেন্স হল যথাক্রমে R_c ও R_{ag}। প্রতিটি উপাদান তার গড় দৈর্ঘ্যের সাথে মিলে যায়।

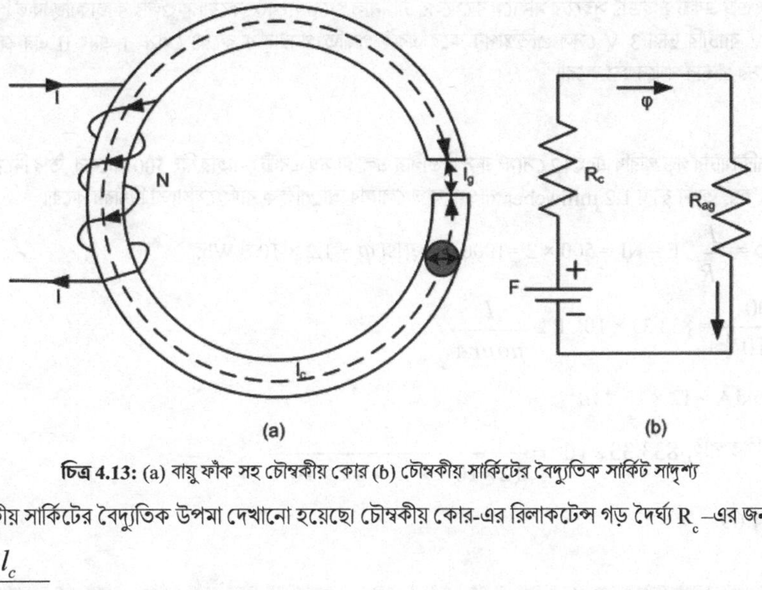

চিত্র 4.13: (a) বায়ু ফাঁক সহ চৌম্বকীয় কোর (b) চৌম্বকীয় সার্কিটের বৈদ্যুতিক সার্কিট সাদৃশ্য

চিএ 4.4.1(b)-এ চৌম্বকীয় সার্কিটের বৈদ্যুতিক উপমা দেখানো হয়েছে। চৌম্বকীয় কোর-এর রিলাকটেন্স গড় দৈর্ঘ্য R_c –এর জন্য, যেখানে

$$R_c = \frac{l_c}{\mu o \mu r A}$$

এবং বায়ু ফাঁকে রিলাকটেন্স হল

$$R_{ag} = \frac{l_{ag}}{\mu o \mu r A}$$

বায়ু ফাঁকে উপেক্ষা করা মোট রিলাকটেন্স $R = R_C + R_{ag}$

সার্কিটে ফ্লাক্স হল $= \frac{F}{R}$, where $F = Ni$

একটি সমান্তরাল চৌম্বকীয় সার্কিট এবং এর বৈদ্যুতিক সাদৃশ্য যথাক্রমে চিত্র 4.14 (a) এবং (b) এ দেওয়া হয়েছে।

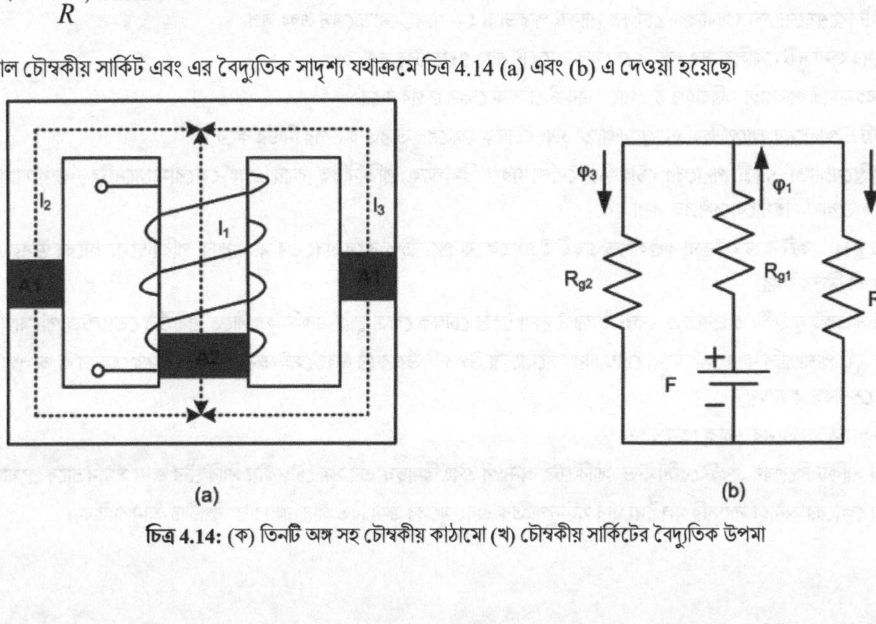

চিত্র 4.14: (ক) তিনটি অঙ্গ সহ চৌম্বকীয় কাঠামো (খ) চৌম্বকীয় সার্কিটের বৈদ্যুতিক উপমা

কার্যক্রম

প্রদত্ত লোহার পেরেকের উপর নির্দিষ্ট সংখ্যক পাক দিয়ে একটি কুণ্ডলী মোড়ানো দ্বারা একটি ইলেক্ট্রোম্যাগনেট তৈরি করো। কেস-I। দুটি 1.5 ভোল্ট সেল সিরিজে সংযুক্ত করো এবং এটি একটি স্লাইডার সুইচের মাধ্যমে কয়েলের টার্মিনাল জুড়ে সংযুক্ত করো। কুণ্ডলীর কাছাকাছি কিছু পিন রাখুন। স্লাইডার সুইচ অন করো। কেস -2। 9 V ব্যাটারি দ্বারা 3 V সেল প্রতিস্থাপন করে একই পদ্ধতি পুনরাবৃত্তি করো। কেস- I এবং II এর জন্য সমস্ত পিনের উপর ইলেক্ট্রোম্যাগনেটিক ফোর্সের প্রভাব পর্যবেক্ষণ করো।

সমাধানকৃত সমস্যা

উদাহরণ 4.3.1: 140 সেন্টিমিটার গড় পরিধি এবং 12 সেমি^{2} ক্রস বিভাগীয় এলাকা সহ একটি লোহার রিং 500 পাকের তার দিয়ে উন্ড করা আছে। যখন উত্তেজনাপূর্ণ কারেন্ট 2 A হয়, তখন ফ্লাক্স 1.2 miliweber পাওয়া যায়। লোহার আপেক্ষিক ব্যাপ্তিযোগ্যতা নির্ধারণ করো।

সমাধান: দেওয়া আছে, $\varphi = \dfrac{F}{R}$, F = NI = 500 × 2 =1000 এবং ফ্লাক্স $\varphi = 1.2 \times 10^{-3}$ Wb.

রিলাকটেন্স $R = \dfrac{1000}{1.2\times10^{-3}} = 833.33 \times 10^3$. $R = \dfrac{l}{\mu o \mu r A}$

গড় দৈর্ঘ্য l = 1.4 mtr and $A = 12 \times 10^{-4}\ m^2$

উপরের মান করে প্রতিস্থাপিত পাই, $833.33\times10^3 = \dfrac{1.4}{12\times10^{-4}\times\mu_r\times4\pi\times10^{-7}}$

$$\mu_r = 1114.69$$

ইউনিট সারসংক্ষেপ

- মৌলিক বৈদ্যুতিক পরিমাণকে চার্জ বলে
- চার্জযুক্ত কণার একটি খুব বড় সংখ্যার প্রবাহের ফলে বৈদ্যুতিক প্রবাহ ঘটে।
- একক চার্জকে এক বিন্দু থেকে অন্য বিন্দুতে স্থানান্তরিত করতে যে কাজ করা হয় তাকে ভোল্টেজ বা বিভব পার্থক্য বলে
- ক্ষমতা প্রতি ইউনিট সময় সম্পন্ন কাজ হিসাবে সংজ্ঞায়িত করা হয়
- নিষ্ক্রিয়এবং সক্রিয় সার্কিট উপাদানের পরস্পর সংযোগ বৈদ্যুতিক সার্কিট নামে পরিচিত
- বৈদ্যুতিক সার্কিট বিশ্লেষণের জন্য সর্বাধিক প্রচলিত সার্কিট পরিভাষা হল শাখা, নোড মেস এবং লুপ
- সার্কিট বিশ্লেষণের জন্য দুটি মৌলিক সূত্র হল কিরচফের কারেন্ট এবং ভোল্টেজ সূত্র
- একটি কারেন্ট বহনকারী পরিবাহী পরিবাহীর চারপাশে একটি চৌম্বক ক্ষেত্র তৈরি করে
- ফ্লাক্স ঘনত্ব একটি উপাদানের আপেক্ষিক ব্যাপ্তিযোগ্যতা এবং চৌম্বক ক্ষেত্রের তীব্রতার উপর নির্ভর করে
- আপেক্ষিক ব্যাপ্তিযোগ্যতা একটি পদার্থের চৌম্বকীয় বৈশিষ্ট্যের পরিমাপকে প্রতিনিধিত্ব করে এবং ফেরোম্যাগনেটিক, ডায়াম্যাগনেটিক এবং প্যারাম্যাগনেটিক উপাদান হিসাবে শ্রেণীবদ্ধ করা হয়
- সময় পরিবর্তিত ফ্লাক্স একটি কন্ডাকটর বা কুণ্ডলীতে একটি ইএমএফকে প্ররোচিত করে এবং এর মাত্রা ফ্লাক্স পরিবর্তনের হারের উপর এবং কন্ডাক্টর টার্ন্স সংখ্যার ওপর নির্ভর করে
- সেলফ ইন্ডাক্টেন্স একই কুণ্ডলীতে প্রবাহিত একটি কারেন্ট দ্বারা তৈরি চৌম্বক ক্ষেত্র দ্বারা একটি কুণ্ডলীতে প্রবর্তিত ভোল্টেজ পরিমাপ করে
- মিউচুয়াল ফ্লাক্স দুটি পাশাপাশি কয়েলের মধ্যে চৌম্বকীয় সংযোগের উপর নির্ভর করে এবং সেই অনুযায়ী শক্তভাবে জোড়া বা আলগাভাবে জোড়া কয়েল হিসাবে শ্রেণীবদ্ধ করা হয়
- সেল্ফ এবং মিউচুয়াল প্রবর্তনের একক হেনরি
- একটি চৌম্বকীয় সার্কিট বিশ্লেষণ একটি রেসিস্টিভ সার্কিটের অনুরূপ এবং কিরছফ এর সূত্র চৌম্বকীয় সার্কিটের জন্য সমানভাবে প্রযোজ্য
- একটি চৌম্বকীয় কোরের অনীহা সরাসরি মূল দৈর্ঘ্যের সমানুপাতিক এবং মূলের ক্রস বিভাগীয় এলাকার বিপরীত আনুপাতিক

অনুশীলন

A. বস্তুনিষ্ঠ প্রশ্ন

নির্দেশ: অনুগ্রহ করে সবচেয়ে উপযুক্ত উত্তর নির্বাচন করো।

ক্রমিক সংখ্যা	এমসিকিউ	ক্রমিক সংখ্যা	এমসিকিউ
4.1	নিচের কোনটি স্থির চৌম্বক ক্ষেত্রের সোর্স? 1. একটি স্থায়ী চৌম্বক 2. একটি চার্জযুক্ত ডিস্ক অভিন্ন গতিতে ঘুরছে 3. একটি ত্বরণ চার্জ 4. একটি বৈদ্যুতিক ক্ষেত্র যা সময়ের সাথে রৈখিকভাবে পরিবর্তিত হয় a. শুধুমাত্র 1, 3 এবং 4 b. শুধুমাত্র 3 এবং 4 c. 1, 2, 3 এবং 4 d. শুধুমাত্র 1, 2 এবং 4	4.4	ফ্যারাডের ইলেক্ট্রোম্যাগনেটিক ইন্ডাকশন সূত্র অনুযায়ী একটি কন্ডাক্টরে ইএমএফ আবেশিত হয় যদি a. একটি চৌম্বক ক্ষেত্রেরমধ্যে থাকে b. চৌম্বক ক্ষেত্রের সাথে লম্বভাবে থাকে c. ম্যাগনেটিক ফ্লাক্স কেটে দেয় d. চৌম্বক ক্ষেত্রের দিকে সমান্তরালে চলে
4.2	একটি অসীম লিনিয়ার কারেন্ট বহনকারী কন্ডাকটর দ্বারা চৌম্বক ক্ষেত্র A/m এ a. $H=\dfrac{\mu I}{2\pi R}$ b. $H=\dfrac{I}{2\pi R}$ c. $H=\dfrac{\mu I}{2r}$ d. $H=\dfrac{I}{r}$	4.5	একটি চৌম্বকীয় সার্কিট দ্বারা প্রস্তাবিত রিলাকটেন্স নির্ভর করে a. চৌম্বকীয় উপাদানের প্রকৃতি b. চৌম্বক প্রবাহ পথের দৈর্ঘ্য c. পথের ক্রস বিভাগীয় এলাকা d. উপরের সব কটি
4.3	ইলেক্ট্রোম্যাগনেটিক ইন্ডাকশনের নিয়ম (ফ্যারাডে এবং লেনজ এর সূত্র) সংক্ষিপ্ত করা হয়েছে নিম্নলিখিত সমীকরণ: a. $e=LR$ b. $e=L\dfrac{di}{dt}$ c. $e=-\dfrac{d\varphi}{dt}$ d. উপরের একটিও নয়।	4.6	চারটি ইনপুট গড় সার্কিটের জন্য, a. $R_{in}=R_f/4$ b. $R_{in}=R_f+4$ c. $R_{in}=R_f$ d. $R_{in}=R_f\times 4$

B. বিষয়গত প্রশ্ন

1. একটি চৌম্বকীয় সার্কিটে 150 পাকের কুণ্ডলী আছে, ক্রস বিভাগীয় এলাকা এবং চৌম্বকীয় সার্কিটের দৈর্ঘ্য যথাক্রমে 5×10^{-4} m^2 and 25×10^{-2} m। চৌম্বক ক্ষেত্রের তীব্রতা এবং আপেক্ষিক ব্যাপ্তিযোগ্যতার মান খুঁজুন যখন কারেন্ট 2A এবং মোট ফ্লাক্স 0.3×10^{-3} Wb।

2. দেখানো সার্কিটের জন্য নির্ধারণ করো কোন উপাদান শক্তি শোষণ করছে এবং কোনটি শক্তি সরবরাহ করছে।

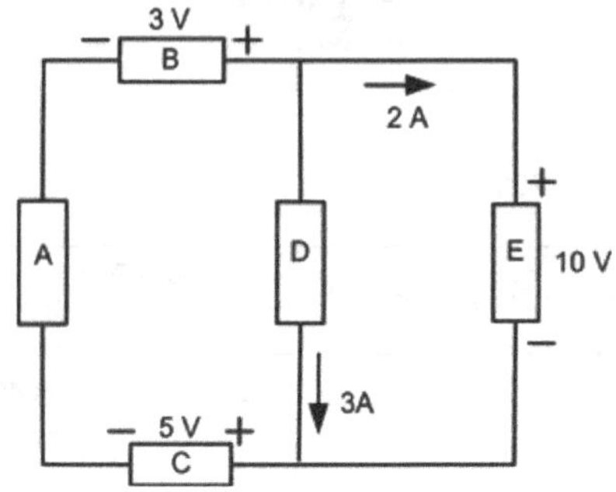

3. দেখানো সার্কিটে ভোল্টেজ V_1 এবং V_2 এবং I_1 খুঁজে পেতে KVL এবং KCL প্রয়োগ করো।

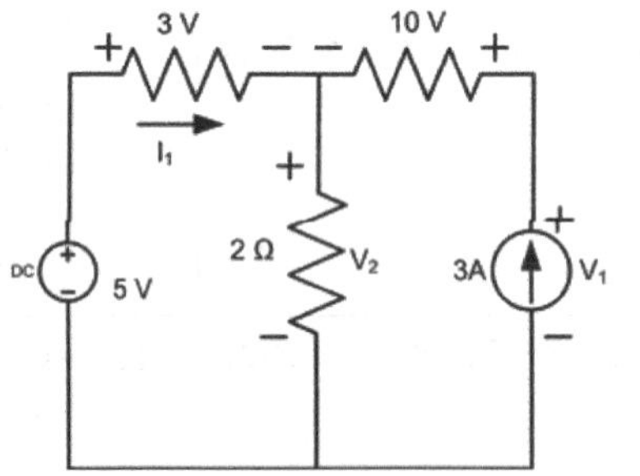

4. একটি 230 V, 100 W ইনক্যান্ডেসেন্ট ল্যাম্প বিবেচনা করো। নির্ধারণ করো (i) ল্যাম্প রেসিস্টেন্স (ii) ল্যাম্প কারেন্ট (iii) ল্যাম্প দ্বারা 8 ঘন্টার মধ্যে শক্তি খরচ।

5. দেখানো ইলেক্ট্রোম্যাগনেটিক সার্কিটের জন্য (i) কোরে ফ্লাক্স ডেনসিটি খুঁজুন (ii) ম্যাগনেটিক ফ্লাক্স লাইন স্কেচ করো এবং তাদের দিক নির্দেশ করো (iii) চৌম্বকের উত্তর এবং দক্ষিণ মেরু নির্দেশ করো। ক্রস বিভাগীয় এলাকা 0.01 m^2।

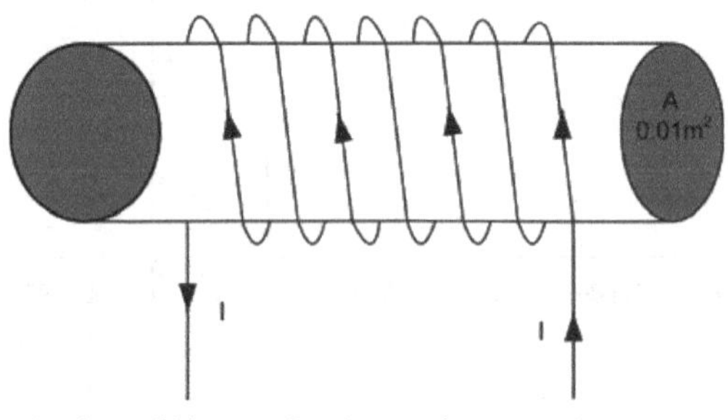

6. দেখানো চৌম্বকীয় কাঠামোর জন্য (i) চৌম্বকীয় সার্কিটের বৈদ্যুতিক উপমা আঁকুন (ii) মোট reluctance নির্ধারণ করো এবং (iii) কুণ্ডলীর সেলফ-ইন্ডাকট্যান্স। N = 100 পাক, $\mu_r = 3000\ \mu_0$, $A_1 = A_3 = 100\ cm^2$, $A_2 = 25\ cm^2$, $l_1 = l_3 = 30cm$ এবং $l_2 = 10$ cm।

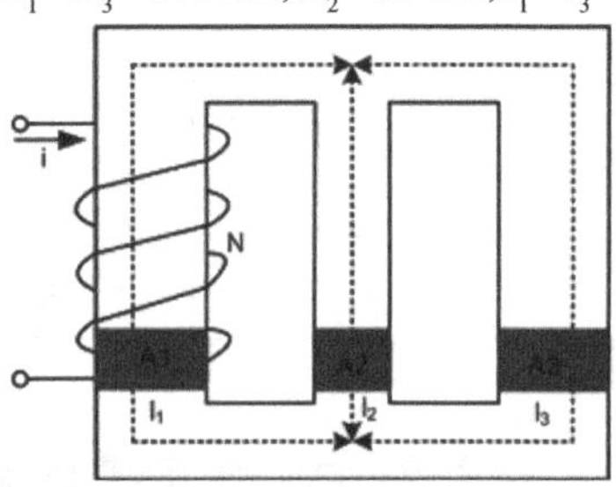

7. স্থিরভাবে আবেশিত এবং গতিশীলভাবে আবেশিত ইএমএফ প্রতিটি একটি প্রয়োগের সাথে পরিষ্কারভাবে ব্যাখ্যা করো।

8. চৌম্বকীয় সার্কিট এবং বৈদ্যুতিক সার্কিটের তুলনা করো।
9. কুণ্ডলীর সেলফ- ইন্ডাকট্যান্সের জন্য একটি অভিব্যক্তি বের করো।

ব্যবহারিক

I.P1-ES110: চৌম্বক পদার্থের ব্যাপ্তিযোগ্যতা

P1.1 ব্যবহারিক বিবৃতি

বি-এইচ কার্ভ প্লটিং এর মাধ্যমে চৌম্বকীয় পদার্থের ব্যাপ্তিযোগ্যতা (পারমিটিভিটি) নির্ধারণ করো।

P1.2 ব্যবহারিক তাৎপর্য

চৌম্বকীয় ব্যাপ্তিযোগ্যতা হল একটি মান যা প্রকাশ করে কিভাবে একটি চৌম্বকীয় উপাদান প্রয়োগকৃত চৌম্বক ক্ষেত্রের প্রতি সাড়া দেয়। যদি একটি চৌম্বকীয় পদার্থের ডাইপোলগুলি সহজেই একটি প্রযোজ্য চৌম্বকীয় ক্ষেত্রের দিকে দৃষ্টিগোচর হয়, তাহলে সেই চৌম্বকীয় উপাদানটিকে উচ্চ-ব্যাপ্তিযোগ্যতা হিসেবে গণ্য করা হয়। ব্যাপ্তিযোগ্যতার উপর ভিত্তি করে, একটি চৌম্বকীয় উপাদানকে প্যারাম্যাগনেটিক, ডায়াম্যাগনেটিক বা ফেরোম্যাগনেটিক উপাদান হিসাবে শ্রেণীবদ্ধ করা হয়।

P1.3 প্রাসঙ্গিক তত্ত্ব

তত্ত্বের জন্য, এই বইয়ের ‘একটি চৌম্বকীয় সার্কিটের পরামিতি’ বিষয় 4.2 দেখুন।

P1.4 ব্যবহারিক ফলাফল (PrO)

PrO1: পরিমাপ যন্ত্রের সঠিক পরিসর নির্বাচন করো।

PrO2: সার্কিট এবং পরিমাপ যন্ত্র সঠিকভাবে সংযুক্ত করো।

PrO3: প্রদত্ত চৌম্বকীয় পদার্থের ব্যাপ্তিযোগ্যতা নির্ধারণ করো।

P1.5 ব্যবহারিক সেটআপ (সার্কিট ডায়াগ্রাম)

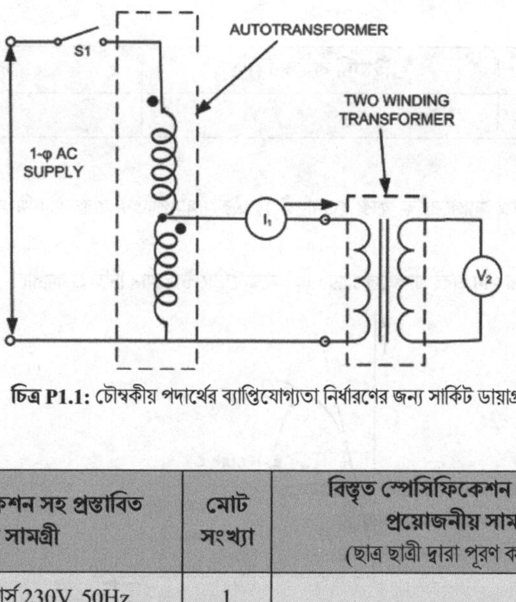

চিত্র P1.1: চৌম্বকীয় পদার্থের ব্যাপ্তিযোগ্যতা নির্ধারণের জন্য সার্কিট ডায়াগ্রাম।

P1.6 প্রয়োজনীয় সামগ্রী

ক্রমিক নং	গুরুত্বপূর্ণ স্পেসিফিকেশন সহ প্রস্তাবিত প্রয়োজনীয় সামগ্রী	মোট সংখ্যা	বিস্তৃত স্পেসিফিকেশন সহ প্রকৃত প্রয়োজনীয় সামগ্রী (ছাত্র ছাত্রী দ্বারা পূরণ করা হবে)	মন্তব্য (যদি থাকে)
1.	সিঙ্গেল-ফেজ এসি সোর্স 230V, 50Hz	1		
2.	সংযোগ তার: মাল্টিস্ট্র্যান্ড তামার তার, 1.5 মিমি^{2}	LS		
3.	সিঙ্গেল পোল সুইচ: 5A	2		

4.	সিঙ্গেল-ফেজ অটোট্রান্সফরমার: 2 কেভিএ, 230V/270V	1		
5.	সিঙ্গেল -ফেজ ট্রান্সফরমার: 2KVA, 230V/115V	1		
6.	ভোল্টমিটার: 0-300V এসি	1		
7.	অ্যামিটার: 0-1A, এসি, ডিজিটাল	1		

P1.7 সতর্কতা

1. সঠিক ধরনের এবং পরিসরের পরিমাপ যন্ত্র নির্বাচন করো।।
2. সার্কিট ডায়াগ্রামে দেখানো হিসাবে অ্যামিটার, ভোল্টমিটার এবং ওয়াটমিটার সংযুক্ত করো।
3. সার্কিট ডায়াগ্রাম অনুযায়ী সার্কিট কানেকশন চেক করো এবং অটোট্রান্সফরমারকে পাওয়ার সাপ্লাই দেওয়ার জন্য সুইচ S_1 চালু করার আগে তারের সংযোগগুলি সঠিকভাবে করো।
4. পরীক্ষা হয়ে যাবার পরে বিদ্যুৎ সরবরাহ বন্ধ করো।

P1.8 প্রস্তাবিত পদ্ধতি

1. চিত্র P1.1 হিসাবে দেখানো সার্কিটটি সংযুক্ত করো।
2. অটোট্রান্সফরমার এবং সিঙ্গেল-ফেজ ট্রান্সফরমারের সঠিক সংযোগ নিশ্চিত করো।
3. অটোট্রান্সফরমার রোটারি নবটি শূন্য ভোল্টেজ অবস্থানে রাখুন।
4. সিঙ্গেল পোল সুইচ S_1 চালু করো।
5. অটোট্রান্সফরমার এর রোটারি নবটি ঘুরিয়ে রেটেড ভোল্টেজ পর্যন্ত 10-15V ধাপে সিঙ্গেল-ফেজ ট্রান্সফরমারে সরবরাহ ভোল্টেজ বাড়ান।
6. পর্যবেক্ষণ টেবিলে দুই ওয়াইন্ডিং ট্রান্সফরমারের প্রাথমিক ভোল্টেজ (V_1), কারেন্ট (I_1) এবং সেকেন্ডারি ভোল্টেজ (V_2) রেকর্ড করো।
7. চিত্র P1.2 এ দেখানো হিসাবে বি-এইচ কার্ভ প্লট করো এবং বি-এইচ কারভের রৈখিক অংশে একটি স্পর্শক আঁকো।

P1.9 পর্যবেক্ষণ ও গণনা

ক্রমিক নং	প্রাইমারি কারেন্ট (I_1)	সেকেন্ডারি ভোল্টেজ (V_2)
1.		

গণনা

1. পরিমাপ করা সেকেন্ডারি ভোল্টেজ ম্যাগনেটিক ফ্লাক্স ডেনসিটি B এর সমানুপাতিক এবং প্রাথমিক কারেন্ট চৌম্বক ক্ষেত্রের তীব্রতা H এর সমানুপাতিক।
2. গ্রাফ পেপারের x- অক্ষে কারেন্টের মান এবং গ্রাফ পেপারের y- অক্ষে ভোল্টেজ মান চিহ্নিত করো।

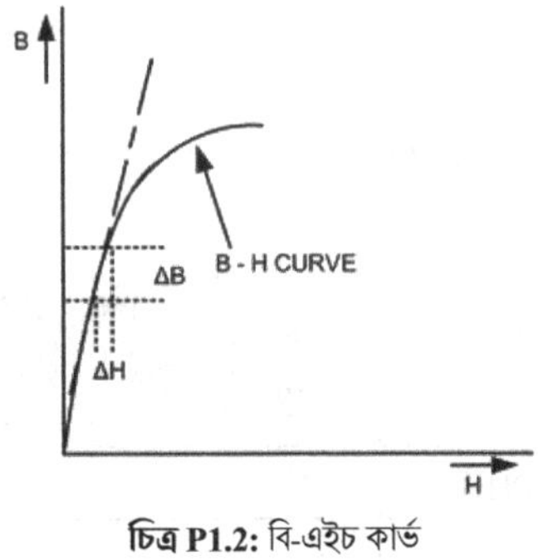

চিত্র P1.2: বি-এইচ কার্ভ

3. ব্যাপ্তিযোগ্যতা $\mu = \dfrac{\Delta B}{\Delta H}$

P1.10 ফলাফল

প্রদত্ত ট্রান্সফরমারের জন্য ব্যবহৃত চৌম্বকীয় উপাদানের ব্যাপ্তিযোগ্যতা μ হল --------

P1.11 উপসংহার

....

....

P1.12 ব্যবহারিক সম্পর্কিত প্রশ্ন

(উত্তরের জন্য আলাদা শীট ব্যবহার করো)

দ্রষ্টব্য: রেফারেন্সের জন্য নীচে কয়েকটি নমুনা প্রশ্ন দেওয়া হল। পূর্বনির্ধারিত কোর্সের ফলাফল অর্জন নিশ্চিত করার জন্য শিক্ষকদের এই ধরনের আরো প্রশ্ন তৈরি করতে হবে।

1. একটি নরম এবং শক্ত চৌম্বকীয় উপাদানের মধ্যে পার্থক্য বর্ণনা করো।
2. একটি ট্রান্সফরমারের কোর কাঠামো হিসাবে প্রয়োজনীয় ফেরোম্যাগনেটিক উপাদানের তালিকা দিন।
3. একটি ট্রান্সফরমারের আকার সাপ্লাই ফ্রিকোয়েন্সি উপর নির্ভর করে মন্তব্য করো।

P1.13 প্রস্তাবিত শেখার উৎস

B-H curve

আরো জানো

ক্ষুদ্র প্রকল্প

শিক্ষার্থীরা 5-6 জন শিক্ষার্থীদের গোষ্ঠী তৈরি করে একটি বা দুটি মাইক্রো প্রকল্প (গুলি) /ক্রিয়াকলাপ (ies) গ্রহণ করবে শিক্ষকের নির্দেশনার অধীনে এবং ব্যক্তিগত অংশগ্রহণের সাথে এটিকে গোষ্ঠী হিসাবে উপস্থাপন করবে। একটি নমুনা তালিকা নিচে দেওয়া হল:

1. একটি কারেন্ট বহনকারী কন্ডাক্টরে কারেন্ট পাস করা সনাক্ত করার জন্য একটি সহজ প্রোব তৈরি করো।
2. মিউচুয়াল ইন্ডাকট্যান্স নির্ভর করে এমন প্যারামিটার নির্ধারণের জন্য একটি সার্কিট তৈরি করো।

ভিডিও সম্পদ

Electrical and magnetic circuits

Basic electric circuit

রেফারেন্স ও প্রস্তাবিত পড়া

1. Seksena, S.B. Lal; Dasgupta, Kaustuv, *Fundamentals of Electrical Engineering*, Cambridge University Press, 2017.
2. Kothari, D P; Nagrath, I. J., *Basic Electrical Engineering*, New Delhi: Tata McGraw Hill Publishing Company Limited, 2002.
3. Wadhwa, C.L., *Basic Electrical Engineering*, New-Age International Pvt Ltd Publishers, 2007.
4. Theraja, B.L., *Electrical Technology*, Vol. – I, New Delhi: S. Chand and Company, 2015.

5 এ.সি. সার্কিটস

ইউনিট বিশেষ

এই ইউনিটে নিম্নলিখিত বিষয়গুলি নিয়ে আলোচনা করা হয়েছে:

- অল্টারনেটিং কোয়ান্টিটির সঙ্গে সম্পর্কিত শব্দ যেমন চক্র, ফ্রিকোয়েন্সি, পর্যায়ক্রমিক সময়, অ্যামপ্লিচুড, কৌণিক বেগ, আরএমএস মান, গড় মান, ফর্ম ফ্যাক্টর, পিক ফ্যাক্টর, ইম্পিডেন্স, ফেজ অ্যাঙ্গেল এবং পাওয়ার ফ্যাক্টর
- ইএমএফ এবং কারেন্টের গাণিতিক এবং ফেজর উপস্থাপনা
- স্টার এবং ডেল্টা সংযোগে ভোল্টেজ এবং কারেন্টের সম্পর্ক
- রেসিস্টর, ইন্ডাক্টর এবং ক্যাপাসিটরের মধ্যে এসি
- R-L সিরিজ, R-C সিরিজ, R-L-C সিরিজ এবং সমান্তরাল সার্কিটে এসি
- এ.সি. সার্কিট এবং পাওয়ার ত্রিভুজের মধ্যে শক্তি।

বিষয়গুলির ব্যবহারিক প্রয়োগগুলি আরও কৌতূহল সৃষ্টির পাশাপাশি সমস্যা সমাধানের ক্ষমতা উন্নত করার জন্য আলোচনা করা হয়েছে। এটি লক্ষ্য করা গুরুত্বপূর্ণ যে বিভিন্ন আগ্রহের লিঙ্কগুলির বিষয়ে আরও তথ্য পাওয়ার জন্য ভিডিও এবং ওয়েবসাইটের কিউআর কোড আকারে সরবরাহ করা হয়েছে। বহুনির্বাচনী প্রশ্নের পাশাপাশি বিষয়গত প্রশ্ন এবং সংখ্যাসূচক সমস্যার সংখ্যা অনুশীলনের জন্য প্রদান করা হয়েছে। সম্পর্কিত ব্যবহারিক, ক্ষুদ্র প্রকল্প এবং ক্রিয়াকলাপের পাশাপাশি আইসিটি সহ সম্পূরক তথ্য ভিডিও সংস্থান সহ একটি "আরো জানো" বিভাগ অনুসরণ করা হয়। ইউনিটটিতে রেফারেন্স এবং প্রস্তাবিত রিডিংগুলির একটি তালিকা দেওয়া হয়েছে যাতে কেউ তাদের আরও অনুশীলন এবং শেখার উন্নতির জন্য তাদের মাধ্যমে যেতে পারে।

যুক্তি

অল্টারনেটিং কারেন্ট (সংক্ষেপে A.C./AC) আজকের শক্তি উৎপাদন, বিতরণ এবং খরচে একটি গুরুত্বপূর্ণ ভূমিকা পালন করে। ডিসি সার্কিটের মতো, এসি সার্কিটগুলিতে শক্তি এবং লোডের উৎস থাকে যেখানে বিদ্যুৎ সঞ্চালন ঘটে। এসি সার্কিটে কারেন্ট এবং ভোল্টেজের মাত্রা এবং দিকের মান ধ্রুবক নয়, এটি নিয়মিত সময়ের ব্যবধানে পরিবর্তিত হয়। এসি গৃহস্থালি এবং শিল্প প্রয়োগের জন্য ব্যবহৃত হয় যেমন টেলিভিশন সেট, কম্পিউটার, মাইক্রোওয়েভ ওভেন, ফ্যান, শিল্পে ব্যবহৃত বড় মোটরগুলিতে। এই অধ্যায়ে এসির প্রাথমিক এবং মৌলিক সার্কিট বর্ণনা করা হবে।

পূর্ব-প্রয়োজনীয়

1. **ফলিত পদার্থবিদ্যা-1:** কাজ, শক্তি এবং ক্ষমতা (সেমিস্টার - I)
2. **মৌলিক গণিত-1:** ত্রিকোণমিতি, বীজগণিত (সেমিস্টার - I)

ইউনিট ফলাফল

এই ইউনিট সমাপ্ত হলে, শিক্ষার্থী সক্ষম হবে:

U5-O1: এসি সংকেত সম্পর্কিত বিভিন্ন মৌলিক পদ বর্ণনা কর।

U5-O2: গাণিতিক এবং ফ্যাসার পদের সাহায্যে অল্টারনেটিং ইএমএফ বর্ণনা কর।

U5-O3: আর-এল সিরিজ, আর-সি সিরিজ, আর-এল-সি সিরিজ এবং প্যারালাল সার্কিট বিশ্লেষণ করো যখন সিঙ্গেল ফেজ এসির অধীন।

U5-O4: স্টার/ ডেল্টা রূপান্তর ব্যবহার করে থ্রি-ফেজ এসি সিস্টেমে ভোল্টেজ এবং বর্তমান সম্পর্ক নির্ধারণ করো।

U5-O5: এসি সার্কিট প্যারামিটার নির্ধারণ করতে পাওয়ার ট্রায়াঙ্গেল ব্যবহার করো।

ইউনিট-5 ফলাফল	কোর্স আউটকোমের সাথে প্রত্যাশিত ম্যাপিং (1-দুর্বল সম্পর্ক; 2-মাঝারি সম্পর্ক; 3-শক্তিশালী সম্পর্ক)					
	সিও-1	সিও-2	সিও-3	সিও-4	সিও-5	সিও-6
U5-O1	1	-	-	-	3	3
U5-O2	1	-	-	-	3	3
U5-O3	1	-	-	-	3	3
U5-O4	2	-	-	-	3	1
U5-O5	1	-	-	-	3	1

জর্জ ওয়েস্টিংহাউস (1846-1914)

শিল্প বিপ্লব 2.0 -এর সময়কার সবচেয়ে ফলপ্রসূ উদ্ভাবকদের মধ্যে অন্যতম এবং অল্টারনেটিং কারেন্ট প্রযুক্তির প্রচারের জন্য সর্বাধিক পরিচিত, যা বিশ্বের আলোকসজ্জা ও বিদ্যুৎ শিল্পে বিপ্লব ঘটিয়েছিল এবং এয়ার ব্রেক সিস্টেম উদ্ভাবনের জন্য যা রেলপথকে নিরাপদ করে তুলেছিল। ইউনিয়ন সেনা ও নৌবাহিনীতে চাকরি করার পর, তিনি বিশেষ করে রেলপথের জন্য বেশ কয়েকটি যন্ত্রের পেটেন্ট করিয়েছিলেন। তিনি শেষ পর্যন্ত ওয়েস্টিংহাউস ইলেকট্রিক অ্যান্ড ম্যানুফ্যাকচারিং কোম্পানি চালু করেছিলেন যাতে অল্টারনেটিং কারেন্ট উৎপাদন (এসি) উন্নত করা যায়।

5.1 অল্টারনেটিং কারেন্ট এর মৌলিক বিষয়গুলি

5.1.1 ভূমিকা

যদিও অল্টারনেটিং কোয়ানটিটি অনেক বিস্তৃত অর্থ রয়েছে, এটি সাধারণত একটি সাইনোসয়েডাল পরিমাণ বোঝাতে ব্যবহৃত হয়। সাধারণত, অল্টারনেটিং কারেন্ট (এসি কারেন্ট হিসাবে উল্লেখ করা হয়) বা অল্টারনেটিং ভোল্টেজ (এসি ভোল্টেজ হিসাবে উল্লেখ করা হয়) একটি সাইনোসয়েডাল কারেন্ট বা ভোল্টেজ। প্রায় সমস্ত বৈদ্যুতিক বিদ্যুৎ সরবরাহ ব্যবস্থায় সাইনোসয়েডাল এসি কারেন্ট জড়িত, যা সাইনোসয়েডাল এসি ভোল্টেজ থেকে উদ্ভূত। এসি ভোল্টেজ তৈরিতে একটি জেনারেটর ব্যবহার করা হয়। আমাদের বাড়ি, কারখানা এবং অফিসের জন্য ইউটিলিটি কোম্পানি দ্বারা উৎপন্ন ভোল্টেজ হল এসি ভোল্টেজ।

5.1.2 অল্টারনেটিং কোয়ানটিটি

একটি অল্টারনেটিং কোয়ানটিটি ক্রমাগত মাত্রা পরিবর্তিত হয় এবং সময়ের নিয়মিত বিরতিতে দিক পরিবর্তন করে, যেমন অধ্যায় 1 এর ইউনিট 1.3 এ আলোচনা করা হয়েছে। একটি অল্টারনেটিং ভোল্টেজ বা কারেন্ট সর্বদা মসৃণ তরঙ্গের রূপ নিতে পারে না যেমন চিত্র 5.1 এ দেখানো হয়েছে, তবুও সাইন ওয়েভ আদর্শ ফর্ম এবং গৃহীত মান। প্রমিত সাইন তরঙ্গ থেকে বিচ্যুত তরঙ্গকে বিকৃত তরঙ্গ বলা হয়। সাধারণভাবে, তবে, একটি অল্টারনেটিং কারেন্ট বা ভোল্টেজ এক, যে দিকটি নিয়মিত পুনরাবৃত্তি বিরতিতে বিপরীত হয়।

অল্টারনেটিং ভোল্টেজ এবং অল্টারনেটিং কারেন্ট

যখন একটি কয়েল একটি চৌম্বকীয় ক্ষেত্রের মধ্যে আবর্তিত হয়, তখন সেই কয়েলে একটি অল্টারনেটিং বৈদ্যুতিন শক্তি (ই.এম.এফ) প্রবর্তিত হয়। ই.এম.এফ এর মান প্ররোচিত কয়েলের টার্নের সংখ্যা, চৌম্বক ক্ষেত্রের শক্তি এবং কয়েলের চুম্বকীয় ক্ষেত্রের ঘূর্ণন এর উপর নির্ভর করে। চিত্র 5.2 এ দেখানো প্রতি সেকেন্ডে 'ω' রেডিয়ানের ধ্রুবক কৌণিক বেগ সহ একটি অভিন্ন চৌম্বকীয় ক্ষেত্রের মধ্যে একটি কন্ডাক্টর ঘোরানো হচ্ছে। এটির ঘূর্ণনের অক্ষটি

বলের চৌম্বকীয় রেখার উপর লম্ব। কন্ডাক্টরের বিভিন্ন অবস্থান যেমন a, b, c এবং d অনুযায়ী, ইলেক্ট্রোমোটিভ ফোর্সের (ই.এম.এফ) সংশ্লিষ্ট মান চিত্র 5.1 ও 5.2 এ দেখানো হয়েছে।

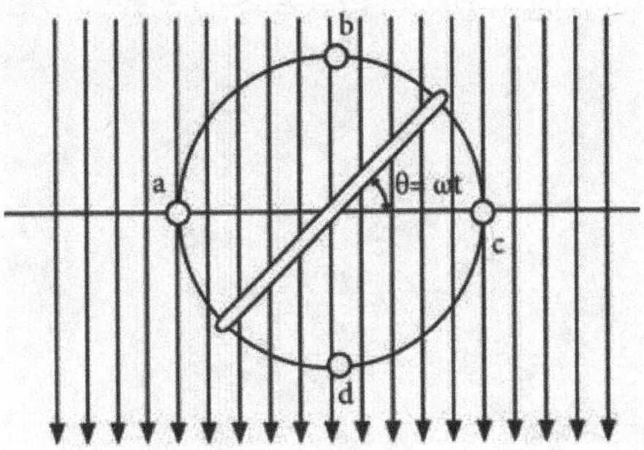

চিত্র 5.1: একটি চৌম্বক খেত্রের মধ্যে ঘূর্ণায়মান কয়েলে প্ররোচিত ই.এম.এফ

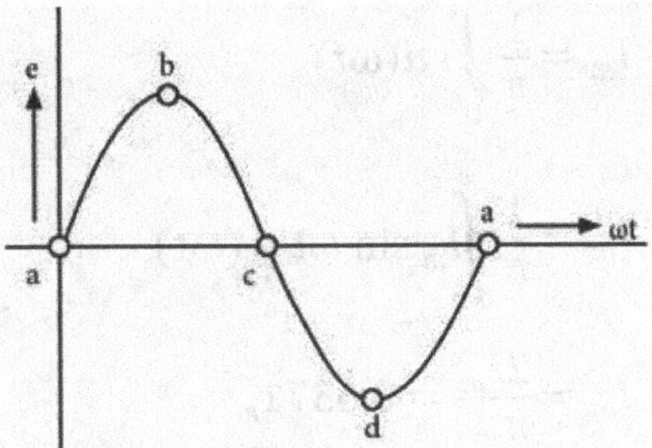

চিত্র 5.2: সাইনোসয়েডাল তরঙ্গ

বিন্দু a এবং বিন্দু c তে, কন্ডাকটর চৌম্বক ক্ষেত্রের সমান্তরালে চলে আসবে। অতএব, প্ররোচিত ই.এম.এফ শূন্য। বিন্দু b এবং d এ থাকাকালীন, কন্ডাকটর চৌম্বক ক্ষেত্রের লম্ব দিকে চলে আসবে। অতএব, প্ররোচিত ই.এম.এফ সর্বোচ্চ। একটি পরিবাহীর একটি সম্পূর্ণ ঘূর্ণনে, ই.এম.এফ এর একটি সম্পূর্ণ চক্র প্রাপ্ত হয়. ই.এম.এফ এর দিকনির্দেশ হিসাবে পয়েন্ট a এবং c এ উল্টো হয় এই ই.এম.এফ অল্টারনেটিং ইএমএফ অথবা অল্টারনেটিং ভোল্টেজ নামে পরিচিত। যখন প্ররোচিত অল্টারনেটিং ইএমএফ যুক্ত একটি কয়েল বাহ্যিক সার্কিটের সাথে সংযুক্ত থাকে তখন অল্টারনেটিং কারেন্ট প্রবাহিত হতে শুরু করে। এই অল্টারনেটিং কারেন্টের তরঙ্গরূপ একটি অল্টারনেটিং ভোল্টেজের তরঙ্গরূপের অনুরূপ। এছাড়াও, ই.এম.এফ সাইন ফাংশন হিসাবে পরিবর্তিত হয়। চিহ্নিত বক্ররেখাটি সাইন কার্ভ এবং অতএব, এটি সাইনোসয়েডাল ইএমএফ নামে পরিচিত।

5.1.3 অল্টারনেটিং কোয়ানটিটি এর সাথে সম্পর্কিত গুরুত্বপূর্ণ পদ

অল্টারনেটিং কোয়ানটিটি এর সাথে সম্পর্কিত কিছু গুরুত্বপূর্ণ পদ, যা বোঝা উচিত সেগুলি হল সাইকেল, ফ্রিকোয়েন্সি, পিরিওডিক টাইম, এমপ্লিচুড, কৌণিক বেগ, আরএমএস মান, গড় মান, ফর্ম ফ্যাক্টর, পিক ফ্যাক্টর, ইমপিডেন্স, ফেজ অ্যাঙ্গেল এবং পাওয়ার ফ্যাক্টর; সেগুলি সংক্ষেপে বর্ণনা করা হয়েছে:

1. **সাইকেল**

   অল্টারনেটিং কোয়ানটিটি এর ধনাত্মক ও ঋণাত্মক মানগুলির একটি সম্পূর্ণ সেট সাইকেল নামে পরিচিত। অতএব, চিত্র 5.3 এর প্রতিটি চিত্র একটি সম্পূর্ণ সাইকেলকে উপস্থাপন করে। একটি সাইকেল কখনও কখনও কৌণিক পরিমাপের পরিপ্রেক্ষিতে নির্দিষ্ট করা যেতে পারে। সেক্ষেত্রে, একটি সম্পূর্ণ চক্র 360° বা 2π রেডিয়ানে বিস্তৃত বলে বলা হয়।

2. **ফ্রিকোয়েন্সি (f)**

   এটি এক সেকেন্ডে ঘটে যাওয়া সাইকেলের সংখ্যা। ফ্রিকোয়েন্সি জন্য ইউনিট হল Hz বা সাইকেল/সেকেন্ড। উদাহরণস্বরূপ, 50 Hz এক সেকেন্ডে 50 সাইকেল।

3. **টাইম পিরিয়ড বা পিরিওডিক টাইম (T)**

   এটি একটি অল্টারনেটিং কোয়ানটিটি এর একটি সাইকেল সম্পূর্ণ করতে কত সময় নেয় (সেকেন্ডে)। এটি T দ্বারা চিহ্নিত করা হয়। ফ্রিকোয়েন্সি এবং টাইম পিরিয়ড এর মধ্যে সম্পর্ক নিম্নরূপ পাওয়া যেতে পারে

   f টি সাইকেল সম্পূর্ণ করতে সময় নেয় = 1 সেকেন্ড

   1 সাইকেল সম্পন্ন করতে সময় লেগেছে = 1/f সেকেন্ড

   $$\therefore \quad T = 1/f \qquad \cdots(5.1)$$

4. **এমপ্লিচুড**

   এটি একটি অল্টারনেটিং কোয়ানটিটি দ্বারা অর্জিত ধনাত্মক ও ঋণাত্মক সর্বাধিক মান। এটিকে সর্বোচ্চ বা সর্বোচ্চ মানও বলা হয়।

5. **গড় মান**

   একটি অল্টারনেটিং কোয়ানটিটি এর একটি সাইকেলের পর্যায়ক্রমিক পরিমাণের সমস্ত মানগুলির গাণিতিক গড়কে তার গড় মান বলে। একটি অল্টারনেটিং কোয়ানটিটি এর একটি সাইকেলের গড় মান শূন্য। অতএব, এটি অর্ধেক সাইকেল এর উপর সংজ্ঞায়িত করা হয়। এটি স্থির কারেন্টের সেই মান হিসাবে সংজ্ঞায়িত করা হয় যা একই বৈদ্যুতিক চার্জ স্থানান্তরিত করে যা সেই অল্টারনেটিং কারেন্টের দ্বারা স্থানান্তরিত হয়।

একটি সাইনোসয়েডাল কারেন্টের গড় মান, $i = I_m sin\ \omega t$ …(5.2)

$$I_{av} = \frac{1}{\pi}\int_0^{\pi} i\, d(\omega t)$$

$$I_{av} = \frac{1}{\pi}\int_0^{\pi} I_m \sin \omega t\, d\,(\omega t)$$

$$I_{av} = \frac{2I_m}{\pi} = 0.6371_m \quad \cdots(5.3)$$

∴ সাইনোসয়েডাল অল্টারনেটিং কোয়ানটিটি, গড় মান = 0.637 × সর্বোচ্চ মান।

6. **আর.এম.এস. মান**

আর.এম.এস. (রুট মিন স্কোয়ার) একটি অল্টারনেটিং কারেন্টের মান হল স্থির বা ডায়রেক্ট কারেন্টের মান, যা একটি নির্দিষ্ট সময়ের জন্য একটি প্রদত্ত সার্কিটের মধ্য দিয়ে প্রবাহিত হলে একই পরিমাণ তাপ উৎপন্ন করে যা একই সার্কিটের মধ্য দিয়ে প্রবাহিত অল্টারনেটিং কারেন্টের দ্বারা উৎপন্ন হয় একই সময়. এটি কার্যকর মান হিসাবেও পরিচিত। অ্যামিটার দ্বারা পরিমাপ করা একটি অল্টারনেটিং কারেন্টের মান হল কারেন্টের আর.এম.এস মান। সাইনোসয়েডাল অল্টারনেটিং কারেন্টের জন্য;

$i = I_m sin\ \omega t$

$$I_{rms} = \sqrt{\frac{1}{2\pi}\int_0^{2\pi} i^2 d(\omega t)}$$

$$I_{rms} = \sqrt{\frac{1}{\pi}\int_0^{\pi} i^2_m sin^2 \omega t\, d(\omega t)}$$

$$I_{rms} = \frac{I_m}{\sqrt{2}} = 0.707 I_m \quad ...(5.4)$$

∴ একটি সাইনোসয়েডাল ওয়েভফর্মের আর.এম.এস মান = 0.707 × সর্বোচ্চ মান।

7. **ফর্ম ফ্যাক্টর**

কারেন্টের এর আর.এম.এস মান ও গড় মান এর অনুপাত কে ফর্ম ফ্যাক্টর বলা হয়।

ফর্ম ফ্যাক্টর = আর.এম.এস মান / গড় মান ...(5.5)

= 0.707 Im /0.637 Im = 1.11

সুতরাং, সাইনোসয়েডাল ওয়েভফর্মের জন্য, ফর্ম ফ্যাক্টরের মান 1.11।

8. **পিক ফ্যাক্টর**

সর্বোচ্চ মানের সাথে আর.এম.এস মান এর অনুপাতকে পিক ফ্যাক্টর বলা হয়।

$$\text{পিক ফ্যাক্টর} = \frac{\text{সর্বোচ্চ মান}}{\text{আর.এম.এস মান}} \quad \cdots(5.6)$$

সাইনোসয়েডাল ওয়েভ ফর্মের জন্য, পিক ফ্যাক্টরের মান 1.414।

9. **আঙ্গুলার ভেলোসিটি**

আঙ্গুলার ফ্রিকোয়েন্সি এক সেকেন্ডে অবতীর্ণ রেডিয়ানের মান হিসাবে সংজ্ঞায়িত করা হয় (যেমন, ঘূর্ণনশীল কয়েল দ্বারা অবতীর্ণ কোণ এর মান)। আঙ্গুলার ফ্রিকোয়েন্সিটির একক হল rad/sec.

$$\omega = \frac{2\pi}{T} = 2\pi f \quad \cdots(5.7)$$

10. **তাত্ক্ষণিক মান**

এটি যেকোনো মুহূর্তে কোয়ানটিটি এর মান।

অল্টারনেটিং ভোল্টেজ এবং কারেন্ট

$$v = V_m \sin\theta = V_m \sin\omega t = V_m \sin 2\pi ft = V_m \sin\frac{2\pi}{T}t \quad \cdots(5.8)$$

যেখানে Vm = ভোল্টেজের সর্বোচ্চ মান,
f = Hz এ ফ্রিকোয়েন্সি, এবং t = সেকেন্ডে সময়।
সমীকরণ 5.1.8 দ্বারা প্রকাশ করা সম্পর্ক থেকে,

i) একটি অল্টারনেটিং ভোল্টেজের সর্বাধিক মান বা সর্বোচ্চ মান টাইম অ্যাঙ্গেল এর সাইন এর সহগের দ্বারা প্রকাশ করা হয়।

ii) ফ্রিকোয়েন্সি f প্রকাশ করা হয় সময়ের সহগ কে 2π দিয়ে ভাগ করে।

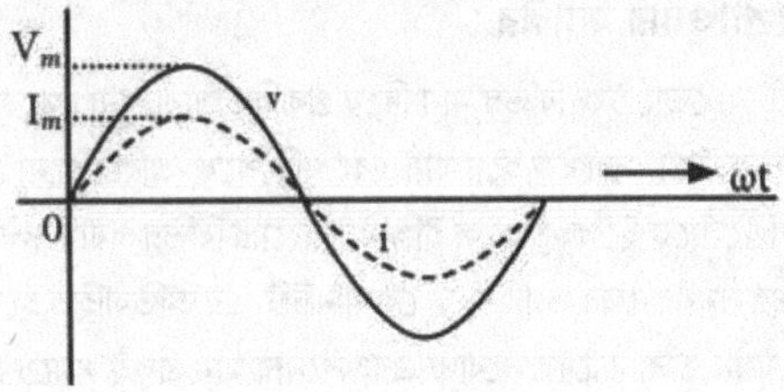

চিত্র 5.3: অল্টারনেটিং ভোল্টেজ এবং কারেন্ট

উদাহরণস্বরূপ, যদি একটি অল্টারনেটিং ভোল্টেজের সমীকরণ দেওয়া হয় v = 20 sin 314 t, তাহলে এর সর্বোচ্চ মান 20 V এবং এর ফ্রিকোয়েন্সি f = 314/2π = 50 Hz।

যদি কারেন্ট ভোল্টেজের সাথে একই ফেজে থাকে এবং I যদি কারেন্টের সর্বোচ্চ মান হয়, তাহলে অল্টারনেটিং কারেন্টের তাত্ক্ষণিক মানের সমীকরণ হল

$$i = I_m \sin 2\pi ft = I_m \sin\omega t = I_m \sin\frac{2}{T}t \quad \cdots(5.9)$$

এসি সিস্টেম এবং ডিসি সিস্টেমের তুলনা

একটি ডিসি তরঙ্গাকৃতি চিত্র, চিত্র 5.4 এ দেখানো হয়েছে। ডিসি সিস্টেমে এর তুলনায় এসি সিস্টেমের কিছু গুরুত্বপূর্ণ সুবিধা নিম্নরূপ:

1. এসি ভোল্টেজ কে ট্রান্সফরমার ব্যবহার করে দক্ষতার সাথে বেশী/কম করা যেতে পারে।
2. ডিসি মোটরের তুলনায়, এসি মোটরগুলি সস্তা এবং নির্মাণে সরল।
3. এসি সিস্টেমের জন্য সুইচগিয়ার ডিসি সিস্টেমের চেয়ে সরল।
4. সহজ এবং সস্তা উৎপাদন এবং ট্রান্সমিশন, ব্রেকভেন দূরত্ব পর্যন্ত।

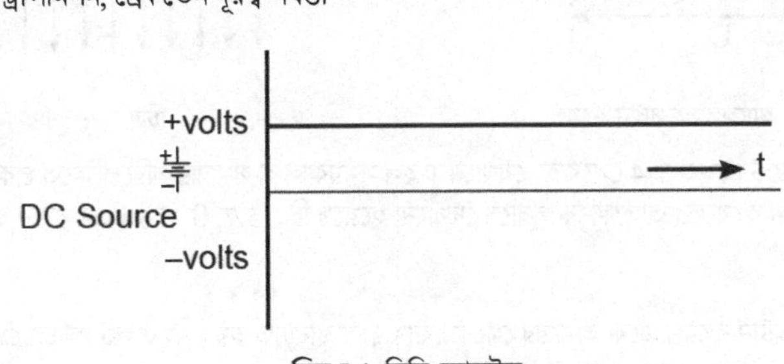

চিত্র 5.4: ডিসি ভোল্টেজ

সিঙ্গেল-ফেজ এবং থ্রি-ফেজ এসি

এসি সিঙ্গেল-ফেজ বা থ্রি-ফেজ হতে পারে। সিঙ্গেল-ফেজ এসি (চিত্র 5.3) ছোট বৈদ্যুতিক চাহিদার জন্য ব্যবহার করা হয় যেমন বাড়িতে। চিত্র 5.5 দেখানো থ্রি-ফেজ এসি ব্যবহার করা হয় যেখানে ভারী লোড অর্থাৎ বাণিজ্যিক এবং শিল্প গুলিতে যেখানে প্রচুর পরিমাণে বিদ্যুতের প্রয়োজন হয়। থ্রি-ফেজ হল তিনটি ওভারল্যাপিং এসি সাইকেলের ধারাবাহিক সিরিজ। প্রতিটি তরঙ্গ একটি পর্যায়ের একটি করে ফেজ বর্ণনা করে এবং 120 ডিগ্রি দ্বারা অফসেট হয়।

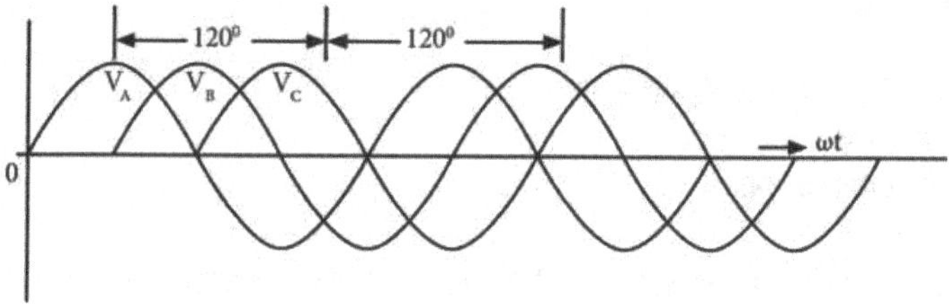

চিত্র 5.5: থ্রি-ফেজ সাইন ওয়েভ

5.1.4 ফেজ, ফেজ ডিফারেন্স এবং পাওয়ার ফ্যাক্টর

একটি সাইকেলের সময়, অল্টারনেটিং কারেন্ট বা ভোল্টেজ বিভিন্ন মান দিয়ে প্রবাহিত যায়। শূন্য থেকে শুরু করে, এটি সর্বাধিক বৃদ্ধি পায় এবং তারপর ধীরে ধীরে শূন্যে হ্রাস পায়। তারপর বিপরীত দিকে উঠে, সর্বাধিক হয়ে যায় এবং পরিশেষে, আবার শূন্যে ফিরে আসে। সমস্ত অল্টারনেটিং কোয়ানটিটি এই বিভিন্ন পর্যায়ের মধ্য দিয়ে যায়। এই বিভিন্ন ধাপগুলোকে ইলেকট্রিক্যাল ইঞ্জিনিয়ারিংয়ের বিভিন্ন পর্যায় বলা হয়। পর্যায়ক্রমে একটি অল্টারনেটিং কোয়ানটিটি এর অর্থ হল সেই অল্টারনেটিং কোয়ানটিটি এর সময়কালের ভগ্নাংশ, যা কোয়ানটিটি এর অতিবাহিত হয়ে গেছে রেফারেন্সের শূন্য অবস্থানের মধ্য দিয়ে। দুটি অল্টারনেটিং তরঙ্গ পর্যায়ক্রমে বলা হবে যখন তারা তাদের সর্বোচ্চ এবং শূন্যের মান একই সময়ে পৌঁছাবে। তাদের সর্বাধিক মান ভিন্ন মাত্রায় হতে পারে। সময়ের যে কোন বিশেষ দৃষ্টান্তে প্রকৃত পর্যায়টি তাৎপর্যপূর্ণ নয়। যাইহোক, কোণ বা সময়ের ডিফারেন্স গুরুত্বপূর্ণ। বিভিন্ন কোয়ানটিটি দুটি ভিন্ন ভোল্টেজ বা দুটি ভিন্ন কারেন্ট বা একটি ভোল্টেজ এবং একটি কারেন্ট হতে পারে। দুটি পর্যায়ক্রমিক কোয়ানটিটি এর মধ্যে আপেক্ষিক ডিফারেন্সকে 'ফেজ ডিফারেন্স' বলা হয় এবং "ফেজ অ্যাঙ্গেল" এর পরিপ্রেক্ষিতে প্রকাশ করা হয়।

$+I_m$ এর ফেজ হল $\pi/2$ rad বা T/4 sec

$-I_m$ এর ফেজ হল $3\pi/2$ rad বা 3T/4 sec

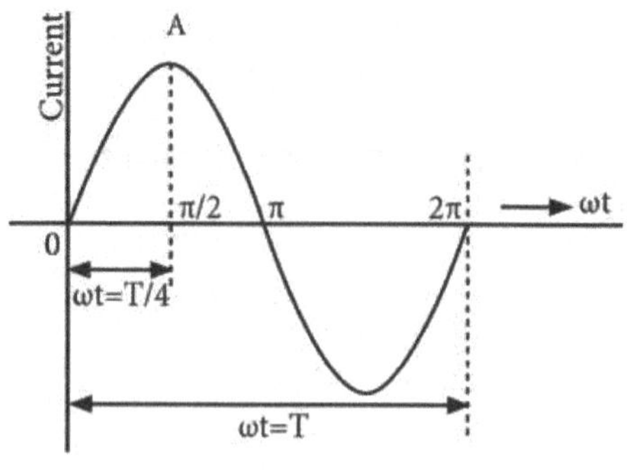

চিত্র 5.6: ফেজ অ্যাঙ্গেল সহ সাইন ওয়েভ

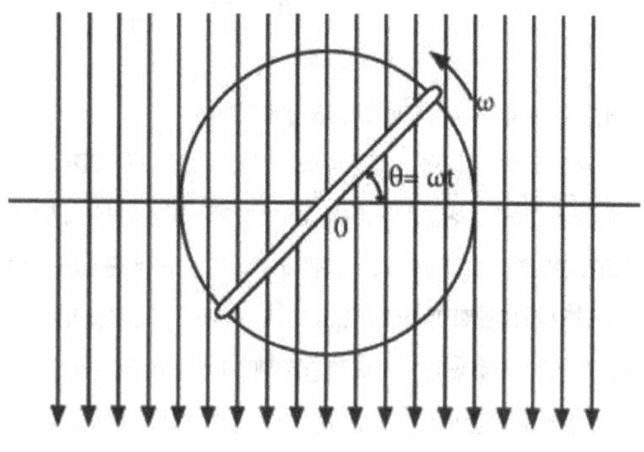

চিত্র 5.7: ঘূর্ণায়মান কয়েলের ফেজ

উদাহরণস্বরূপ, A বিন্দুতে কারেন্টের ফেজ T/4 সেকেন্ড, যেখানে T হল সময়কাল বা সময়ের পরিপ্রেক্ষিতে প্রকাশ করা হয় কোণ, এটি $\pi/2$ রেডিয়ান (চিত্র 5.6)। একইভাবে, ঘূর্ণায়মান কয়েলের তাত্ক্ষণিক পর্যায়ে দেখানো হয়েছে চিত্র. 5.7, θ যা ωt এর সমান যাকে ফেজ অ্যাঙ্গেল বলা হয়।

ফেজ ডিফারেন্স

ধরা যাক অনুরূপ তিনটি সিঙ্গেল-টার্ন কয়েল একে অপরের থেকে কোণ দ্বারা স্থানচ্যুত হয় এবং একটি অভিন্ন চৌম্বকীয় ক্ষেত্রের মধ্যে ঘুরছে যা একই কৌণিক বেগের সাথে চিত্র 5.8 (a) তে দেখানো হয়েছে।

এই ক্ষেত্রে, প্ররোচিত ই.এম.এফ এর মান তিনটি কয়েলে একই, কিন্তু একটি গুরুত্বপূর্ণ ডিফারেন্স রয়েছে। এই কয়েলে ই.এম.এফ গুলি একসঙ্গে একের পর এক তাদের সর্বোচ্চ বা শূন্য মানে পৌঁছায় না। তিনটি সাইনোসয়েডাল তরঙ্গ চিত্র 5.8 (b) এ দেখানো হয়েছে। এটি দেখা যায় যে বক্ররেখা B এবং C যথাক্রমে বক্ররেখা A এবং কোণ β এবং $(\alpha + \beta)$ থেকে স্থানচ্যুত হয়। অতএব, এর মানে হল যে A এবং B এর মধ্যে ফেজ ডিফারেন্স β এবং B এবং C এর মধ্যে α কিন্তু A এবং C এর মধ্যে $(\alpha + \beta)$। তবে বিবৃতিটি কোন ইএমএফ সম্পর্কে ইঙ্গিত দেয় না প্রথমে কোন ইএমএফ তার সর্বোচ্চ মানে পৌঁছায়। এই ডেফিসিএনসি 'ল্যাগ' বা 'লিড' শব্দগুলি ব্যবহার করে বর্ণনা করা হয়। ফেজ ডিফারেন্সে বর্ণনা করতে একটি প্লাস (+) চিহ্ন 'লিড' বোঝায় এবং একটি বিয়োগ (–) চিহ্ন 'ল্যাগ' বোঝায়।

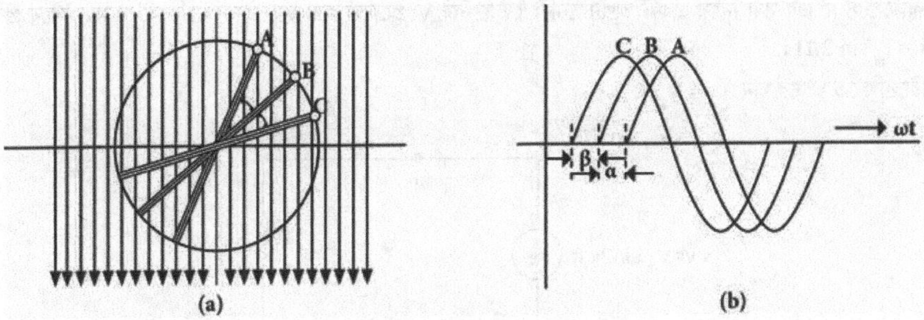

চিত্র 5.8: ফেজ ডিফারেন্স

একটি লিডিং অল্টারনেটিং কোয়ানটিটি হল যা অন্য কোয়ানটিটি এর তুলনায় আগে তার সর্বোচ্চ (বা শূন্য) মানে পৌঁছায়। একইভাবে, একটি ল্যাগিং অল্টারনেটিং কোয়ানটিটি হল যা অন্য কোয়ানটিটি এর পরে তার সর্বোচ্চ বা শূন্য মান পৌঁছায়। উদাহরণস্বরূপ, চিত্র 5.8 (b) এ, B A থেকে β কোণে ল্যাগ করছে এবং C A এর থেকে $(\alpha + \beta)$ কোণে ল্যাগ করছে কারণ তারা পরে তাদের সর্বোচ্চ মানে পৌঁছায়।

AC Circuits

তাত্ক্ষণিক প্ররোচিত ইএমএফ গুলির এর জন্য তিনটি সমীকরণ হল (Eq. 5.10 a, b এবং c) রেফারেন্স কোয়ানটিটি

$$e_A = E_m \sin \omega t$$
$$e_B = E_m \sin (\omega t - \beta)$$
$$e_C = E_m \sin [\omega t - (\alpha + \beta)] \qquad \cdots\text{(Eq. 5.10)}$$

সমাধানকৃত সমস্যা

উদাহরণ 5.1.1: i = 141.4 sin 314t দ্বারা একটি অল্টারনেটিং কারেন্টকে বর্ণনা করা হয়, বের করতে হবে i) সর্বোচ্চ মান ii) ফ্রিকোয়েন্সি iii) সময়কাল iv) তাত্ক্ষণিক মান যখন t = 5 ms

সমাধান:

দেওয়া আছে, i = 141.4 sin 314t

$i = I_m \sin \omega t$

i) সর্বোচ্চ মান I_m = 141.4 A

ii) ω = 314 rad/sec

f = ω/2π = 50 Hz

iii) T = 1/f = 0.02 সেকেন্ড

iv) I = 141.4 পাপ (314 × 0.005) = 3.87A

5.1.5 ফেজর

ফ্যাসর হল একটি ভেক্টর যা একটি সাইনোসয়েডাল ফাংশন উপস্থাপন করতে ব্যবহৃত হয়। এটি একটি কৌণিক গতি ω ঘড়ির কাঁটার বিপরীত দিক দিয়ে ঘুরছে। বৈদ্যুতিক কোয়ানটিটি যেমন কারেন্ট এবং ভোল্টেজ ফেজরেরমাধ্যমে দৈর্ঘ্যকে নির্দেশ করে মাত্রা এবং দিক নির্দেশ করে তীর। ফেজরেরউল্লম্ব উপাদানটি প্রদত্ত সমীকরণের জন্য সাইনোসয়েডাল পরিবর্তনশীল কোয়ানটিটি এর বর্ণনা করে। এখানে, ফ্যাসারগুলির মাত্রা কারেন্ট (I_m) এবং ভোল্টেজ (V_m) এর সর্বোচ্চ মানকে বোঝায়। চিত্র 5.6 এবং চিত্র 5.7 থেকে, ফ্যাসার এবং সময়ের সাথে ফাংশনের সাইনোসয়েডাল উপস্থাপনার মধ্যে সম্পর্ক লক্ষ্য করা যায়। উল্লম্ব অক্ষে ফেজরেরঅভিক্ষেপ কোয়ানটিটি এর মান বর্ণনা করে। উদাহরণস্বরূপ, একটি কারেন্ট বা একটি ভোল্টেজ ফেজরেরক্ষেত্রে, উল্লম্ব অক্ষে ফেজরেরঅভিক্ষেপ যথাক্রমে $I_m \sin \omega t$ এবং $V_m \sin \omega t$ দ্বারা প্রদত্ত, সেই মুহূর্তে কারেন্ট বা ভোল্টেজের মান দেয়।

5.1.6 পিওর রেসিস্টেন্স, ইন্ডাক্টর এবং ক্যাপাসিটরে এ.সি.

5.1.6.1 পিওর রেসিস্টিভ সার্কিট

ওহমের সুত্র থেকে পাই, I = V/R or V = I R

যখন একটি পিওর রেসিস্টেন্স R এর মধ্য দিয়ে একটি অল্টারনেটিং ভোল্টেজ V প্রয়োগ করা হয়, তখন রেসিস্টেন্স মধ্য দিয়ে প্রবাহিত কারেন্টের তাত্ক্ষণিক মান হয় $i = I_m \sin 2\pi f t$.

সর্বোচ্চ ভোল্টেজ পরিপ্রেক্ষিতে V এর মান $I_m = V_m/R$,

$$v = V_m \sin 2\pi ft$$

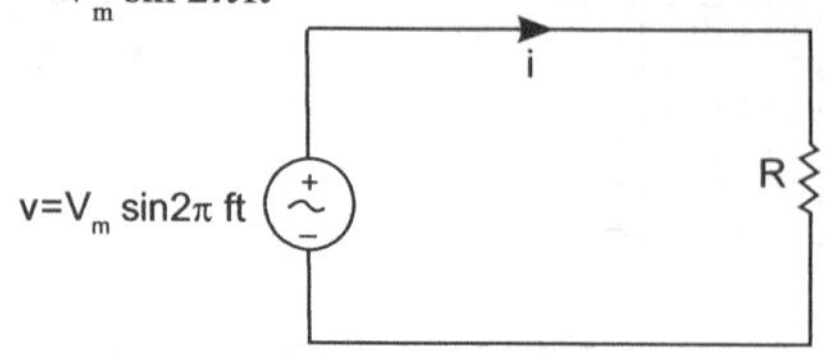

চিত্র 5.9: এসি সোর্স সহ পিওর রেসিস্টিভ সার্কিট

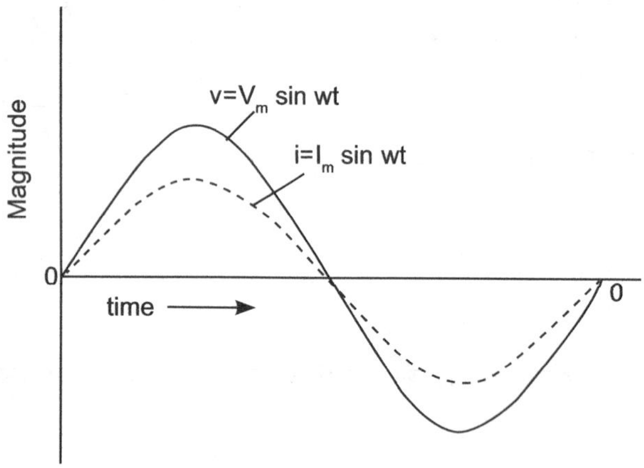

চিত্র 5.10: এসি ভোল্টেজ ইনপুটে একটি পিওর রেসিস্টিভ সার্কিটের প্রতিক্রিয়া

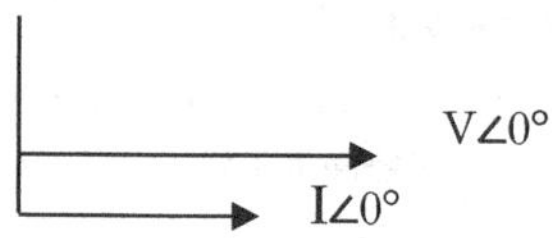

চিত্র 5.11: ফ্যাসার ডায়াগ্রাম

V এবং i এর সমীকরণ থেকে, আমরা দেখি যে কোয়ানটিটি গুলি চিত্র 5.10 এর মতো উপস্থাপন করা যেতে পারে। চিত্র 5.11 -এ দেখানো একটি পিওর রেসিস্টিভ সার্কিটের ফ্যাসার ডায়াগ্রাম থেকে দেখা যায়, ভোল্টেজ এবং কারেন্টের ফ্যাসার সকল ক্ষেত্রে একই দিকের, ভোল্টেজ এবং কারেন্টের মধ্যে ফেজ অ্যাঙ্গেল শূন্য, অর্থাৎ ফেজ ডিফারেন্সে হল শূন্য। অতএব, পাওয়ার ফ্যাক্টর বা $\cos ø$ এর মান হল এক।

5.1.6.2 পিওর ইন্ডাকটিভ সার্কিট

একটি এসি ভোল্টেজ একটি পিওর ইনডাকটিভ কয়েলের সাথে সংযুক্ত করা হয়েছে যেমন চিত্র 5.12 এ দেখানো হয়েছে। এর ফলাফল স্ব-প্রবর্তনের কারণে কয়েলে ই.এম.এফ প্ররোচিত হচ্ছে। এই ই.এম.এফ কারেন্টের পরিবর্তনের হারের উপর নির্ভর করে যা কয়েলের মধ্য দিয়ে প্রবাহিত হয়। এই বিরোধিতার কারণে, বর্তমানটি π /2 বা 90° কোণে প্রয়োগকৃত ভোল্টেজ থেকে ল্যাগ করে।

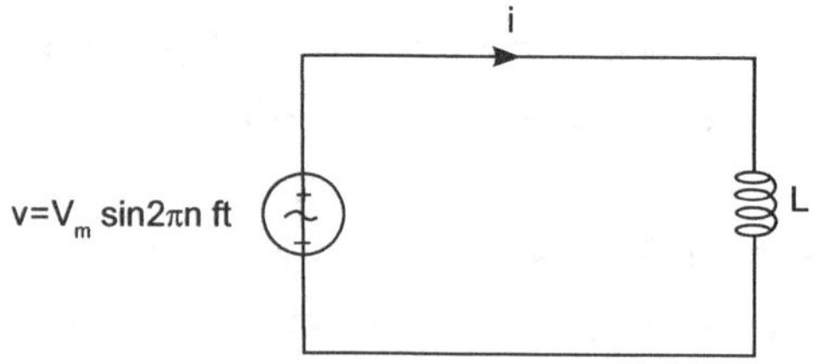

চিত্র 5.12: এসি সোর্স সহ পিওর ইনডাকটিভ সার্কিট

ধরা যাক, $V = V_m \sin 2\pi ft$

∴ কারেন্টের মান $i = I_m \sin(2\pi f t - \pi/2) = -I_m \cos 2\pi ft$

এটি চিত্র 5.13 এ দেখানো হয়েছে

এছাড়াও, কারেন্টের মান $I_m = V_m/\omega L$

যেখানে "ωL" ইনডাকটিভ রিয়াকটেন্স নামে পরিচিত এবং X_L. দ্বারা চিহ্নিত করা হয়। এছাড়াও, যেখানে L হেনরিতে ইনডাক্টেন্সের মান এবং $\omega = 2\pi fL$ ওহমে পরিমাপ করা হয়।

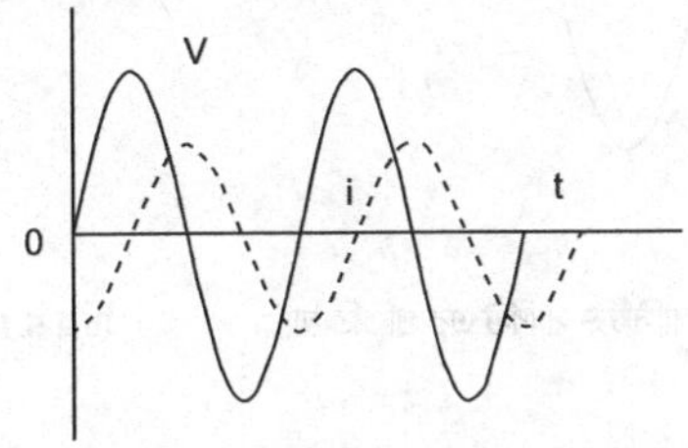

চিত্র 5.13: এসি ভোল্টেজ ইনপুটে একটি পিওর ইনডাকটিভ সার্কিট এর প্রতিক্রিয়া।

এই সার্কিটে, ভোল্টেজ এবং কারেন্টের মধ্যে ফেজ ডিফারেন্স 90° যেমন চিত্র 5.14 এ দেখানো হয়েছে। সুতরাং, পাওয়ার ফ্যাক্টর বা cos ø এর মান শূন্য

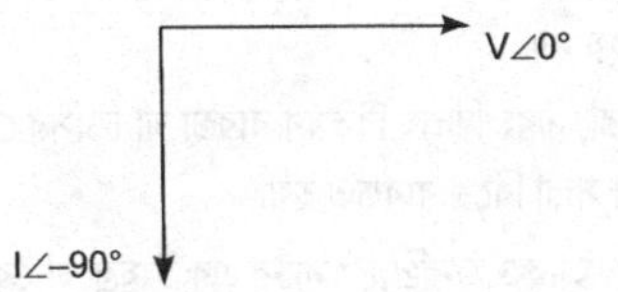

চিত্র 5.14: একটি পিওর ইনডাকটিভ সার্কিটের ফ্যাসার ডায়াগ্রাম

5.1.6.3 পিওর ক্যাপাসিটিভ সার্কিট

যখন চিত্র 5.15 এর মতো একটি বিশুদ্ধ ক্যাপাসিটরে একটি অল্টারনেটিং ভোল্টেজ প্রয়োগ করা হয়, তখন চার্জ এবং ডিসচার্জ করার প্রক্রিয়া শুরু হয়। এটি একটি দিকে চার্জ করা হয় এবং তারপর বিপরীত দিকে। এর ফলে কারেন্ট প্রবাহিত হয়। চিত্র 5.16 এ দেখানো চার্জিং এবং ডিসচার্জ প্রক্রিয়ার কারণে, কারেন্ট, ভোল্টেজ কে কোণ π/2 দ্বারা লিড করে।

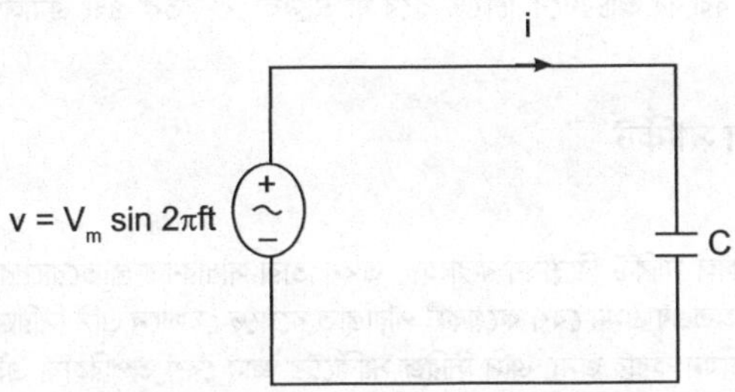

চিত্র 5.15: এসি সোর্স সহ পিওর ক্যাপাসিটিভ সার্কিট

ধরা যাক $V = V_m \sin 2\pi ft$

তাহলে কারেন্টের মান $i = I_m \sin(2\pi ft + \pi/2)$

এছাড়াও, কারেন্ট এর মান $I_m = V_m/(1/\omega C)$

যেখানে $1/\omega C$ রেসিস্টেন্স এর ভূমিকা পালন করে।

এটি "ক্যাপাসিটিভ রিয়াকটেন্স" নামে পরিচিত এবং Xc দ্বারা চিহ্নিত করা হয় যেখানে C ফ্যারাডে ক্যাপ্যাসিট্যান্সের মান এবং $\omega = 2\pi ft$, Xc ওহমে পরিমাপ করা হয়। এই সার্কিটে, ভোল্টেজ এবং কারেন্টের মধ্যে ফেজ ডিফারেন্স 90° যেমন চিত্র 5.17 এ দেখানো হয়েছে। সুতরাং, পাওয়ার ফ্যাক্টর বা cos ø এর মান শূন্য।

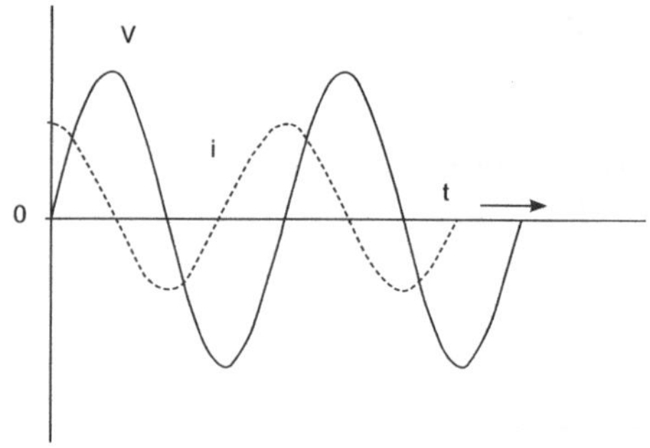

চিত্র 5.16: এসি ভোল্টেজ ইনপুটে একটি পিওর ক্যাপাসিটিভ সার্কিট এর প্রতিক্রিয়া।

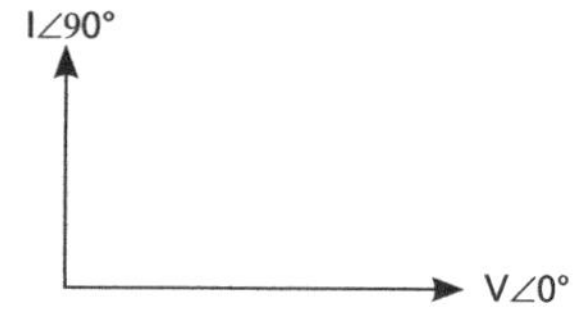

চিত্র 5.17: একটি পিওর ক্যাপাসিটিভ সার্কিট এর ফ্যাসার ডায়াগ্রাম।

অ্যাপ্লিকেশন

Alternating Current

- পৃথিবীর প্রায় প্রতিটি বাড়ি এসি কারেন্ট দ্বারা চালিত। এসি -র তুলনায় তাপের কারনে বেশি শক্তি লস হওয়া, আগুন উৎপাদনের উচ্চ ঝুঁকি, উচ্চ খরচ এবং ট্রান্সফরমার ব্যবহার করে উচ্চ ভোল্টেজকে কম ভোল্টেজে রূপান্তরিত করার পদ্ধতিতে সমসসার কারনে ডিসি সাধারণত এই উদ্দেশ্যে ব্যবহার করা হয় না।
- এসির সাহায্যে এটি বৈদ্যুতিক জেনারেটর তৈরি করা, এবং বিদ্যুৎ বিতরণ ব্যবস্থা যা ডিসির চেয়ে অনেক বেশি কার্যকরী, এবং তাই দেখা যায় যে এসি প্রধানত উচ্চ শক্তি প্রয়োগে সারা বিশ্বে ব্যবহৃত হয়।
- বৈদ্যুতিক মোটরগুলিকে শক্তি দেওয়ার ক্ষেত্রে এসি আরও জনপ্রিয়, মোটর একটি যন্ত্র যা বৈদ্যুতিক শক্তিকে যান্ত্রিক শক্তিতে রূপান্তর করে।
- আমরা যেসব গৃহস্থালী যন্ত্রপাতি ব্যবহার করি তার অধিকাংশই এসির উপর নির্ভর করে যেমন রেফ্রিজারেটর, ফ্যান, এয়ার কন্ডিশনার, ওভেন, টোস্টার ইত্যাদি।
- তিনটি মৌলিক, লিনিয়ার নিষ্ক্রিয়উপাদান: রেসিস্টেন্স (R), ক্যাপাসিটর (C), এবং ইন্ডাক্টর (L) এসি প্রয়োগের বহুল সংখ্যায় ব্যবহার করা হয় এবং RC সার্কিট, RL সার্কিট, LC সার্কিট, এবং RLC সার্কিট, সংক্ষিপ্তসার সহ কোন উপাদানগুলি ব্যবহার করা হয় তা নির্দেশ করে। এই সার্কিটগুলি, তাদের মধ্যে, বিপুল সংখ্যক গুরুত্বপূর্ণ ধরণের আচরণকে চিত্রিত করে যা অনেক বৈদ্যুতিক এবং এনালগ ইলেকট্রনিক প্রয়োগের মৌলিক ধারনা দেয়।

5.2 এসি সিরিজ এবং প্যারালেল সার্কিট

5.2.1 ভূমিকা

ইলেকট্রিক্যাল ইঞ্জিনিয়ারিংয়ে, যখন প্রাকটিকাল সার্কিট বিশ্লেষণ করা হয়, তখন তারা সাধারণত প্রতিরোধের দুই বা ততোধিক উপাদান রেসিস্টেন্স, ইনডাক্টেন্স এবং ক্যাপাসিট্যান্স নিয়ে গঠিত। অতএব এমন বেশ কয়েকটি পরিস্থিতি রয়েছে যেখানে এসি সিরিজ সার্কিট সম্পর্কিত বিভিন্ন উপাদানগুলির প্রয়োজন হয়। এসি মেশিনের কর্মক্ষমতা অধ্যয়ন করার জন্য, এসি সিরিজ সার্কিটের জ্ঞান বেশ অপরিহার্য। এই বিভাগে, রেসিস্টেন্স, ইনডাক্টেন্স এবং ক্যাপ্যাসিট্যান্স নিয়ে গঠিত এসি সিরিজ সার্কিটগুলি বর্ণনা করা হয়েছে।

5.2.2 রেসিস্টেন্স - ইনডাক্টেন্স (R-L) সার্কিট

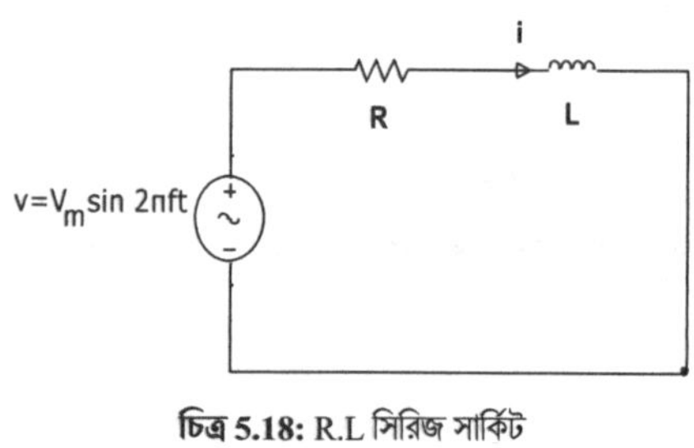

চিত্র 5.18: R.L সিরিজ সার্কিট

আগের বিভাগে, এসি ভোল্টেজ সার্কিট এ প্রয়োগ করা হয়েছিল যার মধ্যে পিওর রেসিস্টেন্স, ইনডাক্টেন্স এবং ক্যাপাসিটেন্স ছিল। যাইহোক, একটি সিরিজ সার্কিটে যখন এসি ভোল্টেজ দুটি সংমিশ্রণ জুড়ে প্রয়োগ করা হয় অর্থাৎ একটি সার্কিট যার মধ্যে পিওর রেসিস্টেন্স 'R' এবং পিওর ইনডাক্ট্যান্স 'L' সিরিজে থাকে চিত্র 5.18 এ দেখানো হয়েছে, R এবং L তে প্রবাহিত বিদ্যুৎ হবে একই হবে এবং সেইজন্য, আর.এম.এস মান, তাত্ক্ষণিক মান এবং সর্বোচ্চ মান একই হবে। সিরিজ সার্কিটের সমাধানের জন্য I কে রেফারেন্স হিসেবে নেওয়া হয়।

ধরা যাক, $i = I_m \sin \omega t$ হল কারেন্ট প্রবাহের জন্য সমীকরণ

এটি R এবং L জুড়ে ভোল্টেজ ড্রপ করবে।

R' জুড়ে তাত্ক্ষণিক ভোল্টেজ ড্রপ হল

$$V_R = i\,R = I_m \sin \omega t\,R \qquad \cdots\text{(Eq. 5.11)}$$

এবং, 'L' জুড়ে তাত্ক্ষণিক ভোল্টেজ ড্রপ হল

$$V_L = L\frac{di}{dt} = L\frac{d}{dt}(I_m \sin \omega t)dt$$

$$= (I_m \cos \omega t)\,\omega L \qquad \cdots\text{(Eq. 5.12)}$$

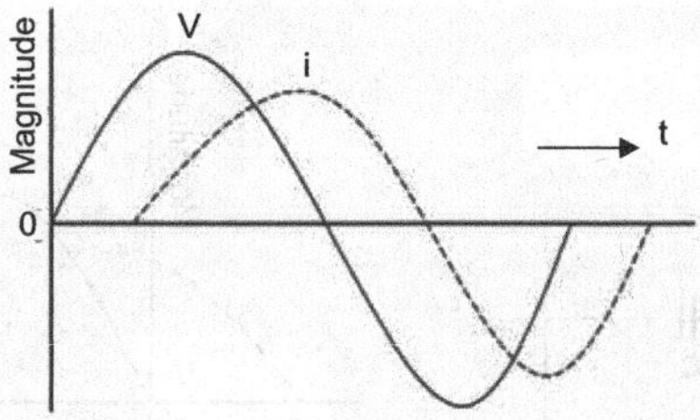

চিত্র 5.19: এসি ভোল্টেজ ইনপুটে একটি R-L সিরিজ সার্কিটের প্রতিক্রিয়া

সরবরাহ ভোল্টেজের মোট তাত্ক্ষণিক মান হল

$$V = V_R + V_L$$
$$= I_m R \sin \omega t + I_m \omega L \cos \omega t$$
$$= I_m (R \sin \omega t + \omega L \cos \omega t]$$

প্রতিস্থাপন

$$R = Z \cos \theta \text{ and } \omega L = X_L = Z \sin \theta; \qquad \cdots\text{(Eq. 5.13)}$$

যেখানে Z কে সার্কিটের প্রতিবন্ধকতা বলা হয়।

$$V = I_m [Z \cos \theta \sin \omega t + Z \sin \theta \cos \omega t]$$
$$= I_m Z [\cos \theta \sin \omega t + \sin \theta \cos \omega t]$$
$$= I_m Z [\sin (\omega t + \theta)]$$
$$= V_m \sin (\omega t + \theta) \qquad \cdots\text{(Eq. 5.14)}$$

এইভাবে, ভোল্টেজ কোণ θ দ্বারা কারেন্ট কে লিড করে, এর অর্থ এইও যে, একটি ইনডাকটিভ সার্কিটে কারেন্ট ভোল্টেজের উপর একটি কোণ θ দ্বারা ল্যাগ করে।

θ এর মান পরিচিত প্যারামিটারের পরিপ্রেক্ষিতে বের করা যায় অনুপাত নিয়ে

$$Z \sin \theta / Z \cos \theta = \tan \theta$$

or

$$\theta = \tan^{-1} \omega L / R \qquad \cdots\text{(Eq. 5.15)}$$

এটি ফ্রিকোয়েন্সি 'ω' এর একটি ফাংশন। প্রদত্ত পরামিতি অনুযায়ী Z এর মান হল

$$R = Z \cos \theta; \omega L = Z \sin \theta$$

এটি বর্গ এবং যোগ করে এটি,

$$R^2 + \omega^2 L^2 = Z^2 (\cos^2 \theta + \sin^2 \theta) = Z^2$$

$$Z = \sqrt{R^2 + \omega^2 L^2} \qquad \cdots\text{(Eq. 5.16)}$$

চিত্র 5.19 একটি R-L সার্কিট এর ভোল্টেজ এবং কারেন্টের তারতম্য দেখায়।

সার্কিটের মোট শক্তি, $P = VI \cos \theta$

যেখানে V এবং I আর.এম.এস ভোল্টেজ এবং কারেন্টের মান।

5.2.3 রেসিস্টেন্স – ক্যাপাসিটেন্স (R-C) সার্কিট

R-C সার্কিটের সঙ্গে R-L সার্কিটের তুলনা করলে দেখা যায় যেমন চিত্র. 5.20 এ দেখানো হয়েছে

প্রতিবন্ধকতা $Z = \sqrt{R^2 + \omega^2 C^2}$ ···(Eq. 5.17)

$I_m = V_m/Z;\ \tan\theta = X_C/R.$ or $\theta = \tan^{-1} 1/(\omega CR)$ ···(Eq. 5.18)

$$\cos\theta = R/Z$$

$i = I_m \sin(2\pi ft + \phi)$ ···(Eq. 5.19)

কারণ, কারেন্ট ভোল্টেজ কে θ কোণে লিড করে

সার্কিটের মোট শক্তি $P = VI \cos \phi$

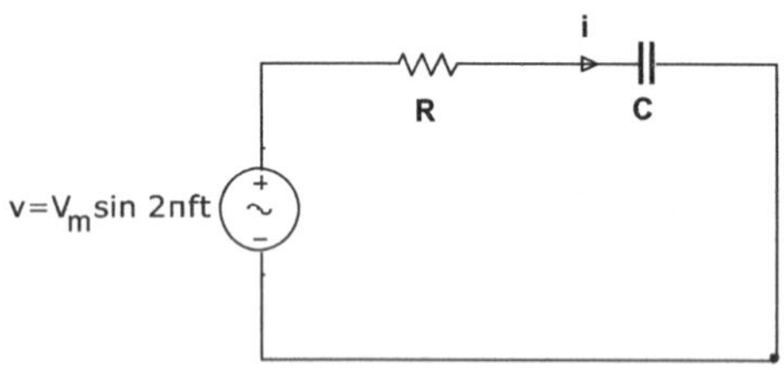

চিত্র 5.20: R-C সিরিজ সার্কিট

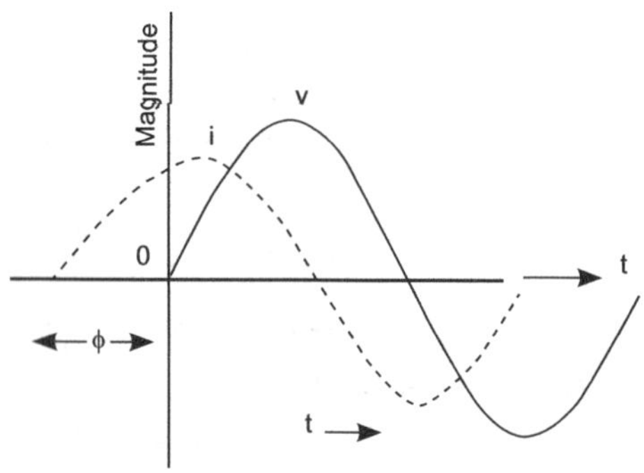

চিত্র 5.21: এসি ভোল্টেজ ইনপুটে একটি R-C সিরিজ সার্কিটের প্রতিক্রিয়া

5.2.4 রেসিস্টেন্স, ইনডাক্টেন্স এবং ক্যাপাসিটেন্স সার্কিট (R.L.C. সার্কিট)

R ওহমের একটি পিওর রেসিস্টেন্স, পিওর ইনডাকটিভ প্রতিক্রিয়া X_L ওহম এবং X_C ওহমের বিশুদ্ধ ক্যাপাসিটিভ প্রতিক্রিয়া এসি ভোল্টেজ জুড়ে সিরিজে সংযুক্ত, $v = V_m \sin 2\pi ft$ যেমন চিত্র 5.22 এ দেখানো হয়েছে।

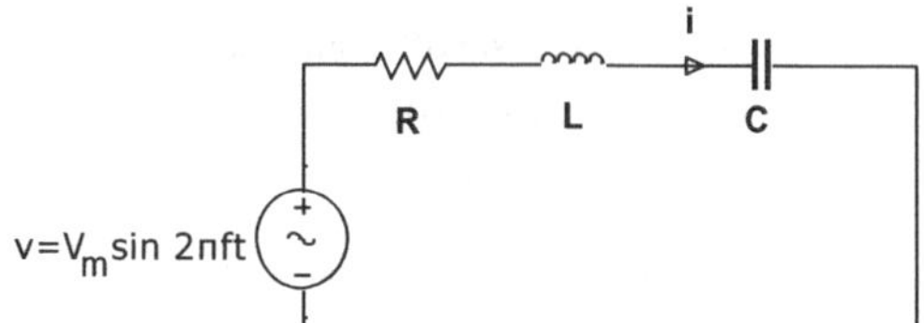

চিত্র 5.22: R-L-C সিরিজ সার্কিট এই ক্ষেত্রে, কারেন্ট মোট সম্মিলিত রেসিস্টেন্স এর দ্বারা বিরোধিত হয় যা প্রতিবন্ধকতা হিসাবে পরিচিত। প্রতিবন্ধকতা রেসিস্টেন্স R এবং নেট প্রতিক্রিয়া X নিয়ে গঠিত।

নেট প্রতিক্রিয়া হল $X = X_L - X_C$, when $X_L > X_C$ বা $X = X_C - X_L$, যখন $X_C > X_L$

সুতরাং, প্রতিবন্ধকতা $Z = \sqrt{(R^2 + X^2)}$ or $Z = \sqrt{R^2 + (X_L - X_C)^2}$ or $Z = \sqrt{R^2 + (X_C - X_L)^2}$ ···(Eq.5.20)

কারেন্টের মান $Im = \frac{v_m}{z}$, শক্তিফ্যাক্টার $\cos\phi = \frac{R}{z}$, ফেজ অ্যাঙ্গেল $\phi = cos^{-1}\frac{R}{z}$

ইম্পিডেন্স ট্রায়াঙ্গেল

ইম্পিডেন্স ট্রায়াঙ্গেল হল একটি সমকোণী ত্রিভুজ যার ভুমি, লম্ব এবং অতিভুজ যথাক্রমে রেসিস্ট্যান্স 'R', রিঅ্যাক্ট্যান্স 'X' এবং ইম্পিডেন্স 'Z' বর্ণনা করে যেমন চিত্র 5.23 এ দেখানো হয়েছে। এটি মূলত সার্কিট প্রতিবন্ধকতার একটি জ্যামিতিক উপস্থাপনা।

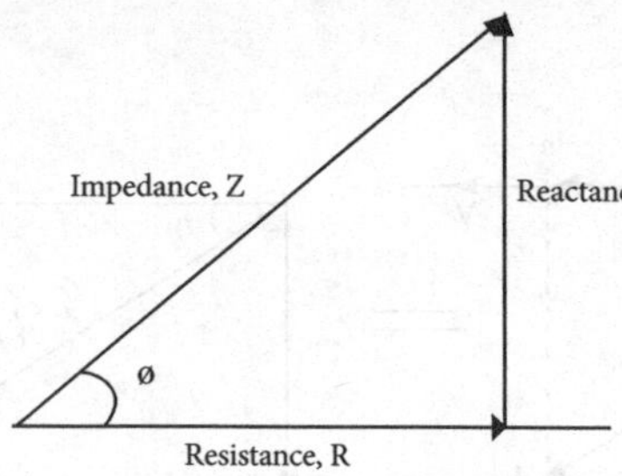

চিত্র 5.23: ইম্পিডেন্স ট্রায়াঙ্গেল

প্যারালাল আরএলসি সার্কিট

ধরি একটি আরএলসি সার্কিট, যেখানে রেসিস্টেন্স, ইন্ডাক্টর এবং ক্যাপাসিটর একে অপরের প্যারালালে সংযুক্ত থাকে। এই প্যারালাল সংমিশ্রণটি ভোল্টেজ V দ্বারা সরবরাহ করা হয়, যেমন চিত্র 5.24 এ দেখানো হয়েছে।

সিরিজ আরএলসি সার্কিটে, তিনটি উপাদানের মধ্য দিয়ে প্রবাহিত কারেন্ট অর্থাৎ রেসিস্টেন্স, ইন্ডাক্টর এবং ক্যাপাসিটর এ একই থাকে, কিন্তু প্যারালাল সার্কিটে, প্রতিটি উপাদান জুড়ে ভোল্টেজ একই থাকে এবং প্রতিটি উপাদানকে কারেন্ট বিভক্ত হয় প্রতিটি উপাদান এর প্রতিবন্ধকতার উপর নির্ভর করে। এজন্যই বলা হয় যে প্যারালাল আরএলসি সার্কিটের সাথে সিরিজ আরএলসি সার্কিটের দ্বৈত সম্পর্ক রয়েছে।

সাপ্লাই থেকে নেওয়া মোট কারেন্ট, রেসিস্টিভ, ইনডাকটিভ এবং ক্যাপাসিটিভ কারেন্টের ভেক্টর যোগফল সমান, তিনটি পৃথক ব্রাঞ্চ কারেন্টের গাণিতিক যোগফল নয়, কারণ রেসিস্টেন্স, ইন্ডাক্টর এবং ক্যাপাসিটরে প্রবাহিত কারেন্ট নিজেদের সাথে একই ফেজে নেই; তাই তাদের গাণিতিকভাবে যোগ করা যাবে না।

কিরচফ এর কারেন্টের সূত্র প্রয়োগ করে পাই, যা বলে যে একটি জংশন বা নোডে প্রবেশ করা কারেন্টের সমষ্টি, সেই নোডটি ত্যাগ করা কারেন্টের সমান,

$$I_S^2 = I_R^2 + (I_L - I_C)^2$$

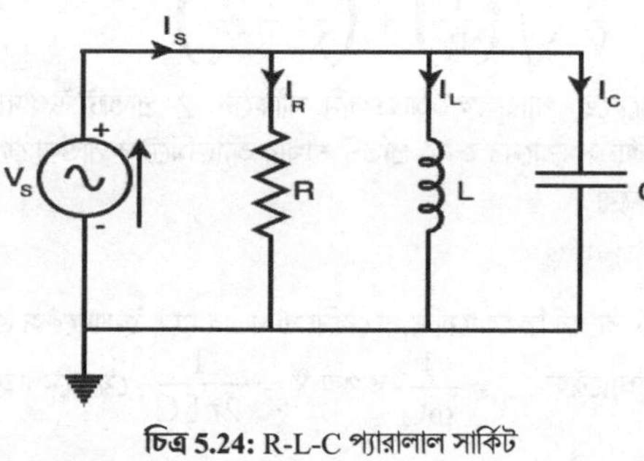

চিত্র 5.24: R-L-C প্যারালাল সার্কিট

প্যারালাল আরএলসি সার্কিটের ফ্যাসর ডায়াগ্রাম

ধরি, V সাপ্লাই ভোল্টেজ;

I_S, মোট উৎস কারেন্ট;

I_R, রেসিস্টেন্স এর মাধ্যমে প্রবাহিত কারেন্ট;

I_C, ক্যাপাসিটরের মধ্য দিয়ে প্রবাহিত কারেন্ট;

I_L, ইন্ডাক্টর মাধ্যমে প্রবাহিত কারেন্ট; এবং

θ, সরবরাহ ভোল্টেজ এবং কারেন্টের মধ্যে ফেজ এঙ্গেলের ডিফারেন্স।

প্যারালাল আরএলসি সার্কিটের ফ্যাসার ডায়াগ্রাম আঁকার জন্য, ভোল্টেজকে রেফারেন্স হিসাবে নেওয়া হয় কারণ প্রতিটি উপাদানে ভোল্টেজ একই থাকে এবং অন্যান্য সমস্ত কারেন্ট যেমন I_R, I_C, I_L ভোল্টেজ ভেক্টরের সাপেক্ষে আঁকা হয়। রেসিস্টেন্স এর ক্ষেত্রে, ভোল্টেজ এবং কারেন্ট একই ফেজে থাকে; কারেন্ট ভেক্টর I_R একই ফেজে এবং ভোল্টেজের দিকে টানা হয়। ক্যাপাসিটরের ক্ষেত্রে, কারেন্ট 90° দ্বারা ভোল্টেজকে লিড করে, তাই I_C ভেক্টর

লিডিং ভোল্টেজ ভেক্টর, V 90° আঁকুন। ইন্ডাক্টর এর ক্ষেত্রে, কারেন্ট ভেক্টর I_L 90° দ্বারা ভোল্টেজকে ল্যাগ করে, তাই I_L ল্যাগিং ভোল্টেজ ভেক্টর, V 90° আঁকুন। I_R, I_C এবং I_L এর ফলাফল অর্থাৎ কারেন্ট I_S হল ভোল্টেজ ভেক্টরের সাপেক্ষে ফেজ অ্যাঙ্গেল ডিফারেন্স, V যেমন চিত্র 5.25 (a) এ দেখানো হয়েছে।

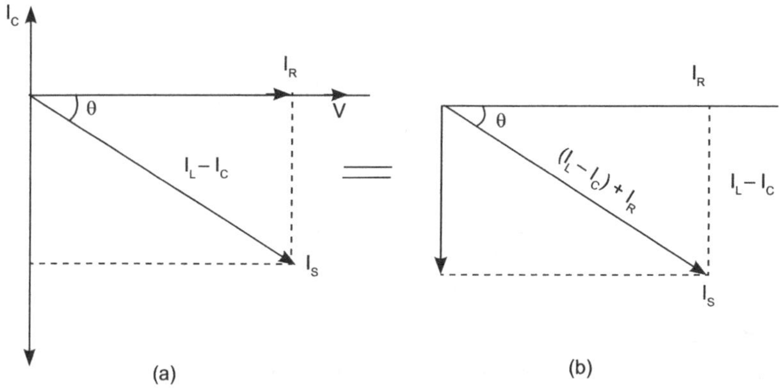

চিত্র 5.25: প্যারালাল আরএলসি সার্কিটের ফ্যাসার ডায়াগ্রাম

ফ্যাসার ডায়াগ্রাম সরলীকরণ করে পাই, সরলীকৃত ফ্যাসার ডায়াগ্রামটি ডানদিকে দেখানো হয়েছে যেমন চিত্র 5.25 (b)। প্যারালাল আরএলসি সার্কিটের ফ্যাসার ডায়াগ্রামে, পিথাগোরাস উপপাদ্য প্রয়োগ করে,

$$I^2_S = I^2_R + (I_L - I_C)^2$$

যেহেতু $I_R = V/R$, $I_C = V/X_C$ এবং $I_L = V/X_L$, উপরের সমীকরণে I_R, I_C, I_L এর মান প্রতিস্থাপন করে

$$I_S = \left(\frac{V}{R}\right)^2 + \left(\frac{V}{X_L} - \frac{V}{X_C}\right)^2$$

সরলীকরণ করে, অ্যাডমিটেন্স $$Y = \frac{1}{z} = \frac{I_S}{V}\sqrt{\left(\frac{1}{R}\right)^2 + \left(\frac{1}{X_L} - \frac{1}{X_C}\right)^2} \quad \cdots\text{(Eq. 5.21)}$$

প্রতিবন্ধকতার সমীকরণে উপরে দেখানো হয়েছে, প্যারালাল আরএলসি সার্কিটের Z প্রতিটি উপাদানের পারস্পরিক প্রতিবন্ধকতা (1/Z) অর্থাৎ অ্যাডমিটেন্স, Y। Y. প্যারালাল আরএলসি সার্কিট সমাধানের জন্য, প্রতিটি শাখার অ্যাডমিটেন্স পাওয়া গেলে এবং সার্কিটের মোট অ্যাডমিটেন্স পাওয়া যায় কেবল প্রতিটি শাখার অ্যাডমিটেন্স যোগ করে।

সিরিজ আরএলসি সার্কিটে রেজোনেন্স

এসি সার্কিটে রেজোনেন্স বলতে বোঝায় একটি বিশেষ ফ্রিকোয়েন্সি যা রেসিস্টেন্স এর মান, ইনডাক্টেন্স এবং ক্যাপাসিট্যান্স ইনডাকটিভ রিঅ্যাক্টেন্স $X_L = \omega L$ or $X_L = 2\pi f L$ এবং ক্যাপাসিটিভ রিঅ্যাক্টেন্স $X_C = \frac{1}{\omega C}$ অথবা $X_C = \frac{1}{2\pi f C}$; যেখানে f হল ফ্রিকোয়েন্সি, L হল ইনডাক্টেন্স হেনরি তে এবং C হল ফ্যারাডে এ ক্যাপাসিট্যান্স।

ফ্রিকোয়েন্সি এর নির্দিষ্ট মান, এটা হতে পারে যে, $X_L = X_C$ এর মান। এই পর্যায়ে, নেট প্রতিক্রিয়া শূন্য হবে। সিরিজ সার্কিট যেখানে, নেট প্রতিক্রিয়া শূন্য হয়; বলা হয় "ইলেকট্রিকাল রেজোনেন্স"। যে ফ্রিকোয়েন্সি এটি ঘটে তা " রেজোনেন্স ফ্রিকোয়েন্সি" হিসাবে পরিচিত হয় $X_L = X_C$ সমীকরণ ব্যবহার করে।

এর মান $$f_r = \frac{1}{2\pi\sqrt{LC}} \quad \cdots\text{(Eq. 5.22)}$$

রেজোনেন্স ফ্রিকোয়েন্সি তে, দেখা যায় যে, Z = R ওহম এবং কারেন্টের মান শুধুমাত্র রেসিস্টেন্স দ্বারা বাধা পায় অতএব, এটি সর্বনিম্ন প্রতিবন্ধকতা, সর্বাধিক কারেন্ট এবং শূন্য ফেজ দ্বারা চিহ্নিত করা হয়।

প্যারালাল আরএলসি সার্কিটে রেজোনেন্স

সিরিজ আরএলসি সার্কিটের মত, প্যারালাল আরএলসি সার্কিটও বিশেষ ফ্রিকোয়েন্সি তে রেজোনেন্সকরে যার নাম রেজোনেন্স ফ্রিকোয়েন্সি অর্থাৎ একটি ফ্রিকোয়েন্সি ঘটে যেখানে ইনডাক্টিভ রিঅ্যাক্টেন্স ক্যাপাসিটিভ রিঅ্যাক্টেন্সের সমান হয়ে যায় কিন্তু সিরিজ আরএলসি সার্কিটের মতো, প্যারালাল আরএলসি সার্কিটে প্রতিবন্ধকতা সর্বাধিক হয়ে যায় এবং সার্কিট টি পিওর রেসিস্টিভ সার্কিট এর মতো আচরণ করে। সার্কিটের শক্তিফ্যাক্টর এক হয়।

সমাধানকৃত সমস্যা

উদাহরণ 5.2.1: একটি সিরিজ সার্কিট 6 Ω এর একটি রেসিস্টেন্স এবং 8 Ω এর একটি ইনডাকটিভ প্রতিক্রিয়া আছে। 141.4 V (আর.এম.এস.) এর বিভব ডিফারেন্স এটিতে প্রয়োগ করা হয়েছে। একটি নির্দিষ্ট মুহূর্তে, প্রয়োগ করা ভোল্টেজ + 100 V, বৃদ্ধি পাচ্ছে। এই মুহূর্তে বের করো, (i) কারেন্ট (ii) রেসিস্টেন্স এর দুই প্রান্তের মধ্যে ভোল্টেজ ড্রপ এবং (iii) ইনডাক্টিভ রিঅ্যাক্টেন্স জুড়ে ভোল্টেজ ড্রপ।

সমাধান: $Z = R + jX = 6 + j8 = 10\angle 53.1°$

এটি দেখায় যে কারেন্ট প্রযোজ্য ভোল্টেজ থেকে 53.1° তে ল্যাগ করে।ধরি V রেফারেন্স পরিমাণ হিসাবে নেওয়া হয়।

তাহলে, $v = (141.4 \times \sqrt{2}) \sin t = 200 \sin t$; $I_m = Vm/Z = 20$; Hence $i = 20 \sin (t - 53.1°)$.

i. যখন ভোল্টেজ + 100 V হয় এবং বৃদ্ধি পায়; $100 = 200 \sin t$; $\sin t = 0.5$; $\omega t = 30°$.

   এই মুহূর্তে, কারেন্টের মান $i = 20 \sin (30° - 53.1°) = -20 \sin 23.1° = -7.847$ A.

ii. রেসিস্টেন্স এর দুই প্রান্তের মধ্যে ভোল্টেজ ড্রপ = $iR = -7.847 \times 6 = -47$ V.

iii. প্রথমে ইন্ডাক্টিভ রিঅ্যাক্টেন্স জুড়ে ভোল্টেজ ড্রপ V_L এর সমীকরণটি খুঁজে বের করি। ভোল্টেজ ড্রপের সর্বোচ্চ মান = $I_m X_L = 20 \times 8 = 160$ V। এটি কারেন্টকে 90° দ্বারা লিড করে। যেহেতু কারেন্ট নিজেই প্রয়োগ ভোল্টেজকে 53.1° by দ্বারা ল্যাগ করে, তাই প্রয়োগ ভোল্টেজ জুড়ে প্রতিক্রিয়াশীল ভোল্টেজ ড্রপ (90° – 53.1°) = 36.9। অতএব, এই ভোল্টেজের সমীকরণ তাত্ক্ষণিকভাবে হ্রাস পায় যখন $\omega t = 30°$ হয়।

   $V_L = 160 \sin (30° + 36.9°) = 160 \sin 66.9° = 147.2$ V.

উদাহরণ 5.2.2: 5A কারেন্ট সিরিজে থাকা একটি নন-ইনডাকটিভ রেসিস্টেন্স এবং চোকিং কয়েলের মধ্য দিয়ে প্রবাহিত হয় যখন 250 V, 50 Hz সরবরাহ দেওয়া হয়। যদি রেসিস্টেন্স মধ্যে ভোল্টেজ 125 V এবং কয়েলের মধ্যে ভোল্টেজ 200 V হয়, তাহলে বের করতে হবে। (a) কয়েলের প্রতিবন্ধকতা, প্রতিক্রিয়া এবং প্রতিরোধ (b) কয়েল দ্বারা গৃহীত শক্তি এবং (c) মোট শক্তি, ভেক্টর ডায়াগ্রাম আঁকুন।

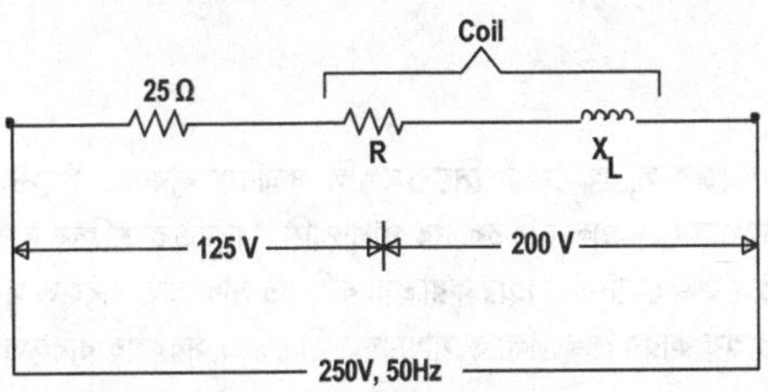

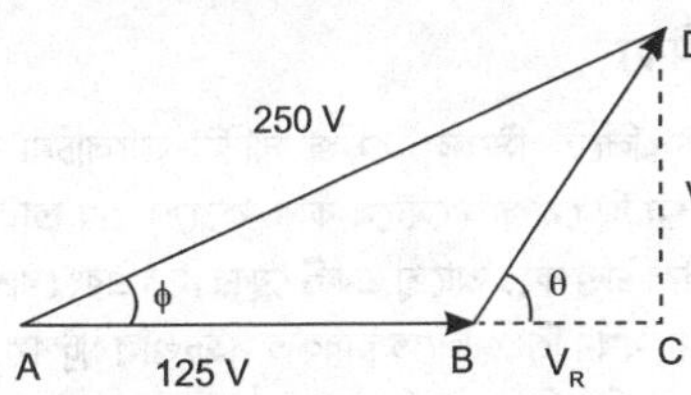

সমাধান: $I = 5$ A

আঁকা ভেক্টর ডায়াগ্রাম থেকে দেখা যায়,

$$BC^2 + CD^2 = 200^2 \quad \text{...(i)}$$

$$(125 + BC)^2 + CD^2 = 250^2 \quad \text{...(ii)}$$

Eq (i) **থেকে** (ii) বিয়োগ **করে** , পাই,

$\therefore$ $BC = 27.5$ V; $CD = 200 - 27.5 = 198.1$ V

(a) **কয়েলের** প্রতিবন্ধকতা = 200/5 = 40 Ω

$V_R = IR = BC$ or

$5R = 27.5$

$\therefore$ $R = 27.5/5 = 5.5\Omega$

Also $V_L = I . X_L = CD = 198.1$

$\therefore$ $X_L = 198.1/5 = 39.62\ \Omega$

or $X_L = 40 - 5.5 = 39.62\ \Omega$

(b) কয়েল দ্বারা গৃহীত শক্তি = কয়েল এর ভোল্টেজ × কারেন্ট × $\cos\theta = 200 \times 5 \times 27.5/200 = 137.5$W

এবং $P = I^2 R = 5^2 \times 5.5 = 137.5$W

(c) মোট শক্তি = VI cos φ = 250 × 5 × AC/AD = 250 × 5 × 152.5/250 = 762.5 W

I^2 R সূত্র ব্যবহার করেও শক্তি গণনা করা যেতে পারে।

সিরিজ রেসিস্টেন্স = 125/5 = 25 Ω

সার্কিটের মোট রেসিস্টেন্স = 25 + 5.5 = 30.5 Ω

মোট শক্তি = 5^2 × 30.5 = 762.5 W

অ্যাপ্লিকেশন

RC এবং RLC সার্কিটগুলির প্রয়োগগুলি নিম্নলিখিত:

- আরএফ অ্যাপ্লিফায়ার
- ফিল্টারিং সার্কিট
- অসিলেটর সার্কিট
- সংকেত প্রক্রিয়াকরণ
- কারেন্ট বা ভোল্টেজের বিবর্ধন
- ফ্রিকোয়েন্সি, অ্যাপ্লিচুড মড্যুলেশন সার্কিট
- রেডিও ওয়েভ ট্রান্সমিটার

আরএল কম্বিনেশন তুলনামূলকভাবে ব্যয়বহুল, তাই এটি খুব কম যন্ত্রের মধ্যে পাওয়া যায় যেমন টিউব লাইট এর চোক কয়েলে, পাওয়ার সাপ্লাই ইত্যাদির, এলসি সার্কিট এবং আরএলসি সার্কিট ইলেকট্রনিক রেজোনেটর হিসেবে কাজ করে, অনেক প্রয়োগ এর মূল উপাদান হিসাবে ব্যবহার করা হয়, যেমন - অসিলেটর, ফিল্টার, টিউনার, মিক্সার, কন্টাক্টলেস কার্ড, গ্রাফিক্স ট্যাবলেট, ইলেকট্রনিক আর্টিকেল নজরদারি (সিকিউরিটি ট্যাগ), ইত্যাদি।

5.3 এসি পাওয়ার এবং তিন ফেজ সার্কিট

5.3.1 ভূমিকা

আগের ইউনিটগুলিতে, সিঙ্গেল -ফেজ সার্কিট আলোচনা করা হয়েছিল। আজকাল, থ্রি-ফেজ সিস্টেমগুলি সর্বাধিক ব্যবহৃত সিস্টেম। বেশিরভাগ বৈদ্যুতিক মেশিন থ্রি-ফেজ সিস্টেমে কাজ করছে। শুধু তাই নয়, সম্পূর্ণ উৎপাদন, সঞ্চালন বিতরণের পাশাপাশি বৈদ্যুতিক শক্তির ব্যবহার থ্রি ফেজ সিস্টেমের উপর ভিত্তি করে আছে। একটি ফ্লোর মিল এবং বেশিরভাগ শিল্পে থ্রি -ফেজ মোটর ব্যবহার করা হয়। বাড়িতে সাধারণত ব্যবহৃত সুইচগুলি ডাবল পোল টাইপ হয়, যখন শিল্পগুলিতে ব্যবহৃত সুইচগুলি 'ট্রিপল পোল' টাইপের হয় কারণ শিল্পগুলিতে সাধারণত থ্রি-ফেজ সরবরাহ ব্যবহৃত হয়। তাই থ্রি-ফেজ সিস্টেমের বুনিয়াদি সম্পর্কে জানা প্রয়োজন।

5.3.2 থ্রি ফেজ সিস্টেমের সুবিধা

সিঙ্গেল ফেজ সিস্টেমের তুলনায়, থ্রি ফেজ সিস্টেমের ক্ষেত্রে কিছু সুবিধা রয়েছে যা নিম্নরূপ।

(i) থ্রি-ফেজ সিস্টেমে পাওয়ার সিঙ্গেল-ফেজ সিস্টেমের চেয়ে প্রায় তিনগুণ।

(ii) সিঙ্গেল-ফেজ সিস্টেমে পাওয়া মাত্র একটি ভোল্টেজের তুলনায়, তিন-ফেজ সিস্টেমে ভোল্টেজের মান হল স্টার কানেকশান এর ক্ষেত্রে দুটি ফেজ এবং লাইন ভোল্টেজ।

(iii) সিঙ্গেল-ফেজ সিস্টেমে প্রেরিত শক্তির তুলনায় থ্রি-ফেজ সিস্টেমে প্রচুর পরিমাণে বিদ্যুৎ প্রেরণ করা যায়।

(iv) থ্রি-ফেজ সিস্টেমে চালিত মোটরের পাওয়ার ফ্যাক্টর বেশি একই আউটপুট এবং গতির জন্য চালিত সিঙ্গেল-ফেজ মোটরের পাওয়ার ফ্যাক্টর এর চেয়ে।

(v) থ্রি-ফেজ কারেন্ট ঘূর্ণমান চৌম্বকীয় ক্ষেত্র তৈরি করতে পারে (যা এসি মোটর পরিচালনার জন্য প্রয়োজন) যখন সিঙ্গেল-ফেজ সরবরাহ কেবল স্পন্দিত ক্ষেত্র তৈরি করতে পারে।

5.3.3 স্টার এবং ডেল্টা কানেকশন

থ্রি-ফেজ সার্কিট দুটি উপায়ে সংযুক্ত করা যেতে পারে।

(i) স্টার কানেকশন

চিত্র 5.26 তে দেখানো স্টার কানেকশন এ, তিনটি কয়েল বা রেসিস্টেন্স এর তিনটি প্রান্ত একসঙ্গে সংযুক্ত হয়ে N বিন্দু তৈরি করে। এই জংশন একটি নিরপেক্ষ বিন্দু হিসেবে কাজ করে। R, Y এবং B নামে তিনটি প্রান্ত হল সাপ্লাই টার্মিনাল।

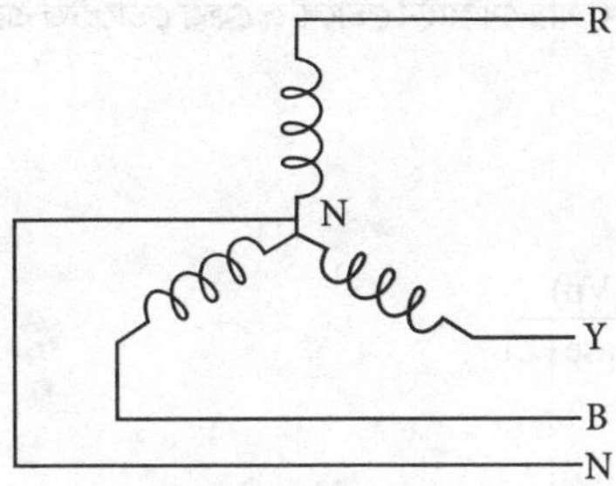

চিত্র 5.26: স্টার কানেকশন

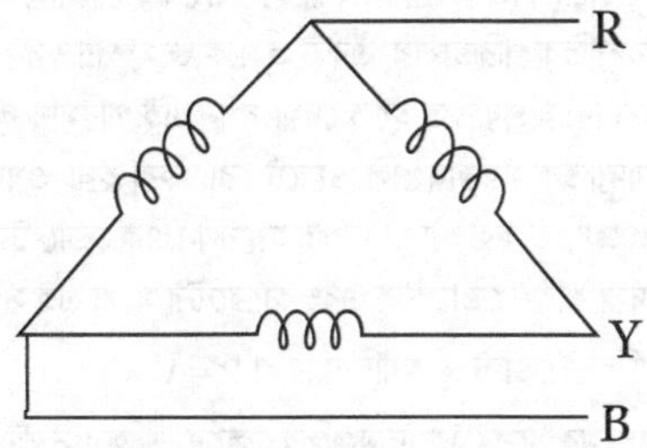

চিত্র 5.27: ডেল্টা কানেকশন

(ii) ডেল্টা কানেকশন

ডেল্টা কানেকশন এ দুটি প্রান্ত, একটি একটি কয়েল বা রেসিস্টেন্স থেকে এবং অন্যটি অন্য কয়েল বা রেসিস্টেন্স সাথে সংযুক্ত হয়। এইভাবে, এটি তিনটি জংশন গঠন করে যেমন চিত্র 5.27 তে দেখানো হয়েছে। R, Y এবং B নামে তিনটি জংশন সাপ্লাই টার্মিনাল।

5.3.4 ভোল্টেজ এবং কারেন্টের লাইন এবং ফেজ মানগুলির মধ্যে সম্পর্ক

থ্রি-ফেজ সংযোগের ক্ষেত্রে, দুটি কন্ডাক্টর এর বা লাইনের মধ্যকার ভোল্টেজকে 'লাইন ভোল্টেজ' বলে। এটি V_L দ্বারা চিহ্নিত করা হয়। প্রতিটি কয়েল বা ফেজ এর ভোল্টেজকে 'ফেজ ভোল্টেজ' বলা হয়। এটি V_P দ্বারা চিহ্নিত করা হয়। একইভাবে কন্ডাক্টর এ বা লাইনে প্রবাহিত সকারেন্টকে 'লাইন কারেন্ট' বলে। এটি I_L দ্বারা চিহ্নিত করা হয়। একটি কয়েলে বা ফেজে প্রবাহিত কারেন্টকে 'ফেজ কারেন্ট' বলা হয়। এটি I_P দ্বারা চিহ্নিত করা হয়। এগুলি সমস্ত চিত্র 5.28 এবং চিত্র 5.29 এ দেখানো হয়েছে এবং এটি V_L এবং Vp এর মধ্যে, এবং স্টার এবং ডেল্টা কানেকশন ক্ষেত্রে I_L এবং Ip এর মধ্যে সম্পর্ক খুঁজে পেতে সাহায্য করবে।

5.3.4.1 স্টার কানেকশন

চিত্র. 5.28 এ দেখানো স্টার কানেকশন এ, এটি দেখা যায় যে লাইন কারেন্ট ফেজ কারেন্টের সমান

যেটি হল $I_L = Ip$. ···(Eq. 5.23)

ভোল্টেজ সম্পর্কে, লাইন ভোল্টেজ ফেজ ভোল্টেজের √3 গুণের সমান

যেটি হল $V_L = \sqrt{3}\ Vp$ or $Vp = V_L/\sqrt{3}$ ···(Eq. 5.24)

এছাড়াও, ফেজ কারেন্ট $Ip = \dfrac{\text{Phase voltage (Vp)}}{\text{Impedance per phase (Z)}}$ ···(Eq. 5.25)

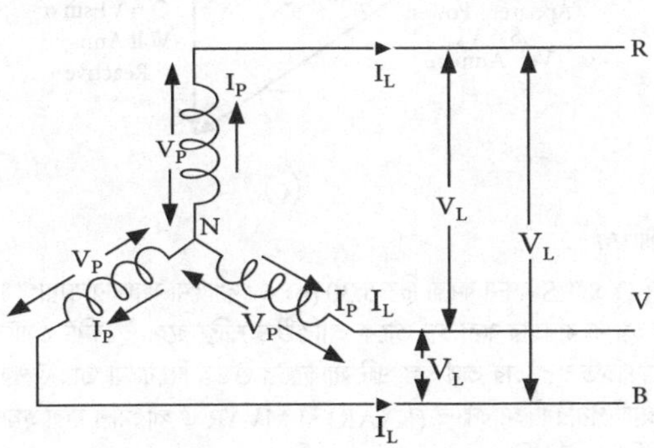

চিত্র 5.28: ভোল্টেজ এবং কারেন্টের সাথে স্টার কানেকশন

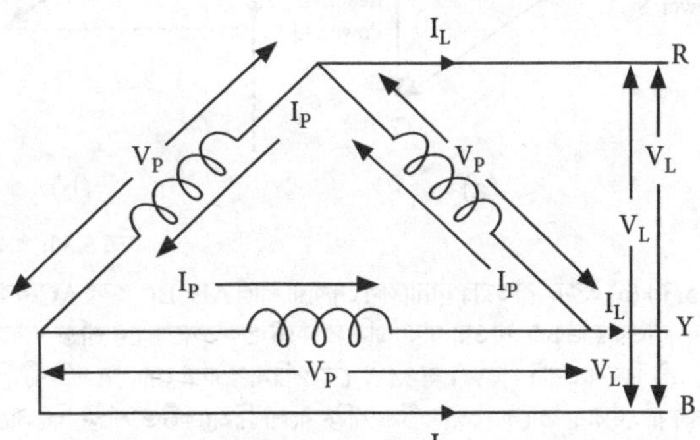

চিত্র 5.29: ভোল্টেজ এবং কারেন্টের সাথে ডেল্টা কানেকশন

চিত্র. 5.3.3 এ দেখানো ডেল্টা কানেকশন এ, এটি দেখা যায় যে লাইন ভোল্টেজ ফেজ ভোল্টেজ এর সমান

যেটি হল $V_L = Vp$. ···(Eq. 5.26)

লাইন কারেন্ট ফেজ কারেন্টের $\sqrt{3}$ গুণের সমান

যেটি হল $I_L = \sqrt{3}\ Ip$ or $Ip = I_L/\sqrt{3}$ ···(Eq. 5.27)

এছাড়াও, ফেজ কারেন্ট $Ip = \dfrac{\text{Phase voltage (Vp)}}{\text{Impedance per phase (Z)}}$ ···(Eq. 5.28)

5.3.5 বৈদ্যুতিক শক্তি

যে হারে কাজ সম্পাদন করা হয়, বা যে হারে শক্তি ব্যয় করা হয়, তাকে শক্তি বলে। কাজ কে বেশীরভাগ সময় জুলে প্রকাশ করা হয়। বৈদ্যুতিক পরিভাষায়, একটি জুল কাজ সম্পন্ন হয় যখন এক ভোল্টের একটি ভোল্টেজ ইলেকট্রনের একটি কুলম্বকে একটি সার্কিটের মধ্য দিয়ে প্রবাহিত হতে দেয়। যখন এই পরিমাণ কাজ এক সেকেন্ডে সম্পন্ন হয়, তখন এটি এক ওয়াট বলা হয়। বেশিরভাগ সময়, বৈদ্যুতিক সরঞ্জামগুলি ওয়াটে রেট করা হয়। ওয়াট হল শক্তির মৌলিক একক। একটি ওয়াটকে সেই কাজের পরিমাণ হিসাবেও সংজ্ঞায়িত করা হয় যা সম্পন্ন হয় যখন এক ভোল্টের একটি ভোল্টেজ একটি অ্যাম্পিয়ার কারেন্টকে একটি সার্কিট দিয়ে প্রবাহিত হতে দেয়। শক্তি, ভোল্টেজ এবং কারেন্টের মধ্যে এই সম্পর্কটি নিম্নলিখিত সূত্র দ্বারা প্রকাশ করা হয়:

Alternating Current (Ep 4)

শক্তি = ভোল্ট × অ্যাম্পিয়ার বা $P = V \times I$

ওহমের সুত্রের উপাদানগুলির ক্ষেত্রে, শক্তির সূত্রটি অন্য দুটি উপায়ে উপস্থাপন করা যেতে পারে যা নিম্নরূপ :

$P = I^2 R$ বা $P = V^2/R$ ···(Eq. 5.29)

যেখানে P হল ওয়াট বা ভোল্ট-অ্যাম্পিয়ারে শক্তি (VA), V হল ভোল্টে ভোল্টেজ, আমি অ্যাম্পিয়ারে কারেন্ট, R হল ওহমে এ রেসিস্টেন্স।

5.3.6 পাওয়ার ট্রায়াঙ্গেল

পাওয়ার ট্রায়াঙ্গেল হল একটি সমকোণী ত্রিভুজের বর্ণনা দেয় যার পার্শ্বগুলি অ্যাকটিভ, রিঅ্যাকটিভ এবং অ্যাপারেন্ট শক্তির বর্ণনা করে। এই সমকোণী ত্রিভুজের ভূমি, লম্ব এবং অতিভুজ যথাক্রমে অ্যাকটিভ, রিঅ্যাকটিভ এবং অ্যাপারেন্ট শক্তির নির্দেশ করে।

যখন কারেন্টের প্রতিটি উপাদান যা অ্যাকটিভ উপাদান ($I \cos \phi$) বা রিঅ্যাকটিভ উপাদান ($I \sin \phi$) ভোল্টেজ V দ্বারা গুণিত হয়, তখন একটি পাওয়ার ট্রায়াঙ্গেল পাওয়া যায় যা চিত্র 5.30 এ দেখানো হয়েছে।

Delta-Y (Pi-T) Conversions

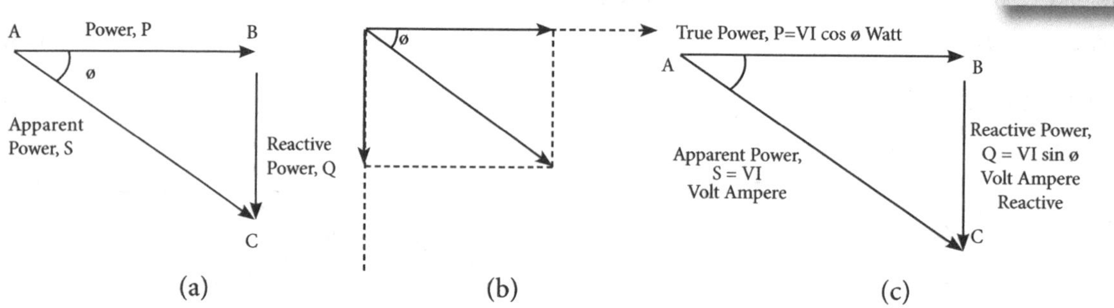

চিত্র 5.30: পাওয়ার ট্রায়াঙ্গেল

চিত্র 5.30 (a) একটি পাওয়ার ট্রায়াঙ্গেল দেখায়। পাশ AB, BC এবং AC যথাক্রমে P, Q এবং S বর্ণনা করে। চিত্র 5.30 (b) এ দেখানো ফ্যাসার ডায়াগ্রাম থেকে পাওয়ার ত্রিভুজ পাওয়া যায়। এসি সার্কিটে প্রকৃতপক্ষে যে শক্তি ব্যবহার করা হয় বা ব্যবহার করা হয় তাকে অ্যাকটিভ শক্তি বলে। ইউনিট ওয়াট এবং এটি কিলোওয়াট (KW) বা MW তে পরিমাপ করা হয়। যে শক্তিটি পিছনে প্রবাহিত হয় তার অর্থ হল এটি সার্কিটের উভয় দিকে বা তার উপর প্রতিক্রিয়া দেখায়, তাকে রিঅ্যাকটিভ শক্তি বলে। রিঅ্যাকটিভ শক্তি কিলোভোল্ট-অ্যাম্পিয়ার রিঅ্যাকটিভ (KVAR) বা MVAR এ পরিমাপ করা হয়। ভোল্টেজ এবং কারেন্টের রুট মিন বর্গ (RMS) মান হল অ্যাপারেন্ট শক্তি নামে পরিচিত। এই শক্তি KVA বা MVA পরিমাপ করা হয়।

এই রাশিগুলির মধ্যে সম্পর্কটি গ্রাফিকাল উপস্থাপনা দ্বারা ব্যাখ্যা করা কে পাওয়ার ট্রায়াঙ্গেল বলে, যা চিত্র 5.30 (c) এ দেখানো হয়েছে।

- যখন কারেন্টের একটি অ্যাকটিভ উপাদানকে সার্কিট ভোল্টেজ V দ্বারা গুণ করা হয়, তখন এটি অ্যাকটিভ শক্তিতে পরিণত হয়। এই শক্তিটিই মোটরে টর্ক, হিটারে তাপ ইত্যাদি উৎপাদন করে। এই শক্তিটি ওয়াটমিটার দ্বারা পরিমাপ করা হয়।

- যখন কারেন্টের রিঅ্যাকটিভ উপাদান সার্কিট ভোল্টেজ দ্বারা গুণিত হয়, তখন এটি রিঅ্যাকটিভ শক্তি দেয়। এই শক্তিটি পাওয়ার ফ্যাক্টর নির্ধারণ করে এবং এটি সার্কিটে পিছনে প্রবাহিত হয়।
- যখন সার্কিট কারেন্ট সার্কিট ভোল্টেজ দ্বারা গুণিত হয়, তখন এটি অ্যাপারেন্ট শক্তিতে পরিণত হয়।
- উপরে দেখানো পাওয়ার ট্রায়াঙ্গেল থেকে, অ্যাকটিভ শক্তি ও অ্যাপারেন্ট শক্তির অনুপাতকে নিয়ে ফ্যাক্টর নির্ধারণ করা যেতে পারে।

$$\text{power factor} = \frac{\text{Active power}}{\text{Apparent power}} = \frac{\text{KW}}{\text{KVA}} \qquad \cdots(\text{Eq. } 5.30)$$

মূলত, পাওয়ার মানে ভোল্টেজ এবং কারেন্টের গুন, কিন্তু পিওর রেসিস্টিভ সার্কিট ব্যতীত এসি সার্কিটে সাধারণত ভোল্টেজ এবং কারেন্টের মধ্যে একটি ফেজ ডিফারেন্স থাকে এবং এইভাবে VI সার্কিটে অ্যাকটিভ বা অ্যাকটিভ শক্তি দেয় না।

$\therefore$ অ্যাকটিভ শক্তি, $P = VI \cos ø$. $\cdots$(Eq. 5.31)

একটি পিওর ইনডাকটেন্স বা বিশুদ্ধ ক্যাপাসিট্যান্সের জন্য, সার্কিটে ব্যবহৃত শক্তি শূন্য। এবং ফেজ অ্যাঙ্গেল 90°। তবে, বিশুদ্ধ রেসিস্টিভ সার্কিটের ক্ষেত্রে বিদ্যুৎ খরচ হয় যা P = V.I ওয়াট দ্বারা প্রকাশ করা হয় যেখানে V এবং I ভোল্টেজ এবং কারেন্টের আর.এম.এস মান।

5.3.7 থ্রি-ফেজ কানেকশনে পাওয়ার

স্টার এবং ডেল্টা কানেকশন এর জন্য প্রতিটি ফেজে ব্যবহৃত শক্তি হল $V_p I_p \cos \phi$. সার্কিটে মোট শক্তি হল তিনটি ফেজের শক্তির সমষ্টি।

$\therefore$ মোট শক্তি খরচ $W = 3V_p I_p \cos ø$ $\cdots$(Eq. 5.32)

এখন $Ip = I_L$; $Vp = V_L/\sqrt{3}$ স্টার কানেকশন এর জন্য এবং $Vp = V_L$; $Ip = I_L/\sqrt{3}$ ডেল্টা কানেকশন এর জন্য

Vp এবং Ip- এর এই ফেজ মানগুলিকে লাইন ভ্যালু অর্থাৎ V_L এবং I_L- এ রূপান্তর করা হলে, উভয় স্টার এবং ডেল্টা কানেকশন এ মোট শক্তির উপরোক্ত সমীকরণ হয়ে যায়

$W = \sqrt{3}\, V_L I_L \cos ø$ $\cdots$(Eq. 5.33)

কার্যক্রম

1. প্রতিটি ব্যাচ কাছাকাছি একটি সাব-স্টেশন বা শিল্প পরিদর্শন করবে এবং থ্রি-ফেজ বিদ্যুৎ সরবরাহ এবং পাওয়ার ফ্যাক্টর উন্নতির ব্যবস্থাগুলি পর্যবেক্ষণ করবে। প্রতিটি ব্যাচ তাদের পর্যবেক্ষণের উপর ভিত্তি করে একটি সংক্ষিপ্ত প্রতিবেদন তৈরি করবে।

সমাধানকৃত সমস্যা

উদাহরণ 5.3.1: প্রদত্ত তথ্যের সাথে দেখানো সার্কিট পর্যবেক্ষণ করো এবং নিচের গুলি নির্ধারণ করো।

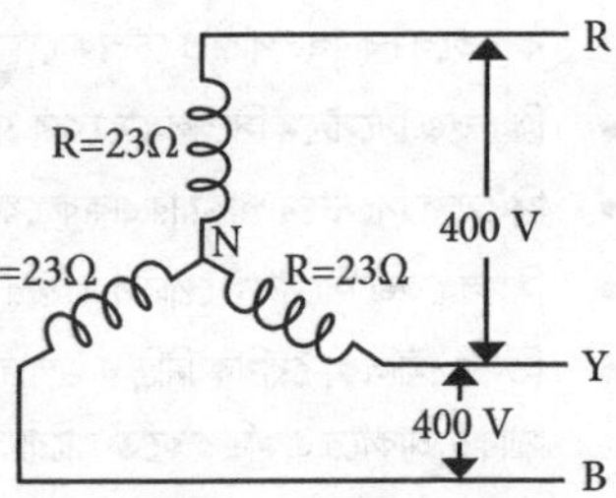

(a) ফেজ কারেন্ট, (b) লাইন কারেন্ট (c) প্রতিটি ফেজের পাওয়ার ফ্যাক্টর এবং (d) মোট বিদ্যুৎ খরচ।

সমাধান: দেখা যায় যে লাইন ভোল্টেজ V_L = 400 ভোল্ট

প্রতি ফেজে রেসিস্টেন্স R = 23 ওহম

ফেজ ভোল্টেজ $V_p = 400/\sqrt{3} = 230$ ভোল্ট

কারেন্ট $I_p = V_p/R = 230/23 = 10$ অ্যামপেয়ার

ফেজ ভ্যালু থেকে কারেন্টের লাইন ভ্যালু হিসাব করলে পাই

$I_L = \sqrt{3} \times I_p = 17.3$ অ্যামপেয়ার

মোট বিদ্যুৎ খরচ $P = \sqrt{3}V_L I_L \cos \phi$

$= 3 \times 400 \times 17.3 \times 1$ ($\cos \phi = 1$ রেসিস্ট্যান্স সার্কিটের কারণে)

$= 12000$ watts $= 12$ kW.

উদাহরণ 5.3.2: সার্কিট ডায়াগ্রাম দেখুন। প্রতিটি ফেজে ইম্পিডেন্স 8 Ω এবং 6 Ω ইনডাকটিভ রেসিস্ট্যান্স। নিম্নলিখিত গণনা করো (i) ফেজ ভোল্টেজ, (ii) ফেজ কারেন্ট, (iii) লাইন কারেন্ট, (iv) মোট বিদ্যুৎ খরচ।

সমাধান: যেহেতু সার্কিটটি ডেল্টা কানেকশন এ আছে,

ফেজ ভোল্টেজ (Vp) = 400 ভোল্ট

ফেজ কারেন্ট বের করতে, প্রতি ফেজের জন্য ইম্পিডেন্স গণনা করা হয় যেমন z, R এবং X এর প্রদত্ত মান ব্যবহার করে।

$$z = 8 + j6 = \sqrt{8^2 + 6^2} = 10\ \Omega$$

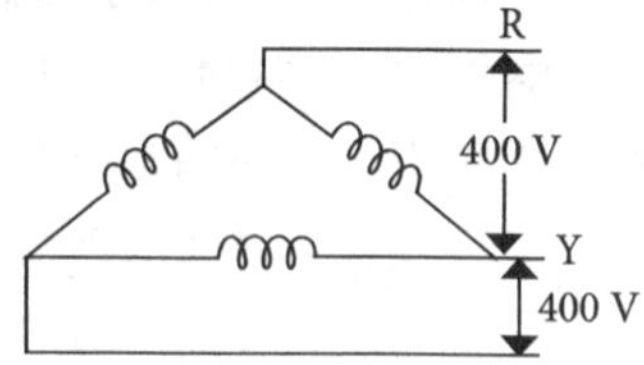

ফেজ কারেন্ট $I_P = V_P/R = 400/10 = 40$ অ্যামপেয়ার

এই লাইন কারেন্ট থেকে $I_L = \sqrt{3} \times 40 = 69.2$ অ্যামপেয়ার

পাওয়ার ফ্যাক্টর, $\cos ø = R/X = 6/8 = 0.8$

মোট বিদ্যুৎ খরচ $P = \sqrt{3}\ V_L\ I_L \cos ø = \sqrt{3} \times 400 \times 69.2 \times 0.8$

$= 38400$ ওয়াট বা 38.4 কিলো ওয়াট।

ইউনিট সারসংক্ষেপ

- আর.এম.এস. (রুট মিন স্কোয়ার) একটি অল্টারনেটিং কারেন্টের মান হল স্থির (DC) কারেন্টের মান, যা একটি নির্দিষ্ট সময়ের জন্য একটি প্রদত্ত সার্কিটের মধ্য দিয়ে প্রবাহিত হলে একই পরিমাণ তাপ উৎপন্ন করে যা একই সার্কিটের মধ্য দিয়ে প্রবাহিত অল্টারনেটিং কারেন্টের দ্বারা উৎপন্ন হয় একই সময়. এটি কার্যকর মান হিসাবেও পরিচিত।
- ফেজ হল যে কোন বৈদ্যুতিক পরিমাণের রেফারেন্সের পরিপ্রেক্ষিতে সময় বা কোণের মাধ্যমে তার মান প্রকাশ।
- অল্টারনেটিং কোয়ানটিটি এর ধনাত্মক ও ঋণাত্মক মানগুলির একটি সম্পূর্ণ সেট সাইকেল নামে পরিচিত।
- ফেজ সময়কাল বা চক্রের অংশ হিসাবে সংজ্ঞায়িত করা হয় যার মাধ্যমে রেফারেন্সের নির্বাচিত শূন্য অবস্থান থেকে পরিমাণ এগিয়েছে
- একটি এসি সার্কিটে সোর্স ভোল্টেজ এবং কারেন্টের মধ্যে একটি ফেজ অ্যাঙ্গেল থাকে যা ইম্পিডেন্স দ্বারা রেসিস্টেন্স ভাগ করে পাওয়া যায়।
- পাওয়ার ফ্যাক্টর –1 থেকে 1 পর্যন্ত হয়।
- থ্রি-ফেজ সিস্টেমের সিঙ্গেল-ফেজ সিস্টেমের চেয়ে কিছু সুবিধা রয়েছে।
- থ্রি-ফেজ কারেন্ট যখন একটি থ্রী-ফেজ ওয়াইন্ডিং এ সরবরাহ করা হয় তখন একটি ঘূর্ণায়মান চৌম্বক ক্ষেত্র তৈরি করে যখন সিঙ্গেল-ফেজ সরবরাহ করা হলে কেবল স্পন্দিত চৌম্বক ক্ষেত্র তৈরি করতে পারে।
- থ্রি-ফেজ সিস্টেমে সিঙ্গেল-ফেজের এর তুলনায় একই শক্তি প্রেরণের জন্য কম কন্ডাক্টিং উপাদান প্রয়োজন হয়।
- থ্রি-ফেজ সিস্টেমে পাওয়ার একক ফেজ সিস্টেমের চেয়ে প্রায় তিনগুণ।
- সিঙ্গল-ফেজ সিস্টেমে প্রেরিত শক্তির তুলনায় থ্রি-ফেজ সিস্টেমে প্রচুর পরিমাণে বিদ্যুৎ প্রেরণ করা যায়।
- তিনটি মৌলিক, রৈখিক নিষ্ক্রিয় উপাদান: রেসিস্টেন্স (R), ক্যাপাসিটর (C), এবং ইনডাক্টর (L) RC সার্কিট, RL সার্কিট, LC সার্কিট এবং RLC সার্কিট আকারে একত্রিত হতে পারে।
- স্টার কানেকশন এ, লাইন কারেন্ট ফেজ কারেন্টের সমান এবং লাইন ভোল্টেজ ফেজ ভোল্টেজের $\sqrt{3}$ গুণের সমান।
- ডেল্টা কানেকশন এ, লাইন ভোল্টেজ ফেজ ভোল্টেজের সমান এবং লাইন কারেন্ট ফেজ কারেন্টের $\sqrt{3}$ গুণের সমান।
- স্টার এবং ডেল্টা কানেকশন এর জন্য প্রতিটি ফেজে ব্যবহৃত শক্তি হল $V_p I_p \cos \phi$. সার্কিটে মোট শক্তি হল তিনটি ফেজের শক্তির সমষ্টি।
- পাওয়ার ট্রায়াঙ্গেল একটি সমকোণী ত্রিভুজের বর্ণনা দেয় যার ভূমি অ্যাকটিভ শক্তি বোঝায়, লম্বটি রিঅ্যাকটিভ শক্তি এবং অতিভুজ অ্যাপারেন্ট শক্তি বোঝায়।

অনুশীলন

A. বস্তুনিষ্ঠ প্রশ্ন

নির্দেশ: অনুগ্রহ করে সবচেয়ে উপযুক্ত উত্তর নির্বাচন করো।

ক্রমিক নং	এমসিকিউস	ক্রমিক নং	এমসিকিউস
5.1	একটি সাইন ওয়েভের সর্বোচ্চ মান ঘটে a. একবার প্রতিটি চক্র ধনাত্মক সর্বাধিক মান। b. একবার প্রতিটি চক্র ঋণাত্মক সর্বোচ্চ মান। c. ধনাত্মক এবং ঋণাত্মক সর্বোচ্চ মান প্রতিটি চক্র দুবার। d. ধনাত্মক সর্বোচ্চ মান প্রতিটি চক্র দুবার।	5.4	I (t) = 100 sin314t দ্বারা প্রদত্ত একটি অল্টারনেটিং কারেন্ট 86.6A মান অর্জন করে, কত সেকেন্ডের পর মুহূর্তে কারেন্টের মান শূন্য হয় a. 1/300 সেকেন্ড b. 1/600 সেকেন্ড c. 1/1200 সেকেন্ড d. 1/150 সেকেন্ড
5.2	একটি প্রতিবন্ধকতার কাল্পনিক অংশকে বলা হয়: a. রেসিস্টেন্স b. রিঅ্যাকটেন্স c. এডমিটেন্স d. কন্ডাকটেন্স	5.5	যদি $v_1 = A \sin \omega t$ এবং $v_2 = B \sin (\omega t - \varphi)$, তাহলে a. φ দ্বারা v_2, v_1 কে ল্যাগ করে। b. φ দ্বারা v_1, v_2 কে ল্যাগ করে। c. φ দ্বারা v_2, v_1 কে লিড করে। d. v_1, v_2 এর সাথে একই ফেজে আছে।
5.3	যেহেতু সাইন ওয়েভের ফ্রিকোয়েন্সি 50 Hz। রেডিয়ান/সেকেন্ডে এর কৌণিক ফ্রিকোয়েন্সি হবে a. 50/π b. 50/2π c. 50π d. 100π	5.6	একটি স্টার কানেকশনের জন্য, লাইন কারেন্ট 15 অ্যামপেয়ার। ফেজ কারেন্টের মান হবে a. 10 অ্যামপেয়ার b. 12.5 অ্যামপেয়ার c. 15 অ্যামপেয়ার d. 17 অ্যামপেয়ার

B. বিষয়গত প্রশ্ন

1. "পাওয়ার ফ্যাক্টর" শব্দটি সংজ্ঞায়িত করো। পিওর ইন্ডাক্টিভ সার্কিটের ক্ষেত্রে পাওয়ার ফ্যাক্টরের মান নির্ধারণ করো?
2. যদি একটি অল্টারনেটিং ভোল্টেজ 300 sin eft পিওর ক্যাপাসিট্যান্স এ প্রয়োগ করা হয় যাতে 15 ohms ইম্পিডেন্স আছে। নিম্নলিখিতগুলি নির্ধারণ করো:
   (a) কারেন্টের তাৎক্ষণিক মানের সমীকরণ,
   (b) পাওয়ার ফ্যাক্টর,
   (c) কারেন্ট এবং ভোল্টেজের মধ্যে ফেজ এঙ্গেলের ডিফারেন্স, এবং
   (d) বিদ্যুৎ খরচ।
3. একটি সার্কিট যার মধ্যে 12Ω রেসিস্টেন্স, 0.15 H এর একটি ইনডাক্টেন্স এবং 100μf ক্যাপাসিট্যান্স সিরিজে 100V, 50Hz সরবরাহ জুড়ে সংযুক্ত। ইম্পিডেন্স, কারেন্ট, কারেন্ট এবং সরবরাহ ভোল্টেজের মধ্যে ফেজ ডিফারেন্স গণনা করো।
4. $Z_1 = 10 + j15\Omega$ এবং $Z_2 = 6 - j8\Omega$ এর ইম্পিডেন্স সহ দুটি সার্কিট প্যারালালে সংযুক্ত। যদি সরবরাহ কারেন্ট 20A হয়। প্রতিটি শাখায় অপসারিত শক্তি নির্ধারণ করো।
5. একটি ডেল্টা কানেকশন এ, ফেজ ভোল্টেজ, ফেজ কারেন্ট এবং পাওয়ার ফ্যাক্টরের মান যথাক্রমে 500 ভোল্ট, 20 অ্যামপেয়ার এবং 0.8। সিস্টেম দ্বারা ব্যবহৃত মোট শক্তি গণনা করো।

ব্যবহারিক

I.P2-ES110: সার্কিট পরামিতি পরিমাপের জন্য রেসিস্টিভ লোড

P2.1 ব্যবহারিক বিবৃতি

রেসিস্টিভ লোড সহ 1-ফেজ সার্কিটে ভোল্টেজ, কারেন্ট এবং পাওয়ার পরিমাপ করো।

P2.2 ব্যবহারিক গুরুত্ব

নাম প্লেট স্পেসিফিকেশন অনুযায়ী প্রদত্ত লোডে কর্মক্ষমতা মূল্যায়নের জন্য ভোল্টেজ, কারেন্ট এবং পাওয়ারের মতো প্যারামিটারগুলির পরিমাপ গুরুত্বপূর্ণ। হিটার লোডের মতো প্রয়োগের জন্য পরিমাপ,বিদ্যুৎ সরবরাহের তারের আকার নির্ধারণ করতে সাহায্য করবে এবং সুরক্ষা যন্ত্রের রেটিং নির্ধারণ করতে সাহায্য করবে যেমন ফিউজ, সার্কিট ব্রেকার ইত্যাদি।

P2.3 প্রাসঙ্গিকতত্ত্ব

তত্ত্বের জন্য বিষয় 5.1.3 (i) বিশুদ্ধ রেসিস্টিভ সার্কিট দেখুন। একটি রেসিস্টিভ লোড দ্বারা শোষিত শক্তি যেটি একটি একক ফেজ এসি সরবরাহ থেকে পাওয়া, সেটিকে VIcos0 হিসাবে দেওয়া হয়, যেখানে V এবং I হল লোডের আড়াআড়ি ভোল্টেজ এবং লোড মারফত কারেন্ট। একটি রেসিস্টিভ লোডের জন্য পাওয়ার ফ্যাক্টর cos0 হল একক। অতএব, রেসিস্টিভ লোড দ্বারা শোষিত শক্তি VI এর সমান।

P2.4 ব্যবহারিক ফলাফল (PrO)

PrO1 পরিমাপ যন্ত্রের সঠিক পরিসর নির্বাচন করো।

PrO2 সার্কিট এবং পরিমাপ যন্ত্র সঠিকভাবে সংযুক্ত করো।

PrO3 প্রদত্ত রেসিস্টিভ লোডের ভোল্টেজ, কারেন্ট এবং শক্তি পরিমাপ করো।

P2.5 ব্যবহারিক সেটআপ (অঙ্কন/স্কেচ/সার্কিট ডায়াগ্রাম/কাজের পরিস্থিতি)

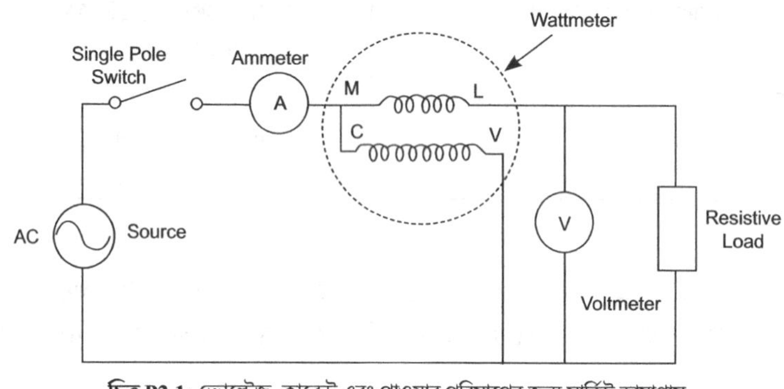

চিত্র P2.1: ভোল্টেজ, কারেন্ট এবং পাওয়ার পরিমাপের জন্য সার্কিট ডায়াগ্রাম

P2.6 প্রয়োজনীয় সামগ্রী

ক্রমিক নং	গুরুত্বপূর্ণ স্পেসিফিকেশন সহ প্রস্তাবিত প্রয়োজনীয় সামগ্রী	মোট সংখ্যা	বিস্তৃত স্পেসিফিকেশন সহ প্রকৃত প্রয়োজনীয় সামগ্রী (ছাত্রছাত্রী দ্বারা পূরণ করা হবে)		মন্তব্য (যদি থাকে)
1.	একক ফেজ এসি উৎস 230V, 50Hz	1			
2.	সংযোগকারী তার, মাল্টিস্টান্ডার্ড কপার (Cu) তার, 1.5 বর্গ মিমি	LS			
3.	একক পোল সুইচ, 5A	1			
4.	রেসিস্টিভ লোড, 1 কিলোওয়াট	1			

5.	ভোল্টমিটার, 0-300V এসি	1			
6.	অ্যামমিটার, 0-5A এসি	1			
7.	একক ফেজ ওয়াটমিটার, বর্তমান কুণ্ডলী 0-5A, ভোল্টেজ কুণ্ডলী 0-300V	1			

P2.7 সতর্কতা

1. পরিমাপ যন্ত্রের পরিসরের সঠিক নির্বাচন নিশ্চিত করো।
2. সার্কিট ডায়াগ্রামে দেখানো ভোল্টমিটার এবং অ্যামমিটার সংযোগ করো।
3. পাওয়ার সাপ্লাই চালু করার আগে সার্কিট ডায়াগ্রাম অনুযায়ী সার্কিট কানেকশন চেক করো।

P2.8 প্রস্তাবিত পদ্ধতি

1. চিত্র P2.1 এ দেখানো চিত্র অনুযায়ী সার্কিট সংযোগ করো।
2. অ্যামমিটার, ভোল্টমিটার এবং ওয়াটমিটারের সঠিক সংযোগ নিশ্চিত করো।
3. প্রদত্ত রেসিস্টিভ লোডের রেসিস্টেন্স পরিমাপ করো।
4. একক ফেজ পাওয়ার সাপ্লাই সংযোগ করো।
5. একক পোল সুইচ চালু করো।
6. নির্বাচিত কারেন্ট এবং ভোল্টেজ কয়েল রেটিং অনুযায়ী ওয়াটমিটারের গুণিতক ফ্যাক্টর রেকর্ড করো।
7. পর্যবেক্ষণ টেবিলে কারেন্ট, ভোল্টেজ এবং ওয়াটমিটার রিডিং রেকর্ড করো।

P2.9 পর্যবেক্ষণ এবং গণনা

ক্রমিক নং	অ্যামমিটার(A)	ভোল্টমিটার (V)	ওয়াটমিটার (W)

গণনা

প্রদত্ত রেসিস্টিভ লোডের পাওয়ার $P = \frac{V^2}{R}$ এবং কারেন্ট $I = \frac{V}{R}$ গণনা করো যেখানে V হল ভোল্টমিটার রিডিং এবং R হল প্রদত্ত রেসিস্টিভ লোডের রেসিস্টেন্স যা কার্যপ্রণালীর ধাপ 3 এ পরিমাপ করা হয়।

P2.10 ফলাফল

ক্রমিক নং	পর্যবেক্ষণ করা হয়েছে	মাপা মান	গণনা করা মান	ত্রুটি
1.	কারেন্ট			
2.	ওয়াটমিটার			

P2.11 উপসংহার

....

....

P2.12 ব্যবহারিক সম্পর্কিত প্রশ্ন

(উত্তরের জন্য আলাদা শীট ব্যবহার করো)

দ্রষ্টব্য: রেফারেন্সের জন্য নীচে কয়েকটি নমুনা প্রশ্ন দেওয়া হল। পূর্বনির্ধারিত কোর্সের ফলাফল অর্জন নিশ্চিত করার জন্য শিক্ষকদের এই ধরনের আরো প্রশ্ন তৈরি করতে হবে।

1. পরিলক্ষিত মান দিয়ে প্রদত্ত লোডের পাওয়ার ফ্যাক্টর নির্ধারণ করো।
2. একটি লোডের সমান্তরালে সিরিজ এবং ভোল্টমিটারে অ্যামিটার সংযুক্ত করার কারণ বলুন।

P2.13 প্রস্তাবিত শেখার উৎস

II. P3-ES110: আর-এল লোডগুলির জন্য সার্কিট প্যারামিটারগুলির পরিমাপ

P3.1 ব্যবহারিক বিবৃতি

আর-এল সিরিজ সার্কিটে ভোল্টেজ, কারেন্ট এবং পাওয়ার মাপুন।

P3.2 ব্যবহারিক গুরুত্ব

নাম প্লেটের স্পেসিফিকেশন অনুযায়ী প্রদত্ত লোডের পারফরম্যান্স মূল্যায়নের জন্য ভোল্টেজ, কারেন্ট এবং পাওয়ারের মতো প্যারামিটারগুলির পরিমাপ গুরুত্বপূর্ণ। গৃহস্থালি লোড যেমন ফ্যান, রেফ্রিজারেটর, এয়ার কন্ডিশনার ইত্যাদির প্যারামিটারগুলির পরিমাপ বিদ্যুৎ সরবরাহের তারের মাপ এবং ফিউজ, সার্কিট ব্রেকার প্রভৃতি প্রতিরক্ষামূলক যন্ত্রের রেটিং নির্ধারণ করতে সাহায্য করে।

P3.3 প্রাসঙ্গিক তত্ত্ব

তত্ত্বের জন্য বিষয় দেখুন 5.2.2 রেসিস্টিভ-ইনডাকটিভ সার্কিট। একটি সিঙ্গেল-ফেজ এসি সরবরাহ থেকে একটি আর-এল লোড দ্বারা গৃহীত শক্তি $VI\cos\theta$ হিসাবে দেওয়া হয়, যেখানে V এবং I হল ভোল্টেজ এবং লোডের মাধ্যমে প্রবাহিত কারেন্ট। আর-এল লোডের জন্য পাওয়ার ফ্যাক্টর $\cos\theta$ শূন্য এবং একের মধ্যে থাকে।

P3.4 ব্যবহারিক ফলাফল (PrO)

একটি রেসিস্টিভ লোডের জন্য ভোল্টেজ, কারেন্ট এবং পাওয়ার পরিমাপ করো :

PrO1: পরিমাপ যন্ত্র এর সঠিক রেঞ্জ নির্বাচন করো।

PrO2: সংযোগ সার্কিট করো এবং পরিমাপ যন্ত্র এর সঠিক রেঞ্জ নির্বাচন করো।

PrO3: প্রদত্ত রেসিস্টিভ ইনডাকটিভ লোডের ভোল্টেজ, কারেন্ট এবং পাওয়ার পরিমাপ করো।

P3.5 ব্যবহারিক সেটআপ (সার্কিট ডায়াগ্রাম)

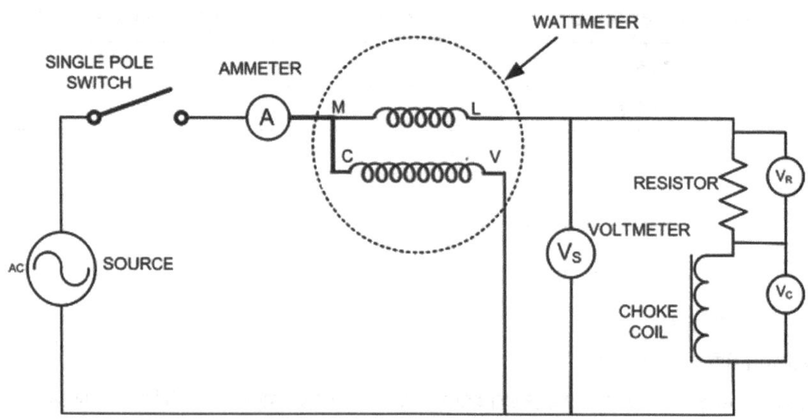

চিত্র P3.1: ভোল্টেজ, কারেন্ট এবং পাওয়ার পরিমাপের জন্য সার্কিট ডায়াগ্রাম।

P3.6 প্রয়োজনীয় সামগ্রী

ক্রমিক নং	গুরুত্বপূর্ণ স্পেসিফিকেশন সহ প্রস্তাবিত প্রয়োজনীয় সামগ্রী	মোট সংখ্যা	বিস্তৃত স্পেসিফিকেশন সহ প্রকৃত প্রয়োজনীয় সামগ্রী (ছাত্র ছাত্রী দ্বারা পূরণ করা হবে)	মন্তব্য (যদি থাকে)
1.	সিঙ্গেল-ফেজ: এসি সোর্স 230V, 50Hz	1		
2.	সংযোগ তার: মাল্টিস্ট্র্যান্ড তামার তার, 1.5 মিমি^{2}	LS		
3.	সিঙ্গেল পোল সুইচ: 5A	1		
4.	রেসিস্টিভ লোড, 1 কিলোওয়াট	1		
5.	চোক কয়েল	1		
6.	ভোল্টমিটার: 0-300V এসি	3		
7.	অ্যামিটার: 0-.5A, এসি	1		
8.	সিঙ্গেল-ফেজ ওয়াটমিটার, কারেন্ট কয়েল 0-5A, ভোল্টেজ কয়েল 0-300V	1		

P3.7 সতর্কতা

1. সঠিক ধরনের এবং পরিসরের পরিমাপ যন্ত্র নির্বাচন করো।
2. সার্কিট ডায়াগ্রামে দেখানো হিসাবে অ্যামিটার, ভোল্টমিটার এবং ওয়াটমিটার সংযুক্ত করো।
3. সার্কিট ডায়াগ্রাম অনুযায়ী সার্কিট কানেকশন চেক করো এবং পাওয়ার সাপ্লাই দেওয়ার আগে তারের সংযোগগুলি সঠিকভাবে করো।
4. পরীক্ষা হয়ে যাবার পরে বিদ্যুৎ সরবরাহ বন্ধ করো।

P3.8 প্রস্তাবিত পদ্ধতি

1. চিত্র P3.1 হিসাবে দেখানো সার্কিটটি সংযুক্ত করো।
2. অ্যামিটার, ভোল্টমিটার এবং ওয়াটমিটার এর সঠিক সংযোগ নিশ্চিত করো।
3. প্রদত্ত রেসিস্টিভ লোডের রেসিস্টেন্স পরিমাপ করো।
4. সিঙ্গেল-ফেজ শক্তিসাপ্লাই সংযুক্ত করো।
5. সিঙ্গেল পোল সুইচ চালু করো।
6. নির্বাচিত কারেন্ট এবং ভোল্টেজ কয়েলের রেটিং অনুযায়ী ওয়াটমিটারের মাল্টিপ্লিকেশন ফ্যাক্টর রেকর্ড করো।
7. পর্যবেক্ষণ সারণী 3.1 এ কারেন্ট, ভোল্টেজ এবং ওয়াটমিটার এর রিডিং রেকর্ড করো।

P3.9 পর্যবেক্ষণ এবং গণনা

সারণী 3.1

ক্রমিক নং	অ্যামমিটার রিডিং (A)	ভোল্টমিটার রিডিং (V)			ওয়াটমিটার রিডিং (W)
		V_S	V_R	V_L	

গণনা

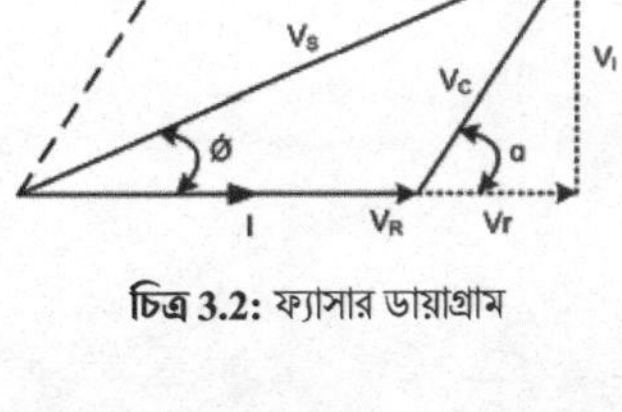

চিত্র 3.2: ফ্যাসার ডায়াগ্রাম

সার্কিটের মধ্য দিয়ে প্রবাহিত কারেন্ট হল I, রেসিস্টিভ লোড জুড়ে ভোল্টেজ ড্রপ হল চোক কয়েল ভোল্টেজ হল V_C, যেখানে $V_C = V_r + jV_L$, V_r, V_l চোক কয়েলের রেসিস্টেন্স ও ইনডাকট্যান্স এর ড্রপ।

1. প্রদত্ত আর-এল লোডের পাওয়ার ফ্যাক্টর গণনা করো $\cos\theta = \frac{P}{V_s I}$ এবং লোড ইম্পিডেন্স $Z = \frac{V_s}{I}$
2. চিত্র.3.2 এ দেখানো ফ্যাসার ডায়াগ্রাম থেকে $cos \propto = \frac{V_s^2 - V_R^2 - V_C^2}{2V_c V_R}$
3. সাইন সূত্র ব্যবহার করে শক্তিফ্যাক্টর $\cos\theta = \cos(\sin^{-1}(V_C sin \propto / V_s))$
4. ইনপুট শক্তি = $V_s I \cos\theta$

P3.10 ফলাফল

ক্রমিক নং	-----	পরিমাপ করা মান	গণনা করা মান	ত্রুটি
1.	পাওয়ার			
2.	শক্তিফ্যাক্টর			

P3.11 উপসংহার

....

....

P3.12 ব্যবহারিক সম্পর্কিত প্রশ্ন

(উত্তরের জন্য আলাদা শীট ব্যবহার করো)

দ্রষ্টব্য: রেফারেন্সের জন্য নীচে কয়েকটি নমুনা প্রশ্ন দেওয়া হল। পূর্বনির্ধারিত কোর্সের ফলাফল অর্জন নিশ্চিত করার জন্যশিক্ষকদের এই ধরনের আরো প্রশ্ন তৈরি করতে হবে।

1. পরিলক্ষিত মানগুলির সাথে চক কয়েলের রেসিস্টেন্স এর মান নির্ণয় করো।
2. একটি আদর্শ এবং প্রাকটিক্যাল ইনডাকটর এর মধ্যে ডিফারেন্স বলুন।
3. সিঙ্গেল-ফেজ শক্তি পরিমাপের জন্য ব্যবহৃত পদ্ধতিগুলির তালিকা করো।
4. সার্কিট জুড়ে একটি অ্যামিটার সংযোগ না করার কারণগুলি অনুমান করো?

P3.13 প্রস্তাবিত শেখার উৎস

Inductors explained

আরো জানো

ক্ষুদ্র প্রকল্প

ফ্যাকাল্টিদের নির্দেশনায় 5-6 জন শিক্ষার্থীদের একটি গ্রুপে একটি বা দুটি মাইক্রো প্রকল্প (গুলি) /কার্যকলাপ গ্রহণ করো এবং ব্যক্তিগত অংশগ্রহণের সাথে এটিকে গ্রুপ হিসাবে উপস্থাপন করো। একটি নমুনা ক্ষুদ্র প্রকল্প সমস্যা নিচে দেওয়া হল:

1. সিঙ্গেল ফেজ এসি সাপ্লাই এ একটি সুইচ দিয়ে সিরিজে 40 ওয়াট ল্যাম্পের সাথে সিরিজে তিনটি চোক সংযুক্ত করো। স্যুইচিং অ্যাকশনের প্রভাব বিশ্লেষণ করো এবং সময়ের সাথে ভোল্টেজ এবং কারেন্টের তারতম্য সম্পর্কে মন্তব্য করো।

কার্যক্রম

1. বিভিন্ন ধরনের গৃহস্থালী যন্ত্রপাতিতে ব্যবহৃত বিভিন্ন ধরনের রেসিস্টেন্স, ইন্ডাক্টর এবং ক্যাপাসিটার সম্পর্কিত তথ্য সংগ্রহ করো।
2. প্রতিটি ব্যাচ তাদের নিজস্ব ইনস্টিটিউট/বাণিজ্যিক কমপ্লেক্স/মল ইত্যাদিতে থ্রি-ফেজ বিদ্যুৎ বিতরণ প্যানেল পর্যবেক্ষণ করবে এবং একটি প্রতিবেদন তৈরি করবে।

আইসিটির ব্যাবহার

Basic Electrical Technology

Fundamentals of Electrical Engineering

রেফারেন্স এবং প্রস্তাবিত পড়া

1. V.N Mittle, and A. Mittal, Basic Electrical Engineering, McGraw Education, 2017.
2. M.S Sukhija and T.K. Nagsarkar, Basic Electrical and Electronics Engineering, New Delhi: Oxford University Press, 2013.
3. B.L Theraja, Electrical Technology, Vol. - I, New Delhi: S. Chand and Company, 2015.
4. S.K Bhattacharya, Basic Electrical Engineering, Pearson Education, 2019
5. S.B Lal Seksena and Kaustuv Dasgupta, Fundamentals of Electrical Engineering, Cambridge University Press, 2017.

6 ট্রান্সফরমার এবং মেশিন

ইউনিট বিশেষ

এই ইউনিটে নিম্নলিখিত বিষয়গুলি নিয়ে আলোচনা করা হয়েছে:

- একটি ট্রান্সফরমারের প্রধান অংশ
- একটি ট্রান্সফরমারের কাজের নীতি
- একটি ডিসি মেশিনের নির্মাণ বৈশিষ্ট্য
- ডিসি মোটরের প্রকারভেদ এবং তাদের বৈশিষ্ট্য
- এসি মোটরের প্রকারগুলি এবং তাদের প্রয়োগ

সমস্যা সমাধানের উদাহরণ এবং আইসিটি রেফারেন্স সহ প্রতিটি বিষয়ের শেষে শিক্ষার্থীদের স্ব-শিক্ষার ক্রিয়াকলাপগুলি আরও কৌতূহল এবং সৃজনশীলতা সৃষ্টির পাশাপাশি সমস্যা সমাধানের ক্ষমতা উন্নত করার জন্য তৈরি করা হয়েছে।

ব্লুমের শ্রেণীবিন্যাসের বর্ধিত স্তরের পর দুটি বিভাগে চিহ্নিত করা একাধিক বহুনির্বাচনী প্রশ্নের পাশাপাশি সংক্ষিপ্ত ও দীর্ঘ উত্তরের প্রকারভিত্তিক প্রশ্ন, রেফারেন্সের অধীনে তালিকাভুক্ত বইগুলিতে প্রদত্ত বেশ কয়েকটি সমস্যার মাধ্যমে নিয়োগ এবং প্রস্তাবিত রিডিংগুলি ইউনিটে দেওয়া হয়েছে তাই যে কেউ তাদের মাধ্যমে অনুশীলনের করতে পারে।

সম্পর্কিত ব্যবহারিকগুলি "আরও জানো" বিভাগ দ্বারা দেওয়া হয়েছে যাতে প্রদত্ত সম্পূরক তথ্য বইটির ব্যবহারকারীদের জন্য উপকারী হয়। ইউনিটের বিষয়বস্তুর উপর ভিত্তি করে এই বিভাগে, " ক্ষুদ্র প্রকল্প " এবং "ক্রিয়াকলাপ" দেওয়া হয়েছে যা প্রতিদিনের বাস্তব জীবন বা/এবং শিল্পের বিভিন্ন দিকের প্রয়োগের জন্য বিচক্ষণভাবে পরিকল্পনা করা হয়েছে। আচ্ছাদিত কিছু উপ-বিষয় সম্পর্কে আরো জানতে অতিরিক্ত ভিডিও রিসোর্স প্রদান করা হয়েছে।

যুক্তি

সকল প্রকার এবং সকল স্তরের বৈদ্যুতিক শক্তি ব্যবস্থা প্রয়োগ অনুযায়ী ভোল্টেজ বা কারেন্টের মাত্রা পরিবর্তনের জন্য নিযুক্ত প্রাসঙ্গিক ট্রান্সফরমারের ব্যবহার ছাড়া অসম্পূর্ণ। বৈদ্যুতিক সিস্টেম শিল্প এবং ভোক্তারা ছোট এবং বড় বৈদ্যুতিক মোটর ব্যবহার করে। এই অধ্যায় শিক্ষার্থীকে একটি ট্রান্সফরমারের মৌলিক কাজ এবং প্রয়োগের সাথে পরিচিত করবে। এই অধ্যায়টি নির্দিষ্ট প্রয়োগের জন্য মোটর নির্বাচন করার দক্ষতা অর্জন করতে শিক্ষার্থীদের সক্ষম করবে।

পূর্ব-প্রয়োজনীয়

1. **বিজ্ঞান:** বিদ্যুৎ, বৈদ্যুতিক কারেন্টের চৌম্বকীয় প্রভাব (দশম শ্রেণি)
2. **ফলিত পদার্থবিজ্ঞান- 1:** কাজ, শক্তি এবং শক্তি (সেমিস্টার - I)
3. **গণিত- I:** ত্রিকোণমিতি, বীজগণিত (প্রথম সেমিস্টার)

শেখার ফলাফল

U6-O1: ট্রান্সফরমারের নির্মাণ ও শ্রেণীবিভাগ বর্ণনা কর।

U6-O2: ট্রান্সফরমারের কাজ করার নীতি বর্ণনা কর।

U6-O3: অটোট্রান্সফরমারের কাজ ব্যাখ্যা কর।

U6-O4: মোটরের নির্মাণ ও কাজের নীতি বর্ণনা কর।

U6-O5: মোটরের মৌলিক সমীকরণ ও বৈশিষ্ট্য ব্যাখ্যা কর।

U6-O6: নির্দিষ্ট প্রয়োগের জন্য মোটর সাজেস্ট করো।

ইউনিট-6 ফলাফল	কোর্স আউটকোমের সাথে প্রত্যাশিত ম্যাপিং (1-দুর্বল সম্পর্ক; 2- মাঝারি সম্পর্ক; 3- শক্তিশালী সম্পর্ক)					
	সিও-1	সিও-2	সিও-3	সিও-4	সিও-5	সিও-6
U6-O1	1	-	-	3	3	3
U6-O2	1	-	-	3	3	3
U6-O3	1	-	-	3	3	3
U6-O4	2	-	-	3	3	3
U6-O5	1	-	1	3	3	3
U6-O6	1		1	3	3	3

নিকোলা টেসলা (1856-1943)

একজন সার্বিয়ান-আমেরিকান প্রকৌশলী এবং পদার্থবিজ্ঞানী, 1882 সালে হাঁটার সময়, একটি ব্রাশবিহীন এসি মোটরের ধারণা নিয়ে এসেছিলেন, যা পথের বালিতে তার ঘূর্ণমান ইলেক্ট্রোম্যাগনেটের প্রথম স্কেচ তৈরি করেছিল। সেই বছরের শেষের দিকে তিনি প্যারিসে চলে যান এবং কন্টিনেন্টাল এডিসন কোম্পানির সাথে ডিসি কারেন্টের পাওয়ার প্লান্ট মেরামত করার কাজ পান। দুই বছর পর 1884 সালে তিনি যুক্তরাষ্ট্রে অভিবাসিত হন। তিনি ওয়েস্টিংহাউসে যোগ দেন যেখানে তিনি প্রথম অল্টারনেটিং কারেন্ট (এসি) মোটর আবিষ্কার করেন এবং এসি জেনারেশন এবং ট্রান্সমিশন প্রযুক্তি তৈরি করেন। 1890-এর দশকে টেসলা বৈদ্যুতিক অসিলেটর, মিটার, উন্নত আলো এবং উচ্চ-ভোল্টেজ ট্রান্সফরমার উদ্ভাবন করে যা টেসলা কয়েল নামে পরিচিত। টেসলা এবং ওয়েস্টিংহাউস একসাথে নায়াগ্রা জলপ্রপাতে জেনারেল ইলেকট্রিকের সাথে এসি জেনারেটর স্থাপন করে, প্রথম আধুনিক বিদ্যুৎ কেন্দ্র তৈরি করে।

6.1 ট্রান্সফরমার

6.1.1 ভূমিকা

ডাইরেক্ট কারেন্টের উপর একটি এসি কারেন্টের সবচেয়ে গুরুত্বপূর্ণ সুবিধা হল চরম স্বাচ্ছন্দ্য যার সাহায্যে লো ভোল্টেজ থেকে হাই ভোল্টেজে রূপান্তর বা বিপরীতভাব ট্রান্সফরমারের সাহায্যে সম্পন্ন করা যায়। ট্রান্সফরমার হল একটি স্থির যন্ত্র (কোন ঘূর্ণন যন্ত্রাংশ ছাড়াই) যা ভোল্টেজ বা কারেন্ট লেভেলের কাঙ্খিত পরিবর্তনের সাথে এবং ফ্রিকোয়েন্সি এর কোন পরিবর্তন ছাড়াই বৈদ্যুতিক শক্তিকে একটি এসি কারেন্টের সার্কিট থেকে অন্য এসি কারেন্টের সার্কিটে স্থানান্তর করে। ট্রান্সফরমারের সাহায্যে উচ্চ-ভোল্টেজের দূরপাল্লার সঞ্চালন একটি ভৌগোলিক অঞ্চলে উৎপাদিত বৈদ্যুতিক শক্তির ব্যবহার অন্য অঞ্চলে লোড কেন্দ্রে সম্ভব করেছে।

ট্রান্সফরমারগুলিকে সিঙ্গেল-ফেজ বা থ্রি-ফেজ সাপ্লাইতে কাজ করার জন্য ডিজাইন করা হয়েছে এবং সেই অনুযায়ী সিঙ্গল-ফেজ বা থ্রি-ফেজ ট্রান্সফরমার নামে পরিচিত। এই অধ্যায়ে আলোচনা শুধুমাত্র সিঙ্গল-ফেজ ট্রান্সফরমারের মধ্যে সীমাবদ্ধ। তবে থ্রি-ফেজ ট্রান্সফরমার, সিঙ্গল-ফেজ ট্রান্সফরমারের মতো নীতিতে কাজ করে।

6.1.2 একটি ট্রান্সফরমারের যন্ত্রাংশ

একটি ট্রান্সফরমার প্রধানত নিম্নলিখিত অংশ নিয়ে গঠিত: প্রথম অংশে লিম্বস, ইওক এবং ক্ল্যাম্পিং থাকে যা চৌম্বকীয় সার্কিট গঠন করে এবং দ্বিতীয় অংশ অর্থাৎ বৈদ্যুতিক সার্কিট প্রাইমারি ওয়াইন্ডিং, সেকেন্ডারি ওয়াইন্ডিং এবং অন্তরণ নিয়ে গঠিত। আকার (ক্ষমতা) এবং অপারেটিং ভোল্টেজ বৃদ্ধির সাথে সাথে আরও বেশ কিছু অংশ আছে যেমন ট্যাংক বডি, বুশিংস, কনজারভেটর, ব্রিদার, নির্গমনপথ, বুখোলজ রিলে, ট্যাপিং সুইচ ইত্যাদি চিত্র. 6.1 ট্রান্সফরমারের নির্মাণের বিবরণ দেখায়।

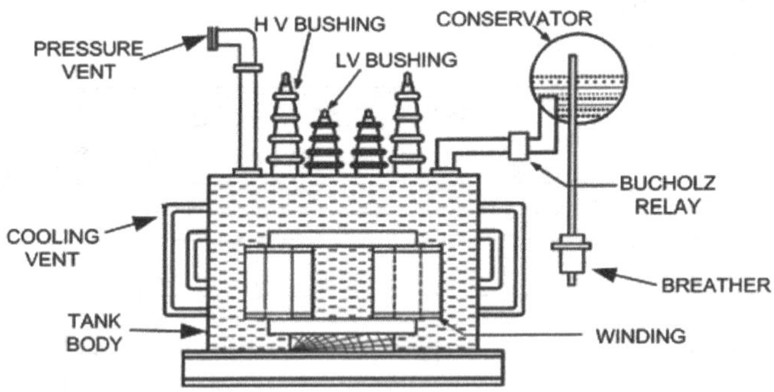

চিত্র 6.1: একটি ট্রান্সফরমারের সামনের দৃশ্য

a. কোর এবং ওয়াইন্ডিংস:

একটি ট্রান্সফরমারের কোর চৌম্বকীয় উপাদান দিয়ে গঠিত এবং এটি ফ্লাক্সের জন্য কম রিলাকটেন্স যুক্ত পথ সরবরাহ করতে ব্যবহৃত হয়। চুম্বকীয় সার্কিটের রিলাকটেন্স যত কম, ক্ষেত্রটি তত শক্তিশালী। কোরের জন্য প্রকৃতপক্ষে ব্যবহৃত উপাদান হল স্তরিত আকারে ব্যবহৃত উচ্চ গ্রেড সিলিকন ইস্পাত যা 0.35 থেকে 0.5 মিমি পুরু। এই স্তরগুলি একে অপরের থেকে বিচ্ছিন্ন করার জন্য বার্নিশ করা বা এনামেল দিয়ে আবৃত করা হয়।

প্রাইমারি এবং সেকেন্ডারি ওয়াইন্ডিং তৈরির কয়েলগুলি হল গোলাকার তার বা স্ট্রিপ যা ভালভাবে ইনসুলেটেড কপার কন্ডাকটর ব্যবহার করে নির্মাণ করা হয়। এই কয়েল গুলি তারপর কোরের লিম্বের চারপাশে স্থাপন করা হয়। এই ওয়াইন্ডিং একে অপরের থেকে ইনসুলেটেড এবং কোর অন্তরক উপাদান এর সিলিন্ডার ব্যবহার করে যেমন প্রেস বোর্ড বা ব্যাকেলাইট।

প্রাথমিক ট্রান্সফরমারে, সরলতার জন্য প্রাথমিক এবং সেকেন্ডারি ওয়াইন্ডিং গুলি মূলের পৃথক লিম্বগুলিতে দেখানো হয়েছে। যাই হোক, যদি এই ধরনের ব্যবস্থা বাস্তব অনুশীলনে ব্যবহার করা হয়, প্রাইমারি ওয়াইন্ডিং দ্বারা উত্পাদিত সমস্ত ফ্লাক্স সেকেন্ডারি ওয়াইন্ডিং সাথে যুক্ত হবে না কারণ কিছু ফ্লাক্স বাতাসের মাধ্যমে বেরিয়ে যাবে। এই ধরনের ফ্লাক্স লিকেজ ফ্লাক্স নামে পরিচিত। লিকেজ ফ্লাক্সের মান যত বেশি হবে, ট্রান্সফরমারের কর্মক্ষমতা ততও খারাপ হবে। অতএব, এই লিকেজ ফ্লাক্স কমাতে, একচুয়াল ট্রান্সফরমারে প্রাইমারি ওয়াইন্ডিং এবং সেকেন্ডারি ওয়াইন্ডিংএকই লিম্বের উপর স্থাপন করা হয়। এই ওয়াইন্ডিং গুলি হয় আকারে নলাকার বা স্যান্ডউইচ টাইপ যেমন চিত্র 6.2 এ দেখানো হয়েছে।

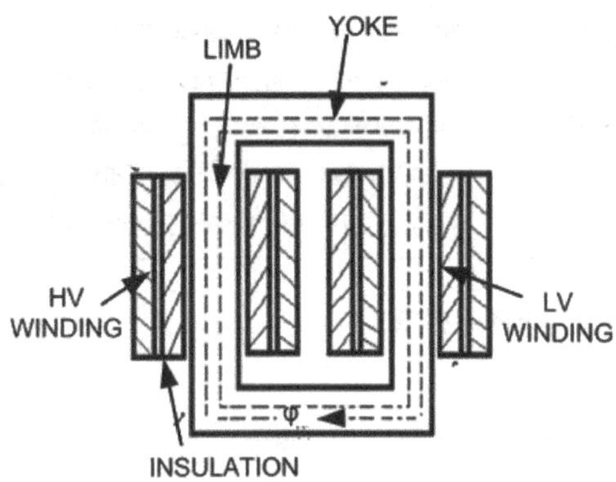

চিত্র 6.2: সিঙ্গেল ফেজ কোর টাইপ ট্রান্সফরমারের বিভাগীয় চিত্র

b. ট্রান্সফরমার ট্যাঙ্ক:

50 কেভিএ -এর বেশি রেটিং সহ ট্রান্সফরমার, পুরো ট্রান্সফরমার অ্যাসেম্বলি অর্থাৎ ওয়াইন্ডিং এবং কোরটি একটি শীট মেটাল ট্যাঙ্কে স্থাপন করা হয় এবং তেলের মধ্যে নিমজ্জিত হয় যা নিরোধক এবং শীতলীকরণের উভয় উদ্দেশ্যে কাজ করে। ওয়াইন্ডিং এবং কোরে উৎপন্ন তাপ তেল ট্যাঙ্কের বাহ্যিক পৃষ্ঠে নিয়ে যায়। আরও কার্যকর কুলিংয়ের জন্য ট্যাঙ্কের পৃষ্ঠের এলাকা বাড়ানোর জন্য কুলিং টিউব সরবরাহ করা হয়।

c. টার্মিনাল বুশিংস:

ট্রান্সফরমারের প্রাথমিক এবং সেকেন্ডারি ওয়াইন্ডিং য়ের টার্মিনালগুলি চীনামাটির বুশিংয়ের সাহায্যে ট্যাঙ্ক থেকে বের করে আনা হয় এবং ট্যাঙ্ক বডি থেকে টার্মিনাল গুলি ইনসুলেটেড থাকে। এই বুশিংস ট্যাংক লাগানো হয়।

d. কনজারভেটর:

একটি ট্রান্সফরমারে, তেলের স্তরের উপরে কিছু জায়গা সবসময় রাখতে হয় কারণ তাপমাত্রার পরিবর্তনের সাথে তেলের সম্প্রসারণ এবং সংকোচন হয়। যখন ট্রান্সফরমার গরম হয়ে যায়, তখন তেল প্রসারিত হয় এবং তেলের উপরের বাতাস বের হয়ে যায়। যখন ট্রান্সফরমার ঠান্ডা হয়, তেল সংকোচিত করে এবং বাইরের বায়ু ট্রান্সফরমারে ঢোকে। এই প্রক্রিয়াটি ট্রান্সফরমারের ব্রিদিং হিসাবে পরিচিত। যথাযথ সতর্কতা অবলম্বন না করা হলে, এই প্রক্রিয়ার সময় বাইরের বায়ু যা ট্রান্সফরমারে প্রবেশ করে তাতে যথেষ্ট আর্দ্রতা থাকতে পারে। যখন ট্রান্সফরমারে তেল এই ধরনের আর্দ্র বাতাসের সংস্পর্শে আসে, তখন এটি সহজেই বাতাস থেকে আর্দ্রতা শোষণ করে এবং কিছু পরিমাণে তার অন্তরক মূল্য হারায়। কনজারভেটর ব্যবহার করে তেলের এই অবনতি রোধ করা যায়। কনজারভেটর হল একটি বায়ুরোধী নলাকার ধাতব ড্রাম যা ট্রান্সফরমার ট্যাঙ্কে লাগানো থাকে। এই ড্রাম পাইপ দ্বারা ট্রান্সফরমার ট্যাঙ্কের সাথে সংযুক্ত থাকে এবং সবসময় আংশিকভাবে তেল দিয়ে ভরা থাকে। তাপমাত্রার পরিবর্তনের সাথে মূল ট্যাঙ্কে তেলের বিস্তার এবং সংকোচন এখন কনজারভেটর দ্বারা সম্পন্ন হয়। এই ব্যবস্থার সাথে, যেহেতু মূল ট্যাঙ্ক সর্বদা তেল দিয়ে পূর্ণ থাকে, তাই তেলের পৃষ্ঠ সরাসরি বাতাসের সংস্পর্শে আসে না।

e. ব্রিদার:

ট্রান্সফরমারের ব্রিদিং প্রক্রিয়ার সময় কনজারভেটরে তেলের স্তরের উপরে বায়ুর স্থানচ্যুতি ব্রিদার নামে পরিচিত যন্ত্রপাতির মাধ্যমে ঘটে। এটিতে একটি শুকানোর এজেন্ট রয়েছে, যেমন ক্যালসিয়াম ক্লোরাইড বা সিলিকা জেল, যা বায়ু থেকে আর্দ্রতা বের করে। ব্রিদার বায়ুতে উপস্থিত ধূলিকণা দূর করে বায়ুও পরিষ্কার করে। এইভাবে, শুধুমাত্র শুষ্ক এবং পরিষ্কার বাতাসকে ট্রান্সফরমারে তেলের সংস্পর্শে আসতে দেওয়া হয়।

f. বুখোলজ রিলে:

এটি পাইপলাইনে মাউন্ট করা এক ধরনের প্রতিরক্ষামূলক যন্ত্র যা প্রধান ট্যাঙ্ককে কনজারভেটরের সাথে সংযুক্ত করে। ত্রুটির সময় ওয়াইন্ডিং য়ে লসের কারণে অতিরিক্ত তাপ বিকশিত হয়, ওয়াইন্ডিং য়ের আশেপাশের ট্যাঙ্কের তেল পচে যায় এবং বিভিন্ন ধরণের গ্যাস মুক্ত হয়। এই গ্যাসগুলি বুখোলজ রিলে পরিচালনা করে যা প্রাথমিক অবস্থায় অপারেটরকে এলার্ম দেয়। যদি তৈরি হওয়া ফল্ট একটি গুরুতর ধরনের ফল্টে রূপান্তরিত হয়, তাহলে এই রিলেটি প্রধান সার্কিট ব্রেকারকে ট্রিপ করিয়ে দেয়।

g. নির্গমনপথ:

ট্যাঙ্কের উপরের পৃষ্ঠে লাগানো বাঁকানো পাইপ নির্গমনপথ বা রিলিফ ভালভ নামে পরিচিত। এটি কাচের শীট বা অ্যালুমিনিয়াম ফয়েল শীট দিয়ে গঠিত ডায়াফ্রাম দিয়ে তৈরি। ফল্ট কন্ডিশনের ক্ষেত্রে, যদি কুলিং অয়েলের বাষ্পীকরণের কারণে ট্যাঙ্কের ভিতরে অতিরিক্ত চাপ তৈরি হয়, নির্গমনপথ এর ডায়াফ্রাম ফেটে যায় এবং চাপটি ছেড়ে দেয়, ফলে ট্রান্সফরমারের ক্ষতি এড়ানো যায়।

6.1.3 ট্রান্সফরমারের প্রকার

কোর এবং ওয়াইন্ডিং য়ের বিন্যাসের উপর নির্ভর করে, ট্রান্সফরমারের দুটি প্রধান প্রকার রয়েছে: কোর টাইপ এবং শেল টাইপ। চিত্র 6.3 দুই ধরনের ট্রান্সফরমার দেখায়।

a. কোর টাইপ ট্রান্সফরমার:

একটি কোর টাইপ ট্রান্সফরমারের স্বতন্ত্র বৈশিষ্ট্য নিম্নরূপ:

- কোর টাইপ ট্রান্সফরমারটি ল্যামিনেশন দিয়ে তৈরি একটি আয়তক্ষেত্রাকার কাঠামো তৈরি করে যা চিত্র 6.3 (a) এ দেখানো হয়েছে এবং একটি একক চৌম্বকীয় সার্কিট প্রদান করে।
- ওয়াইন্ডিং য় গুলি সাধারণত নলাকার আকারে হয় এবং অপচয় কমাতে কেন্দ্রীভূত হয়, কম ভোল্টেজের ওয়াইন্ডিংগুলি কোরের কাছে স্থাপন করা হয়। এই ওয়াইন্ডিংগুলি কোরের উল্লেখযোগ্য অংশকে ঘিরে রেখেছে।

- প্রাইমারি /সেকেন্ডারি বা কম ভোল্টেজ/ উচ্চ ভোল্টেজের ওয়াইন্ডিংগুলি কোরের দুটি লিম্বের উপর সমানভাবে বিতরণ করা হয়।
- দুটি লিম্বের উপর বিতরণ করা ওয়াইন্ডিং এর জন্য; প্রাকৃতিক কুলিং অনেক বেশি কার্যকর হয়ে ওঠে।
- ওয়াইন্ডিংগুলি মেরামত করার জন্য শুধু উপরের ইওক খুলে বের করা যেতে পারে।

b. শেল টাইপ ট্রান্সফরমার:

শেল টাইপ ট্রান্সফরমারের প্রধান বৈশিষ্ট্যগুলি নীচে তালিকাভুক্ত করা হয়েছে:

- এই ধরণের ট্রান্সফরমারের কোর দ্বৈত চৌম্বকীয় সার্কিট প্রদান করে।
- ওয়াইন্ডিংগুলি সাধারণত স্যান্ডউইচ ধরনের হয়, সর্বদা কোর এর কেন্দ্রীয় লিম্বের উপর স্থাপন করা হয়।
- এইচ.ভি. এবং এল.ভি. ওয়াইন্ডিংগুলি প্যানকেকের আকারে তৈরি এবং অন্তর্বর্তী হয়। কোরের ইওক এর কাছাকাছি উপরের এবং নীচের কয়েল গুলি শুধুমাত্র এল.ভি. ওয়াইন্ডিং।
- কোরটি প্রায় কেন্দ্রীয় লিম্বের উপর অবস্থিত ওয়াইন্ডিং কে ঘিরে থাকে। এই বৈশিষ্ট্যটি ওয়াইন্ডিং গুলিকে যান্ত্রিক সুরক্ষা প্রদানে সহায়তা করে।
- কয়েল গুলি শুধুমাত্র কেন্দ্রীয় লিম্বের উপর স্থাপন করা হয় এবং বাইরের কোর লিম্ব গুলি দ্বারা বেষ্টিত, তাই প্রাকৃতিক কুলিং এর কর্মক্ষমতা দুর্বল।
- একটি কোর টাইপ ট্রান্সফরমারের মতো এর কয়েলগুলী মেরামত করা সহজ নয়।

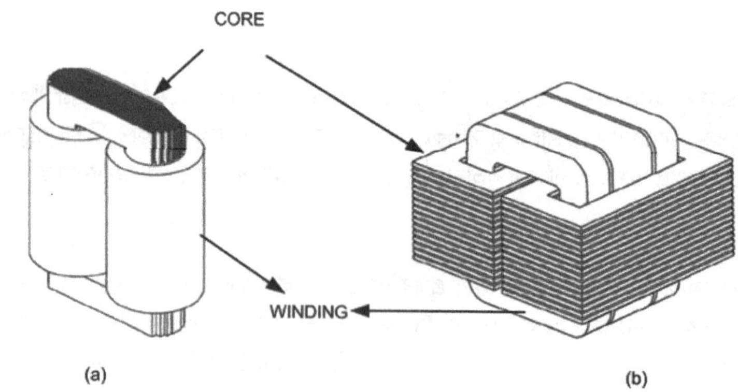

চিত্র 6.3: (a) কোর টাইপ ট্রান্সফরমার (b) শেল টাইপ ট্রান্সফরমার

6.1.4 কাজের নীতি

একটি সাধারণ চুম্বকীয় ক্ষেত্র দ্বারা সংযুক্ত দুটি সার্কিটের মধ্যে মিউচুয়াল ইন্ডাকশনের নীতির উপর ভিত্তি করে ট্রান্সফরমারের কার্যক্রম পরিচালিত হয়। চিত্র 6.4 এ দেখানো ট্রান্সফরমারটিকে তার প্রাথমিক আকারে বিবেচনা করো।

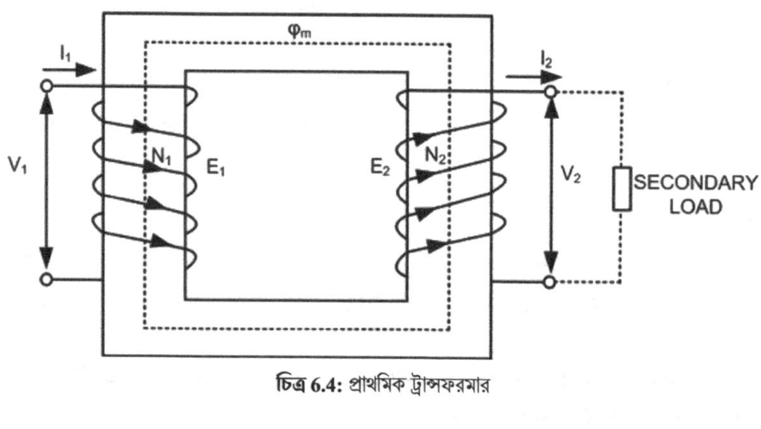

চিত্র 6.4: প্রাথমিক ট্রান্সফরমার

এটি মূলত দুটি ওয়াইন্ডিং, প্রাইমারি এবং সেকেন্ডারি ওয়াইন্ডিং, বৈদ্যুতিকভাবে পৃথক কিন্তু একটি স্তরিত ইস্পাত কোরে বেষ্টিত থাকে। কোরের উল্লম্ব অংশগুলি যেখানে এই ওয়াইন্ডিংগুলি স্থাপন করা হয় তাকে লিম্ব বলা হয় এবং উপরের এবং নীচের অংশগুলি ইওক বলা হয়। যে ওয়াইন্ডিংটি বিদ্যমান সরবরাহ ব্যবস্থার সাথে সংযুক্ত এবং শক্তি গ্রহণ করে তাকে প্রাথমিক ওয়াইন্ডিংবলে। কাঙ্ক্ষিত ভোল্টেজের লোডে শক্তি সরবরাহকারী অন্য ওয়াইন্ডিং কে সেকেন্ডারি ওয়াইন্ডিংবলে।

যখন প্রাইমারি ওয়াইন্ডিং একটি এসি সাপ্লাইয়ের সাথে সংযুক্ত থাকে, তখন একটি এসি কারেন্ট এর মাধ্যমে প্রবাহিত হয়। প্রাথমিক ওয়াইন্ডিং এর মধ্য দিয়ে প্রবাহিত এই কারেন্ট একটি বিকল্প প্রবাহ তৈরি করে। এই পরিবর্তিত ফ্লাক্সের বেশিরভাগই লোহার কোর দিয়ে সেকেন্ডারি ওয়াইন্ডিংয়ের সাথে যুক্ত হয় এবং ফ্যারাডে এর ইলেক্ট্রোম্যাগনেটিক ইন্ডাকশন সূত্র অনুসারে এতে একটি ইএমএফ প্ররোচিত করে। ঘটনা, যার কারণে প্রাথমিক ওয়াইন্ডিং এর এসি কারেন্ট দ্বারা সেকেন্ডারি ওয়াইন্ডিং য়ে একটি ইএমএফ উৎপন্ন করে, এটি মিউচুয়াল ইণ্ডাকশন নামে পরিচিত এবং সেকেন্ডারি ওয়াইন্ডিং য়ে প্ররোচিত ইএমএফ পারস্পরিক প্ররোচিত ইএমএফ নামে পরিচিত। এই ইএমএফ এর ফ্রিকোয়েন্সি সাপ্লাই ভোল্টেজের সমান।

6.1.4.1 ট্রান্সফরমারের ইএমএফ সমীকরণ

Transformer Basics

ধরুন একটি ট্রান্সফরমার যার প্রাইমারি এবং সেকেন্ডারি ওয়াইন্ডিং য়ে N_1 এবং N_2 সংখ্যক টার্ন রয়েছে যা চিত্র 6.4 এ দেখানো হয়েছে। যখন ফ্রিকোয়েন্সি f এর একটি AC ভোল্টেজ V_1 প্রাইমারি ওয়াইন্ডিং এ প্রয়োগ করা হয়, তখন I_m কারেন্ট প্রাইমারি ওয়াইন্ডিংয়ের মধ্য দিয়ে প্রবাহিত হবে এবং এটি একটি বিকল্প ফ্লাক্স তৈরি করবে যা প্রাথমিক এবং সেকেন্ডারি ওয়াইন্ডিংকে সংযুক্ত করে কোর দিয়ে তার পথ সম্পূর্ণ করবে। বিকল্প প্রবাহের সমীকরণ হল

$$\varphi = \varphi_m \cos\omega t \qquad \ldots(6.1)$$

ফ্যারাডে আইন অনুসারে প্রারম্ভিক ঘূর্ণায়মান প্রবাহিত ইএমএফ সমীকরণটি পরিবর্তিত প্রবাহের কারণে দেওয়া হয়েছে

$$e_1 = -N_1 \frac{d\varphi}{dt} \qquad \ldots(6.2)$$

6.1.2 সমীকরণ 6.1.1 এর প্রবাহের মান প্রতিস্থাপন করলে সমীকরণ হয়ে যায়

$$e_1 = -N_1 \frac{d\varphi_m \cos\omega t}{dt}$$

$$e_1 = N_1 w j_m \sin wt$$

$$e_1 = N_1 w j_m \cos\left(\omega t - \frac{\pi}{2}\right)$$

or $$e_1 = E_m \cos\left(\omega t - \frac{\pi}{2}\right) \qquad \ldots(6.3)$$

যেখানে $E_m = 2\pi f N_1 \varphi_m$ প্ররোচিত ইএমএফ এর সর্বোচ্চ মান

প্রাইমারি ওয়াইন্ডিং -এ প্ররোচিত ইএমএফ -এর রুট মানে বর্গ মান দেওয়া হয়

$$E_1 = \frac{2\pi f\, N_1 \varphi_m}{\sqrt{2}} = 4.44 f N_1 j_m \qquad \ldots(6.4)$$

একইভাবে, সেকেন্ডারি ওয়াইন্ডিং এর ইএমএফ পেয়ে থাকি

$$E_2 = 4.44 f N_2 j_m \qquad \ldots(6.5)$$

6.1.4.2 ভোল্টেজ ট্রান্সফরমেশন অনুপাত

ভোল্টেজ ট্রান্সফরমেশন অনুপাতকে প্রাথমিক ভোল্টেজ এবং সেকেন্ডারি ভোল্টেজের অনুপাত হিসাবে সংজ্ঞায়িত করা হয়। এটি K দ্বারা চিহ্নিত করা হয়। যদি $K < 1$. তাহলে সেকেন্ডারি ভোল্টেজ প্রাথমিক ভোল্টেজের চেয়ে কম হবে এবং ট্রান্সফরমারকে স্টেপ ডাউন ট্রান্সফরমার বলা হবে। যদি $K > 1$ হয়, তাহলে ট্রান্সফরমার একটি স্টেপ আপ ট্রান্সফরমার।

$$\frac{E_1}{E_2} = \frac{N_1}{N_2} = \frac{1}{K}$$

একটি আদর্শ ট্রান্সফরমারে, নিম্নলিখিত অনুমানগুলি তৈরি করা হয়:

- ওয়াইন্ডিং এর রোধের মান নগণ্য
- ট্রান্সফরমারের মূল অংশে সীমাবদ্ধভাবে উত্পাদিত সমস্ত প্রবাহ এবং সম্পূর্ণরূপে উভয় ঘূর্ণনকে সংযুক্ত করে
- কোরটির ব্যাপ্তিযোগ্যতা বেশি যাতে ফ্লাক্স তৈরি করতে এবং কোরে এটি স্থাপন করার জন্য প্রয়োজনীয় চুম্বকীয় কারেন্ট নগণ্য।
- হিস্টেরেসিস এবং এডি কারেন্ট লস নগণ্য।

উপরোক্ত অনুমানের সাথে, একটি ট্রান্সফরমারের ইনপুট ভোল্ট অ্যাম্পিয়ার এবং আউটপুট ভোল্ট অ্যাম্পিয়ারকে সমান হিসাবে অনুমান করা যেতে পারে যেমন $V_1 I_1 = V_2 I_2$ উপরের সমীকরণ হয়ে যায়

$$\frac{E_1}{E_2} = \frac{V_1}{V_2} = \frac{N_1}{N_2} = \frac{I_2}{I_1} = \frac{1}{K} \qquad ...(6.6)$$

6.1.4.3 ট্রান্সফরমার কোন লোড না থাকা অবস্থায়

যখন একটি ট্রান্সফরমার কোন লোড অবস্থায় থাকে না, তখন কারেন্ট I_2 সেকেন্ডারি ওয়াইন্ডিংএ শূন্য যখন প্রাইমারি ওয়াইন্ডিং খুব কম কারেন্ট বহন করে I_0 যেটি নো লোড কারেন্ট হিসেবে পরিচিত যেমন চিত্র. 6.4 তে দেখানো হয়েছে। কারেন্ট I_0 নিম্নলিখিত দুটি উপাদান নিয়ে গঠিত।

a. একটি প্রতিক্রিয়াশীল বা চুম্বকীকরণ উপাদান I_m এবং

b. একটি সক্রিয় বা শক্তি উপাদান I_μ।

চুম্বকীয় উপাদান চুম্বকীয় প্রবাহ উৎপাদন করে, তাই এটি প্রবাহের সাথে পর্যায়ক্রমে রয়েছে। সক্রিয় উপাদানটি আয়রন কোরে হিস্টেরেসিস এবং এডি কারেন্ট লস সরবরাহ করার শক্তি উত্পাদন করে, সক্রিয় উপাদানটি প্রয়োগকৃত ভোল্টেজের সাথে পর্যায়ক্রমে রয়েছে V_1 প্রাইমারি ওয়াইন্ডিং-এ প্ররোচিত ইএমএফ E_1 ম্যাগনেটাইজিং ফ্লাক্সকে 90° দ্বারা পিছিয়ে দেয় যেমন সমীকরণ 6.3 এ দেখানো হয়েছে। সাধারণত লোড কারেন্টের ম্যাগনেটাইজিং কম্পোনেন্টের তুলনায় সক্রিয় উপাদান খুবই ছোট। চিত্র 6.5 একটি ট্রান্সফরমারের কোন লোড না থাকা অবস্থার ফেজর ডায়াগ্রাম দেখায়

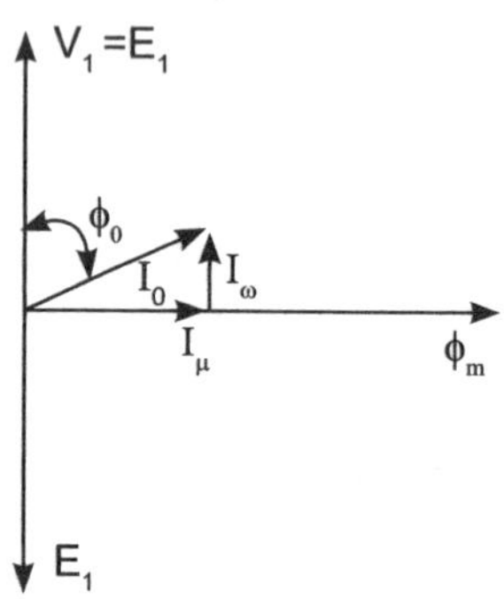

চিত্র 6.5: কোন লোড না থাকা অবস্থার ফেজর ডায়াগ্রাম

ফেজর ডায়াগ্রাম থেকে ম্যাগনেটাইজিং কারেন্ট $I_\mu = I_0 \sin \phi_0$ এবং কোর লস উপাদান $I_\omega = I_0 \cos \phi_0$ কোন লোড না অবস্থায় ট্রান্সফরমারে পাওয়ার ইনপুট হল

$$P_o = V_1 I_0 \cos \phi_0 \qquad ...(6.7)$$

যেখানে $\cos\phi_0$ নো লোড পাওয়ার ফ্যাক্টর এবং নো লোড কারেন্ট হল I_0

$$I_0 = \sqrt{I_\mu^2 + I_\omega^2} \qquad \cdots(6.8)$$

6.1.5 অটোট্রান্সফরমার

একটি ট্রান্সফরমার যেখানে ওয়াইন্ডিং য়ের একটি অংশ প্রাথমিক এবং সেকেন্ডারি উভয় সার্কিটের জন্য একই, এটি অটো ট্রান্সফরমার নামে পরিচিত। প্রাথমিকটি বৈদ্যুতিকভাবে সেকেন্ডারি এর সাথে সংযুক্ত এবং চুম্বকীয়ভাবেও এর সাথে সংযুক্ত, যেমন চিত্র 6.6 এ দেখানো হয়েছে। দুই ওয়াইন্ডিং ট্রান্সফরমারের মতো, একটি অটোট্রান্সফরমার বৈদ্যুতিকভাবে বিচ্ছিন্ন নয়।

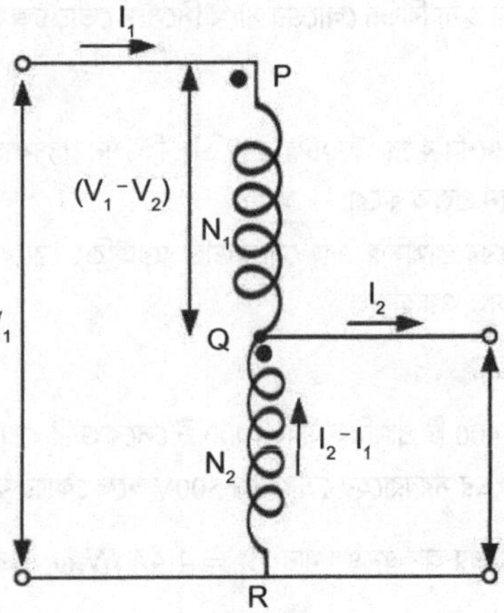

চিত্র 6.6: অটোট্রান্সফরমার

চিত্র 6.6 এ, PR হল প্রাথমিক ওয়াইন্ডিংযার N_1 সংখ্যক টার্ন এবং QR হল সেকেন্ডারি ওয়াইন্ডিং যার N_2 সংখ্যক টার্ন আছে। ইনপুট ভোল্টেজ এবং কারেন্ট হল V_1 এবং I_1 এবং আউটপুট ভোল্টেজ এবং কারেন্ট যথাক্রমে V_2 এবং I_2। যদি অভ্যন্তরীণ প্রতিবন্ধকতা হ্রাস এবং ক্ষতি উপেক্ষা করা হয়, তাহলে $V_1I_1 = V_2I_2$ বা

$$\frac{V_1}{V_2} = \frac{I_1}{I_2} = \frac{N_1}{N_2} = \frac{1}{K} \qquad \cdots(6.9)$$

QR বিভাগে কারেন্ট হল $I_2 - I_1$ যেখানে $I_2 > I_1$

একটি অটোট্রান্সফরমারে পাওয়ার ইনপুটের একটি অংশ ট্রান্সফরমার ক্রিয়া দ্বারা প্রাথমিক থেকে সেকেন্ডারি দিকে স্থানান্তরিত হয়। অবশিষ্ট শক্তি প্রাথমিক থেকে সেকেন্ডারি দিকে সরাসরি স্থানান্তরিত হয়। আপেক্ষিক পরিমাণ শক্তি আপেক্ষিকভাবে স্থানান্তরিত এবং ক্ষমতা পরিবাহীভাবে স্থানান্তরিত বিদ্যুতের আপেক্ষিক পরিমাণ রূপান্তরের অনুপাতের উপর নির্ভর করে।

লোডকে দেওয়া শক্তিঅটোট্রান্সফরমার দ্বারা $= V_2I_2$

রূপান্তরিত শক্তি যা QR ওয়াইন্ডিং এর শক্তির সমান। রূপান্তরিত শক্তি বা প্রবর্তন শক্তি হল

$$V_2(I_2 - I_1) = V_2I_2\left(1 - \frac{I_1}{I_2}\right) = V_2I_2(1 - K) \qquad \cdots(6.10)$$

সমীকরণ 6.1.9, প্রতিস্থাপন করে সমীকরণটি হল

যে শক্তি সরাসরি পরিচালিত হয় তা, যে শক্তি লোড এ দেওয়া হয় - রূপান্তরিত শক্তি এবং এটি সমান হল

$$V_2 I_2 - V_2 I_2 (1 - K) = KV_2 \quad \ldots(6.11)$$

দুই ওয়াইন্ডিং ট্রান্সফরমারের সাথে তুলনা করলে অটোট্রান্সফর্মারের সুবিধাগুলি নিম্নরূপ

- একই ক্ষমতা এবং ভোল্টেজ অনুপাতের জন্য একটি অটোট্রান্সফরমারের জন্য প্রয়োজনীয় তামার ওজন কম।
- একটি অটোট্রান্সফর্মারের আকার একই রেটিংয়ের জন্য কম।

6.1.5.1 অটোট্রান্সফর্মারের প্রয়োগ

a. লং ফিডার সার্কিটে ভোল্টেজ ড্রপের ক্ষতিপূরণ দিতে।

b. পরিবর্তনশীল ভোল্টেজ নিয়ন্ত্রণ প্রদান।

c. ট্রান্সফরমার আউটপুট ভোল্টেজ সামঞ্জস্য করার জন্য বিভিন্ন লোডের সাথে সিস্টেম ভোল্টেজ ধ্রুবক রাখা

কার্যক্রম

1. কলেজের প্রধান বিদ্যুৎ সরবরাহ সাবস্টেশন পরিদর্শন করো। ইনস্টল করা ডিস্ট্রিবিউশন ট্রান্সফরমারের নাম প্লেটের বিবরণ নোট করো। নাম প্লেটে দেওয়া বিবরণীর বিবরণ সম্পর্কে একটি প্রতিবেদন প্রস্তুত করো।
2. প্রদত্ত সিঙ্গেল-ফেজ দুটি ওয়াইন্ডিং ট্রান্সফরমারের প্রাথমিক এবং সেকেন্ডারি ওয়াইন্ডিং রোধের পরিমাপ করো। রোধের মানটি নোট করো এবং অনুমান করো যে কোন ওয়াইন্ডিংটি একটি এইচভি ওয়াইন্ডিং।

সমাধানকৃত সমস্যা

উদাহরণ 6.1.1: একটি সিঙ্গেল-ফেজ ট্রান্সফরমারে 400 টি প্রাথমিক এবং 1000 টি সেকেন্ডারি ওয়াইন্ডিং টার্ন রয়েছে। কোরটির ক্রস বিভাগীয় এলাকা 60 cm^2। ফ্রিকোয়েন্সি = 50 Hz, প্রাথমিক ওয়াইন্ডিংএর সরবরাহের ভোল্টেজ 500V হলে কোরে ফ্লাক্স ঘনত্বের সর্বোচ্চ মান নির্ধারণ করো।

সমাধান: প্রাইমারি ওয়াইন্ডিং-এ প্ররোচিত ইএমএফ -এর আরএমএস মান $E_1 = 4.44 fN_1\varphi_m$ । একটি আদর্শ ট্রান্সফরমার বিবেচনা করে $E_1 = V_1$, প্রদত্ত, প্রাথমিক সরবরাহ ভোল্টেজ = 500 V.

অতএব $500 = 4.44 \times 50 \times 400 \times B_m \times 60 \times 10^{-4}$, $B_m = 0.938 \, Wb/m^2$

উদাহরণ 6.1.2: একটি 200/100 V, 50 Hz ট্রান্সফরমার 100 V দিক থেকে 40 Hz এ উত্তেজিত হবে। কম ভোল্টেজের দিকে প্রয়োগ করা ভোল্টেজটি কত হবে যদি এক্সাইটিং কারেন্ট একই থাকে।

সমাধান: 50 Hz এর 100 V দিকের প্ররোচিত ইএমএফ সমীকরণটি হল $100 = 4.44 \times 50 \times \varphi_m \times N_2$. ...(1)

দেওয়া আছে, এক্সাইটিং কারেন্ট I_μ 40 Hz এ একই থাকতে হবে। তাহলে φ_m একই থাকবে

40 Hz এ ইএমএফ সমীকরণটি হল = $E_2 = 4.44 \times 40 \times \varphi_m \times N_2$ ...(2)

সমীকরণ (1) এবং (2) থেকে পাই $E_2 = 80 Volts$

6.2 বৈদ্যুতিক মোটর

6.2.1 ভূমিকা

একটি ঘূর্ণমান বৈদ্যুতিক মেশিনে প্রধানত দুটি অংশ থাকে, স্ট্যাটার স্থির অংশ এবং রটার, ঘূর্ণমান অংশ। স্ট্যাটার সাধারণত একটি নলাকার আকৃতির চৌম্বকীয় কোর এবং রটারও চুম্বকীয় কোর দিয়ে তৈরি রটার স্ট্যাটের ভিতরে ঘোরে। স্ট্যাটার এবং রটার কোর একটি বায়ু ফাঁক দ্বারা পৃথক করা হয়। স্ট্যাটার এবং রটার এর কোরে ওয়াইন্ডিং থাকে যা একটি চৌম্বকীয় প্রবাহ প্রতিষ্ঠা করতে। রটারটি একটি বিয়ারিং সাপোর্টেড শ্যাফ্টের উপর মাউন্ট করা হয় এবং বেল্ট এবং পুলি বিন্যাসের মাধ্যমে বা গিয়ার বক্সের মাধ্যমে শ্যাফট যান্ত্রিক লোডের সাথে সংযুক্ত থাকে।

6.2.1 ডিসি মোটর

বৈদ্যুতিক মোটর হল একটি যন্ত্র যা বৈদ্যুতিক শক্তিকে যান্ত্রিক শক্তিতে আবৃত করে৷ যদি ডিসি সাপ্লাই আকারে বৈদ্যুতিক শক্তি সরবরাহ করা হয়, মোটরকে ডিসি মোটর বলা হয়৷

6.2.1.1 ডিসি মোটরের গঠন

একটি ডিসি মেশিনে ফিল্ড পোল গুলি স্ট্যাটারের উপর অবস্থিত৷ লোহার পোল গুলি নলাকার আকৃতির চুম্বকীয় কোরের ভিতরের পৃষ্ঠ থেকে ভিতরের দিকে প্রক্ষেপিত হয় যাকে স্ট্যাটার ইওক বলে৷ ইয়ক চুম্বকীয় প্রবাহের জন্য প্রত্যাবর্তন পথ হিসাবে কাজ করে৷ লোহার পোল গুলি একটি সংকীর্ণ অংশ থাকে যার উপর ওয়াইন্ডিং কুণ্ডলী স্থাপন করা হয়৷ একটি পোল সু সাধারণত স্তরিত হয় রটার পৃষ্ঠের উপর মেরু প্রবাহ বিতরণ৷ নলাকার সিলিকন স্টিল কোর দিয়ে তৈরি রটার বা আর্মচার স্লটেড লেমিনেশনের স্ট্যাক নিয়ে গঠিত৷ স্লটগুলি কোর এর অক্ষীয় দৈর্ঘ্য বরাবর স্তরিত কোর পৃষ্ঠের উপর কাটা হয়, যার মধ্যে আর্মারেচার ওয়াইন্ডিং য়ের কুণ্ডলীগুলি স্থাপন করা হয়৷ কন্ডাক্টর তার বা বার আকারে কয়েলগুলি তামা বা অ্যালুমিনিয়াম দিয়ে তৈরি এবং কন্ডাক্টরের আকার মেশিনের কারেন্ট এবং ভোল্টেজের প্রয়োজনীয়তার উপর নির্ভর করে৷ স্লটের দৈর্ঘ্য বরাবর স্লটে চালিত কাঠের ওয়েজ দ্বারা আর্মচার কয়েলগুলি রাখা হয়৷ কয়েল টার্মিনাল এর শেষ প্রান্তগুলি কমিউটেটর এর সাথে সংযুক্ত করা হয়৷ কমিউটেটর তামার তৈরি অংশ নিয়ে গঠিত, অংশগুলি সাধারণত মাইকা অন্তরক দিয়ে একে অপরের থেকে পৃথক করা হয়৷

কার্বন ব্রাশ দ্বারা আর্মচার কয়েলে কারেন্ট পরিচালিত হয়৷ ব্রাশগুলি ব্রাশ হোল্ডারে রাখা হয় এবং এমনভাবে লাগানো হয় যাতে সেগুলি কমিউটেটর পৃষ্ঠের উপর অবাধে স্লাইড করতে পারে৷ ব্রাশ কন্টাক্ট এবং কমিউটেটরের মধ্যে যথাযথ যোগাযোগ বজায় রাখার জন্য, কন্টাক্ট ফোর্স নিশ্চিত করতে ব্রাশ হোল্ডার অ্যাসেম্বলিতে অ্যাডজাস্টেবল স্প্রিংস রাখা হয়৷ ব্রাশগুলি নিয়মিত পরিদর্শন করতে হবে এবং ব্রাশের ক্ষয় এবং টিয়ার হলে প্রতিস্থাপন করতে হবে৷ চিত্র 6.7 ডিসি মেশিনের বিভাগীয় দৃশ্য দেখায়৷

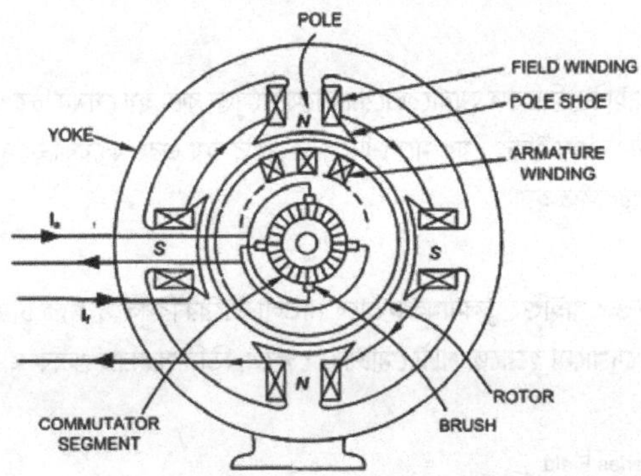

চিত্র 6.7: ডিসি মেশিনের বিভাগীয় দৃশ্য

6.2.2.2 ডিসি মোটরের কার্যনীতি

ফ্লেমিং এর বাম হাতের সুত্রের উপর ভিত্তি করে ডিসি মোটর কাজ করে যখন একটি কারেন্ট বহনকারী পরিবাহী একটি স্থির চৌম্বকক্ষেত্রের মধ্যে স্থাপন করা হয় তখন পরিবাহী চৌম্বক ক্ষেত্রের সাথে সমকোণ তৈরি করে তখন এটি একটি যান্ত্রিক শক্তি অনুভব করে যার দিকটি ফ্লেমিংস বাম হাতের সুত্রের দ্বারা দেওয়া পাওয়া যায়৷ পরিবাহীর গতিবিধি বলের দিকে হয়৷ সংক্ষেপে যখন বৈদ্যুতিক ক্ষেত্র এবং চৌম্বকীয় ক্ষেত্রগুলি মিথস্ক্রিয়া করে তখন একটি যান্ত্রিক শক্তি উৎপন্ন হয়৷ পরিবাহী দ্বারা অনুভিত যান্ত্রিক শক্তি মাত্রা নিউটনে প্রকাশ করা হয় যা সমীকরণ 6.দ্বারা পাওয়া যায়৷

$$F = BIL \qquad \ldots(6.12)$$

যেখানে **B** হল Wb/m^2 এ ক্ষেত্রের শক্তি **I** অ্যাম্পিয়ারে পরিবাহীর মধ্য দিয়ে প্রবাহিত কারেন্ট এবং **L** হল মিটারে পরিবাহীর দৈর্ঘ্য৷

6.2.2.3 ডিসি মোটর কিভাবে কাজ করে

যখন একটি ডিসি মোটরের আর্মচার এবং ফিল্ড-ওয়াইন্ডিংয়ের মধ্যে কারেন্ট প্রেরণ করা হয়, তখন ফিল্ড কারেন্ট (অ্যাম্পিয়ার টার্নস) দ্বারা চৌম্বকীয় প্রবাহ প্রতিষ্ঠিত হয়৷ যেহেতু আর্মচার কন্ডাক্টরগুলি চৌম্বক ক্ষেত্রের লম্ব এবং তারা কারেন্ট বহন করে, তারা যান্ত্রিক শক্তি অনুভব করে৷ এই শক্তির ফলাফল

একটি ঘূর্ণন সঁচারক বল। এই ঘূর্ণন সঁচারক বলের প্রভাবে রটোর এর ঘূর্ণন শুরু হয়। যে কোন যান্ত্রিক যন্ত্র (লোড) এর সাথে মিলিত হয়ে দরকারী কাজ করে। যান্ত্রিক লোড বাড়লে ডিসি সাপ্লাই থেকে আরো কারেন্ট টেনে আরো সঁচারক বল উৎপন্ন হবে। এভাবে মোটর বৈদ্যুতিক শক্তিকে যান্ত্রিক শক্তিতে রূপান্তরিত করে।

ব্যাক ইএমএফ:

যখন একটি মোটরের আর্ম্যাচার ঘোরে, তখন ইএমএফ প্ররোচিত হয় কন্ডাক্টরে কারণ তারা চৌম্বকীয় বলের লাইন কেটে দেয়। প্ররোচিত ইএমএফ প্রয়োগ করা ভোল্টেজ (V) এর বিপরীত হয় এবং তাকে ব্যাক বা কাউন্টার ইএমএফ (E_b) বলা হয়। এর মাত্রা দেওয়া হয়

DC motor

$$E_b \ \alpha \ \emptyset_N \quad \ldots(6.13)$$

যেখানে Ø হল ফিল্ড ফ্লাক্স এবং N হল আর্ম্যাচার স্পিড।

6.2.2.4 ডিসি মোটরের প্রকারভেদ

আর্মারেচার ওয়াইন্ডিং এবং ফিল্ড ওয়াইন্ডিং য়ের প্রকৃতির উপর নির্ভর করে ডিসি মোটরগুলিকে দুটি প্রকারে ভাগ করা যায়:

i) ডিসি সিরিজ মোটর

ii) ডিসি শান্ট মোটর

আরেক ধরনের ডিসি মোটর হল ডিসি কম্পাউন্ড মোটর, যেখানে ওয়াইন্ডিংসিরিজে এবং প্যারালাল এ সংযুক্ত থাকে যা এই বইতে আলোচনা করা হচ্ছে না।

i) **ডিসি সিরিজ মোটর:**

একটি সিরিজ মোটর হল যেটিতে ফিল্ড ওয়াইন্ডিং সিরিজে আর্মারেচারের সাথে সংযুক্ত করা হয় যেমন চিত্র 6.8 এ দেখানো হয়েছে যে মোটর দ্বারা টানা কারেন্ট ফিল্ড ওয়াইন্ডিং এবং আর্মচার ফিল্ড ওয়াইন্ডিং য়ের মধ্যে দিয়ে প্রবাহিত হয় এবং কয়েকটি মোটা কন্ডাক্টর এর টার্ন আছে। চুম্বকীয় প্রবাহ স্যাচুরেশন হওয়া পর্যন্ত কারেন্টের সাথে পরিবর্তিত হয়।

ii) **ডিসি শান্ট মোটর:**

একটি শান্ট মোটর এমন একটি যেখানে ফিল্ড ওয়াইন্ডিং তুলনামূলকভাবে পাতলা তারের বিপুল সংখ্যক টার্ন নিয়ে গঠিত যা প্যারালাল এ সংযুক্ত থাকে আর্মচার ওয়াইন্ডিং য়ের সাথে চিত্র 6.9 -এ দেখানো হয়েছে। শান্ট মোটরের ক্ষেত্রে, ডিসি সরবরাহ ধ্রুবক থাকায় ফিল্ড কারেন্ট ধ্রুবক থাকে। অতএব, প্রবাহ কার্যত ধ্রুবক থাকে।

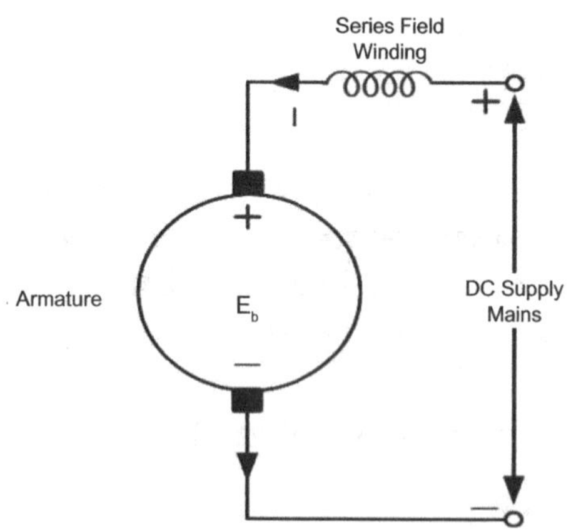

চিত্র 6.8: ডিসি সিরিজ মোটর

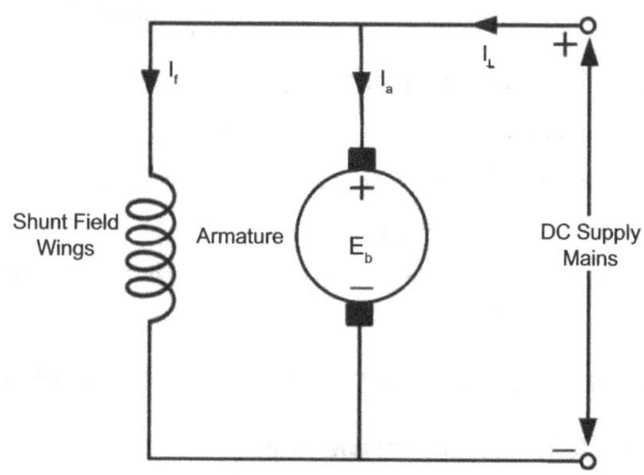

চিত্র 6.9: ডিসি শান্ট মোটর

6.2.2.5 ডিসি মোটরগুলির বৈশিষ্ট্য

ডিসি মোটরের দুটি সবচেয়ে গুরুত্বপূর্ণ বৈশিষ্ট্য হল টর্ক বৈশিষ্ট্য এবং গতির বৈশিষ্ট্য।

a. টর্ক বৈশিষ্ট্য (T vs. I_a):

ঘূর্ণন সঁচারক বল বৈশিষ্ট্য আর্মচার কারেন্ট এর সঙ্গে ঘূর্ণন সঁচারক বল এর বৈচিত্র্য বর্ণনা করে। একটি মোটরে বিকশিত ঘূর্ণন সঁচারক বল হল উৎপাদিত চুম্বকীয় প্রবাহ এর মিথস্ক্রিয়ার ফল যা তৈরি হয় ফিল্ড কারেন্ট এবং আর্মারেচার কন্ডাক্টরের মধ্য দিয়ে প্রবাহিত কারেন্ট এর জন্য। ফিল্ড কারেন্ট বৃদ্ধির কারণে যদি চৌম্বকীয় প্রবাহ বৃদ্ধি পায়, একই আর্মচার কারেন্টের জন্য উত্পাদিত টর্ক বৃদ্ধি পাবে অর্থাৎ $T \propto Ø$ এর জন্য I_a ধ্রুবক। একইভাবে, যদি শ্যাফট লোড বৃদ্ধির কারণে আর্মচার কারেন্ট বৃদ্ধি পায়, তাহলে একই চুম্বকীয় ফ্লাক্সের জন্য টর্কও বৃদ্ধি পাবে অর্থাৎ $T \propto I_a$ এর জন্য Ø ধ্রুবক। এখন যদি Ø এবং I_a উভয়ই পরিবর্তিত হয় তবে সাধারণভাবে, এটি লেখা যেতে পারে

$$T \alpha ØI_a \quad \ldots(6.14)$$

i) **ডিসি সিরিজ মোটর:**

টর্ক সমীকরণটি হল $T \propto Ø\, I_a$ হিসাবে দেওয়া হয়। চিত্র 6.8 এ দেখানো একটি সিরিজ মোটরের ক্ষেত্রে, একই কারেন্ট ফিল্ড ওয়াইন্ডিংএবং আর্মারেচার ওয়াইন্ডিং য়ে প্রবাহিত হয়। সুতরাং, চৌম্বকীয় স্যাচুরেশন পর্যন্ত, ফিল্ড ফ্লাক্স $Ø \propto I_a$ এবং সেইজন্য উৎপাদিত ঘূর্ণন সঁচারক বল হল

$$T \alpha I_a^2 \quad \ldots(6.15)$$

এর মানে হল যে টর্কটি চৌম্বকীয় অবস্থা পর্যন্ত কারেন্টের বর্গের সমানুপাতিক।

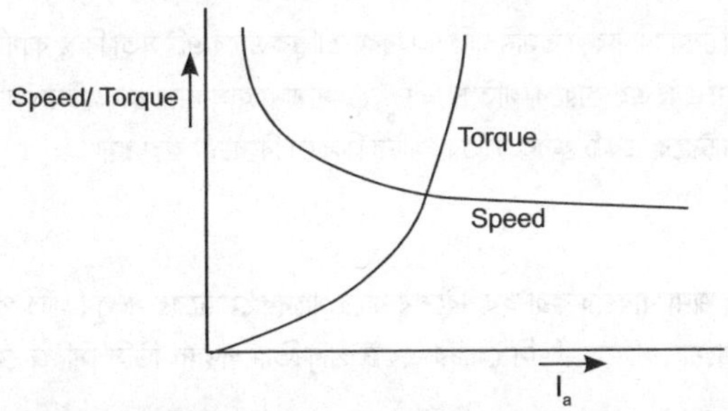

চিত্র 6.10: ডিসি সিরিজ মোটরের স্পিড টর্ক বৈশিষ্ট্য

বৈশিষ্ট্যের এই অংশটি একটি প্যারাবোলা। যাইহোক, চৌম্বকীয় স্যাচুরেশনের পরে, T বনাম I_a বক্ররেখা সরলরেখায় পরিণত হয় কারণ ফ্লাক্স Ø আর্মচার কারেন্ট থেকে স্বাধীন হয়ে যায় এবং তাই কেবল আর্মচার কারেন্ট দিয়ে টর্ক বৃদ্ধি পায়। চরিত্রগত বক্রতা চিত্র 6.10 এ দেখানো হয়েছে। যেহেতু টর্ক কারেন্টের বর্গের সমানুপাতিক, তাই শুরুতে ঘূর্ণন সঁচারক বল অত্যন্ত উচ্চ। উচ্চ প্রারম্ভিক টর্ক নির্দিষ্ট প্রয়োগের জন্য সুবিধাজনক। অতএব ডিসি সিরিজ মোটর ব্যবহার করা হয় যেখানে উচ্চ ঘূর্ণন সঁচারক বল প্রয়োজন হয়।

ii) **ডিসি শান্ট মোটর:**

ডিসি শান্ট মোটরের ক্ষেত্রে, ফ্লাক্স ধ্রুবক হয় তাই ঘূর্ণন সঁচারক বল $T \propto Ø$ আইএ আর্মচার কারেন্টের সাথে সরাসরি সমানুপাতিক, গতি যাই হোক না কেন। যেমন আর্মচার কারেন্ট (I_a) বৃদ্ধি পায়, টর্ক (T) বৃদ্ধি পায় এবং তদ্বিপরীত। চিত্র 6.11 ডিসি শান্ট মোটরের ঘূর্ণন সঁচারক বলের বৈশিষ্ট্য দেখায়।

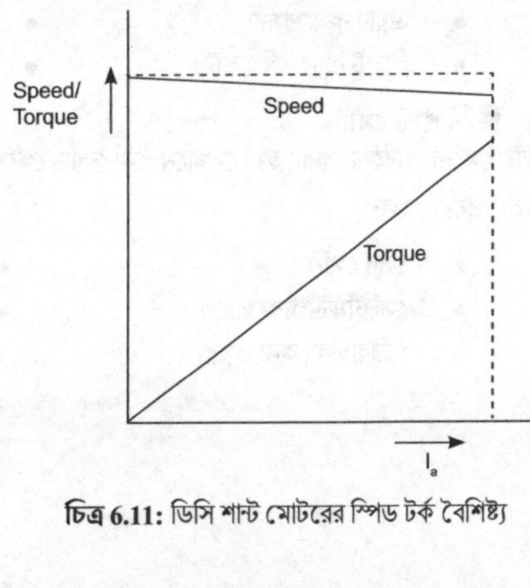

চিত্র 6.11: ডিসি শান্ট মোটরের স্পিড টর্ক বৈশিষ্ট্য

b.গতি বৈশিষ্ট্য (N vs. I_a):

মোটরের গতির বৈশিষ্ট্য সাধারণত ইনপুট কারেন্ট সাথে গতির তারতম্যের প্রতিনিধিত্ব করে।

i) **ডিসি সিরিজ মোটর:**

একটি ডিসি মোটরের গতির সমীকরণ $N \propto \dfrac{E_b}{\phi}$

যেখানে, E_b হল ব্যাক ইএমএফ, ϕ হল ফ্লাক্স এবং N হল আর পি এম এ মোটরের গতি। খুব কম আর্ম্যাচার রোধের জন্য ব্যাক ইএমএফ এ পরিবর্তন, বিভিন্ন লোড কারেন্টের জন্য খুব নগণ্য এবং তাই অবহেলা করা যেতে পারে।

অতএব, রটার গতি ফিল্ড ফ্লাক্স এর সঙ্গে বিপরীতভাবে আনুপাতিক

$$N \propto \frac{1}{\phi} \quad \ldots(6.16)$$

একটি ডিসি সিরিজের মোটরে, ফ্লাক্স (ϕ) বৃদ্ধি পায়, আরমেচার কারেন্ট বৃদ্ধির সাথে, অর্থাৎ $\phi \propto I_a$, সমীকরণ 6.2.5 পরিবর্তন করে

$$N \propto \frac{1}{I_a} \quad \ldots(6.17)$$

এর মানে হল যে লোড কারেন্ট যেমন আর্মচার কারেন্ট (I_a) বৃদ্ধি পায়, গতি হ্রাস পায় এবং তদ্বিপরীত। বৈশিষ্ট্যটি চিত্র 6.10 এ দেখানো হয়েছে। চরিত্রগত বক্ররেখা থেকে দেখা যায় যে, যখন লোড বেশি থাকে তখন গতি কম থাকে। যখন লোড কম থাকে তখন, গতি খুব বেশি হয়। অতএব, সিরিজ মোটর কখনই লোড ছাড়া চালানো উচিত নয় অন্যথায় এটি খুব বেশি কেন্দ্রীভূত শক্তির কারণে ক্ষতিগ্রস্ত হতে পারে।

ii) **ডিসি শান্ট মোটর:**

ডিসি শান্ট মোটরে ফ্লাক্স স্থির থাকে। ফ্লাক্স যেমন ধ্রুবক, তেমনি গতিও ধ্রুবক। তাত্ত্বিকভাবে এটি সত্য কিন্তু কার্যত এটি সম্ভব নয়। প্রকৃতপক্ষে, লোড বাড়ার সাথে সাথে ব্যাক ইএমএফ (E_b) হ্রাস পায় এবং এই কারণে, গতি $N = E_b/\phi$ সামান্য হ্রাস পায়। ধ্রুব গতির মোটর। গতির এই হ্রাস তাৎপর্যপূর্ণ নয় অতএব সমস্ত ব্যবহারিক উদ্দেশ্যে ডিসি শান্ট মোটরকে একটি ধ্রুবক গতির মোটর হিসাবে বিবেচনা করা হয়।

6.2.2.6 ডিসি মোটর এর প্রয়োগ

ডিসি মোটরগুলি অনেক শিল্প প্রয়োগের জন্য ব্যবহার করা হয়, বিশেষ করে যাদের মোটরের সম্পূর্ণ গতি পরিসীমা জুড়ে ধ্রুবক টর্কের প্রয়োজন হয়। ব্যাটারি শক্তি ব্যবহার করে পোর্টেবল প্রয়োগগুলিতে, ডিসি মোটর একটি প্রাকৃতিক পছন্দ। ডিসি সিরিজ মোটর এবং ডিসি শান্ট মোটরগুলির প্রধান প্রয়োগগুলি নিম্নরূপ:

i) **ডিসি সিরিজ মোটর**

ডিসি সিরিজ মোটর ব্যবহার করা হয় যেখানে উচ্চ প্রারম্ভিক ঘূর্ণন সঁচারক বল প্রয়োজন হয়, যেখানে গতির স্থিরতা প্রয়োজন হয় না। এবং গতির তারতম্য সম্ভব। সিরিজ মোটরগুলির কিছু প্রয়োগ হল:

- ক্রেন
- এয়ার কমপ্রেসর
- লিফট এবং এলিভেটর
- ভ্যাকুয়াম ক্লিনার
- বৈদ্যুতিক ট্র্যাকশন
- হেয়ার ড্রায়ার
- সেলাই যন্ত্র
- শক্তিটুলস
- বৈদ্যুতিক ফুটিং ইত্যাদি

ii) **ডিসি শান্ট মোটর**

শান্ট মোটর ব্যবহার করা হয় যেখানে নো লোড থেকে পূর্ণ লোড পর্যন্ত ধ্রুবক গতি প্রয়োজন। এবং শুরুর অবস্থা গুরুতর নয়। ডিসি শান্ট মোটরের বিভিন্ন প্রয়োগ হল:

- লেদ মেশিন
- সেন্ট্রিফিউগ্যাল পাম্প
- পরিবাহক (কনভেয়র)
- পাখা
- বোরিং মেশিন
- ওজন মাপার যন্ত্র
- স্পিনিং মেশিন
- ব্লোয়ার্স
- লাইন শাফট, ইত্যাদি

6.2.3 এসি মোটর

6.2.3.1 মোটরের গঠন

পূর্ববর্তী বিষয় থেকে, ডিসি মোটরের বৈশিষ্ট্য এবং তার প্রয়োগের পরিপ্রেক্ষিতে গবেষণা করা হয়েছে। ডিসি মোটর চালানোর জন্য ডিসি পাওয়ার সাপ্লাই প্রয়োজন। এর জন্য এসি সাপ্লাইটি সংশোধন করা হয় ডিসি সাপ্লাই এ সেমিকন্ডাক্টর ডিভাইস ব্যবহার করে।

এটি আরও সুবিধাজনক হবে যদি সিঙ্গেল বা থ্রি-ফেজ এসি পাওয়ার সাপ্লাই সরাসরি এসি মোটর চালাতে ব্যবহার করা যায়। ডিসি মোটরের মতো এসি মোটরেরও রয়েছে স্ট্যাটার এবং রটার। স্ট্যাটারে অনেক সংখ্যক অভিন্ন স্লট কাটা হয় যার উপর কয়েল রাখা হয়। এসি সরবরাহের ধরন সিঙ্গেল ফেজ বা থ্রি ফেজ কিনা তার উপর নির্ভর করে কয়েলের প্রান্ত সংযুক্ত এবং লিড বের করে আনা হয়। তদনুসারে, মোটরটি সিঙ্গেল-ফেজ বা থ্রি-ফেজ এসি মোটর হিসাবে শ্রেণীবদ্ধ করা হয়।

রটার নির্মাণ নির্ভর করে এসি মোটরের প্রকারের উপর। চিত্র. 6.12 একটি থ্রি-ফেজ ইন্ডাকশন মোটরের রটার নির্মাণ দেখায়।

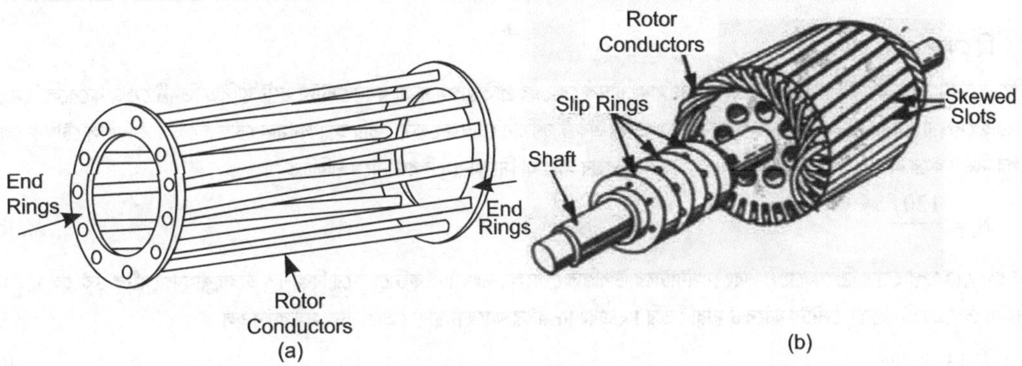

চিত্র 6.12: থ্রি- ফেজ ইনডাকশন মোটর (ক) স্কুইরেল কেজ (খ) উনড রটার

সারণী 6.1 দুটি প্রধান ধরণের থ্রি-ফেজ এসি মোটর অর্থাৎ ইন্ডাকশন মোটর এবং সিঙ্ক্রোনাস মোটরের রটার নির্মাণের বিবরণ দেখায়। আরও, নির্মাণের ভিত্তিতে দুটি ধরণের থ্রি-ফেজ ইন্ডাকশন মোটর রয়েছে: স্কুইরেল কেজ এবং উনড রটার। একইভাবে, সিঙ্ক্রোনাস মোটরগুলি রোটার নির্মাণের ভিত্তিতে দুই ধরনের হয়: সালিয়েন্টে পোল রোটার্স এবং নন-স্যালিয়েন্ট পোল রোটার্স।

সারণী 6.1: থ্রি -ফেজ এসি মোটরের রটার নির্মাণের বিবরণ

ক্রমিক নং	থ্রি -ফেজ এসি মোটরের প্রকার	রোটারের ধরন এবং তাদের নির্মাণের বিবরণ	
		স্কুইরেল কেজ	**উনড রটার**
i.	থ্রি ফেজ ইন্ডাকশন মোটর	i. রটার কোর সল্টেড পেরিফেরি সহ নলাকার। ii. রটার কন্ডাকটর তামা বা অ্যালুমিনিয়ামের আনইনসুলেটেড বার বা রড দিয়ে তৈরি। iii. তামার তৈরি রিং এর সাহায্যে বারগুলি শেষাংশ স্থায়ীভাবে সংযুক্ত করা হয় যা এন্ড রিং হিসাবে পরিচিত।	i. রটার কোর সল্টেড পেরিফেরি সহ নলাকার। ii. রটার ওয়াইন্ডিং স্ট্যাটার ওয়াইন্ডিং এর অনুরূপ। iii. থ্রি ফেজ রটার ওয়াইন্ডিং এর তিনটি প্রান্ত স্থায়ীভাবে স্লিপ রিং এর সাথে সংযুক্ত iv. স্লিপ রিংগুলি রটার শ্যাফ্টে লাগানো থাকে v. রটার টার্মিনালগুলি ব্রাশের মাধ্যমে বাহ্যিক সংযোগের জন্য বের করে আনা হয় যা স্লিপ রিংয়ে থাকা ব্রাশ হোল্ডারগুলিতে লাগানো থাকে

		স্যালিয়েন্ট পোল রোটার	নন - স্যালিয়েন্ট পোল রোটার
ii.	থ্রি ফেজ সিঙ্ক্রোনাস মোটর	i. স্যালিয়েন্ট শব্দটির অর্থ প্রজেক্ট করা। একটি স্যালিয়েন্ট পোল দ্বারা গঠিত পোল যা রটার কোরের পৃষ্ঠ থেকে প্রোজেক্ট করা থাকে ii. চারটির বেশি পোলের রোটাররের জন্য ব্যবহৃত হয় iii. ফিল্ড কয়েল হিসাবে পরিচিত রটার কয়েল গুলি পোলের উপর স্থাপন করা হয় iv. ফিল্ড ওয়াইন্ডিং য়ের দুটি প্রান্ত স্লিপ রিংগুলির সাথে সংযুক্ত থাকে এবং ব্রাশের মাধ্যমে বাহ্যিক ডিসি সাপ্লাই এর সাথে সংযুক্ত থাকে।	i. নন - স্যালিয়েন্ট পোল রোটারগুলি নলাকার রটার নামেও পরিচিত ii. রোটারটি নলাকার আকারে থাকে যার কোন ফিসিকাল পোল নেই স্যালিয়েন্ট পোল এর মতো iii. রটার বা ফিল্ড ওয়াইন্ডিং স্থাপনের জন্য রটার পরিধিতে স্লট কাটা হয়। iv. ফিল্ড ওয়াইন্ডিং এর বাহ্যিক সংযোগ স্যালিয়েন্ট পোল রটারের মতো একই।

6.2.3.2 থ্রি ফেজ এসি মোটর

এসি মেশিনের অপারেশনের মৌলিক নীতি হল একটি ঘূর্ণমান চৌম্বক ক্ষেত্রের প্রতিস্তাপন করা। যখন স্টেটর স্লটে স্থাপিত তিনটি ফেজ কয়েলে তিন ফেজ সুষম সরবরাহ দেওয়া হয় যা স্থান 120 ডিগ্রি স্থানচ্যুত হয় তখন একটি ঘূর্ণমান চৌম্বক ক্ষেত্র তৈরি হয়। ঘূর্ণমান চৌম্বক ক্ষেত্র ঘূর্ণনশীল চৌম্বক ক্ষেত্রের গতির উপর নির্ভর করে রটার ঘুরিয়ে দেয়। ঘূর্ণনশীল চৌম্বক ক্ষেত্রের গতি যা সিঙ্ক্রোনাস স্পিড নামে পরিচিত যা

$$N_s = \frac{120f}{P} \quad \ldots(6.18)$$

যেখানে f হল AC সাপ্লাইয়ের ফ্রিকোয়েন্সি এবং P স্ট্যাটারে উপস্থিত পোলের সংখ্যা। একটি মোটরে বিকশিত ইলেক্ট্রোম্যাগনেটিক টর্ক হল বায়ু ফাঁকে দুটি চৌম্বকীয় ক্ষেত্রের মিথস্ক্রিয়া, স্টেটর কারেন্ট দ্বারা তৈরি Fs এবং Fr রটার কারেন্ট দ্বারা তৈরি। টর্ক সমীকরণ হল

$$T = F_s F_r \sin\lambda \quad \ldots(6.19)$$

একটি স্থির টর্ক তৈরির জন্য নিম্নলিখিত দুটি শর্ত পূরণ করতে হবে যেমন-

a. দুটি ফিল্ডকে অবশ্যই একে অপরের সাপেক্ষে স্থির থাকতে হবে এবং

b. দুটি ফিল্ডকে সমান সংখ্যক পোল থাকতে হবে।

চিত্র 6.13 একটি এসি মেশিনের টর্ক মিথস্ক্রিয়া দেখায়।

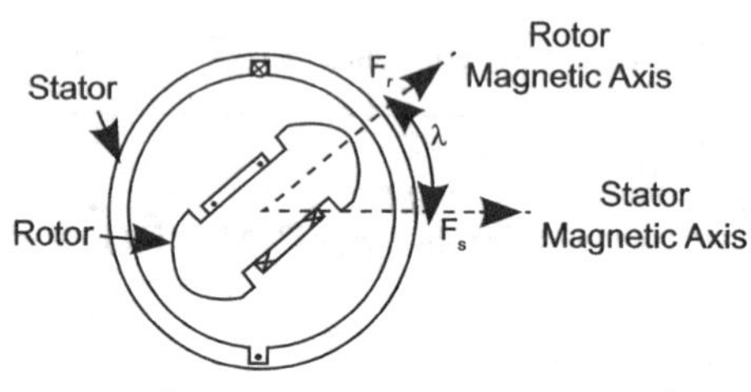

চিত্র 6.13: গোলাকার রটার মেশিনে টর্ক

থ্রি ফেজ ইনডাকশন মোটর হল সিঙ্গেল ফিড মেশিন, স্টেটর এসি মেইন দিয়ে এক্সসাইটেড করা হয়। থ্রি ফেজ স্ট্যাটার ওয়াইন্ডিং য়ে প্রবাহিত কারেন্ট একটি ধ্রুবক ঘূর্ণমান চৌম্বক ক্ষেত্রের সৃষ্টি করে। ফ্যারাডে এর ল অনুসারে ঘূর্ণমান চৌম্বক ক্ষেত্রটি স্থির রটার কন্ডাক্টরগুলিতে ভোল্টেজ প্ররোচিত করে যা শর্ট করা থাকে। প্ররোচিত ভোল্টেজ রটার কন্ডাক্টরে কারেন্ট সঞ্চালন করে যা রটার ম্যাগনেটিক ফিল্ড উৎপন্ন করে এবং রটার এবং স্ট্যাটার ম্যাগনেটিক ফিল্ডের মিথস্ক্রিয়া টর্কের সৃষ্টি করে এবং লেনজের ল অনুযায়ী স্ট্যাটার ওয়াইন্ডিং দ্বারা উৎপাদিত চৌম্বক ক্ষেত্রের দিকে রটার ঘুরতে থাকে। রটার ফ্রিকোয়েন্সি স্বয়ংক্রিয়ভাবে রটার গতি অনুযায়ী সামঞ্জস্য স্থাপন করে, এইভাবে একটি স্থির টর্কের জন্য প্রয়োজনীয় প্রথম শর্ত পূরণ করে। একটি সিঙ্ক্রোনাস মেশিনে, স্ট্যাটার এ এসি কারেন্ট প্রবাহিত হয়, যখন রটার ডিসি কারেন্ট দ্বারা এক্সসাইটেড হয়। দুটি ক্ষেত্র তুলনামূলকভাবে স্থির হবে, ঘূর্ণন সঁচারক বল উৎপাদনের কারণ হবে শুধুমাত্র যদি রটার সিঙ্ক্রোনাস গতিতে চলে অর্থাৎ স্ট্যাটার দ্বারা উত্পাদিত ঘূর্ণমান চৌম্বক ক্ষেত্রের গতি। চিত্র. 6.14 একটি থ্রি-ফেজ ইন্ডাকশন মোটর এবং সিঙ্ক্রোনাস মোটরের টর্ক বনাম গতির বৈশিষ্ট্য দেখায়।

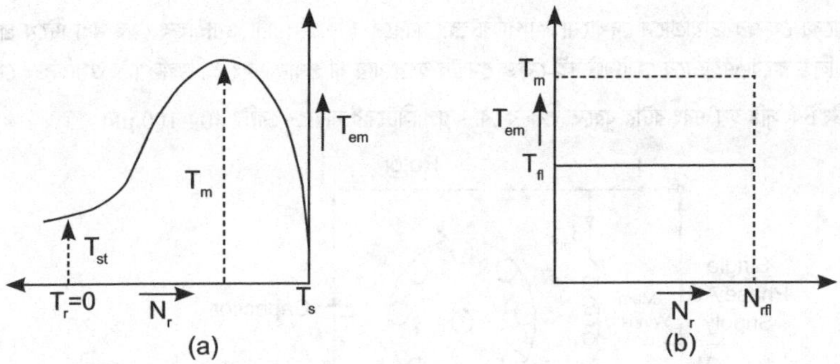

চিত্র 6.14: টর্ক-স্পীড বৈশিষ্ট্য (a) থ্রি-ফেজ ইন্ডাকশন মোটর (b) থ্রি-ফেজ সিনক্রোনাস মোটর

6.2.3.3 থ্রি-ফেজ মোটরগুলির প্রয়োগ

i. থ্রি-ফেজ ইন্ডাকশন মোটর

- স্কুইরেল কেজ ইন্ডাকশন মোটর একটি খুব ভাল প্রচলিত গতি নিয়ন্ত্রণ পদ্ধতি নেই, তাই এটি ধ্রুব গতি প্রয়োগ জন্য ব্যবহৃত হয়।
- থ্রি-ফেজ স্কুইরেল কেজ ইন্ডাকশন মোটর সেন্ট্রিফিউগ্যাল পাম্প, মিলিং মেশিন, লেদ মেশিন, ড্রিলিং মেশিন, এবং বড় ব্লোয়ার এবং ফ্যানের জন্য ব্যবহৃত হয়।
- স্লিপ রিং ইনডাকশন মোটরের একটি উচ্চ প্রারম্ভিক টর্ক এবং ভাল গতি নিয়ন্ত্রণ পদ্ধতি রয়েছে, তাই এটি কম গতিতে উচ্চ লোড পরিচালনা করা যেতে পারে।
- স্লিপ রিং মোটর উচ্চ লোড প্রয়োগ যেমন লিফট, ক্রেন এবং প্রক্রিয়া শিল্পের সরঞ্জামগুলির জন্য ব্যবহৃত হয়।

ii. থ্রি-ফেজ সিঙ্ক্রোনাস মোটর

- সিঙ্ক্রোনাস মোটর যার শ্যাফটের সাথে কোন লোড সংযুক্ত নেই, পাওয়ার ফ্যাক্টর উন্নতির জন্য ব্যবহার করা হয়। বিদ্যুৎ ব্যবস্থায় এটি এমন পরিস্থিতিতে বিদ্যুৎ ব্যবহৃত হয় যেখানে স্ট্যাটিক ক্যাপাসিটারগুলি ব্যয়বহুল।
- সিঙ্ক্রোনাস মোটর প্রয়োগ দেখা যায় যেখানে অপারেটিং স্পিড 500 আরপিএম এর কম এবং 100 kW থেকে 2500 KW পর্যন্ত উচ্চ ক্ষমতার প্রয়োজন হয়। যেমন- রেসিপ্রোকটিং পাম্প, কম্প্রেসার, সিমেন্ট প্লান্টের ক্রাশার মোটর, স্টিল রোলিং মিলের মোটর হিসাবে ইত্যাদি।

6.2.4 সিঙ্গেল-ফেজ এসি মোটর

থ্রি ফেজ এসি মোটরগুলি উচ্চ পাওয়ার রেটিং প্রয়োগের জন্য ব্যবহৃত হয়। সাধারণত, সিঙ্গেল-ফেজ এসি সাপ্লাই বেশিরভাগ বাড়ি এবং অফিসে থাকে। এটি ফ্যান, রেফ্রিজারেটর, রুম এয়ার কন্ডিশনার, রান্নাঘর এবং অফিস সরঞ্জাম ইত্যাদির জন্য বিভিন্ন ধরণের ছোট আকারের মোটর বা কম হর্স পাওয়ার মোটরগুলির সহজলভ্যতার দিকে পরিচালিত করেছে। একটি সিঙ্গেল-ফেজ ইন্ডাকশন মোটর একটি স্ট্যাটার ওয়াইন্ডিং এবং একটি স্কুইরেল কেজ রটার নিয়ে গঠিত। উৎপাদিত স্পন্দিত চুম্বকীয় ক্ষেত্রের কারণে সিঙ্গেল-ফেজ ইন্ডাকশন মোটর স্ব-চলমান হয় না। এই সমস্যা কাটিয়ে ওঠার জন্য, দুই-ওয়াইন্ডিং সিঙ্গেল-ফেজ মোটর তৈরি করা হয়, যেখানে প্রধান এবং অকিজলিয়ারী ওয়াইন্ডিং নামে দুটি ওয়াইন্ডিং গুলি 90° বৈদ্যুতিক স্থানে রাখা হয়, কিন্তু সিঙ্গেল-ফেজ সাপ্লাই দেওয়া হয়। ওয়াইন্ডিং কারেন্টের মধ্যে এমন ভাবে সময়ের পার্থক্য করা হয় যাতে অকিজলিয়ারী ওয়াইন্ডিং এর সাথে সিরিজে উপযুক্ত ইম্পিডেন্স যুক্ত করে ঘূর্ণায়মান চৌম্বক ক্ষেত্রের বিকাশ করা যায়। ফেজ বিভাজনের পদ্ধতির উপর নির্ভর করে দুই-ওয়াইন্ডিং সিঙ্গেল-ফেজ মোটরগুলিকে রেসিস্টেন্স স্প্লিট ফেজ মোটর এবং ক্যাপাসিটর স্প্লিট ফেজ মোটর হিসাবে শ্রেণীবদ্ধ করা হয়।

6.2.4.1 ক্যাপাসিটর স্প্লিট ফেজ এসি মোটর

সিঙ্গেল-ফেজ এসি মোটর গৃহস্থালী প্রয়োগের জন্য সর্বাধিক ব্যবহৃত হয়। ক্যাপাসিটর স্প্লিট ফেজ মোটরগুলিকে ক্যাপাসিটর স্টার্ট ইনডাকশন মোটর, পারমানেন্ট স্প্লিট ক্যাপাসিটর মোটর এবং ক্যাপাসিটর স্টার্ট ক্যাপাসিটর রান মোটর হিসাবে শ্রেণীবদ্ধ করা হয়। পারমানেন্ট স্প্লিট ক্যাপাসিটর ইন্ডাকশন মোটরের সংযোগ চিত্র 6.15 এ দেখানো হয়েছে।

সিঙ্গেল-ফেজ ইনডাকশন মোটর স্ব- চলমান করার জন্য একটি ক্যাপাসিটর অকিজলিয়ারী ওয়াইন্ডিং য়ের সাথে সিরিজে সংযুক্ত থাকে। অকিজলিয়ারী ওয়াইন্ডিং সাধারণত পাতলা তামার তার দিয়ে তৈরি হয় প্রধান ওয়াইন্ডিং য়ের তুলনায় যা মোটা তামার তার দিয়ে তৈরি হয়। দুটি ওয়াইন্ডিং সিঙ্গেল-ফেজ

সাপ্লাই **এ** সংযুক্ত করা থাকে। ফেজর ডায়াগ্রামে দেখানো ক্যাপাসিটরের কারণে অক্সিলিয়ারী ওয়াইন্ডিং য়ের মধ্য দিয়ে প্রবাহিত কারেন্ট I_a প্রধান ওয়াইন্ডিং কারেন্ট I_m কে লিড করে। এইভাবে মোটরটি দুই-ফেজ মোটর হয়ে যায় যা প্রধান এবং অক্সিলিয়ারী ওয়াইন্ডিং য়ের সাথে 90° বৈদ্যুতিক স্থানচ্যুত হয়। একটি স্টারটিং টর্ক সৃষ্টি হয় এবং রটার ঘুরতে শুরু করে। ক্যাপাসিটরের সাধারণ রেটিং 40 - 100 μF।

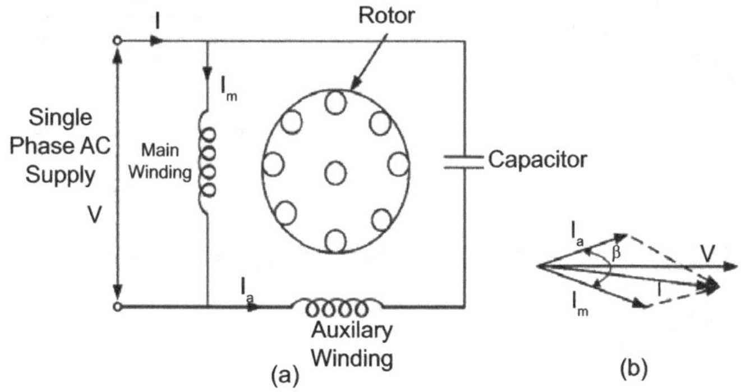

চিত্র 6.15: 1-ফেজ ক্যাপাসিটর স্প্লিট ফেজ মোটর (a) কানেকশন ডায়াগ্রাম (b) ফেজর ডায়াগ্রাম

কার্যক্রম

i. নেমা স্ট্যান্ডার্ড অনুযায়ী থ্রি-ফেজ এসি মোটর সিলেকশনে পাওয়ার পয়েন্ট প্রেজেন্টেশন প্রস্তুত করো।

ii. সার্কিট ডায়াগ্রাম প্রস্তুত করো এবং দেখান কিভাবে প্রদত্ত সিঙ্গেল-ফেজ ইন্ডাকশন মোটরের ঘূর্ণনের দিক পরিবর্তন করা যায়।

সমাধানকৃত সমস্যা

উদাহরণ 6.2.1: অসম্পৃক্ত চৌম্বক ক্ষেত্রের একটি ডিসি শান্ট মোটর রেটেড ভোল্টেজ সহ 1000 আরপিএম এ চলে। যদি প্রয়োগ করা ভোল্টেজ রেটেড ভোল্টেজের অর্ধেক হয়। মোটরের গতি কত হবে?

সমাধান: আর্মচার এর রোধ অবহেলা করলে, ব্যাক ইএমএফ ডিসি টার্মিনাল ভোল্টেজের সমান বলে ধরে নেওয়া হয়।

প্রয়োগ করা অসম্পৃক্ত চৌম্বকীয় ক্ষেত্র, বোঝায় $\varnothing$ ক্ষেত্রের প্রবাহ ক্ষেত্রের কারেন্টের সমান।

প্রদত্ত শর্ত সহ, ব্যাক ইএমএফ $E_b = k \times I_f \times N$

রেটেড টার্মিনাল ভোল্টেজ V এ, ব্যাক ইএমএফ এর সমীকরণটি লেখা যেতে পারে

$$V = k \times I_f \times 1000 \quad ...(1)$$

টার্মিনাল ভোল্টেজ রেটেড ভোল্টেজের অর্ধেক কমে গেলে, সমীকরণ হয়ে যায়

$$V/2 = k \times I_f/2 \times N \quad ...(2)$$

(1) এবং (2) কে সমতুল্য করে পাই N = 1000 আরপিএম।

উদাহরণ 6.2.2: স্লিপের সংজ্ঞা দাও। একটি থ্রি-ফেজ ইন্ডাকশন মোটর 4 টি পোল দ্বারা তৈরি হয়েছে এবং 50 Hz সিস্টেম থেকে সাপ্লাই দেওয়া হয়। হিসাব করো (1) সিঙ্ক্রোনাস স্পিড (2) রটার স্পিড, যখন স্লিপ 4% (3) রটার ফ্রিকোয়েন্সি।

সমাধান: রটার কখনোই স্ট্যাটার ফিল্ডকে ধরতে সফল হয় না কারণ এটি করার সময় কোন আপেক্ষিক গতি থাকবে না, কোন এমএফ থাকবে না, কোন রটার কারেন্ট থাকবে না এবং তাই কোন টর্কও থাকবে না। একটি নির্দিষ্ট গতিতে রটার চৌম্বকীয় ক্ষেত্রের পিছনে পড়ে যা একটি ইনডাকশন মোটর চালানোর জন্য প্রয়োজনীয় এবং গতির পার্থক্য মোটরের লোডের উপর নির্ভর করে। সিঙ্ক্রোনাস স্পিড Ns এবং রোটারের প্রকৃত রটার স্পিড Nr এর মধ্যে পার্থক্য স্লিপ স্পিড নামে পরিচিত।

স্লিপ $$s = \frac{N_s - N_r}{N_s}$$

দেওয়া আছে P = 4, f = 50 Hz। অতএব $N_s = \frac{120f}{P} = \frac{120 \times 50}{4} = 1500$ আরপিএম

উপরের সংজ্ঞা থেকে, রটার গতি $N_r = N_s(1-s) = 1500(1-0.04) = 1500 \times 0.96 = 1440$ আরপিএম

রোটার ফ্রিকোয়েন্সি $f_R = s \times f = 0.04 \times 50 = 2$ Hz.

ইউনিট সারসংক্ষেপ

1. ট্রান্সফরমার মূলত দুই ধরনের, কোর টাইপ এবং শেল টাইপ ট্রান্সফরমার।
2. টার্ন অনুপাতের উপর নির্ভর করে একটি দুই-ওয়াইন্ডিং ট্রান্সফরমারকে স্টেপ ডাউন বা স্টেপ আপ ট্রান্সফরমার হিসেবে মনোনীত করা যেতে পারে।
3. ট্রান্সফরমার একটি স্থির যন্ত্র যা ভোল্টেজ বা কারেন্টের স্তর পরিবর্তন করতে ব্যবহৃত হয়, যেখানে ফ্রিকোয়েন্সি একই থাকে।
4. অটোট্রান্সফরমারে, শক্তির স্থানান্তর পরিবাহী এবং প্রবর্তক সংযোগের মাধ্যমে ঘটে।
5. ডিসি সিরিজের মোটরের ক্ষেত্রে, ফিল্ড ওয়াইন্ডিং কয়েকটি পুরু তারের টার্ন নিয়ে গঠিত যা আর্ম্যাচারের সাথে সিরিজে সংযুক্ত থাকে।
6. ডিসি শান্ট মোটরের ক্ষেত্রে, ফিল্ড ওয়াইন্ডিং পাতলা তারের অনেক টার্ন নিয়ে গঠিত যা আর্ম্যাচারের সাথে আড়াআড়ি ভাবে সংযুক্ত থাকে।
7. একই রেটিংয়ের অন্যান্য মোটরের তুলনায় ডিসি সিরিজের মোটরের স্টারটিং টর্ক বেশি।
8. একটি ডিসি সিরিজের মোটর ট্র্যাকশন, ক্রেন, উত্তোলন ইত্যাদির জন্য ব্যবহৃত হয়।
9. ডিসি শান্ট মোটরের প্রয়োগগুলো হল লেদ, সেন্ট্রিফিউগাল এবং রেসিপ্রোকটিং পাম্প, ব্লোয়ার, ড্রিলিং মেশিন ইত্যাদি।
10. এসি মোটরগুলিকে স্ট্যাটার ওয়াইন্ডিং য়ের সাপ্লাই অনুযায়ী থ্রি-ফেজ বা সিঙ্গেল-ফেজ এসি মোটর হিসাবে চিহ্নিত করা হয়।
11. থ্রি-ফেজ এসি মোটর দুটি প্রধান ধরনের হয় ইনডাকশন মোটর এবং সিঙ্ক্রোনাস মোটর।
12. থ্রি-ফেজ ইনডাকশন মোটরের টর্ক স্পিড বৈশিষ্ট্য ডিসি শান্ট মোটরের মতো।
13. কম হর্স পাওয়ার প্রয়োগের জন্য, সিঙ্গেল ফেজ ইন্ডাকশন মোটর ব্যবহার করা হয়।
14. সিঙ্গেল ফেজ ইন্ডাকশন মোটরের সর্বাধিক প্রচলিত প্রয়োগ হল সিলিং ফ্যান, কম্প্রেসার মোটর এবং গৃহস্থালি পাম্প ইত্যাদি।

অনুশীলনী

A. বস্তুনিষ্ঠ প্রশ্ন

নির্দেশ: অনুগ্রহ করে সবচেয়ে উপযুক্ত উত্তর নির্বাচন করো।

ক্রমিক নং	এমসিকিউস	ক্রমিক নং	এমসিকিউস
6.1	ট্রান্সফরমার কোর এর কাম্য বৈশিষ্ট্যগুলি হল a. কম ব্যাপ্তিযোগ্যতা এবং কম হিস্টেরেসিস লস b. কম ব্যাপ্তিযোগ্যতা এবং উচ্চ হিস্টেরেসিস লস c. উচ্চ ব্যাপ্তিযোগ্যতা এবং উচ্চ হিস্টেরেসিস লস d. উচ্চ ব্যাপ্তিযোগ্যতা এবং কম হিস্টেরেসিস লস	6.4	নিচের কোন প্রয়োগের জন্য উচ্চ প্রারম্ভিক টর্ক প্রয়োজন? a. এয়ার ব্লোয়ার b. ওজন মাপার যন্ত্র c. লোকোমোটিভ d. সেন্ট্রিফিউগ্যাল পাম্প

6.2	একটি ট্রান্সফরমার কোর আকার নির্ভর করে a. সরবরাহের ফ্রিকোয়েন্সি b. কোর মধ্যে অনুমোদিত ফ্লাক্স ঘনত্ব c. কোর এর এলাকা d. (a) এবং (b) উভয়	6.5	উচ্চ প্রারম্ভিক ঘূর্ণন সঁচারক বল জন্য সবচেয়ে উপযুক্ত থ্রি-ফেজ ইনডাকশন মোটর a. স্কুইরেল কেজ b. ডাবল কেজ c. স্লিপ রিং d. ডিপ বার স্কুইরেল কেজ
6.3	ডিসি মোটরের ঘূর্ণনের দিক কোন নিয়মে নির্ধারিত হয়? a. কুলম্বের নিয়ম b. লেনজ এর নিয়ম c. ফ্লেমিং এর ডান হাতের নিয়ম d. ফ্লেমিং এর বাম হাতের নিয়ম	6.6	একটি ক্যাপাসিটরের স্টার্ট সিঙ্গেল-ফেজ ইন্ডাকশন মোটরের সাথে সিরিজে সংযুক্ত থাকে a. অকিজলিয়ারী ওয়াইন্ডিং য় b. কমপেনসেটিং ওয়াইন্ডিং য় c. মেইন ওয়াইন্ডিং য় d. স্কুইরেল কেজ ওয়াইন্ডিং য়

B. বিষয়গত প্রশ্ন

1. দুই-ওয়াইন্ডিং ট্রান্সফরমারের কাজ ব্যাখ্যা কর।
2. একটি বিতরণ ট্রান্সফরমার নির্মাণে ব্যবহৃত বিভিন্ন উপাদান বর্ণনা কর।
3. কোর টাইপ এবং শেল টাইপ ট্রান্সফরমারের প্রধান বৈশিষ্ট্য ব্যাখ্যা কর।
4. একটি সিঙ্গেল ফেজ 3000/220 ভোল্ট, 50 Hz কোর টাইপ ট্রান্সফরমারের ক্রস সেকশন এলাকা 400 বর্গ সেমি প্রবাহ ঘনত্ব 1 wb/m^2 ট্রান্সফরমারের প্রাথমিক এবং সেকেন্ডারি ওয়াইন্ডিং এর টার্ন এর সংখ্যা গণনা করো।
5. লোড না থাকা অবস্থায় একটি ট্রান্সফরমারের ফেজর ডায়াগ্রাম আঁকুন এবং ব্যাখ্যা করো।
6. অটোট্রান্সফর্মারের কাজ বর্ণনা কর? দুই-ওয়াইন্ডিং ট্রান্সফরমারের উপর একটি অটোট্রান্সফরমারের গুণাবলী তালিকাভুক্ত করো।
7. লোড অপসারণের সময় ডিসি সিরিজের মোটরের ক্ষেত্রে কী হয় তা ব্যাখ্যা কর।
8. ডিসি শান্ট মোটর থেকে টর্ক বনাম গতির বৈশিষ্ট্যগুলি আঁকুন এবং ব্যাখ্যা করো।
9. একটি থ্রি-ফেজ ইনডাকশন মোটরের নির্মাণ বর্ণনা করো।
10. সিঙ্গেল-ফেজ ইনডাকশন মোটরের বিভিন্ন ধরনের তালিকা এবং তার প্রয়োগ ব্যাক্ত করো।

ব্যবহারিক

I. P4-ES110: ট্রান্সফরমারের টার্ন্স অনুপাত নির্ধারণ

P4.1 ব্যবহারিক বিবৃতি

1-ফেজ ট্রান্সফরমারের রূপান্তর অনুপাত (K) নির্ধারণ।

P4.2 ব্যবহারিক গুরুত্ব

ট্রান্সফরমারের টার্নস অনুপাত একটি গুরুত্বপূর্ণ প্যারামিটার। কোন ওয়াইন্ডিং টার্মিনাল উচ্চ ভোল্টেজ হবে এবং কোন টার্মিনাল কম ভোল্টেজের দিকে হবে সেটি টার্নস অনুপাত নির্ধারণ করে। ট্রান্সফরমারের সমতুল্য সার্কিটের প্রাথমিক বা গৌণ দিকে ট্রান্সফরমার প্যারামিটার যেমন ওয়াইন্ডিং রেসিস্টেন্স, লিকেজ ইনডাকট্যান্স, আবেশিত ইএমএফ, কারেন্ট এবং ভোল্টেজ উল্লেখ করে ভোল্টেজ রেগুলেশন, একটি ট্রান্সফরমারের দক্ষতা নির্ধারণে টার্নস অনুপাত খুবই দরকারী।

P4.3 প্রাসঙ্গিক তত্ত্ব

তত্ত্বের জন্য, উপ বিষয় 6.1.3.2 একটি ট্রান্সফরমারের ইএমএফ সমীকরণ› পড়ুন। একটি ট্রান্সফরমারের টার্নস অনুপাত দেওয়া হয়

$$\frac{V_1}{V_2} = \frac{N_1}{N_2} = \frac{1}{K}.$$

P4.4 ব্যবহারিক ফলাফল (PrO)

PrO1: পরিমাপ যন্ত্রের সঠিক পরিসর নির্বাচন করো।

PrO2: সার্কিট এবং পরিমাপ যন্ত্র সঠিকভাবে সংযুক্ত করো।

PrO3: প্রদত্ত 1-ফেজ দুটি ওয়াইন্ডিং ট্রান্সফরমারের ভোল্টেজ পরিমাপ করো :

PrO4: একটি ট্রান্সফরমারের টার্নস অনুপাত নির্ধারণ করো।

P4.5 ব্যবহারিক সেটআপ (অঙ্কন/স্কেচ/সার্কিট ডায়াগ্রাম/কাজের পরিস্থিতি)

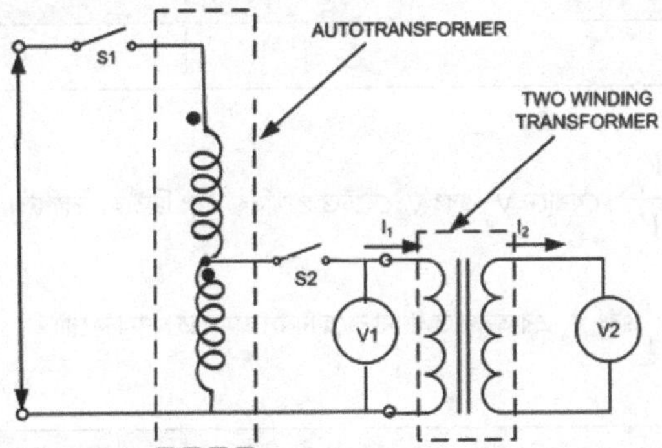

চিত্র P4.1: ট্রান্সফরমারের টার্নস অনুপাত নির্ধারণের জন্য সার্কিট ডায়াগ্রাম

P4.6 প্রয়োজনীয় সামগ্রী

ক্রমিক সংখ্যা	প্রস্তাবিত সম্পদ প্রয়োজন গুরুত্বপূর্ণ বিবরণী সহ	পরিমাণ	বিস্তৃত বিবরণী সহ প্রকৃত সম্পদ প্রয়োজন (ছাত্র দ্বারা পূরণ করতে হবে)		মন্তব্য (যদি থাকে)
1.	একক ফেজ এসি উৎস 230V, 50Hz	1			
2.	সংযোগ তার, Multistrand Cu wire, 1.5 sq. mm	LS			
3.	একক মেরু সুইচ, 5A	2			
4.	1-ফেজ অটোট্রান্সফরমার, 2 KVA, 230V/270V	1			
5.	1-ফেজ ট্রান্সফরমার, 2KVA, 230V/115V	1			
6.	ভোল্টমিটার, 300-0V AC	2			

P4.7 সতর্কতা

1. সঠিক ধরনের এবং পরিমাপ যন্ত্রের পরিসর নির্বাচন করো।
2. সার্কিট ডায়াগ্রামে দেখানো অনুযায়ী ভোল্টমিটার এবং অ্যামিটার সংযোগ করো।
3. সার্কিট ডায়াগ্রাম অনুসারে সার্কিট সংযোগগুলি এবং তারের সংযোগগুলি শক্ত আছে কিনা
   সুইচ S_1 চালু করে অটোট্রান্সফরমারকে বিদ্যুৎ সরবরাহের আগে পরীক্ষা করো।
4. পরীক্ষা করার পর বিদ্যুৎ সরবরাহ বন্ধ করো।

P4.8 প্রস্তাবিত পদ্ধতি

1. চিত্র 4.1 2 এ দেখানো অনুযায়ী সার্কিটটি সংযুক্ত করো।
2. অটো ট্রান্সফরমার এবং একক ফেজ ট্রান্সফরমারের সঠিক সংযোগ নিশ্চিত করো।
3. শূন্য ভোল্টেজ অবস্থানে অটোট্রান্সফরমার রোটারি নব রাখুন।
4. একক মেরু সুইচ S_1 চালু করো।
5. একক মেরু সুইচ S_2 চালু করো।
6. পর্যায়ক্রমে অটোট্রান্সফরমারের ঘূর্ণমান গাঁট ঘুরিয়ে 1-ফেজ ট্রান্সফরমারে সরবরাহ ভোল্টেজ বাড়ান।
7. দুটি ওয়াইন্ডিং ট্রান্সফরমারের প্রাথমিক (V_1) এবং সেকেন্ডারি ভোল্টেজ (V_2) রিডিং পর্যবেক্ষণ টেবিলে রেকর্ড করো।
8. 1-ফেজ দুই ওয়াইন্ডিং ট্রান্সফরমারের প্রাথমিকের রেটেড ভোল্টেজ না হওয়া পর্যন্ত ধাপ 6 পর্যন্ত পুনরাবৃত্তি করো।

P4.9 পর্যবেক্ষণ এবং গণনা

ক্রমিক সংখ্যা	প্রাথমিক ভোল্টেজ (V_1)	সেকেন্ডারি ভোল্টেজ (V_2)

গণনা

1. টার্নস অনুপাত গণনা $\frac{N_1}{N_2} = \frac{V_p}{V_s}$, যেখানে V_p এবং V_s রেটেড প্রাথমিক এবং দ্বিতীয় ভোল্টেজ। 1- ফেজ দুই ঘূর্ণায়মান ট্রান্সফরমারের নাম বিবরণ দেওয়া হয়েছে।
2. পর্যবেক্ষণ টেবিলে রেকর্ড করা V_1 এবং V_2 এর অনুপাত গণনা করে টার্নস অনুপাত গণনা করো।

P4.10 ফলাফল

ক্রমিক সংখ্যা	প্যারামিটার	পরিমাপ করা প্রাথমিক/মাধ্যমিক ভোল্টেজ মান ব্যবহার করে	রেটযুক্ত প্রাথমিক/মাধ্যমিক ভোল্টেজ মান ব্যবহার করে	ত্রুটি
1.	টার্নস অনুপাত $\frac{N_1}{N_2}$			

P4.11 উপসংহার

....

....

P4.12 ব্যবহারিক সম্পর্কিত প্রশ্ন

(উত্তরের জন্য আলাদা পত্রক ব্যবহার করো)

দ্রষ্টব্য: রেফারেন্সের জন্য নীচে কয়েকটি নমুনা প্রশ্ন দেওয়া হল। শিক্ষকদের। পূর্বনির্ধারিত কোর্সের ফলাফল অর্জন নিশ্চিত করার জন্য এমন আরও প্রশ্ন ডিজাইন করতে হবে।

1. একটি অটোট্রান্সফরমার এবং একটি দুই ঘূর্ণায়মান ট্রান্সফরমারের মধ্যে পার্থক্য বর্ণনা করো।
2. একটি ট্রান্সফরমারের আবেশিত emf নির্ভর করে এমন বিষয়গুলির তালিকা করো।

II. P5-ES110: একটি ট্রান্সফরমারের বৈদ্যুতিক কোয়ানটিটি পরিমাপ করা

P5.1 ব্যবহারিক বিবৃতি

সিঙ্গেল-ফেজ ট্রান্সফরমার সংযুক্ত করো এবং ইনপুট এবং আউটপুট কোয়ানটিটি পরিমাপ করো।

P5.2 ব্যবহারিক গুরুত্ব

ট্রান্সফরমারের সন্তোষজনক কাজের মূল্যায়ন করার জন্য ইনপুট এবং আউটপুট প্যারামিটারের পর্যবেক্ষণ প্রধানত ভোল্টেজ এবং কারেন্ট গুরুত্বপূর্ণ। নো লোড পরীক্ষা ট্রান্সফরমার কোর লস এবং নো লোড কারেন্টের মাত্রার একটি ইঙ্গিত দেবে। রেটেড লোডে করা পরীক্ষাটি মূল্যায়ন করবে ট্রান্সফরমারের প্রাথমিক এবং সেকেন্ডারি দিকে পরিলক্ষিত ভোল্টেজ এবং কারেন্ট ট্রান্সফরমারের নাম প্লেট রেটিং বিবরণ অনুযায়ী।

P5.3 প্রাসঙ্গিক তত্ত্ব

তত্ত্বের জন্য এই বইয়ের অধ্যায় 6 এর 6.1.3.1 থেকে 6.1.3.3 পর্যন্ত সাব টপিক দেখুন।

P5.4 ব্যবহারিক ফলাফল (PrO)

PrO1: সংযোগ সার্কিট করো এবং পরিমাপ যন্ত্র এর সঠিক রেঞ্জ নির্বাচন করো।

PrO2: কোন ট্রান্সফরমারের কোন লোড কারেন্ট এবং কোন লোড লস নির্ধারণ করো।

PrO3: নো লোড থেকে পূর্ণ লোডে সেকেন্ডারি ভোল্টেজের পরিবর্তন নির্ধারণ করো।

PrO4: একটি প্রদত্ত সিঙ্গেল-ফেজ দুই ওয়াইন্দিং ট্রান্সফরমারের জন্য ভোল্টেজ পরিমাপ করো।

P5.5 ব্যবহারিক সেটআপ (সার্কিট ডায়াগ্রাম)

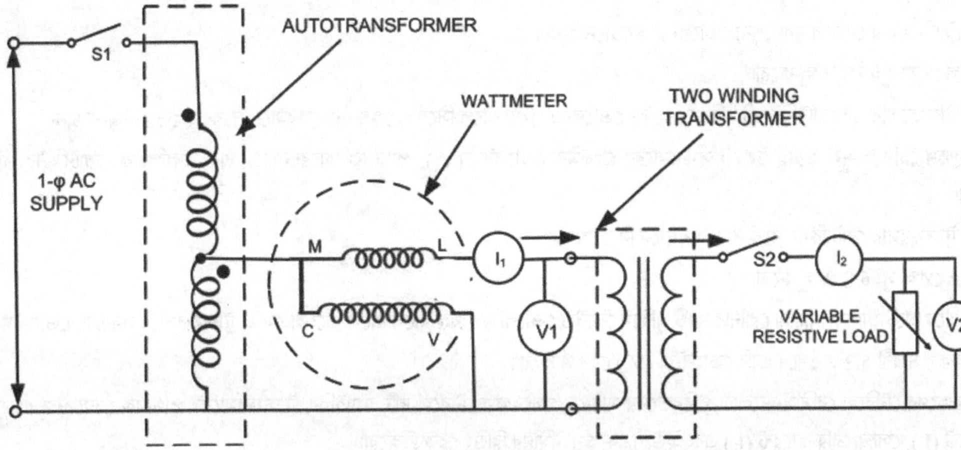

চিত্র P5.1: ট্রান্সফরমার প্যারামিটার নির্ধারণের জন্য সার্কিট ডায়াগ্রাম

P5.6 প্রয়োজনীয় সামগ্রী

ক্রমিক নং	গুরুত্বপূর্ণ বিবরণী সহ প্রস্তাবিত প্রয়োজনীয় সামগ্রী	মোট সংখ্যা	বিস্তৃত বিবরণী সহ প্রকৃত প্রয়োজনীয় সামগ্রী (ছাত্র ছাত্রী দ্বারা পূরণ করা হবে)	মন্তব্য (যদি থাকে)
1.	সিঙ্গেল-ফেজ: এসি সোর্স 230V, 50Hz	1		
2.	সংযোগ তার: মাল্টিস্ট্র্যান্ড তামার তার, 1.5 মিমি^{2}	LS		
3.	সিঙ্গেল পোল সুইচ: 5A	2		
4.	সিঙ্গেল-ফেজ অটোট্রান্সফরমার: 2 কেভিএ, 230V/270V	1		
5.	সিঙ্গেল -ফেজ ট্রান্সফরমার: 2KVA, 230V/115V	1		
6.	ভোল্টমিটার: 0-300V এসি	2		
7.	অ্যামিটার: 0-10A, এসি	2		

8.	এলপিএফ ওয়াটমিটার: 0-75-150-300V, 0-2.5-5-10A	1		
9.	ইউপিএফ ওয়াটমিটার: 0-75-150-300V, 0-2.5-5-10A	1		

P5.7 সতর্কতা

1. সঠিক ধরনের এবং পরিসরের পরিমাপ যন্ত্র নির্বাচন করো।
2. সার্কিট ডায়াগ্রামে দেখানো হিসাবে অ্যামিটার, ভোল্টমিটার এবং ওয়াটমিটার সংযুক্ত করো।
3. সার্কিট ডায়াগ্রাম অনুযায়ী সার্কিট কানেকশন চেক করো এবং অটোট্রান্সফরমারকে পাওয়ার সাপ্লাই দেওয়ার জন্য সুইচ S_1 চালু করার আগে তারের সংযোগগুলি সঠিকভাবে করো।
4. পরীক্ষা হয়ে যাবার পরে বিদ্যুৎ সরবরাহ বন্ধ করো।

P5.8 প্রস্তাবিত পদ্ধতি

1. চিত্র P5.1 হিসাবে দেখানো সার্কিটটি সংযুক্ত করো।
2. অটোট্রান্সফরমার এবং সিঙ্গেল-ফেজ ট্রান্সফরমারের সঠিক সংযোগ নিশ্চিত করো।
3. অটোট্রান্সফরমার রোটারি নবটি শূন্য ভোল্টেজ অবস্থানে রাখুন।
4. সিঙ্গেল পোল সুইচ S_1 চালু করো।
5. অটোট্রান্সফরমার এর রোটারি নবটি ঘুরিয়ে রেটেড ভোল্টেজ পর্যন্ত ধাপে সিঙ্গেল-ফেজ ট্রান্সফরমারে সরবরাহ ভোল্টেজ বাড়ান।
6. পর্যবেক্ষণ টেবিলে দুটি ওয়াইন্ডিং ট্রান্সফরমারের প্রাথমিক ভোল্টেজ (V_1), প্রাথমিক কারেন্ট (I_1), এবং এলপিএফ ওয়াটমিটার রিডিং রেকর্ড করো।
7. অটোট্রান্সফরমার রোটারি নোবকে শূন্য অবস্থানে নিয়ে আসুন।
8. সিঙ্গেল পোল সুইচ S_2 চালু করো।
9. ধীরে ধীরে অটোট্রান্সফরমারের রোটারি নবটি ঘুরিয়ে রেটেড ভোল্টেজ পর্যন্ত ধাপে ধাপে সিঙ্গেল-ফেজ ট্রান্সফরমারে সরবরাহ ভোল্টেজ বাড়ান।
10. পর্যবেক্ষণ সারণী 5.2 এ সেকেন্ডারি ভোল্টেজ (V_2) রেকর্ড করো।
11. পর্যবেক্ষণের টেবিলে রেসিস্টিভলোড পরিবর্তনের মাধ্যমে পর্যবেক্ষণ টেবিলে দুটি ওয়াইন্ডিং ট্রান্সফরমারের প্রাথমিক ভোল্টেজ (V_1), প্রাথমিক কারেন্ট (I_1), সেকেন্ডারি কারেন্ট (I_2) এবং ইউপিএফ ওয়াটমিটার রিডিং রেকর্ড করো।
12. ধাপ 11 এর পুনরাবৃত্তি করো যতক্ষণ না সিঙ্গেল-ফেজ দুটি ওয়াইন্ডিং ট্রান্সফরমারের সেকেন্ডারি সাইডে রেটেড কারেন্ট পৌঁছায়।

P5.9 পর্যবেক্ষণ এবং গণনা

পর্যবেক্ষণ সারণী P5.1

ক্রমিক নং	প্রাইমারি ভোল্টেজ (V_1)	প্রাইমারি কারেন্ট (I_1)	ওয়াটমিটার রিডিং
1.			

পর্যবেক্ষণ সারণী P5.2

ক্রমিক নং	প্রাইমারি ভোল্টেজ (V_1)	প্রাইমারি কারেন্ট (I_1)	সেকেন্ডারি ভোল্টেজ (V_2)	সেকেন্ডারি কারেন্ট (I_2)	ওয়াটমিটার রিডিং
1.					
2.					

গণনা

1. সারণী P5.1 ব্যবহার করে নো লোড পাওয়ার ফ্যাক্টর গণনা করো $cos\varnothing_0 = \frac{P}{V_1 I_1}$। ম্যাগনেটাইজিং কারেন্ট $I_\mu = I_1 cos\varnothing_0$। এবং কোর লস $I_c = I_1 sin\varnothing_0$। ভোল্টেজ V_1 হল প্রদত্ত ট্রান্সফরমারের জন্য দেওয়া রেটেড প্রাথমিক ভোল্টেজ এবং I_1 হল প্রদত্ত ট্রান্সফরমারের প্রাইমারি কারেন্ট সেকেন্ডারি বা লো ভোল্টেজ সাইডের সাথে কোন লোড সংযুক্ত না থাকা অবস্থায় পরিলক্ষিত প্রাইমারি কারেন্ট।
2. প্রাথমিক ভোল্টেজের সাথে সেকেন্ডারি ভোল্টেজটি পর্যবেক্ষণ করো এবং রেকর্ড করো, তার রেটেড মানটিতে স্যুইচ S_2 স্যুইচ অফ অফ পজিশনে, সারণী P5.2 তে এই ভোল্টেজ কে V_{2nl} বলা হয়। সেকেন্ডারি ওয়াইন্ডিং দিয়ে প্রবাহিত রেটেড কারেন্ট সহ সেকেন্ডারি ভোল্টেজ পর্যবেক্ষণ করো এবং রেকর্ড করো। এই ভোল্টেজকে V_{2fl} বলা হয়।
3. সেকেন্ডারি ভোল্টেজের শতকরা পরিবর্তন গণনা করো যা সমান $\frac{V_{2nl}-V_{2fl}}{V_{2fl}} \times 100\%$

P5.10 ফলাফল

ক্রমিক নং	প্যারামিটার	পরিমাপ করা প্রাইমারি/সেকেন্ডারি ভোল্টেজ মান ব্যবহার করে	প্রাইমারি/সেকেন্ডারি ভোল্টেজ মান ব্যবহার করে	ত্রুটি
1.				

P5.11 উপসংহার

....

....

P5.12 ব্যবহারিক সম্পর্কিত প্রশ্ন

(উত্তরের জন্য আলাদা শীট ব্যবহার করো)

দ্রষ্টব্য: রেফারেন্সের জন্য নীচে কয়েকটি নমুনা প্রশ্ন দেওয়া হল। পূর্বনির্ধারিত কোর্সের ফলাফল অর্জন নিশ্চিত করার জন্য শিক্ষকদের এই ধরনের আরো প্রশ্ন তৈরি করতে হবে।

1. একটি আদর্শ এবং ব্যবহারিক ট্রান্সফরমারের মধ্যে পার্থক্য বলুন।
2. কেন একটি ট্রান্সফরমারের নো লোড কারেন্ট একটি ট্রান্সফরমার রেটেড কারেন্টের 2-5% হয়?
3. ট্রান্সফরমারের প্ররোচিত ইএমএফ এর নির্ভর করে এমন বিষয়গুলি তালিকাভুক্ত করো।

III. P6-ES110: একটি ইন্ডাকশন মোটর স্টার্টার এর লাইন এবং ফেজ এর মান পরিমাপ

P6.1 ব্যবহারিক বিবৃতি

ইন্ডাকশন মোটর স্টার্টারগুলিতে স্টার এবং ডেল্টা সংযোগ তৈরি করো এবং লাইন এবং ফেজের মান পরিমাপ করো।

P6.2 ব্যবহারিক তাৎপর্য

যখন বিদ্যুৎ সরবরাহে সরাসরি সুইচিংয়ের মাধ্যমে একটি থ্রি -ফেজ ইন্ডাকশন মোটর চালু করা হয়, তখন এটি তার রেটেড কারেন্টের 5 থেকে 7 গুণ কারেন্ট নেয়। বেশী প্রারম্ভিক কারেন্ট সাপ্লাই লাইনে বড় ভোল্টেজ ড্রপ উৎপন্ন করে, যা একই সাপ্লাই লাইনের সাথে সংযুক্ত অন্যান্য যন্ত্রপাতি/ডিভাইসের অপারেশনকে প্রভাবিত করতে পারে। স্টার/ডেল্টা থ্রি ফেজ ইনডাকশন মোটর স্টার্টার থ্রি ফেজ ইন্ডাকশন মোটর দ্বারা গৃহীত প্রারম্ভিক কারেন্ট কমিয়ে দেয়।

P6.3 প্রাসঙ্গিক তত্ত্ব

থ্রি ফেজ ইন্ডাকশন মোটর শুরু করার জন্য বিভিন্ন পদ্ধতি রয়েছে। একটি ইন্ডাকশন মোটর একটি সেকেন্ডারি শর্টেড ট্রান্সফরমারের অনুরূপ। থ্রি ফেজ ইন্ডাকশন মোটরের বিভিন্ন চালু করার পদ্ধতি হল (i) সরাসরি অনলাইন (DOL) শুরু, (ii) অটো ট্রান্সফরমার শুরু এবং স্টার/ডেল্টা শুরু। ডিওএল স্টার্টইং এ, মোটরটিতে রেটেড ভোল্টেজ সরাসরি বিদ্যুৎ সরবরাহ চালু করে প্রয়োগ করা হয়। 25 কিলোওয়াটের কম ছোট থ্রি-ফেজ ইনডাকশন মোটর

সরাসরি অনলাইন স্টার্টিং ব্যবহার করে। সাধারণত ডিওএল স্টার্টার ব্যবহার করা থ্রি ফেজ মোটরের স্ট্যাটার ওয়াইন্ডিং ডেল্টা সংযুক্ত থাকে। অটোট্রান্সফর্মার স্টার্টইং এ, অপেক্ষাকৃত কম ভোল্টেজ শুরু করার সময় থ্রি ফেজ ইন্ডাকশন মোটরের স্ট্যাটারে প্রয়োগ করা হয়। মোটরের কম সরবরাহ করা ভোল্টেজ শুরু করার সময় লাইন কারেন্ট হ্রাস করে। যখন মোটর যথাযথ গতি অর্জন করে তখন সরবরাহের ভোল্টেজ মোটরের রেটেড ভোল্টেজ পর্যন্ত বৃদ্ধি করা হয়। স্টার/ডেল্টা স্টার্টারটি তিনটি ফেজ ইন্ডাকশন মোটরগুলিতে ব্যবহৃত হয় যেখানে মোটরের প্রতিটি ফেজের টার্মিনালগুলি বের করা হয়। স্টার্টার একটি তু-অয়ে সুইচ নিযুক্ত করে যা শুরুর সময় স্টার্টারের সাথে স্টার সংযোগ করে এবং স্বাভাবিক চলার সময় ডেল্টায় সংযুক্ত করে। শুরুর সময় স্টার সংযোগের কারণে ওয়াইনন্দিং জুড়ে অপেক্ষাকৃত কম ভোল্টেজ লাইন/সরবরাহ কারেন্ট হ্রাস করে।

P6.4 ব্যবহারিক ফলাফল (PrO)

PrO1: সঠিক ধরনের এবং পরিসরের পরিমাপ যন্ত্র নির্বাচন করো।

PrO2: সংযোগ সার্কিট করো এবং পরিমাপ যন্ত্র এর সঠিক রেঞ্জ নির্বাচন করো।

PrO3: থ্রি-ফেজ ইন্ডাকশন মোটরের লাইন কারেন্ট এবং লাইন ভোল্টেজ পরিমাপ করো।

P6.5 ব্যবহারিক সেটআপ (সার্কিট ডায়াগ্রাম)

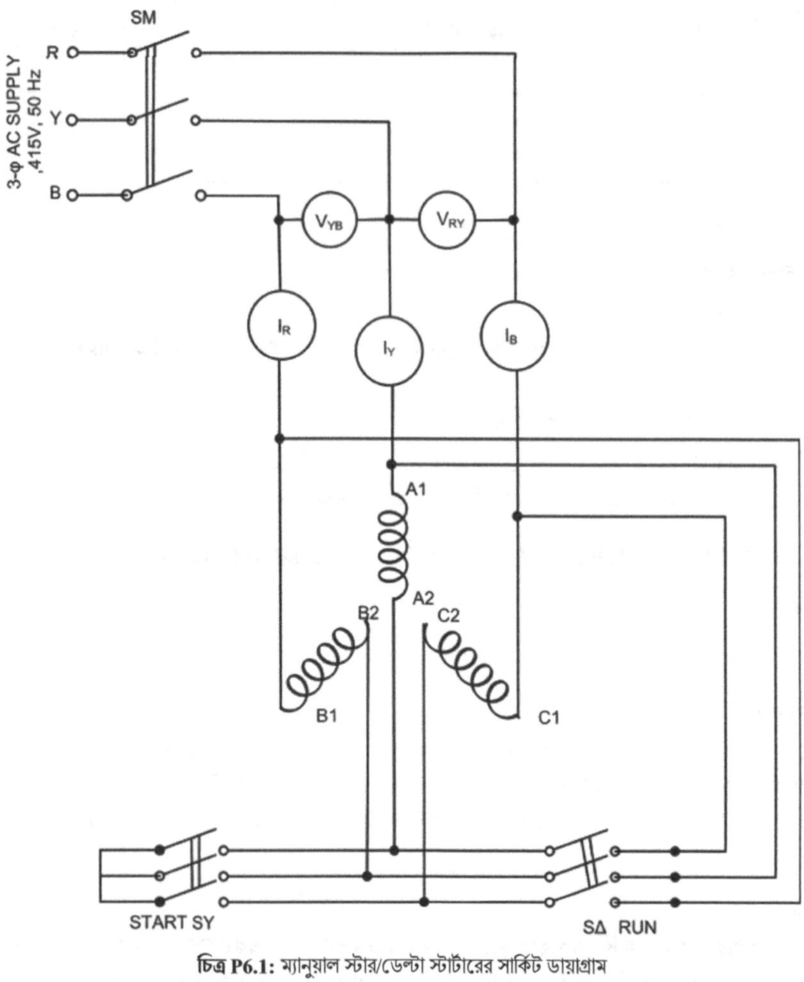

চিত্র P6.1: ম্যানুয়াল স্টার/ডেল্টা স্টার্টারের সার্কিট ডায়াগ্রাম

P6.6 প্রয়োজনীয় সামগ্রী

ক্রমিক নং	গুরুত্বপূর্ণ বিবরণী সহ প্রস্তাবিত প্রয়োজনীয় সামগ্রী	মোট সংখ্যা	বিস্তৃত বিবরণী সহ প্রকৃত প্রয়োজনীয় সামগ্রী (ছাত্র ছাত্রী দ্বারা পূরণ করা হবে)	মন্তব্য (যদি থাকে)
1.	তিনটি ফেজ ইন্ডাকশন মোটর, 5 এইচপি, 415 ভি, স্কুইরেল কেজ আইএম ছয়টি টার্মিনাল মোটর টার্মিনাল ব্লকে বের করা।	1		
2.	ম্যানুয়াল স্টার ডেল্টা স্টার্টার	1		
3.	সংযোগ তার: মাল্টিস্ট্র্যান্ড কিউ তার, 2.5 মিমি^{2}	LS		
4.	থ্রি-ফেজ এমসিবি, 25 A	1		
5.	থ্রি-ফেজ সরবরাহ, 415V	1		
6.	ভোল্টমিটার: 0-500V এসি	2		
7.	অ্যামিটার: 0-10A, এসি	3		

P6.7 সতর্কতা

1. সঠিক ধরনের এবং পরিসরের পরিমাপ যন্ত্র নির্বাচন করো।
2. সার্কিট ডায়াগ্রামে দেখানো হিসাবে অ্যামিটার, ভোল্টমিটার এবং ওয়াটমিটার সংযুক্ত করো।
3. সার্কিট ডায়াগ্রাম অনুযায়ী সার্কিট কানেকশন চেক করো এবং ম্যানুয়াল স্টার/ডেল্টা স্টার্টারকে পাওয়ার সাপ্লাই দেওয়ার জন্য তিনটি পোল এমসিবি চালু হওয়ার আগে তারের সংযোগগুলি সঠিকভাবে করো।
4. পরীক্ষা হয়ে যাবার পরে বিদ্যুৎ সরবরাহ বন্ধ করো।

P6.8 প্রস্তাবিত পদ্ধতি

1. চিত্র P6.1 হিসাবে দেখানো সার্কিটটি সংযুক্ত করো।
2. মোটর ফেজ টার্মিনালগুলির যথাযথ সংযোগ নিশ্চিত করো A_1, A_2 ফেজ A ওয়াইন্ডিং B_1, B_2 ফেজ B ওয়াইন্ডিং এবং C_1, C_2 ফেজ C ওয়াইন্ডিং য়ের সাথে তিনটি পোল চেঞ্জ ওভার সুইচ ম্যানুয়াল স্টার এবং ডেল্টা স্টার্টার এর টার্মিনালে পরিবর্তিত হয়।
3. ম্যানুয়াল স্টার/ডেল্টা স্টার্টারের হ্যান্ডেলটি "সাধারণ" অবস্থানে থাকতে হবে।
4. তিন পোল এমসিবি সুইচ অন করো।
5. স্টার/ডেল্টা স্টার্টারের হ্যান্ডেলটি স্টার অবস্থানে ঘুরিয়ে দিন অর্থাৎ তিনটি পোল সুইচ SY "ON"। মোটর স্টেটর ওয়াইন্ডিং এখন স্টার সংযোগে রয়েছে।
6. লাইন কারেন্ট I_R, I_Y, I_B বা স্ট্যাটার ফেজ কারেন্ট এবং লাইন ভোল্টেজ V_{RY} এবং V_{YB} পর্যবেক্ষণ সারণি 6.1. তে রেকর্ড করো। পর্যবেক্ষিত কারেন্ট হল মোটর দ্বারা গৃহীত প্রারম্ভিক কারেন্ট।
7. স্টার থেকে ডেল্টা অবস্থানে হ্যান্ডেলটি ঘুরান, যেমন তিনটি মেরু সুইচ SΔ "চালু" হবে এবং সুইচ SY "বন্ধ" হবে। মোটর স্টেটর ওয়াইন্ডিং এখন ডেল্টা সংযুক্ত।
8. 6 নং ধাপটি পুনরাবৃত্তি করো। পরিমাপ করা কারেন্ট I_R, I_Y, I_B হবে স্ট্যাটার লাইন কারেন্ট। থ্রী-ফেজ সরবরাহ পর্যায়ে পর্যবেক্ষণ করা কারেন্ট হল চলমান অবস্থার সময় মোটর দ্বারা গৃহীত কারেন্ট।
9. তিনটি পোল সুইচ বন্ধ করে মোটরটি বন্ধ করো।

P6.9 পর্যবেক্ষণ এবং গণনা

পর্যবেক্ষণ সারণী P6.1

ক্রমিক নং	স্টার অবস্থানে ম্যানুয়াল স্টার্টার					ডেল্টা অবস্থানে ম্যানুয়াল স্টার্টার				
	কারেন্ট			ভোল্টেজ		কারেন্ট			ভোল্টেজ	
	I_R	I_Y	I_B	V_{RY}	V_{YB}	I_R	I_Y	I_B	V_{RY}	V_{YB}
1.										

P6.10 ফলাফল

ক্রমিক নং	মোটরের প্রারম্ভিক কারেন্ট	চলমান অবস্থায় মোটরের কারেন্ট
1.		

P6.11 উপসংহার

....

....

P6.12 ব্যবহারিক সম্পর্কিত প্রশ্ন

(উত্তরের জন্য আলাদা শীট ব্যবহার করো)

দ্রষ্টব্য: রেফারেন্সের জন্য নীচে কয়েকটি নমুনা প্রশ্ন দেওয়া হল। পূর্বনির্ধারিত কোর্সের ফলাফল অর্জন নিশ্চিত করার জন্য শিক্ষকদের এই ধরনের আরো প্রশ্ন তৈরি করতে হবে।

1. থ্রি-ফেজ ইন্ডাকশন মোটরের প্রারম্ভিক কারেন্ট বেশি কেন তা বলুন।
2. থ্রি ফেজ ইনডাকশন মোটর শুরু করার জন্য কর্মশালায় ব্যবহৃত প্রারম্ভের ধরন সম্পর্কে তথ্য সংগ্রহ করো।
3. 3-ফেজ ইনডাকশন মোটর (i) স্টার কানেক্টেড (ii) ডেল্টা কানেক্টেড স্টেটর ওয়াইন্ডিং দ্বারা গৃহীত প্রারম্ভিক কারেন্ট রেকর্ড করো। যদি প্রারম্ভিক কারেন্টের মধ্যে কোন তফাৎ লক্ষ করা যায় তাহলে পার্থক্য সম্পর্কে মন্তব্য করো।

আরো জানো

ক্ষুদ্র প্রকল্প

ফ্যাকাল্টিদের নির্দেশনায় 5-6 জন শিক্ষার্থীদের একটি গ্রুপে একটি বা দুটি মাইক্রো প্রকল্প (গুলি) /কার্যকলাপ গ্রহণ করো এবং ব্যক্তিগত অংশগ্রহণের সাথে এটিকে গ্রুপ হিসাবে উপস্থাপন করো। একটি নমুনা ক্ষুদ্র প্রকল্প সমস্যা নিচে দেওয়া হল:

1. প্রদত্ত ত্রুটিপূর্ণ সিলিং ফ্যানের ত্রুটি খুঁজে বের করার জন্য পরীক্ষার পদ্ধতি এবং পরীক্ষার সার্কিট তৈরি করো।

কার্যক্রম

1. কলেজের প্রধান বিদ্যুৎ সরবরাহ সাবস্টেশন পরিদর্শন করো। নাম প্লেটের থেকে ইনস্টল করা ডিস্ট্রিবিউশন ট্রান্সফরমারের বিবরণ নোট করো। নাম প্লেটে দেওয়া বিবরণীর বিবরণ সম্পর্কে একটি প্রতিবেদন প্রস্তুত করো।
2. প্রদত্ত 1-ফেজ দুটি ওয়াইন্ডিং ট্রান্সফরমারের প্রাইমারী এবং সেকেন্ডারি ওয়াইন্ডিং রেসিস্টেন্সের পরিমাপ করো। রেসিস্টেন্সের মানটি নোট করো এবং অনুমান করো যে কোন ঘূর্ণনটি একটি এইচভি ঘূর্ণন।
3. বিভিন্ন উত্পাদনকারী থেকে বিভিন্ন ধরনের ডিসি মোটর এর বিবরণীর বিশদ তথ্য সংগ্রহ করো এবং সংগৃহীত তথ্যের উপর ভিত্তি করে একটি সংক্ষিপ্ত প্রতিবেদন প্রস্তুত করো।
4. একটি পাওয়ার পয়েন্ট প্রেজেন্টেশন তৈরি করো এবং ডিসি মোটর এবং এর প্রয়োগ সম্পর্কে সেমিনার দাও।

ভিডিও সম্পদ

DC Motors

Electrical Machines-I

রেফারেন্স এবং প্রস্তাবিত পড়া

1. Ritu Sahdev, Basic Electrical Engineering, New Delhi: Khanna Publishing House, 2018.
2. V.N. Mittle, and A. Mittal, Basic Electrical Engineering, McGraw Education, 2017.
3. M.S. Sukhija and T.K. Nagsarkar, Basic Electrical and Electronics Engineering, New Delhi: Oxford University Press, 2013.
4. B.L. Theraja, Electrical Technology, Vol. - I, New Delhi: S. Chand and Company, 2015.
5. S.B. Lal Seksena and Kaustuv Dasgupta, Fundamentals of Electrical Engineering, Cambridge University Press, 2017.

পরিশিষ্ট – এ: ল্যাব মূল্যায়ন নথি

ক্রমিক সংখ্যা	পৃষ্ঠা সংখ্যা	পরীক্ষার নাম	তারিখ			মান	স্বাক্ষর
			আসল	পুনরাবৃত্তি	মন্তব্য		
		চৌম্বকীয় পদার্থের বি-এইচ বক্ররেখাটি অঙ্কন করে ব্যাপ্তিযোগ্যতা নির্ধারণ কর।					
		রেসিস্টিভ লোড সহ 1 ফেজ সার্কিটে ভোল্টেজ, কারেন্ট এবং পাওয়ার পরিমাপ কর।					
		আর এল সিরিজ সার্কিটে ভোল্টেজ কারেন্ট এবং পাওয়ার পরিমাপ কর।					
		1 ফেজ ট্রান্সফরমারের রূপান্তর অনুপাত (কে) নির্ধারণ কর।					
		একক ফেজ ট্রান্সফরমার সংযুক্ত করুন এবং ইনপুট আউটপুট পরিমাণ পরিমাপ কর।					
		ইন্ডাকশন মোটর স্টার্টারগুলিতে স্টার এবং ডেল্টা সংযোগ তৈরি করুন এবং লাইন এবং ফেজের মান পরিমাপ কর।					
		প্রদত্ত সার্কিটে বিভিন্ন প্যাসিভ ইলেকট্রনিক উপাদান চিহ্নিত কর।					
		ব্রেড বোর্ডে সিরিজ এবং সমান্তরাল সংমিশ্রণে রেসিস্টর সংযুক্ত করুন এবং মাল্টিমিটার ব্যবহার করে এর মান পরিমাপ কর।					
		ব্রেড বোর্ডে সিরিজ এবং সমান্তরাল সংমিশ্রণে ক্যাপাসিটর সংযুক্ত করুন এবং মাল্টিমিটার ব্যবহার করে এর মান পরিমাপ কর।					
		প্রদত্ত সার্কিটে বিভিন্ন সক্রিয় ইলেকট্রনিক উপাদান চিহ্নিত কর।					
		ইন্ডাক্টেন্স এবং রেসিস্টরের মান পরিমাপ করতে এলসিআর মিটার ব্যবহার কর।					
		প্রদত্ত ক্যাপাসিটরের মান পরিমাপ করতে এলসিআর-কিউ মিটার ব্যবহার কর।					

ক্রমিক সংখ্যা	পৃষ্ঠা সংখ্যা	পরীক্ষার নাম	তারিখ			মান	স্বাক্ষর
			আসল	পুনরাবৃত্তি	মন্তব্য		
		রঙ কোড দিয়ে নিশ্চিত করতে ডিজিটাল মাল্টিমিটার ব্যবহার করে প্রদত্ত রেসিস্টেন্সের মান নির্ধারণ কর।					
		ডিজিটাল মাল্টিমিটার ব্যবহার করে পিএন জংশন ডায়োড পরীক্ষা কর।					
		পিএন জংশন ডায়োডের কর্মক্ষমতা পরীক্ষা কর।					
		জেনার ডায়োডের কর্মক্ষমতা পরীক্ষা কর।					
		এলইডি এর কর্মক্ষমতা পরীক্ষা কর।					
		ডিজিটাল মাল্টিমিটার ব্যবহার করে ট্রানজিস্টরের তিনটি টার্মিনাল চিহ্নিত কর।					
		এনপিএন ট্রানজিস্টরের কর্মক্ষমতা পরীক্ষা কর।					
		সিই কনফিগারেশন ট্রানজিস্টরের কারেন্ট গেন নির্ধারণ কর।					
		ট্রানজিস্টর সুইচ সার্কিটের কর্মক্ষমতা পরীক্ষা কর।					
		ট্রানজিস্টার এম্প্লিফায়ার সার্কিটের কর্মক্ষমতা পরীক্ষা কর।					
		অ্যাম্প্লিফায়ার এবং ইন্টিগ্রেটর হিসাবে অপ-অ্যাম্প টেস্ট কর।					

পরিশিষ্ট – বি: পরীক্ষাগারে কাজ করার নির্দেশাবলী

শিক্ষকদের সংক্ষিপ্ত নির্দেশিকা

শিক্ষক সকল বৈশিষ্ট্য সহ শিক্ষার্থীদের ব্যাবহারিক প্রদর্শনের নির্দেশিকা প্রদান করতে হবে।

1. শিক্ষক সকল বৈশিষ্ট্য সহ শিক্ষার্থীদের ব্যবহারিক প্রদর্শনের নির্দেশিকা প্রদান করবেন।
2. প্রতিটি ব্যবহারিক কার্য সম্পাদনে শিক্ষার্থীদের অন্তর্ভুক্ত করুন।
3. ব্যবহারিক অনুশীলন সমাপ্তির পর শিক্ষার্থীদের মধ্যে নিজ নিজ দক্ষতা ও দক্ষতা বিকাশ করা উচিত তা শিক্ষককে নিশ্চিত করতে হবে।
4. প্রদর্শনের পর অভিজ্ঞতার জন্য শিক্ষার্থীদের সুযোগ দেওয়া উচিত।
5. শিক্ষক শিক্ষার্থীদের মধ্যে বিকাশযোগ্য দক্ষতা এবং দক্ষতা ভাগ করে নেবেন বলে আশা করা হচ্ছে।
6. শিক্ষক শিক্ষার্থীদের অতিরিক্ত জ্ঞান এবং দক্ষতা প্রদান করতে পারেন যদিও ম্যানুয়ালের আওতায় না থাকলেও শিল্পের দ্বারা শিক্ষার্থীদের প্রত্যাশা করা হয়।
7. অবশেষে ব্যবহারিক নিয়োগ দিন এবং নির্দেশাবলী অনুসারে তা পরীক্ষা করার জন্য নির্ধারিত কাজের উপর ভিত্তি করে শিক্ষার্থীদের কর্মক্ষমতা মূল্যায়ন করুন।
8. শিক্ষক প্রত্যাশিত এবং সংশ্লিষ্ট ডেটা ম্যানুয়াল এবং মান উল্লেখ করতে ছাত্রদের অনুপ্রাণিত করবে বলে আশা করা হচ্ছে।
9. শিক্ষক সম্পূর্ণ পাঠ্যক্রমের নথি উল্লেখ করবেন এবং বাস্তবায়নের জন্য নির্দেশিকা অনুসরণ করবেন বলে আশা করা হচ্ছে।

শিক্ষার্থীদের জন্য নির্দেশাবলী

1. কোর্স, পাঠ্যক্রম, শেখার কাঠামো, বিকাশের দক্ষতা সম্পর্কে শিক্ষকের দেওয়া বক্তৃতা মনোযোগ সহকারে শোনো।
2. গ্রুপে কাজ সংগঠিত কর এবং সমস্ত পর্যবেক্ষণের রেকর্ড তৈরি কর।
3. শিক্ষার্থীরা শিল্পের প্রত্যাশা অনুযায়ী রক্ষণাবেক্ষণ দক্ষতা বিকাশ করবে।
4. শিক্ষার্থী সংশ্লিষ্ট হাতের দক্ষতা বিকাশের চেষ্টা করবে এবং আত্মবিশ্বাস অর্জন করবে।
5. শিক্ষার্থী ম্যানুয়ালের আওতাভুক্ত আরও ধারণা, উদ্ভাবন, দক্ষতা ইত্যাদি বিকশিত করার অভ্যাস গড়ে তুলবে।
6. শিক্ষার্থী প্রযুক্তিগত ম্যাগাজিন, আইএস কোড এবং ডেটা বই উল্লেখ করবে।
7. শিক্ষার্থীদের তারিখ এবং সময়ে ব্যবহারিক জমা দেওয়ার অভ্যাস গড়ে তুলতে হবে।
8. শিক্ষার্থীদের নিরাপত্তা অনুশীলন এবং পরিবেশগত সমস্যা, ব্যবহারিক সম্পর্কিত বর্জ্য ব্যবস্থাপনা সম্পর্কে ভালভাবে সচেতন হওয়া উচিত।

পরিশিষ্ট - সি: ব্যবহারিকগুলির জন্য নির্দেশমূলক মূল্যায়ন নির্দেশিকা / ক্ষুদ্র-প্রকল্প / গ্রুপে কার্যক্রম

প্রক্রিয়া সম্পর্কিত দক্ষতা

মানদণ্ড এবং স্তর	উন্নয়নশীল	যোগ্য	দক্ষ
সেট-আপ পরিচালনা করা			
ডেটা রেকর্ডিং			
সময় ব্যবস্থাপনা			
দলবদ্ধভাবে সম্পাদিত কর্ম			
স্বতন্ত্র কাজ			
নিরাপত্তা সতর্কতা			

পণ্য সম্পর্কিত দক্ষতা

মানদণ্ড এবং স্তর	উন্নয়নশীল	যোগ্য	দক্ষ	মন্তব্য (যদি কোন). প্রযোজ্য না হলে, NA উল্লেখ করুন
বিষয়বস্তু				
গবেষণা/জরিপ				
সর্বশেষ প্রযুক্তির ব্যবহার				
বিষয়ের উপর থাকে				
প্রস্তুতি				
উপস্থাপনার আত্মবিশ্বাস				
পিপিটি তৈরির দক্ষতা সহ আইসিটি ব্যবহার				
সময় ব্যবস্থাপনা				
গ্রুপ প্রচেষ্টা				
ব্যক্তিগত প্রচেষ্টা				

উদ্দেশ্যমূলক প্রশ্নের উত্তর

ইউনিট 1: ইলেক্ট্রনিক উপাদান এবং সংকেতের সংক্ষিপ্ত বিবরণ

ক্রমিক সংখ্য	1.1	1.2	1.3	1.4	1.5	1.6	1.7	1.8	1.9	20
উত্তর.	a	d	b	d	c	b	d	b	a	c

ইউনিট 2: এনালগ সার্কিটের পর্যালোচনা

ক্রমিক সংখ্যা	2.1	2.2	2.3	2.4	2.5	2.6
ক্রমিক সংখ্যা	b	c	b	b	d	d

ইউনিট 3: ডিজিটাল ইলেকট্রনিক্সের পর্যালোচনা

ক্রমিকসংখ্যা	3.1	3.2	3.3	3.4	3.5	3.6
ক্রমিকসংখ্যা	c	b	a	c	d	d

ইউনিট 4: বৈদ্যুতিক এবং চুম্বকীয় সার্কিট

ক্রমিক সংখ্যা	4.1	4.2	4.3	4.4	4.5	4.6
উত্তর.	d	b	d	c	d	b

ইউনিট 5: এ.সি. সার্কিটস

ক্রমিক সংখ্যা	5.1	5.2	5.3	5.4	5.5	5.6
ক্রমিক সংখ্যা	c	b	d	a	b	c

ইউনিট 6: ট্রান্সফরমার এবং মেশিন

ক্রমিক সংখ্যা	6.1	6.2	6.3	6.4	6.5	6.6
উত্তর.	d	d	d	c	c	a

আরও শিক্ষার জন্য রেফারেন্স

1. D.P. Kothari and I. J. Nagrath, *Basic Electrical and Electronics Engineering,* Tata McGraw Hill, 2020.
2. D.C. Kulshreshtha, *Basic Electrical Engineering,* McGraw Hill, 2009.
3. L.S. Bobrow, *Fundamentals of Electrical Engineering,* Oxford University Press, 2011.
4. K. Murgesh Kumar, *DC Machines and Transformers,* Vikas Publication House Pvt. Ltd., 2004.
5. J.B. Gupta, *A Textbook of Basic Electrical and Electronics Engineering,* Kataria & Sons, 2013
6. S.K. Bhattacharya, Bas*ic Electrical Engineering,* Pearson Education, 2019
7. Chinmoy Saha, Arindam Halder and Debarati Ganguly, *Basic Electronics: Principles and Applications,* Cambridge University Press, 2018
8. E. Hughes, *Electrical and Electronics Technology*, Pearson, 2010.
9. B. L. Theraja, *Electrical Technology, Vol. – II*, New Delhi: S. Chand Publications, 2015.
10. R.S. Sedha, *A text book of Applied Electronics*, New Delhi: S. Chand Publications, 2008.
11. Albert Malvino and Paul David, *Electronics Principles*, New Delhi: McGraw Hill Education, 2015.
12. V.K. Mehta and Rohit Mehta, *Principles of Electronics*, S. Chand and Company, New Delhi, 2014.
13. Roger L. Tokheim, *Digital Electronics,* McGraw-Hill Education, 2013.
14. A.K. Maini, *Analog Circuits,* Khanna Publishing House, 2018.
15. Albert Malvino and David Bates, *Electronic Principles,* Tata McGraw Hill Publication, 2015.
16. Jacob Millman, *Electronics Devices and Circuits*, McGraw Hill Education; 2015.
17. Charles H. Roth Jr., *Fundamentals of Logic Design*, Cengage Learning, 2020
18. R. Anand, *Digital Electronics*, Khanna Publications, New Delhi, 2018.
19. V.J.V. Wait, L.P. Huelsman and GA Korn, *Introduction to Operational Amplifier Theory and Applications,* McGraw Hill, 1992.
20. Robert F. Coughlin, Fredrick F. Driscoll, *Operational Amplifiers and Linear Integrated Circuits*, New Delhi; Prentice-Hall of India Pvt. Ltd., 2009.
21. Stephen Chapman, *Electric Machinery Fundamentals, New* Delhi: McGraw Hill Education, 2017
22. Dorf R.C, Svoboda J.C, *Introduction to Electric Circuits*, John Wiley, 2015
23. Murugeshan. R, *Electricity and Magnetism*, New Delhi; S. Chand Publishing, 2017.

24. Charles K. Alexander, Mathew N.O Sadiku, *Fundamentals of Electric Circuits*, McGraw Hill Education, 2013.

25. Bhimbra P.S, Garg G.C, *Electrical Machines-I,* New Delhi; Khanna Book Publishing Co.(P) Ltd., 2019.

26. Dhogal P.S., *Basic Practical in Electrical Engineering*, New Delhi; Standard Published Distributors, 2004.

27. Morrison Ralph, *Practical Electronics,* John Wiley & Sons, 2003

সিও এবং পিও লব্ধি তালিকা

এই কোর্সের জন্য কোর্স ফলাফল (COs) কোর্স সমাপ্তির পর প্রোগ্রাম ফলাফল (POs) এর সাথে ম্যাপ করা যেতে পারে এবং PO অর্জনের জন্য ফাঁক বিশ্লেষণ করার জন্য একটি পারস্পরিক সম্পর্ক তৈরি করা যেতে পারে। পিও অর্জনের ফাঁকগুলির যথাযথ বিশ্লেষণের পরে ফাঁকগুলি কাটিয়ে উঠতে প্রয়োজনীয় ব্যবস্থা নেওয়া যেতে পারে৷

কোর্সের ফলাফল	প্রোগ্রামের ফলাফল অর্জন (1- দুর্বল পারস্পরিক সম্পর্ক; 2- মাঝারি পারস্পরিক সম্পর্ক; 3- শক্তিশালী সম্পর্ক)						
	PO-1	PO-2	PO-3	PO-4	PO-5	PO-6	PO-7
CO-1							
CO-2							
CO-3							
CO-4							
CO-5							
CO-6							

উপরের টেবিলে ভরা ডেটা ফাঁক বিশ্লেষণের জন্য ব্যবহার করা যেতে পারে।

সূচক